Harro Heuser

Unendlichkeiten

W0257769

Harro Heuser

Unendlichkeiten

Nachrichten aus dem Grand Canyon des Geistes

Bibliografische Information der Deutschen Nationalbibliothek
Die Deutsche Nationalbibliothek verzeichnet diese Publikation in der
Deutschen Nationalbibliografie; detaillierte bibliografische Daten sind im Internet über
<http://dnb.d-nb.de> abrufbar.

1. Auflage 2008

Alle Rechte vorbehalten
© B. G. Teubner Verlag / GWV Fachverlage GmbH, Wiesbaden 2008, Softcover 2013

Lektorat: Ulrich Sandten / Kerstin Hoffmann
Freies Korrektorat: Cornelia Agel

Der B.G. Teubner Verlag ist ein Unternehmen von Springer Science+Business Media.
www.teubner.de

Das Werk einschließlich aller seiner Teile ist urheberrechtlich geschützt. Jede Verwertung außerhalb der engen Grenzen des Urheberrechtsgesetzes ist ohne Zustimmung des Verlags unzulässig und strafbar. Das gilt insbesondere für Vervielfältigungen, Übersetzungen, Mikroverfilmungen und die Einspeicherung und Verarbeitung in elektronischen Systemen.

Die Wiedergabe von Gebrauchsnamen, Handelsnamen, Warenbezeichnungen usw. in diesem Werk berechtigt auch ohne besondere Kennzeichnung nicht zu der Annahme, dass solche Namen im Sinne der Waren- und Markenschutz-Gesetzgebung als frei zu betrachten wären und daher von jedermann benutzt werden dürften.

Umschlaggestaltung: Ulrike Weigel, www.CorporateDesignGroup.de
Druck und buchbinderische Verarbeitung: Strauss Offsetdruck, Mörlenbach
Gedruckt auf säurefreiem und chlorfrei gebleichtem Papier.

ISBN 978-3-8351-0119-7 (Hardcover)
ISBN 978-3-8348-2631-2 (Softcover)

Für Lili

Georg Cantor (1845-1918)

Vorwort

All das macht einsichtig, dass der menschliche Geist, vor allem wenn das
Unendliche im Spiele ist, so seltsame Fragen stellt, dass man sich nicht
wundern darf, wenn er Mühe hat, dabei zu einem Ziel zu gelangen.

GOTTFRIED WILHELM LEIBNIZ

„Das Unendliche!" – Törleß kannte das Wort aus dem Mathematikunter-
richt … Es war, was es gerade in der Rechnung galt; darüber hinaus
hatte Törleß nie etwas gesucht. Und nun durchzuckte es ihn wie mit
einem Schlag, dass an diesem Worte etwas furchtbar Beunruhigendes
hafte … Etwas über den Verstand Gehendes, Wildes, Vernichtendes schien
durch die Arbeit irgendwelcher Erfinder hineingeschläfert worden zu sein
und war nun plötzlich aufgewacht und wieder furchtbar geworden. Da, in
diesem Himmel [mit dem kleinen, blauen, unsagbar tiefen Loch zwischen
den Wolken], stand es nun lebendig über ihm und drohte und höhnte.

ROBERT MUSIL (in *Die Verwirrungen des Zöglings Törleß*)

1926 schrieb einer unserer größten Mathematiker, David Hilbert, im Geiste des Philosophen
Leibniz und des Schriftstellers Musil:

Das Unendliche hat wie keine andere Frage von jeher so tief das *Gemüt* des
Menschen bewegt; das Unendliche hat wie kaum eine andere *Idee* auf den Verstand
so anregend und fruchtbar gewirkt; das Unendliche ist aber auch wie kein anderer
Begriff so der Aufklärung bedürftig.[1]

Wie tief das Unendliche das Gemüt des Menschen bewegt, lassen auch die Worte ahnen,
die Romain Rolland dem Begründer der Psychoanalyse, Sigmund Freud, geschrieben hat.
Rolland meint, die eigentliche Quelle des Religiösen sei ein Gefühl, das er die Empfindung der
„Ewigkeit" nennen möchte, „ein Gefühl wie von etwas Unbegrenztem, Schrankenlosem, gleichsam ‚Ozeanischem'".[2] Der feinsinnige Theologe Friedrich Schleiermacher hat die Religion geradezu als „Sinn und Geschmack für das Unendliche"[3] definiert und ähnlich wie Romain Rolland „im
Anschauen des Universums … die allgemeinste und stärkste Formel der Religion gesehen".[4] Es
ist nichts locker Dahingeplaudertes, wenn Ptolemaios in seinem astronomischen Meisterwerk die
Himmelskörper „göttlich" nennt: Ihre Göttlichkeit erweist sich ihm dadurch, dass sie eine „ewig
sich gleich bleibende Welt" bilden.[5] „Ewigkeit" war den Griechen die Signatur des Göttlichen.
Der entscheidende Unterschied zwischen Göttern und Menschen bestand für sie darin, dass

die Götter ewig, die Menschen aber vergänglich sind. Homer (8. Jh. v. Chr.), einer der größten
Dichter der Menschheit, benutzt konstant die stehenden Redewendungen „unsterbliche Götter"
und „sterbliche Menschen". Unendliches und Religiöses hängen so eng zusammen, dass man im
Religiösen leicht die wahre Quelle der Unendlichkeitsidee sehen könnte. Und weil das Religiöse
– im Guten wie im Bösen – nun einmal die tiefste Schicht in der vielschichtigen Menschenseele
ist, gewinnt das Unendliche aus diesem Zusammenhang heraus seine enorme emotionale Wucht,
jene „gemütsbewegende" Kraft, von der ein so nüchterner Mann wie Hilbert gesprochen hat.

Religionen wissen genau, wie sehr der Mensch durch das feierliche Memento bewegt wird:
„Gott ist *unendlich*". Sie wissen, dass „Gott" und „Unendlichkeit" zur tiefsten Schicht des Men-
schen gehören. Quasireligiöse Weltanschauungen kennen nicht weniger die „gemütsbewegende"
Kraft des Unendlichen und bedienen sich ihrer immer wieder. Im Stalinismus wurde Stalin – „der
Stählerne" – zu einer aus dem Unendlichen kommenden und ins Unendliche ragenden Erlöser-
figur. In der Nazidiktatur wurde bei feierlichen Anlässen ein „Hymnus" gesungen, in dem eine
ganz unbestimmte „Unendlichkeit" mit einer säkularisierten Ewigkeit und einer innerweltlichen
Heiligkeit in eins verwoben wurde: „Deutschland, heiliges Wort, / Du voll Unendlichkeit! / Über
die Zeiten fort / Seist du gebenedeit!" Der Text ging weiter mit einem Topos, der heute wieder
en vogue ist: die Heiligkeit der Seen, des Waldes und der Höhen.

In unseren Tagen haben rührige Bestattungsunternehmer aus der Unendlichkeit auch finanzi-
ellen Gewinn gezogen, indem sie das „Grab in der Unendlichkeit" erfunden haben: Eine Rakete
trägt die Urne mit der Totenasche und der Muntermacherinschrift „Die Erde ist erst der Anfang"
in eine Erdumlaufbahn. Die Verwandten können sich nun beim Anblick des Sternenhimmels mit
der Asche des Abgeschiedenen innigst verbunden fühlen. Solche „Weltraumbestattungen" liegen nach Angaben eines Anbieters (*Eternita Galactica*) im Trend. Die hohen Kosten schreckten
nicht ab, weil im Weltraum keine Ausgaben für Grabpflege anfielen.[6]

Nichts, meinte Hilbert, nichts sei so sehr der Aufklärung bedürftig wie das Unendliche. Die völlig
überraschende Aufklärung eines gewissen Departements des Unendlichen – eines höchst wichtigen und schon seit der Antike höchst umstrittenen, des „mathematisch Unendlichen" – hatte
schon vor Hilbert eingesetzt. Das war im letzten Drittel des 19. Jahrhunderts geschehen, und
1902 hatte der sonst so unterkühlte Bertrand Russell emphatisch ausgerufen: „Die Lösung der
Schwierigkeiten, die früher das mathematische Unendliche umgaben, ist wahrscheinlich die größte
Leistung, deren sich unser Zeitalter rühmen kann."[7] Diese Leistung verdankt die Menschheit
einem Manne, der von sich selbst gesagt hatte, er sei im Grunde eine „sehr leichte Künstlernatur"
und habe stets bedauert, dass sein Vater ihn nicht habe *violiniste* werden lassen, „darin ich jedenfalls am glücklichsten geworden wäre."[8] (Das braucht man ihm aber nicht zu glauben.) Die „sehr
leichte Künstlernatur" mit Namen Georg Cantor (geb. 1845 in St. Petersburg, gest. 1918 in Halle
an der Saale) mag zwar durchaus das Zeug zum Bohemien gehabt haben – alle, die ihn kannten,
berichteten von seinem „sprühenden, witzigen, originellen Naturell, das leicht zu Explosionen
neigte"[9] –, der verhinderte *violiniste* war aber auch einer der revolutionärsten Mathematiker seit
Menschengedenken, dazu ein tiefreligiöser Mann, der sich mit frommem Selbstgefühl von oben
inspiriert wusste und so denn auch sagte, das „Transfinitum" habe er „mit Gottes Hilfe erkannt".[10]
Constantin Gutberlet (1837-1928), Professor für Philosophie und Mathematik am Priesterseminar
in Fulda, Verfasser des Buches *Das Unendliche, metaphysisch und mathematisch betrachtet*

(1878), schrieb 1919 über den Denker, der einer sehr widerspenstigen Menschheit beigebracht hatte, mittels „transfiniter Zahlen" weit, weit über das Endliche hinaus zu zählen:

> Da er sich wegen dieses kühnen Unternehmens von allen Seiten angegriffen sah, suchte er Sukkurs bei mir, dem einzigen, der, wie er glaubte, mit seiner Auffassung übereinstimmte. Da er von edler Gesinnung war, teilte er nicht die Verachtung, mit welcher die ungläubige Wissenschaft die christlichen Philosophen behandelte … Er befragte mich über die Lehre der Scholastiker in Betreff dieser Frage [des Unendlichen]. Ich konnte ihn besonders auf den hl. Augustin und auf den P[ater] Franzelin, den späteren Kardinal, hinweisen. Dieser mein hochverehrter Lehrer verteidigte die aktual unendliche Menge in der Erkenntnis Gottes, gestützt auf die ausdrückliche Lehre des hl. Augustin, und er war es, der mir den Anstoß zu jener Schrift[11] gegeben, und mich bei den heftigen Angriffen damit beruhigte, dass ich nur die Lehre des hl. Augustin vortrage.[12]

Cantors Name wird uns von nun an ständig begleiten, noch bevor wir detailliert auf sein Lebenswerk eingehen. Das braucht nicht zu wundern. Dieser „Gigant des Unendlichen" ist fest in der Geistesgeschichte des Unendlichen verwurzelt, er hat alle studiert, die sich mit dem „unfasslich Nebelgroßen" (Goethe) abgegeben haben. Mit jedem von ihnen führt er einen lebendigen und profunden und auch polemischen Dialog über die Zeiten hinweg. Eine solche Einheit von Philosophie, Theologie und Mathematik wie in Cantor hat es selten gegeben. Sie ist ein Glücksfall der Denkgeschichte.

Cantor stand mit seinem Unendlichkeitsdenken gegen eine Welt von Feinden. Sein potentester Antagonist war ein Untoter, ein Widergänger: der große Aristoteles (384-322 v. Chr.). „Ihn ehren alle, ihn bewundern alle", so Dante mit tiefstem Respekt.[13] Das Mittelalter nannte ihn mit bedenkenloser Verehrung einfach „den Philosophen", ohne sich noch mit Namensangaben aufzuhalten. Dieser philosophische Übervater Europas war für Cantor deshalb so gefährlich, weil er gerade *die* Sache unglaubwürdig gemacht hatte, die Cantors Lebensinhalt geworden war: das „aktual" Unendliche, jenes Unendliche, das nicht ein endlos vermehrbares Endliches, sondern ein „fertiges", ein „vollendetes", ein in Tat und Wahrheit – *in actu* – unendliches Unendliches, ein „Aktual-Unendliches" ist. Ein so mächtiger Geist wie der hl. Thomas von Aquin (1225-1274), in dem die katholische Kirche noch heute ihren maßgeblichen Lehrer sieht, dieser *princeps philosophorum* („König der Philosophen") war dem „Meister aller Wissenden" (Dante[14]) ohne Abstriche gefolgt und hatte das *infinitum in actu* aus dem christlichen Denken ausradiert. Nicht weniger entschieden hatte sich der Vater des modernen Empirismus John Locke (1632-1704), in dem Voltaire den größten aller Philosophen sah, gegen ein vollendetes Unendliches gewandt. Am verheerendsten aber war für den Mathematiker Cantor, dass ausgerechnet der *princeps mathematicorum* Carl Friedrich Gauß (1777-1855) ein vernichtendes Verdikt über das Aktual-Unendliche erlassen hatte: „Der Gebrauch einer unendlichen Größe als einer *Vollendeten* [ist] in der Mathematik niemals erlaubt."[15]

Aristoteles, Thomas, Locke und Gauß hätten den im (angeblich) nichtexistenten Unendlichen herumwerkelnden Cantor mit einem Geistheiler verglichen, der ein gar nicht vorhandenes Organ behandelt. Der bedeutende und in Universitäten und Salons einflussreiche Mathematiker Leopold Kronecker (1823-1891) nannte den Unendlichkeitsvisionär kurz und schneidig einen „Verderber der Jugend". Cantor hingegen sah in dem Feuerkopf Giordano Bruno (1548-1600) einen Bruder im Geiste, und es wird Kronecker nicht übel gefallen haben, dass dieser Bruder als Ketzer ein unrühmliches, aber angemessenes Ende am Feuerpfahl gefunden hat.

Das Unendliche ist nicht ein Begriff wie jeder andere. Es ist ein dynamisches Numinosum, das uns ins Erhabene emporträgt, weil es so groß ist, und uns vernichtet, weil wir so klein sind. Das unfassbare Unendliche wird in paradoxer Weise ein Mittel, den unfassbaren Gott doch noch zu erfassen. Das mystische *Buch der vierundzwanzig Philosophen* führt unter den vierundzwanzig Definitionen Gottes auch die folgende auf, die Gott mit dem Unendlichen Hand in Hand gehen lässt und bei Unendlichkeitsenthusiasten wie Nikolaus Cusanus (1401-1464) und Giordano Bruno trotz ihrer Unverständlichkeit in hohem Ansehen stand: „Gott ist eine unendliche Kugel, deren Mittelpunkt überall und deren Umschließung nirgendwo ist." Auch Blaise Pascal (1623-1662), der aus der Mathematik der Welt, aus der Theologie Europas und aus der Literatur Frankreichs nicht wegzudenken ist, hat sich diese mystische Gottes-Definition zu eigen gemacht und am Ende einer Meditation über sie mit tiefer Melancholie geschrieben: „Was ist der Mensch in der Unendlichkeit? … Das Endliche vernichtet sich in Gegenwart des Unendlichen, es wird ein reines Nichts. So unser Geist vor Gott, so unser Recht vor der göttlichen Gerechtigkeit."[16] Seit dem Mittelalter ist Gott ein „unendlicher Gott", ein *deus infinitus*. Pascal starb im Kloster Port-Royal, und genau im Jahre seines Todes erschien die berühmte *Logik von Port-Royal,* die in einer unheimlichen Konfrontation die unendliche Macht Gottes mit dem physisch Unendlichen zusammenstoßen lässt: „Kann Gott einen unendlich großen Körper, eine unendlich schnelle Bewegung, eine der Zahl nach unendliche Menge hervorbringen?" Und die beiden Autoren schließen eine absurd klingende Frage an, die erst Cantor beantworten wird, und zwar positiv: „Kann eine Unendlichkeit größer als eine andere sein?"[17] Gibt es das Unendliche im Plural?

Vom Unendlichen kann man nicht reden, ohne sich auf Philosophie, Theologie und Poesie einzulassen, wie es Cantor selbst getan hat: Für ihn hing die mathematische Theorie des Unendlichen so eng mit philosophischen und theologischen Ideen zusammen, dass er im hl. Augustinus seinen stärksten Verbündeten im Kampf um das Unendliche sah. Augustinus ist so der letzte Gottesdenker geworden, der einen tiefen Einfluss auf die Entwicklung einer modernen exakten Wissenschaft ausgeübt hat. Er hat Cantor die Kraft gegeben, gegen den Widerstand einer ganzen Welt am „Transfiniten" festzuhalten. Und auf „Kraft" kommt es hier an – mehr als auf Scharfsinn.

Niemand hat das Numinose des Unendlichen stärker empfunden als Cantor selbst. Eine unendliche Menge, sagte er einmal, stelle er sich vor wie einen „Abgrund".[18] Das Unendliche ist der Grand Canyon des Geistes. Dem Canyon-Mann Cantor waren die endlos aufsteigenden „transfiniten Zahlen", die er geschaffen hatte und mit denen er kühn über das Endliche hinauszählte, „etwas Heiliges, gewissermaßen die Stufen, die zum Throne der Unendlichkeit, zum Throne Gottes emporführen".[19]

Zum Schluss ein Wort des Dankes. Ich habe das Glück gehabt, immer wieder durch vielerlei Gespräche Rat, Unterstützung und Anregung empfangen zu haben. Mein Versuch, den Herren Prof. Rudolf Immig, Prof. Harald Kuhn und Dr. Ulrich Staffhorst hierfür zu danken, muss notwendigerweise misslingen, denn ich stehe zu tief in ihrer Schuld. Ich unternehme ihn dennoch.

[1] David Hilbert: Über das Unendliche. Math. Annalen 95 (1926) 161-190; dort S. 163

[2] Sigmund Freud: Das Unbehagen in der Kultur, 1. Seite.

[3] Friedrich Schleiermacher: Über die Religion. Reden an die Gebildeten unter ihren Verächtern. Hrsg. von Hans-Joachim Rothert, Hamburg 1958.

[4] Friedrich Schleiermacher: A. a. O., S. 31.

[5] Ptolemaios: Almagest, Proömium.

[6] FAZ, 25. Januar 2000

[7] Bertrand Russell: The Study of Mathematics. Abgedruckt in Bertrand Russell: Mysticism and Logic, Penguin Books, Melbourne-London-Baltimore 1953, dort S. 65.

[8] Brief Georg Cantors vom 17. März 1896 an E. Lemoine, (teilweise) abgedruckt in Herbert Meschkowski: Georg Cantor. Leben, Werk und Wirkung. 2. Aufl. Mannheim, Wien, Zürich 1983, S. 4. Auf dieses Werk wird hinfort verwiesen mit „Herbert Meschkowski: Georg Cantor".

[9] Adolf Fraenkel in: Das Leben Georg Cantors. Abgedruckt in Georg Cantor: Gesammelte Abhandlungen, hrsg. von Ernst Zermelo, Berlin 1932; dort S. 475. Auf dieses Sammelwerk wird hinfort mit „Georg Cantor: Ges. Abh." verwiesen.

[10] Brief an I. Jeiler von Pfingsten 1888; zitiert nach Walter Purkert und Hans Joachim Ilgauds: Georg Cantor, Basel, Boston, Stuttgart 1987, S. 138.

[11] Das schon erwähnte Buch Gutberlets über das Unendliche.

[12] Phil. Jahrbuch der Görres-Gesellschaft 32 (1919), S. 364ff., zitiert nach Herbert Meschkowski: Georg Cantor.

[13] Dante: Inferno, 4. Gesang

[14] Dante: Inferno, 4. Gesang

[15] Brief vom 12. Juli 1831 an Schumacher. Vgl. Carl Friedrich Gauss: Werke VIII, Leipzig 1900, S. 216; s. dazu Georg Cantor: Ges. Abh., S. 371.

[16] Blaise Pascal: Gedanken über die Religion (*Pensées*), übers. von Ewald Masnuth, Heidelberg 1946, S. 41 und 121.

[17] Antoine Arnauld und Pierre Nicole: Die Logik oder die Kunst des Denkens („Logik von Port-Royal"), übers. von Christos Axelos, 2. Aufl. Darmstadt 1994, S. 286.

[18] Diese Geschichte wurde von der bedeutenden Algebraikerin Emmy Noether (1882-1935) berichtet, s. Oskar Becker: Grundlagen der Mathematik in geschichtlicher Entwicklung, suhrkamp taschenbuch wissenschaft 114, Frankfurt/M. 1975, S. 316.

[19] Gerhard Kowalewski: Bestand und Wandel, München 1950, S. 201

Inhalt

1. „Schneller, höher, weiter" – Lust am Steigern, Lust auf mehr:

Ein Koch aus Elis, Buddha aus Indien, Archimedes aus Syrakus

Jene unerklärliche Empfindung, deren Keim im Herzen aller Menschen liegt und der wir die Forschungen der Alchimisten, die Leidenschaft des Ruhmes, die Entdeckungen der Astronomie und der Physik verdanken, kurz alles, was den Menschen treibt, sich zu steigern.

HONORE DE BALSAC

Der Sand des Meeres, die Tropfen des Regens, und die Tage der Vorzeit, wer hat sie gezählt?

JESUS SIRACH 1, 2

Die Griechen waren sportbegeistert, sportbesessen, sport*süchtig*. Sie waren kein Volk von Künstlern und Philosophen, sondern ein Volk von Athleten. Selbst eingefleischte Philhellenen haben sich bisweilen über ihre „ewige Turnerei" mokiert. Man wird neben diesem HSC (Hellenischem Sportclub) nicht leicht ein anderes Volk finden, das Leichenfeiern für große Tote mit sportlichen Wettkämpfen garnierte. Ausgefallenes dieser Art aber tischt uns ausgerechnet Homer auf (8. Jh. v. Chr.), der Erzpoet und „Erzieher der Griechen". Sein Hauptheld Achill, den der Dichter übrigens nicht im Jargon des Offizierskasinos den „gewaltigen Kämpfer Achill", sondern in der Sprache des Sportplatzes den „schnellen Läufer Achill" nennt, dieser Achill richtet die Exequien für seinen getöteten Freund Patroklos aus, und zu ihnen gehört neben der feierlichen Verbrennung des Leichnams ein Wettkampfprogramm, das wir heute bei Trauerfeierlichkeiten nicht mehr benutzen würden: Wagenrennen, Boxen, Ringkampf, Wettlauf, Schwertkampf, Bogenschießen und Speerwerfen.[1] Als Odysseus, der Lieblingsheld der Griechen, nach langer, gefahrvoller Meerfahrt halbtot an der Insel der Phaiaken strandet, richtet König Alkinoos zu Ehren des Fremdlings wie selbstverständlich Wettkämpfe aus; dieser möge dann zu Hause erzählen, „wie wir in Ringen und Faustkampf / Alle übertreffen und auch im Springen und Laufen".[2] Der größte Dichter Europas erweist sich in seinen präzisen Wettkampfreportagen als Europas größter Sportjournalist. Und er ist es auch, der das eigentliche Credo der Griechen – ein Athletencredo! – schlagend formuliert:

Liegt doch der größte Ruhm des Mannes, solang er am Leben,
In den Taten, die er mit Händen und Füßen vollführte.[3]

Als die griechischen Söldner nach der Schlacht bei Kunaxa (400 v. Chr.) auf mühseligen Märschen durch feindliches Land schließlich das Schwarze Meer erreichten, was machten die abgekämpften Scharen als Erstes? Sie veranstalteten eine Art Dankgottesdienst, freilich einen in Gestalt von Wettkämpfen, und zwar mit folgendem Programm: Schnelllauf, Dauerlauf, Ringen, Boxen, Pankration (eine Art *Catch-as-catch-can*) und Reiterwettkämpfe – „es war ein herrliches Zuschauen".[4] Das Bild rundet sich aufs schönste, wenn wir hören, dass Thales von Milet (etwa 625-545), der angesehenste der Sieben Weisen, der Gründer unserer Mathematik, Astronomie und Chemie – dass also dieser „Vater des Abendlandes" noch als achtzigjähriger Greis Sportfan genug war, um sich das „herrliche Zuschauen" bei einem Sportfest nicht entgehen zu lassen – und dabei vor Hitze und Durst umkam.

Wenn wir in einer Zeitmaschine die Hellenen besuchen und ihnen von ihren literarischen, künstlerischen und wissenschaftlichen Leistungen vorschwärmen würden, wenn wir ihnen bewundernd sagen würden, dass doch mit ihnen erst Europas Glanz und Größe so richtig begonnen habe, würden diese Kulturstifter, die für Anerkennung und Lobrednerei immer empfänglich waren, zuerst geschmeichelt lächeln, dann aber zu bedenken geben, dass wir das Herrlichste ihrer vielen Herrlichkeiten noch gar nicht erwähnt hätten: die „Heiligen Spiele" in Olympia, einer sakralen Lokalität mit einem gewaltigen Zeustempel. Neben den Olympischen Spielen gab es übrigens noch drei weitere „Heilige Spiele": die Pythischen, Isthmischen und Nemeischen. Den Olympischen Spielen aber konnten diese drei den Rang nicht ablaufen. Der Olympionike (Olympiasieger) hatte für seinen Ruhm genug getan. Herodot, der „Vater der Geschichtsschreibung", hebt immer hervor, wenn einer seiner historisch wichtigen Akteure einen Sieg in einem angesehenen Wettkampf gewonnen hat (etwa: „Demaratos war der einzige König von Sparta, der seinem Volk je einen olympischen Sieg im Wagenrennen verschafft hat"[5]). Von Athleten, die nicht nur einmal, sondern gleich mehrfach in illustren Wettkämpfen gesiegt hatten, sprach man noch nach Jahrhunderten. Vollends anbetungswürdig waren die Athletendynastien, wie etwa die des Diagoras von Rhodos, siegreicher Faustkämpfer in Olympia und bei vielen anderen Spielen, dazu auch noch Vater von drei und Großvater von zwei Olympioniken. Zwei seiner Söhne siegten am gleichen Tag bei den Olympischen Spielen des Jahres 448 v. Chr. Da ein solches Lebensglück wohl nicht mehr zu überbieten war, soll ein Spartaner dem Diagoras wohlmeinend geraten haben, auf der Stelle zu sterben, „denn in den Olymp wirst du nicht aufsteigen".[6] Das stimmte nicht ganz: Der gloriose Athlet galt gegen Ende seines Lebens immerhin als Sohn des Gottes Hermes – für einen Boxer ein ungewöhnlicher Aufstieg. Den „Periodoniken" Theogenes von Thasos – er war Sieger im *periodos*, im „Umlauf" aller vier heiligen Spiele – machten die Thasier nach seinem Tod ohne Skrupel zum Heilgott. Der Weg zum Olymp stand den Mega-Athleten durchaus offen.

Auch wir kennen Vergöttlichungen von Sportlern, freilich nur bescheidene, gutbürgerliche. Als 1954 in dem historischen Fußballfinale Deutschland-Ungarn in Bern der deutsche Torwart Toni Turek einen eigentlich unhaltbaren Ball des ungarischen Kapitäns Puskas genialisch parierte, schnappte der Reporter Zimmermann fast über und schrie die unvergessliche Deifikationsformel ins Mikrophon: „Toni, du bist ein Fußballgott." 1990 riss Andreas Brehme fünf Minuten vor dem Abpfiff das Endspiel zwischen Deutschland und Argentinien um die Fußballweltmeisterschaft mit einem Elfmeter eiskalt aus dem Feuer: Es stand nun 1:0, und dabei blieb es. In der Presse las man tags darauf, Brehme habe sich mit diesem Schuss „unvergänglichen Ruhm" erworben und sei zweifellos „unsterblich" geworden. Von der Unsterblichkeit später mehr.

Das Prinzip des Wettbewerbs hat seine klassische Ausprägung in der hellenischen Aufforderung gefunden, „immer der Erste zu sein". In unseren Tagen hat der Superboxer Muhammad Ali in diesem Geist laut ausgerufen: „*I am the greatest!*" Nicht anders hörte sich weiland das Selbstrühmen der Indianerhäuptlinge in den Weiten Nordamerikas ob ihrer kumulierten Skalpe und das Selbstrühmen der Calvinisten in den Kirchen Nordamerikas ob ihrer kumulierten Heiligkeit an („*I am holier than Thou*", „Ich bin heiliger als Du"). Die Scholastik hat den Menschen realistisch als *ens finitum* („endliches Wesen") charakterisiert. Die isländische *Edda* weiß aber, dass das *ens finitum* seine Endlichkeit durch Ruhmerwerb unterlaufen – oder überfliegen – kann:

> Besitz stirbt, Sippen sterben,
> Du selbst stirbst wie sie.
> Doch eines weiß ich, das ewig lebt:
> Der Toten Tatenruhm.

Als die Olympischen Spiele im Jahre 1894 von Pierre de Coubertin neu gegründet wurden, standen sie unter der Steigerungs-Devise: „Schneller, höher, weiter!" Der verehrungswürdige Philosoph Eduard Spranger (1882-1963) pflegte in seinen Vorlesungen gerne über das „leere Ideal der Geschwindigkeit" zu spotten. Er verkannte dabei völlig die Natur der sonst von ihm so sehr bewunderten Griechen. Wir wissen schon, dass Homer den Vorzeigehelden Achill geradezu penetrant als fleischgewordene Geschwindigkeit, als „schnellen Läufer" rühmte. Mehr noch: Die Siegerlisten der Sportfeste in Olympia beginnen im Jahre 776 v. Chr. und zeigen, dass es bis 728 v. Chr. nur eine einzige olympische Disziplin gegeben hat: den Wettlauf durch das Stadion, den sogenannten „Stadionlauf", ein Lauf von knapp 200 Metern. Der Stadionlauf – ein Tribut an das „leere Ideal der Geschwindigkeit" – ist immer die vornehmste Disziplin der Olympischen Spiele gewesen. Nach den Siegern im Stadionlauf wurden die Olympiaden benannt. Der Apostel Paulus versuchte, seine sittlich schwankende Gemeinde in Korinth, dem St. Pauli der Alten Welt, mit einem Blick auf den Stadionlauf zu festigen: „Wisst ihr nicht, dass die Läufer im Stadion zwar alle laufen, dass aber nur einer den Siegeskranz gewinnt? Lauft so, dass ihr ihn gewinnt. Jeder Wettkämpfer lebt aber völlig enthaltsam."[7] Auf die Enthaltsamkeit kam dem Apostel alles an. Er hätte Kleitomachos, Olympiasieger des Jahres 216 v. Chr. im „grausigen Pankration", erwähnen sollen. Der Mann lebte so enthaltsam, dass er schon vor Herrenwitzen Reißaus nahm.

Die Geschichte, die vieles vergisst, hat den Namen des Olympiasiegers im Stadionlauf der 1. Olympischen Spiele (776 v. Chr.) nicht vergessen. Er hieß Koreibos, kam aus der Landschaft Elis, in deren Mitte Olympia liegt, und war Koch. Ja, er war Koch, aber als *schneller* Koch transzendierte er sich selbst, und sein Ruhm stieg „bis in den Himmel". Am 28. September 2000 war Koreibos mitten unter den Griechen, als Konstantinos Kenteris aus Mytilene (Lesbos) die Goldmedaille im 200-Meter-Lauf – im „Stadionlauf"! – der Olympischen Spiele von Sydney gewann. Es war das erste Mal in der Geschichte der modernen Olympischen Spiele, dass Griechenland in seiner ureigenen olympischen Disziplin siegte. Koreibos war wieder auferstanden! Wie sagt Schiller im *Siegesfest*?

> Von des Lebens Gütern allen
> Ist der Ruhm das höchste doch;

> Wenn der Leib in Staub zerfallen,
> Lebt der große Name noch.

Ruhm ist etwas Großes und es gehört zu seinen stärksten Reizen, dass er über die erlangte Größe hinaus noch weiter wachsen, dass er gesteigert werden kann: Ruhm ist ein vermehrbares Gut. Den Griechen war der Sport das zuverlässigste Mittel, Ruhm zu erwerben und so über die Endlichkeit des Menschen hinauszugelangen. Sie hatten nicht, was die Franzosen haben (eine Geistesakademie mit „vierzig Unsterblichen"), aber sie hatten Olympia, wo sie Siegerlisten führten und steinerne Statuen der Olympioniken zum ewigen Gedächtnis aufstellten. So kommt es, dass wir noch heute, nach fast dreitausend Jahren, den schnellen Koch aus Elis kennen. Er hat mehr Unsterblichkeit, als französische „Unsterbliche" erhoffen können.

Der Sieg in einem Wettkampf der Heiligen Spiele war ein Sieg über die Beschränktheit des Körpers, für die körperbewussten Griechen war er somit ein Sieg über die menschliche Beschränktheit selbst, ein Sieg über das Finite im *ens finitum*. Ein Faustkämpfer konnte sein Menschliches unter lebhaftem Beifall transzendieren, indem er eingeschlagene Zähne nicht bäurisch ausspuckte, sondern beherzt herunterschluckte. Der zweifache Pankrationssieger Arrhichion von Bassai wurde bei den Olympischen Spielen des Jahres 564 v. Chr. geradewegs erwürgt. Der erfahrene Arrhichion aber hatte dem Konkurrenten während des Kampfes mit Bedacht einen Zeh gebrochen und ihn so gezwungen, Sekunden vor seinem (Arrhichions) Tod das Zeichen zur Aufgabe zu geben. Sehr zum Ärger des Würgers erklärten daraufhin die Schiedsrichter den mühsam umgebrachten Arrhichion zum Sieger. Wir kennen noch heute seinen Namen. Dieser bis in den Tod hinein konsequente Catcher hat das Menschlich-Finite unter sich gelassen.

Auch Zahlen und Zählungen führen ins Große und schrankenlos Vergrößerbare. Wie die Griechen im olympischen Ruhm haben die Inder in Riesenzahlen etwas Numinoses gesehen, etwas, das ins Göttliche hinaufreicht. Es war Gautama Buddha, der „Erleuchtete" (etwa 560-480 v. Chr.), der Mann also, der die Überwindung des Weltleids durch Weltentsagung lehrte, es war ausgerechnet dieser *Erlöser*, der in der „Prüfung Buddhas" auf seine Fertigkeit im Umgang mit gigantischen Zahlen getestet wurde und sich dabei als höchst kompetenter Zähler erwies. In dieser Prüfung stellt der berühmte Mathematiker Arjuna dem jungen Mann die Aufgabe, die Zahlen (d. h. die Rangschwellen) über 100 *kotis* aufzubauen (*koti* ist die 7. Rangschwelle, also 10^7). Und nun erleben wir hautnah den indischen Enthusiasmus für Riesenzahlen, für Zahlen, die ihrer schieren Größe wegen mit irdischen Petitessen, mit Buchhalterischem und Krämerhaftem rein gar nichts mehr zu tun haben: Es geht einzig um die Zahl selbst, um die *große,* um *die ganz große* Zahl! Es geht um die Zahl, die etwas vom Unendlichen ahnt und sich auf den Weg zu ihm macht. Buddha zählt, er zählt und zählt und zählt (immer in vokalreichem, wohltönendem Indisch) von *koti* (10^7) über die Rangschwellen 10^9, 10^{11}, 10^{13} bis *vivara* (10^{15}), und so geht es in schwindelerregenden Steigerungen weiter und immer weiter – bis hinauf zu der unvorstellbar großen Zahl *tallaksana* (10^{53}). Aber damit, sagt Buddha bescheiden, damit sei nur die *erste* Zählung, die Zählung *tallaksana* erledigt; es würden jetzt die Zählungen *dvadjadravati* und *dvadjagranisamani* folgen – und dann noch sechs weitere. Die letzte führt zu der gigantischen Zahl 10^{421}, eine 1 mit 421 Nullen, eine Zahl, die keine andere Qualität mehr hat als *riesenhaft* zu sein, RIESENHAFT. Und was in dem Text steht, der Gautama als den erlösenden Buddha ankündigt, ist gleichermaßen abgetrennt von Alltagszählereien, es ist eine Art numerischer Adventsgottesdienst:

> An zweiunddreißig Haupt- und achtzig Nebenzeichen wird Buddha, an zweiund-dreißig seine Mutter, an acht das Haus, in dem er geboren werden soll, erkannt werden. Von zehn Millionen Frauen wird seine Mutter, die Königin Maya-Devi, bedient. Hunderttausende von Heiligen und hunderttausend Millionen von Erleuchteten werden Buddha huldigen. Sein Thron ist zusammengesetzt aus den guten Werken während hunderttausend Millionen von *kalpas* (d. h. von mythischen vier-tausenddreihundertzwanzig Millionen Jahren). Der große Lotos aber, der in der Nacht der Empfängnis des Buddha aufblüht, öffnet seine Blume in einer Weite von achtundsechzig Millionen Meilen.[8]

Edmund Burke (1729-1797), dem wir die immer lesenswerten *Reflexionen über die Revolution in Frankreich*, eine überzeugende Rede gegen das imperative Mandat und feinsinnige Betrachtungen über das Schöne und Erhabene verdanken, hat gemeint, dass bereits die schiere Größe eine mächtige Ursache des Erhabenen sei.[9] Die zyklopischen Zahlen der Inder sind eine Hindeutung – eine trotz aller Riesenhaftigkeit doch nur zurückhaltende Hindeutung – auf die „transfiniten" Zahlen, die Georg Cantor geschaffen hat, um in einem ultimativen Abenteuer des Geistes *über das Endliche hinaus* zu zählen. Zahlen, die ihm denn auch noch weit erhabener waren als das bloß Große und Exorbitante: Sie waren ihm etwas „Heiliges".[10]

Hin und wieder, sehr selten, tritt im Reich des Geistes ein Wesen auf, das wir wie ein Wunder anstaunen. Ein solches Wunderwesen war Mozart, ein anderes – von anderer Art – war Archimedes von Syrakus (287-212 v. Chr.). Schon das Altertum und dann wieder Galilei haben ihn „göttlich" genannt. D'Alembert, selbst ein Mathematiker und Physiker von hohen Graden, hat in seiner berühmten *Einleitung* in die aufklärerische *Enzyklopädie* enthusiastisch deklariert: „Vielleicht gebührt Archimedes mit größerer Berechtigung als allen großen Männern des Altertums der Platz neben Homer." Der überragende Newton und der überragende Gauß haben den Syrakusaner zutiefst bewundert, und die Moderne hat aus Archimedes, Newton und Gauß das „Dreigestirn der Mathematik" gemacht. Den *princeps mathematicorum* („König der Mathematiker") Gauß hat man oft den „deutschen Archimedes" genannt, was dem Deutschen wie dem Griechen gleicher-maßen zur Ehre gereichte. Bis in das 19. Jahrhundert hinein hat die hohe Würde der Mathematik, eine streng *beweisende* Wissenschaft zu sein, allein auf den Schultern des Archimedes geruht; neben ihm erschienen andere Mathematiker wie Kreuzungen zwischen Konquistadoren und Zuhältern. Zu seiner vorbildlichen Strenge gesellen sich eine Fülle, Tiefe und Schönheit seiner Einsichten, die wir hier noch nicht einmal andeuten können.

Archimedes' Vater war Astronom und hat seinem Sohn den ersten Unterricht in Mathematik und Naturwissenschaft erteilt. Dann hat der junge Mann einige Zeit in der berühmtesten Uni-versitätsstadt der Alten Welt, in Alexandria, studiert. Nach Syrakus zurückgekehrt, begann er seine wissenschaftliche Arbeit unter der Protektion des Königs Hieron II. (etwa 306-214 v. Chr.), mit dem er befreundet war. Syrakus war damals eine üppig und sündig dahinlebende griechische Stadt mit einem gewaltigen Hafen und einem ausgebreiteten Handel. Schaudernd erinnert sich

Platon an dieses New York der Alten Welt, wo man „zweimal am Tag sich den Bauch füllt und nachts nie allein schläft".[11] Archimedes war nicht nur Mathematiker, er war auch ein bahnbrechender Physiker und ein erfindsamer Ingenieur. Die astronomische Wissenschaft seines Vaters hat sich mit seiner eigenen technischen Begabung zur Konstruktion eines hydraulisch betriebenen Planetariums zusammengefunden. Als Physiker hat er u. a. die Hydrostatik geschaffen. Ihr fundamentales Auftriebsgesetz soll ihm wie eine Erleuchtung in seiner Badewanne durch den Kopf geschossen sein; begeistert sei er aus der Wanne gesprungen, nackt durch die Straßen von Syrakus gerannt und habe ständig *heureka! heureka!* gerufen („Ich hab's gefunden! Ich hab's gefunden!"). Als Chefingenieur König Hierons hat er mittels der „Archimedischen Schraube" die Bewässerungssysteme der Stadt verbessert und die Oberaufsicht über den Bau der etwa 3000 Tonnen fassenden *Syrakusia* gehabt, des größten Schiffes der Antike. Als im zweiten Punischen Krieg römische Truppen unter dem Kommando des Marcellus Syrakus erobern wollten, wuchs Archimedes als Militäringenieur zu legendärer Größe empor. Die mächtigen Steinkugeln seiner Schleudergeschütze zertrümmerten die römischen Schiffe, seine Kräne hoben sie aus dem Meer und zerschmetterten sie an den Hafenmauern. Zwei Jahre lang widerstand Syrakus dank der Archimedischen Waffentechnik der römischen Belagerung. Dann gelang es Marcellus, die Stadt von der Landseite einzunehmen, als die Syrakusaner fröhlich das Artemisfest feierten und „sich dem Wein und dem Leichtsinn überließen".[12] Der fünfundsiebzigjährige Archimedes ist nach der Einnahme der Stadt von einem römischen Bengel erschlagen, einfach mal erschlagen worden.[13]

Von den großen mathematischen Leistungen des Archimedes brauche ich hier nicht im Einzelnen zu sprechen. Aber eines seiner Ergebnisse möchte ich doch mitteilen, weil es bestechend schön ist: „Das Volumen einer Kugel verhält sich zum Volumen des umbeschriebenen Zylinders wie 2:3, *und genau dasselbe Verhältnis besteht auch zwischen den Oberflächen der beiden Körper*." Der Mann, der „einer schon nicht mehr menschlichen, sondern göttlichen Einsicht" teilhaftig gewesen war,[14] hat dieses Theorem wohl selbst als sein Kronjuwel angesehen, sonst hätte er seine Verwandten nicht gebeten, gerade die Figur der Kugel und des einschließenden Zylinders auf seine Grabstele zu setzen.[15] Als Cicero (106-43 v. Chr.) das Grab des größten Sohnes von Syrakus sehen wollte, konnte ihm niemand sagen, wo es zu finden sei. Nach langem Suchen fand er eine kleine Säule, die nur wenig über das umgebende Buschwerk hinausragte und die Kugel-Zylinder-Figur zu tragen schien. Er ließ den Ort gründlich mit Sicheln säubern und stand nun tatsächlich vor der Grabstele des Archimedes. „So hätte denn eine der vornehmsten Städte Griechenlands, vormals auch eine der gebildetsten, das Grabmal eines ihrer scharfsinnigsten Bürger vergessen, wenn es nicht von einem Manne aus Arpinum [Cicero] wieder entdeckt worden wäre."[16] Kulturvergessenheit eines einzigartigen Kulturvolkes!

Auch Archimedes hat sich, wie Buddha dreihundert Jahre vor ihm, in zyklopischen Zählungen ergangen, und zwar in einer Schrift mit dem trügerisch harmlosen Titel *Die Sandzahl*. Sie richtet sich an König Gelon von Syrakus und beginnt mit den Worten:

> Etliche glauben, König Gelon, dass die Zahl der Sandkörner [auf der ganzen Erde] unendlich sei … Andere gibt es, die zwar nicht dieser Ansicht sind, die aber meinen, dass es keine so große Zahl gebe, die die Zahl der Sandkörner übertreffe. [Ich aber will zu zeigen versuchen, dass unter den von mir benannten Zahlen] einige

sind, welche die Zahl der Sandkörper übertreffen, die *den ganzen Kosmos* ausfüllen würden. Du weißt, dass von den meisten Astronomen als Kosmos die Kugel bezeichnet wird, deren Zentrum der Mittelpunkt der Erde und deren Radius die Verbindungslinie der Erde und der Sonne ist.[17]

Archimedes beginnt den Bau seiner Zahlenarchitektur weit oben: bei der als sehr groß empfundenen Zahl *myrioi* = 10000 = 10^4. Die Zahlen

$$\text{von 1 bis } myrioi \times myrioi, \text{ also von 1 bis } 10^4 \times 10^4 = 10^8 = a$$

bilden die „1. Achtheit". a selbst wird nun Einheit der „2. Achtheit", die

$$\text{von } a \text{ bis } 10^8 a = a \times a = a^2$$

läuft. So geht es in Achtheiten fort bis zur a-ten, die bei

$$a^a = p = \text{eine 1 mit 800 Millionen Nullen}$$

endet. Die Zahlen von 1 bis p sind die der „1. Periode". Es folgt die „2. Periode": Ihre Zahlen reichen

$$\text{von } p \text{ bis } p \times 10^8 = p \times a.$$

Archimedes baut weitere „Achter-Perioden" auf, bis er zu seiner letzten Periode kommt, die mit der Zahl

$$p^a = \text{eine 1 mit } 8 \times 10^{16} \text{ Nullen}$$

endet. Sie lässt die größte Zahl in Buddhas Zählung – eine 1 mit nur 421 Nullen – weit hinter sich. Natürlich könnte Archimedes die Zählung mittels Perioden fortsetzen, aber er lässt es genug sein und geht jetzt zur eigentlichen Sandrechnung über.

Dazu zieht er die gängigen Vorstellungen über den Durchmesser eines Sandkorns und den der Himmelskugel heran und findet, dass die Anzahl der Körner in einem sandgefüllten Kosmos sich auf seiner Zahlenskala als recht bescheiden erweist: Sie liegt sage und schreibe schon in der 1. Periode. Von „unendlich" oder „nicht durch eine Zahl angebbar" kann also nicht im Entferntesten die Rede sein. Die Zahlen unterwerfen sich die Welt.

Man wird sich nie genug darüber wundern können, dass ein so überragender Kopf wie Archimedes sich mit vollem Bewusstsein an die Aufgabe macht, riesige Zahlen systematisch zu konstruieren und zu benennen – und dabei nicht auf den Gedanken kommt, das „Positionssystem", die „Stellenschreibweise", also etwa unser Dezimalsystem zu erfinden. Niemand hat das mehr beklagt als sein großer Bewunderer Carl Friedrich Gauß (1777-1855): „Wie konnte er [dabei nur] das übersehen [nämlich unsere heutige Stellenschrift zu entdecken], auf welcher Höhe würde sich jetzt die Wissenschaft befinden, wenn er jene Entdeckung gemacht hätte."[18] Die Inder, die

Babylonier und die Maya in Guatemala haben Positionssysteme geschaffen, nicht aber der „göttliche Archimedes". Und er stand doch so dicht davor!

Riesige Zahlen sind riesig – mehr sind sie nicht. Sie sind nicht unendlich, so sehr sie auch mit Unendlichkeitsflitter kokettieren: *Myrioi* auf dem *y* betont heißt „zehntausend", *myrioi* auf dem *i* betont heißt „unendlich". Das Sanskrit ist hier unverblümter: Das eine Wort *ayuta* steht ohne irgendeine Änderung für „zehntausend" *und* für „unendlich". (Seine wörtliche Bedeutung ist merkwürdigerweise – und sehr zum Spekulieren anfeuernd – „unverbunden".) Das altägyptische Piktogramm für „eine Million" – ein Mann, der beide Arme zum Himmel streckt (man denkt an Odysseus, dessen Ruhm so gewaltig war, dass er „bis in den Himmel" stieg; „Himmel" ist immer mit „Größe" assoziiert!) – dieses tiefsinnige Piktogramm verlor langsam seinen ursprünglichen Zahlenwert und stand schließlich für „Ewigkeit".[19] In solchen schwankenden, schillernden Chamäleon-Zahlen streckt das Endliche gewissermaßen die Hände nach dem Unendlichen aus, das Begrenzte wuchert ins Unbegrenzte hinein, zum Himmel hinauf. Und doch gilt immer: *Das Große ist nicht das Unendliche.* Freilich begegnen sich die beiden gelegentlich, aber nur im Negativen, nur in der Geistesschwäche des Menschen: Wir können uns die Elemente einer unendlichen Menge nicht „intuitiv aktuell" (Cantor) als einzelne denken – aber bei den Elementen einer riesigen endlichen Menge können wir es auch nicht. Cantor sagt es so: „Ich möchte … denjenigen sehen, der etwa bei der endlichen Zahl ‚Tausendmal Million' oder selbst bei noch viel kleineren Zahlen alle darin vorkommenden Einheiten uno intuitu [vermöge einer einzigen Intuition] distinkt und präzise sich vorstellen kann. Ein solcher lebt heutigentages unter uns ganz sicherlich *nicht*."[20] Das dürfte der Grund sein, weshalb wir im Falle überwältigend großer Gesamtheiten die unbestimmten Ausdrücke „zahlreich", „zahllos" oder „unzählig" gebrauchen. Jahwe verspricht Abram: „Ich mache deine Nachkommen zahlreich wie den Staub auf Erden. Nur wer den Staub auf Erden zählen kann, wird auch deine Nachkommen zählen können."[21] Das riesig Große scheint in das Unendliche hinein- und hinaufzuwuchern. Wie aber schlägt das bloß Große in das wahrhaft Unendliche um, besser: Wie gewinnen wir überhaupt aus dem *sinnlich* gegebenen Endlichen die *Idee* des Un-endlichen? Wir können auf einen Tisch deuten und sagen: „Das ist ein Tisch." Wir können auf einen Baum deuten und sagen: „Das ist ein Baum." Es gibt aber in unserer Sinnenwelt nichts, auf das wir mit den Worten deuten könnten: „Das hier ist das Unendliche." Die Scholastik hatte hier den Satz in petto: *Infinitum actu non datur* („Das Unendliche ist nicht *aktual*, nicht *in der Wirklichkeit* gegeben"). Wie also gewinnen wir die Idee dieses geistig Un-wirklichen aus dem sinnlich Wirklichen? Wie übersteigern wir das Endliche zum Unendlichen? Hat denn John Locke (1632-1704), der Großmeister des Empirismus, von Hause aus ein auf zuverlässige Erfahrung angewiesener Arzt, nicht gesagt: *Nihil est in intellectu, quod non prius fuerit in sensu* („Nichts ist im Geist, was nicht vorher in den Sinnen war")? Dieser konsequente Empirist tut sich denn auch sehr schwer damit, zur Idee des Unendlichen vorzudringen, so schwer, dass es ihm gar nicht gelingt. Er versucht sein Glück im 17. Kapitel („Über die Unendlichkeit") seines Hauptwerks *An Essay Concerning Human Understanding* (1690[22]). Im 17. Kapitel! Das verheißt nichts Gutes: 17 ist die „zweite Sieben", und Sieben ist die „böse Sieben", wir wissen Bescheid. Das Unternehmen geht denn auch schief. Zunächst konstatiert Locke ganz richtig, dass die Objekte der Sinnenwelt immer im Endlichen bleiben und nicht entfernt an Unendliches heranreichen.[23] Im gleichen Atemzug aber beginnt etwas niederschmetternd Erstaunliches: Der honette Empirist umgeht auf Schleichpfaden durchs Unempirische das sinnlich Gegebene – er nimmt den Weg durch das übernatürliche Reich der „natürlichen Zahlen" 1, 2, 3 usw., durch das Reich eines Gehirnprodukts also, das ihm aber als Proto-Typ, als Erst-Ausgabe und Muster-Vorlage einer – freilich nicht ganz und gar unendlichen – Unendlichkeit erscheint.[24] Wie sehr die Zahlen Gehirnprodukte sind, haben wir an den kunstvollen Zählsystemen Buddhas und Archimedes' gerade gesehen. Noch nicht einmal die Zahlen der „ersten Zählung" Buddhas stehen auf der Straße herum und rufen: „Wir sind die Zahlen der Zählung *tallaksana*", schon gar nicht macht sich Buddhas arithmetischer King Kong, eine 1 mit 421 Nullen, sinnlich bemerkbar – und das gilt noch mehr von Archimedes' Riesenzahl, einer 1 mit 8×10^{16} Nullen. Wir sollten hier auch noch daran denken, dass viele naturbelassene Völker gerade mal bis drei zählen, dann kommen schon „ganz viele". Englische Kinder reimen *„one, two, three – infinity"*. Die alten Römer sagten mit der ganzen mathematischen Einfalt, die ihnen eigen war, *sescenti* („sechshundert"), um „unzählig" auszudrücken. Und Archimedes selbst berichtet von hochkultivierten Mitgriechen, die meinen, dass uns die Zahlen schließlich ausgehen – dass es nämlich „keine so große Zahl gebe, welche die Zahl der Sandkörner [auf der Erde] übertreffe" (s. oben). Das ist ein kulturgeschichtlich ungemein interessantes Faktum: Die Menschen haben um die Unendlichkeit der Zahlenreihe nicht weniger ringen müssen als um die unendliche Dauer der Ewigkeit, die anfänglich ja keineswegs „ewig" war. Locke aber verfügt über ein Spätprodukt der Zivilisation: über die Folge der „natürlichen Zahlen" (die er einfach „die Zahlen" nennt), eine Folge, von der er weiß – und das ist hier das einzig Wichtige! –, dass man in ihr *ungehindert fortschreiten* kann. Er weiß das als Mensch der Kultur. In den Statuten der Natur jedoch steht nicht, dass auf jede natürliche Zahl *n* – sei sie noch so groß und noch so unerfahrbar – eine weitere natürliche Zahl folgt, nämlich *n* + 1. Der Naturbelassene kann diesen Gedanken gar nicht fassen, weil er mit dem verblasenen „Noch so groß" keine Vorstellung verbindet. Es ist dieses „transzendente", alle Empirie übersteigende Geistesfaktum des endlosen Fortschreitens in der Zahlenreihe, das Locke nun listig ins Empirische hineinpraktiziert. Zu einer Länge von 1 Fuß, sagt er, können wir eine weitere Länge von 1 Fuß hinzufügen, zu ihr eine dritte Länge von 1 Fuß, und *da uns die Zahlen nicht ausgehen und wir nir-gendwo Widerstand finden* (wieso eigentlich nicht?), kommt dieses Hinzufügen nie an ein Ende – und wir gelangen so zur Idee der Unendlichkeit des Raumes. Und indem wir ganz ähnlich zur Zeitspanne 1 Stunde eine zweite Stunde hinzufügen, dann eine dritte und so fort – *die Zahlen gehen uns ja nicht aus, und auf einen Widerstand stoßen wir nicht* (wieso eigentlich nicht?) –, gewinnen wir die Idee einer ewigen Dauer. So also erschließt sich uns die Idee des Unendlichen auf dem Wege des ständigen Fortschreitens, des *progressus in infinitum*. Ihr Fundament ist die end-lose Folge der Zahlen. Sie zeigt das Urphänomen der „Vergrößerbarkeit", der „Steigerungsfähigkeit" in seiner reinsten Form. Das Vergrößerbare, Steigerungsfähige zielt in unbestimmter Weise auf ein unbestimmt Großes, auf ein „Un-ermessliches". Das Infinite ist zunächst etwas, dessen *finis* – „Grenze" – wir nicht kennen. (Der altrömische Feldmesser hieß *finitor*, „Abgrenzer".) Locke also glaubt, es sei der Prozess der ständigen – ungehinderten, *unbehinderbaren* – Vergrößerung, der die Idee des Unendlichen in uns entstehen lasse.

Der Mensch lässt sich mit *horrified fascination* immer von neuem auf das un-heimlich Unendliche ein; vielleicht ist diese Angstlust im Angesicht des Infiniten der Grund, weshalb ihn das bloße Vergrößern ins unbestimmt Große hinein so sehr lockt und reizt. Odysseus sorgte dafür, dass sein Ruhm wuchs und wuchs und schließlich „in den Himmel" stieg. Die

Olympiasieger konnten ihren Ruhm ins Ungemessene steigern, indem sie mehrfach bei den Olympischen Spielen oder zusätzlich bei einigen anderen Heiligen Spielen siegten. Robert Schumann war versessen auf Steigerungen wie keiner sonst. In jeder seiner drei Klaviersonaten stehen Steigerungsbefehle, neben denen sich das neuolympische „Schneller, höher, weiter!" kleinbürgerlich ausnimmt. In der Sonate g-Moll (op. 22) gibt er im 1. Satz zuerst die Anweisung „So rasch wie möglich", überbietet sie, als stamme er aus Absurdistan, alsbald mit dem Befehl „Schneller" und ordnet wie zum Hohn schließlich „Noch schneller" an. In der Sonate fis-Moll (op. 11) verlangt er im 3. Satz „Allegrissimo", kurz darauf schon die unmögliche Steigerung „più Allegro". („Den lieb ich, der Unmögliches begehrt."[25]) In der Sonate f-Moll (op. 14) schreibt er im 4. Satz ein unüberbietbares „Prestissimo possibile" vor, einige Seiten später erhöht er es zu einem „più presto". Komponisten steigern sich noch auf andere Weise ins Unmögliche hinauf. *f* bedeutet bei ihnen *forte* (laut), *ff* steht für *fortissimo* (so laut wie möglich), dann folgt aber noch das ultimative *fff*, bei dem selbst dem Italienischen die Worte ausgehen und das man deshalb etwas verlegen als *forte fortissimo* liest, das aber die Aufforderung ist: noch lauter als „so laut wie möglich". Das Wort „total" lässt sich nicht steigern; Joseph Goebbels hat es trotzdem getan, in seiner furiosen Rede im Berliner Sportpalast am 18. Februar 1943, zwei Wochen nach dem Untergang der 6. Armee in Stalingrad: „Wollt Ihr den totalen Krieg? Wollt Ihr ihn, wenn nötig, *totaler und radikaler* als wir ihn uns heute überhaupt erst vorstellen können?"[26] Vermöge seiner maßlosen Steigerung ließ der Meisterdemagoge seine fanatisierten Zuhörer einen ersten Blick tun in ein Unendliches, das an jenem Abend in seiner klassischen Gestalt erschien: in der Gestalt des schlechthin *Unvorstellbaren*. Noch unbedingter als Goebbels geht Hölderlin zu Werke: In seinem Aufsatz *Über Religion* steigert dieser Sprachmeister auf drei Seiten das Wort „unendlich" wie im Rausch *elfmal* zu „unendlicher", um den Übergang aus dem bloß „Notdürftigen" in eine höhere, heiligere Sphäre auszudrücken. Er konnte noch gar nicht wissen, dass man „unendlich" tatsächlich in einem ganz präzisen Sinne steigern kann: Erst Cantor sollte entdecken, dass es Unendlichkeiten gibt, die „größer" – erheblich größer! – sind als gewisse andere Unendlichkeiten. Zu erwähnen ist jetzt nur noch jener originelle amerikanische Gewerkschaftsführer, der auf die Frage, was die Gewerkschaften eigentlich wollen, die lakonische Antwort gab: „Mehr". Die Kultur- und Unkulturgeschichte des Abendlandes könnte geschrieben werden unter dem Titel „Der alte Mann und das Mehr". Als Einleitung sollte sie das Märchen *Von dem Fischer un syner Fru* bringen, jene tief verstörende Grimmsche Erzählung von der ungezügelten Lust auf mehr und immer mehr und dann noch mehr. Ein Fischer, der mit seiner Frau aufs kümmerlichste in einer Höhle haust, fängt eines Tages einen ungewöhnlich großen und prächtigen Fisch, der sich alsbald in perfektem Plattdeutsch als verwunschener Prinz zu erkennen gibt und den Fischer bittet, ihn wieder ins Wasser zu werfen. Der tut es und erzählt seiner Frau Ilsebill aufgeregt von dem Abenteuer mit dem Fisch, der keiner ist. Ilsebill ist verärgert, weil ihr Mann sich keine Gegengabe von dem Wunder-Fisch erbeten hat; eine hübsche kleine Hütte wäre doch für Höhlenbewohner nicht übel. Der Fischer sieht das ein, kehrt an den See zurück und bittet den Fisch um die Hütte, und der gewährt sie anstandslos. Nach kurzer Zeit bekommt Ilsebill Lust auf mehr: auf ein steinernes Schloss. Der Fisch gibt den beiden ein Schloss mit herrschaftlicher Ausstattung und geschultem Personal. In einem solchen Schloss, sagt sich die resolute Frau Ilsebill nach kurzem Nachdenken, sollte man eigentlich den König des Landes spielen. Der Fischer bittet den Fisch um die Königsherrschaft, und der verleiht sie ohne Umstände. Wenn schon König, warum dann nicht auch Kaiser, räsoniert die großgesinnte Ilsebill – und wieder macht der Fisch mit. Nun aber bekommt Frau Ilsebill Lust auf sehr viel mehr: Sie möchte Papst werden. Dem Fischer ist gar nicht wohl bei diesem exorbitanten Verlangen, und doch bittet er schließlich schweren Herzens den Fisch um die Papstwürde. Wieder ist das Wunder-Tier kooperativ. Nach diesen geglückten Steigerungen aber zeigt sich, dass Ilsebill sich in Lockes *progressus in infinitum* wohl doch bis zur Hirnverrenkung hineinstudiert hat. Jedenfalls kommt es jetzt zu ihrem finalem Ausrasten: Sie möchte sein wie Gott, ja, „ik will warden as de lewe Gott". Der Fischer weigert sich lange, dieses blasphemische Anliegen dem Fisch vorzutragen, tut es aber schließlich doch, denn Ilsebill versteht sich meisterlich auf die Kunst des Nervens. Da aber bricht ein furchtbares Unwetter aus, Blitze zucken, der Donner kracht, die Erde öffnet sich – und im Nu ist die ganze Fischer-Herrlichkeit perdu. Die beiden finden sich in ihrer alten Höhle wieder. Von der Höhle in die Höhle: Die Lust auf mehr wird zirkulär.

Erinnern wir uns: Locke meint, der Prozess des *endlosen Vergrößerns von Endlichem* erwecke im Geist die Idee des Unendlichen; der Archetypus des schrankenlosen Vergrößerns aber ist ihm das *Fortschreiten* von einer Zahl zur nächstgrößeren. Die Unendlichkeit der Zahlenreihe ist ihm, was sie schon 2000 Jahre früher dem Aristoteles gewesen war: keine reale, keine „aktuale" Unendlichkeit, keine Unendlichkeit „im Modus der Wirklichkeit", sondern nur eine „im Modus der Möglichkeit", eine „potentiale Unendlichkeit".[27] (Von Aristoteles später mehr.) Die Zahlenreihe existiert nur als eine unaufhörlich wachsende Entität, nicht als ein abgeschlossenes Totum, das man vollständig überblicken könnte. Warnend sagt er: „Nichts liegt offenkundiger zutage als die Absurdität der tatsächlichen Idee einer unendlichen Zahl."[28] Der Gedanke ist ihm wichtig, er wiederholt ihn wenige Seiten später mit den psychiatrisch eingefärbten Worten: „Es dürfte sich schwerlich jemand finden, der unsinnig genug wäre zu behaupten, er besitze die *positive* Idee einer wirklichen unendlichen Zahl."[29] Schon 200 Jahre später wird sich dieser „Jemand" unter dem Namen Cantor dann doch finden. Derselbe Cantor wird der Weiße Ritter des Aktual-Unendlichen sein und es gegen eine Welt von Feinden verteidigen. Scharf hebt er es ab von dem bloß Potential-Unendlichen, in dem Aristoteles und Locke die einzig legitime Form des Unendlichen sehen, das er aber nur gelten lässt als „eine *veränderliche*, endliche, über alle endlichen Grenzen hinaus *wachsende* Größe", ein Zwerg mit Wachstumsphantasien. Das Aktual-Unendliche hingegen ist „ein *in sich festes, konstantes*, jedoch jenseits aller endlichen Größen liegendes Quantum".[30]

Locke unterscheidet in der Raumfrage sorgfältig zwischen dem Potential-Unendlichen und dem Aktual-Unendlichen, ohne aber diese Termini zu gebrauchen. In seiner Sprache unterscheidet er zwischen der *Idee der Unendlichkeit des Raumes* und der *Idee eines unendlichen Raumes*. „Erstere ist nichts anderes als eine angenommene endlose Progression des Geistes aufgrund beliebig wiederholter Raumideen. Wenn dagegen im Geist tatsächlich die Idee eines unendlichen Raumes vorhanden sein soll, so hieße das voraussetzen, dass der Geist *alle* die wiederholten Raumideen, die ihm eine *endlose* Wiederholung niemals vollständig vergegenwärtigen kann, schon überblickt habe und tatsächlich noch überschaue, worin ein offenbarer Widerspruch liegt."[31] Gerade das Mittel, sagt Locke, das uns auf die Idee der Unendlichkeit des Raumes bringt – das end-lose Aneinanderfügen von Längeneinheiten –, gerade dieses Mittel beweist nichts für die tatsächliche Existenz eines unendlichen Raumes. Unser Geist ist nun einmal zu schwach, um eine endlose Repetition wie eine beendete vollständig zu überblicken. Es gibt keine „positive Idee" eines unendlichen Raumes.[32] Nicht anders steht es mit der „unendlichen Dauer" oder „Ewigkeit": Auch von ihr haben wir keine „positive Idee".[33] Und dieses Verdikt trifft schließlich das Unendliche selbst. „Unser Geist versagt bei einem Objekt, das zu umfassend und zu gewaltig ist, als dass wir es überschauen und handhaben könnten."[34] Der „größte aller Philosophen" (Voltaire) wird durch Cantor Lügen gestraft werden.

Die Unendlichkeit bricht in ganz anderer Form, als Locke vermutet hat, in unser Leben ein: in der Form einer Ewigkeit, die aber nicht durch unbeschränktes Aneinanderstückeln von Tagen zu einer säuberlichen „Idee unseres Geistes" wird, sondern die mit elementarer Gewalt ausgerechnet in einer Welt des Sterbens aufs absurdeste als „Unsterblichkeit" daherkommt. Zum Entsetzen eines jeden Empiristen Lockescher Observanz ist die Unsterblichkeit in unserem Geist, ohne vorher in den Sinnen gewesen zu sein. Das hat sie mit der Halluzination gemein. Die Unsterblichkeit ist keine „Idee des Geistes", sondern ein halluzinativer Protest gegen das große Sterben um uns herum. Die Idee der Unendlichkeit tritt erstmals als das religiös genährte Verlangen nach Unsterblichkeit auf; sie ist das Produkt einer uralten Religionsbiologie. Das ist der Grund, weshalb das Unendliche den Menschen so tief ergreift oder, wie der supreme Mathematiker David Hilbert gesagt hat (ich habe diese Sätze schon im Vorwort zitiert, aber sie vertragen eine Wiederholung):

> Das Unendliche hat wie keine andere Frage von jeher so tief das *Gemüt* des Menschen bewegt; das Unendliche hat wie kaum eine andere *Idee* auf den Verstand so anregend und fruchtbar gewirkt; das Unendliche ist aber auch wie kein anderer *Begriff* so der Aufklärung bedürftig.[35]

---

[1] Homer: Ilias 21, 664ff.

[2] Homer: Odyssee 8, 100ff.

[3] Homer: Odyssee 8, 147f.

[4] Xenophon: Anabasis, Ende des 4. Buches.

[5] Herodot 6, 70.

[6] Plutarch: Pelopidas 34.

[7] 1 Kor 9, 24f.

[8] Karl Menninger: Zahlwort und Ziffer, 2. Aufl., Göttingen 1958, Bd. I, S. 147f.

[9] Edmund Burke: A Philosophical Enquiry into the Origin of our Ideas of the Sublime and Beautiful, Section VII.

[10] Gerhard Kowalewski: Bestand und Wandel, München 1950, S. 201.

[11] Platon: Siebter Brief 326b.

[12] Plutarch: Marcellus 18.

[13] Plutarch: Marcellus 19.

[14] Plutarch: Marcellus 17.

[15] Plutarch: Marcellus 17.

[16] Cicero: Gespräche in Tusculum V, 64-66.

[17] Archimedes: Die Sandzahl. In Archimedes: Werke, übers. von Arthur Czwalina, Darmstadt 1983, dort S. 349.

[18] Zitiert nach Karl Menninger: Zahlwort und Ziffer, a. a. O., Bd. I, S. 153.

[19] Georges Ifrah: Universalgeschichte der Zahlen, Frankfurt/New York 1986, S. 231.

[20] Georg Cantor: Ges. Abh., S. 402.

[21] Gen 13, 16.

[22] Deutsche Übersetzung unter dem Titel: Über den menschlichen Verstand, 2 Bände, Berlin 1962. Auf diese Ausgabe wird hinfort kurz verwiesen mit „Locke: Menschlicher Verstand".

[23] Locke: Menschlicher Verstand Bd. I, XVII, 2.

[24] Locke: Menschlicher Verstand Bd. I, XVII, 10.

[25] Johann Wolfgang von Goethe: Faust II (Klassische Walpurgisnacht), Vs. 7488.

[26] Iring Fetscher: Joseph Goebbels im Berliner Sportpalast 1943, Hamburg 1998, S. 95.

[27] Aristoteles: Physik 207b.

[28] Locke: Menschlicher Verstand Bd. I, XVII, 8.

[29] Locke: Menschlicher Verstand Bd. I, XVII, 13.

[30] Georg Cantor: Gesammelte Abhandlungen mathematischen und philosophischen Inhalts, hrsg. von Ernst Zermelo, Berlin 1962, S. 374. Dieses Werk wird hinfort zitiert kurz verwiesen mit „Cantor: Ges. Abh.".

[31] Locke: Menschlicher Verstand Bd. I, XVII, 7.

[32] Locke: Menschlicher Verstand Bd. I, XVII, 18.

[33] Locke: Menschlicher Verstand Bd. I, XVII, 13 und 16.

[34] Locke: Menschlicher Verstand Bd. I, XVII, 21.

[35] David Hilbert: Über das Unendliche. Math. Annalen 95 (1926) 161-190; dort S. 163.

2. Gilgamesch sucht die Unsterblichkeit

Wir können den Zeigefinger ausstrecken und sagen: „Das ist ein Haus; das ist ein Baum; das ist die Sonne." Wir können aber nicht den Finger ausstrecken und sagen: „Das ist das Unendliche." Das Unendliche ist kein *phainomenon*, kein Sinnending, auf das man zeigen kann, es ist ein *noumenon*, ein Gedankending. Die mittelalterlichen Philosophen lehrten ziemlich unisono: *Infinitum actu non datur.* Will heißen: Das Unendliche ist nicht *aktual, nicht in der Wirklichkeit* gegeben, es existiert nicht als fertiges Ganzes, nicht als vollendetes Totum. Georg Cantor, der Weiße Ritter des Aktual-Unendlichen, der es gegen eine Welt von Feinden verteidigte – unter ihnen der Meisterdenker Aristoteles (384-322 v. Chr.), der Meistertheologe Thomas von Aquin (1225-1274) und der Meistermathematiker Carl Friedrich Gauß (1777-1855) –, dieser sehr auf sich allein gestellte Cantor hob es scharf ab von dem bloß Potential-Unendlichen, das nur „eine *veränderliche*, endliche, über alle endlichen Grenzen hinaus *wachsende* Größe" ist, etwas wie ein Zwerg mit Wachstumsphantasien, während das Aktual-Unendliche „ein *in sich festes, konstantes*, jedoch jenseits aller endlichen Größen liegendes Quantum" sein soll.[1] Gegen alle feinsinnigen Einwände eminenter Geister aus allen Sparten und allen Zeiten werden wir Allerweltsmenschen jedoch auch ohne Cantor in sehr schmerzlicher Weise auf die aktuale *Unendlichkeit* hingewiesen durch eine bös-böse *Endlichkeit*: durch die Endlichkeit unseres Lebens, der die Endlosigkeit der Totenruhe folgt. Wir sterben – und gegen dieses niederträchtige Faktum protestieren wir mit der lauten Klage darüber, dass wir nicht „un-sterblich" seien, dass unser Leben nicht ohne Ende, nicht *un-endlich* weitergehe. In der ersten großen Erzählung der Menschheit, in dem sumerisch-babylonischen Gilgamesch-Epos,[2] dessen früheste Fassungen bis ins 3. Jahrtausend v. Chr. zurückreichen, schon in diesem literarischen Erstling der Menschheit sucht Gilgamesch, der umgetriebene König von Uruk, nicht etwa Ruhe wie Ahasver, nicht Erkenntnis wie Faust, nicht Liebe wie Don Juan – Gilgamesch sucht Unsterblichkeit. Überall sieht er den Tod, überall muss er sich die trostlose Lehre anhören, die Götter hätten dem Menschen von Anfang an den Tod zugedacht; das Leben aber hätten sie für sich behalten. Dann hört er jedoch von einem Ausnahmemenschen: von Ut-napistim, der fern am Ende des Westmeers ein end-loses Leben genießt. Auf einer gefahrvollen Reise gelangt Gilgamesch zu Ut-napistim, der ihm von einem Wunderkraut tief unten im Ozean erzählt: Wer es besitzt, bleibt ewig jung; sein Name ist „Als Greis wird der Mensch wieder jung sein". Gilgamesch taucht in den Ozean hinab, und tatsächlich findet er die magische Pflanze. Wieder an Land, nimmt er ein Bad in einer frischen Quelle, eine tückische Schlange schleicht heran und frisst das kostbare Lebenskraut. Verzweifelt kehrt Gilgamesch nach Uruk zurück.

Es ist Wunschdenken, verzweifeltes Wunschdenken, das in uns die Vorstellung des Unendlichen – in der Gestalt des unendlich währenden Lebens – entstehen lässt. Die Wurzel des Gehirnprodukts „Unendlichkeit" ist die Gilgamesch-Begierde nach Unsterblichkeit, nach dem ewigen Leben des Ut-napistim.

Unsterblichkeit ist so wenig durch aufzeigbare Erfahrung gegeben wie Unendlichkeit: Sie ist ein Wunsch-Traum, eine autogenetische Wunsch-Halluzination. Die urzeitlichen Grabbeigaben zeigen, dass schon sehr früh die Vorstellung umging, der Mensch brauche die „schöne, freundliche Gewohnheit des Daseins"[3] auch nach seinem „Tod" nicht aufzugeben. Dieser „Tod" sei kein Abschluss, sondern ein Übergangszustand, ein *passing through nature to eternity* (so Hamlets Mutter zu ihrem Sohn[4]). Der „Tote" selbst sei keineswegs ganz und gar tot, nicht mausetot, er sei vielmehr etwas wie ein „lebender Leichnam" – ein *lebender*! Es ging denn auch ein numinoser Schauder durch unsere abgebrühten Medien, als im Juli 2006 die zweieinhalbtausend Jahre alte Leiche eines vornehmen skythischen Kriegers gefunden wurde, die sich im Permafrostboden des Altai-Gebirges vorzüglich erhalten hatte. Sie war standesgemäß equipiert mit Schild und Pfeilen, Zaumzeug für zwei mitbestattete Pferde, einem reich verzierten goldenen Kopfschmuck und einem prächtigen Pelzmantel aus Murmeltierfellen. Dem Edelmann sollte es in seinem zweiten Lebensabschnitt an nichts fehlen. Seit Beginn des 3. Jahrtausends v. Chr. wurden die Leichen vornehmer Ägypter mumifiziert; die Mumie sollte das Gehäuse für den neuen Leib im Jenseits sein. Die Ägypter, exzessiv fromm, glaubten fest an die Fortdauer der Existenz nach dem Tode.[5] Den thrakischen Geten des 5. Jahrhunderts sagte man nach, dass sie „nicht an ihren Tod glauben, sondern meinen, der Tote gehe zu dem Gott Zalmoxis".[6] Die Indianer sterben nur zum Schein, in Wirklichkeit siedeln sie in die ewigen Jagdgründe um, die germanischen Recken ziehen nach Walhalla, auf „gestorbene" Christen und Muslime warten diverse Fortlebe-Etablissements unter den Namen Paradiese und Höllen. (Auch die Hölle ist ein Ort des Lebens, wenn auch ein unerquicklicher.) Goethe meinte zuversichtlich, nach einem rastlosen Leben des Wirkens und Tuns müsse uns die Natur billigerweise einen neuen Ort des Wirkens und Tuns anweisen. Der Tod erscheint als Transitvisum für ein neues Leben.

„Verstorbene" können durchaus noch Funktionen haben und wichtige Aufgaben erfüllen. Sie wachen etwa über das Wohlergehen ihrer Familien und sorgen für männlichen Nachwuchs. Diese archaischen Vorstellungen ziehen sich bis tief in die Neuzeit. Man denke nur an die Grimmschen

Märchen *Brüderchen und Schwesterchen* und *Die drei Männlein im Walde*. Im ersten Märchen kehrt die ermordete Königin um die Mitternacht zu ihrem neugeborenen Kind zurück und gibt ihm zu trinken; im zweiten spielen sich völlig analoge Revenant-Szenen ab.

Der Beginn des 18. Jahrhunderts, also des Jahrhunderts der Aufklärung, erlebte eine nicht zu erwartende Überschwemmung mit Vampiren, mit jenen „Untoten" also, die tagsüber sittsam in ihren Gräbern liegen, ihnen nachts aber entsteigen und arglose Menschen anfallen, um Blut aus ihnen zu saugen. Eine frühe Ouvertüre zu diesem Hokuspokus einer drittklassigen Unsterblichkeit ist das keltische Fest *Samhain*, das in unseren Tagen zum Gruselhappening *Halloween* mutiert ist. Der Glaube an blutsaugende Untote gedieh im aufklärungsstolzen Westeuropa zu einer veritablen Kollektivpsychose, einer *épidemie vampirique*. Die Zeitungen waren voll von diesen blutsuchenden Wesen, die keine nebligen Gespenster, sondern Revenants von gediegener Leiblichkeit waren – freilich ohne Schatten und Spiegelbilder. Sie scheuten, das war bekannt, Kruzifixe, Weihwasser und Knoblauch.

Der Gilgamesch-Protest gegen Sterblichkeit, die Suche nach dem Wunderkraut, das ewig jung erhält, zieht sich durch die Jahrtausende. Das erste Anti-Aging-Programm war denn auch ein ernährungsphysiologisches: Die olympischen Götter wehrten das Alter ab, indem sie allein von Nektar und Ambrosia lebten. Das altrömische Anti-Aging-Programm allerdings war von anderer, nämlich semantischer Art. Die Römer wussten, dass dem Menschen nur ein kurzes Leben beschieden ist, und sie bauten deshalb vor dem Vergreisen kunstvoll Altersstufen auf, die mit Jugendlichkeit in langsam abnehmender Intensität parfümiert waren. Der (männliche) Mensch begann als *infans* (Kleinkind), dann kam der *puer* (Knabe), es folgte der *adulescentulus* (sehr junger Mann) und der *adulescens* (Jüngling, bis 30 Jahre), dann der *iuvenis* (junger Mann, bis 40 Jahre), anschließend der *vir* (erwachsener Mann) – und nach diesen sorglichen Vorbereitungen kam schließlich das Unvermeidliche: der *senex* (Greis). Die vielen Bücher über das Greisenalter, angeführt von Ciceros *De senectute*, sagten nicht, das Greisenalter sei eine angenehme und erfüllte Zeit, sie lehrten nur, mit Anstand durch seine Beschwernisse hindurchzukommen und es produktiv als Vorbereitung auf den Tod zu nutzen.

Der große Einiger Chinas, jener gewalttätige Kaiser, der sich den himmelstürmenden Namen „Erster Erhabener *und Göttlicher* von Ch'in" gab (er starb 210 v. Chr.) und dem wir die berühmte Terrakotta-Armee verdanken, wollte nicht nur metaphorisch „göttlich", sondern auch einer göttlichen Unsterblichkeit teilhaftig sein. Also engagierte er Scharen von Alchimisten, die in gut equipierten Schwarzen Küchen einen Trank des ewigen Lebens zubereiten sollten. In der westlichen Hemisphäre suchten die arabischen und europäischen Alchimisten der Spätantike den „Stein der Weisen" (*lapis philosophorum*), jenes fabulöse Wundermittel, das nicht nur unedle Metalle in Gold verwandeln, sondern auch ewige Jugend schenken konnte. Im frühen 16. Jahrhundert ersann Paracelsus, diese gelungene Kreuzung zwischen Schamane und Chefarzt, potente „Lebenselixiere", die den Körper dauerhaft verjüngen sollten. Ein Nachhall dieser obskuren Operationen des Pharmakomagiers ist die Hexenküchenszene in Goethes *Faust*: Ein kapables Zauberweib verabreicht dem durch exzessives Studieren vorzeitig heruntergekommenen Faust einen Verjüngungstrank, der, so Mephistopheles, auch als zuverlässiges Aphrodisiakum taugt:

> Du siehst mit diesem Trank im Leibe
> Bald Helenen in jedem Weibe.[7]

In der „guten, alten Zeit" sollen abgewrackte Potentaten versucht haben, mit dem Blut frisch-geschlachteter Jünglinge selbst wieder Jugendfrische zu erlangen. Weniger jugendgefährdend agierte der spanische Konquistador und Naturforscher Juan Ponce de Leon: Im Jahre 1512 brach er von Puerto Rico nach Norden auf, um einen sagenhaften Jungbrunnen zu finden. Das Glück war ihm jedoch nicht hold. Anno Domini 2005 hat ein Brite namens Aubtey de Grey, ein Mitglied der renommierten Universität Cambridge, vermeldet, das Altern, ja, das könne angehalten und sogar umgekehrt werden. Man wird abwarten müssen.

Es hat allerdings auch Völker gegeben, für die mit dem Tod alles aus war. Zu ihnen gehören die frühen Juden. Ihre Toten sind „ins Schweigen hinabgefahren", in ein wenig heimeliges Totenreich, in dem sie als kraftlose Totengeister eine Existenz führen, die keine ist.[8] Sie sind – das ist das Schlimmste – von der Kommunikation mit Gott abgeschnitten. In den Worten Jesajas (38, 18f.): „Die in die Grube fahren, warten nicht auf deine Wahrheit; sondern allein, die da leben, loben dich." Von einem „ewigen Leben" kann in dieser Tristesse nicht gut die Rede sein. Dem Juden wird angesonnen, sich auf die Endlichkeit des Lebens einzustellen: „Herr, lehre mich doch, dass es ein Ende mit mir haben muss, dass mein Leben ein Ziel hat und ich davon muss."[9] Auf dieser Erde schon soll der Fromme seine Erfüllung finden und nach mancherlei Mühen und Freuden im Kreise vieler, vieler Kinder und vieler, vieler Enkel zufrieden die Augen schließen: „Hiob starb hochbetagt und lebenssatt."[10] Hiob starb lebens*satt*, nicht lebens*müde*.

Ähnliches finden wir bei den Griechen Homers. Auch bei ihnen setzt der Tod den Schlusspunkt, auch bei ihnen gibt es ein Totenreich, in dem die „Seelen" der Abgeschiedenen wie Schatten und Traumbilder eine gehaltlose „Existenz" haben. Odysseus ist in diesen trostlosen Hades hinabge-stiegen und erfährt dort von seiner Mutter:

> Dies ist das Schicksal der Menschen, sobald sie dem Tode erlegen;
> Denn dann halten Gebeine und Sehnen nicht länger zusammen,
> Sondern die mächtige Kraft des lodernden Feuers vernichtet
> Alles,[11] sobald der Geist die bleichen Gebeine verlassen;
> Aber die Seele fliegt dahin wie ein flatterndes Traumbild.[12]

Die „Seele" (*psyche*), das „flatternde Traumbild", ist bei Homer ein peinlich armseliges Ding. Während des irdischen Lebens gibt sie nicht Laut. Ihre kleinformatige Aufgabe besteht eigentlich nur darin, just im Augenblick des Todes den Menschen zu verlassen und dann als Schattenbild desselben eine Schattenexistenz im Hades zu führen – ein dürftiges „Fortleben", an dem nie-mand rechten Geschmack findet. Achill, Homers Vorzeigeheld, möchte denn auch lieber Tage-löhner eines besitzlosen Mannes in der Oberwelt als König der Schatten in einer derartig abge-wirtschafteten Unterwelt sein.[13] Es ist das unentrinnbare Schicksal des Menschen, sterblich zu sein. Bei Homer sind die Menschen fast immer die „sterblichen Menschen", die Götter fast immer die „unsterblichen Götter". Der Unterschied zwischen Menschen und Göttern ist fließend, aber von der Distinktion „sterblich-unsterblich" lässt der „Erzieher Griechenlands" sich nichts abdingen: Die Götter – nur sie, nicht die Menschen – sind unsterblich. Es ist diese ständig repetierte Unsterblichkeit der Olympier, die den Griechen gelinde an die Vision der un-greifbaren, un-fassbaren, un-heimlichen Un-endlichkeit heranführt.

Die Unsterblichkeit hat ihre Reize. Schließlich haben auch die Juden und Griechen an ihr teilhaben wollen, die Juden freilich erst sehr spät. Die erste Andeutung einer (leiblichen, also vollgültigen) Auferstehung findet sich in dem prophetischen Buch Daniel, das erst um die Mitte des 2. Jahrhunderts v. Chr. entstanden ist. Dort heißt es: „Und viele von denen, die schlafen im Erdenstaube, werden erwachen, die einen zu ewigem Leben, die anderen zu ewiger Schmach und Schande."[14] Noch zur Zeit Jesu aber halten die erzkonservativen Sadduzäer eine Totenauferstehung für absurd und verwickeln Jesus über diese Frage in ein deliziös-sophistisches Streitgespräch.[15] Die theologisch einflussreichen Pharisäer hingegen schlagen sich auf die Seite der Auferstehung und des ewigen Lebens. Im Christentum wurde Jesu Auferstehung die zentrale Botschaft. In den schroffen Worten des Apostels Paulus: „Ist Christus nicht auferweckt worden, dann ist unsere Verkündigung leer und euer Glaube sinnlos."[16] Ohne den Glauben an die Auferstehung zum ewigen Leben wird unsere Existenz ein vorüberhuschender Schatten, und uns bleibt dann nur, sie mit Saus und Braus und allerlei Allotria auszufüllen. In des Apostels sarkastischen Worten: „Wenn Tote nicht auferweckt werden, so lasst uns essen und trinken, denn morgen sterben wir."[17] Notabene: Der Tod – der ewige Tod – ist „der Sünde Sold. Gottes Gnade aber ist ewiges Leben."[18]

Die Erfahrungen des Apostels mit der Verkündigung der Totenauferweckung in dem immer noch homerisch imprägnierten Griechenland waren ernüchternd, ganz und gar ernüchternd in Athen, der Kapitale der Philosophie. Als Paulus den dort residierenden Intellektuellen an einem exquisiten Ort, dem Areopag hoch über der Stadt Platons, die Totenauferweckung andiente, gossen einige ihren Spott über ihn aus, andere entflohen mit einem rüden „Wir wollen dich davon ein andermal hören". *A la longue* haben aber auch die Griechen dem Charme der Auferweckung nicht widerstehen können. In dem griechisch geschriebenen Glaubensbekenntnis des Konzils zu Konstantinopel (381) heißt es ausdrücklich: „Wir erwarten die Auferstehung der Toten und das Leben der zukünftigen Zeit" (d. h. ein ewiges Leben).

„Unsterblichkeit", ersatzweise „Sterben, aber dann Auferstehung zum ewigen Leben", ist die früheste Gestalt, in der sich uns Erdenklößen das Unendliche aufdrängt – als windige Halluzination, als würdige Vision, auf jeden Fall fernab vom Faktischen und Erfahrbaren. Sie entspringt aus dem Anrennen gegen den Tod, aus der Abtötung des Todes: „Tod, wo ist dein Sieg? Tod, wo ist dein Stachel?"[19] Die Vision des Unendlichen kommt aus dem nirgendwo festzumachenden Glauben, mit dem Tod sei nicht alles aus.

Die Griechen der klassischen Zeit hatten in der Unsterblichkeitsfrage den Akzent verlagert. Ihnen ging es nicht, wie im archaischen Denken, um ein Fortleben des *Leibes*, sondern um eines der *Seele*, und zwar einer substantiellen Seele, die nicht mehr das „flatternde Traumbild" Homers war. Auch hier ist wieder Pythagoras (um 580-500 v. Chr.) *the man of destiny*, der Pfadfinder gewesen. Aus der schwächlichen *psyche* macht er unversehens ein robustes Wesen, das in alle Ewigkeit ohne zu ermüden, ohne sich abzunutzen von Körper zu Körper wandern und sich bei dieser „Seelenwanderung" (Metempsychose) sogar in Tiere und Pflanzen einquartieren kann.

Der römische Dichter Ovid (43 v. Chr. - 18 n. Chr.) stellt diese epochemachende Hauptlehre des Pythagoras so dar:

> Alles wandelt sich, nichts vergeht. Es schweift unser Geist, kommt
> hierher von dort, von hier dorthin, und dieser und jener
> Glieder bemächtigt er sich, geht über aus Tieren in Menschen-
> leiber und wieder in Tiere, und niemals geht er zugrunde.[20]

Pythagoras vermag sich dank seiner stupenden Geisteskräfte an alle Stationen seiner Metempsychose lückenlos zu erinnern, während unsereinem von diesen Irrfahrten nichts im Gedächtnis geblieben ist. Das vertraute *Déjà-vu*-Erlebnis – „genau das habe ich doch irgendwann schon einmal gesehen" – ist kein Ersatz für das mirakulöse Erinnerungsvermögen des Pythagoras (der bei seinen Anhängern als veritabler Sohn des Sehergottes Apollon durchging), aber vielleicht hat das *déjà vu* dem Gedanken an ein „früheres Leben" Geburtshilfe geleistet. Platon (427-347 v. Chr.) ist dann sogar so weit gegangen, die Unsterblichkeit der Seele logisch zu *beweisen*, und zwar in seinen Dialogen *Phaidon* und *Menon*. Der Beweis im *Menon* ist deshalb so pikant, weil hier ausgerechnet die Mathematik als Hilfsaggregat der Theologie fungiert: Er stützt sich auf die Verdoppelung des Quadrats, letztlich also auf den Satz des Pythagoras. Der einfältige Sklave, der den Beweis exekutiert, kennt die Sache aus seinem früheren Leben. Der Autor ist dabei freilich verunglückt: Es gelingt ihm allenfalls, den Glaubenswilligen die *Prä*existenz der Seele anzudemonstrieren, nicht aber, worauf doch alles ankommt, ihre *Post*existenz. Er merkt es aber nicht und ist mit seinem Beweis vollauf zufrieden.

Seitdem die Auferstehung Christi selbst bei Pfarrern und Bischöfen nur noch auf mäßiges Interesse stößt, ist ihre Konkurrenz, die Seelenwanderung wieder *en vogue*. 1995 hat uns die TV-Talkerin Ilona Christen wissen lassen, ihren Ehemann Ambros kenne sie schon aus einem früheren Leben; damals sei er ihr kleiner Bruder gewesen.[21] Seit diesem Bildschirmereignis sind viele weitere Erfahrungsberichte zur Metempsychose erschienen, die ohne lang zu fackeln Glaubwürdigkeit beanspruchen.

Pythagoras hat sich, ausgehend von kosmischen Visionen babylonischer Tempelpriester, noch eine zweite Form des unendlichen Lebens ausgedacht: die „ewige Wiederkehr". Zur ewigen Wiederkehr aller Dinge und Geschehnisse kommt es, weil nach Ablauf eines „Großen Jahres" die Sterne in ihrer Gesamtheit einen Umlaufzyklus beendet haben, zu ihrer Ausgangskonstellation zurückgekehrt sind und ihren Kreislauf nun wiederholen. Da es aber, wie die babylonischen Priesterastrologen wussten, die Kräfte und Stellungen der Sterne sind, die das irdische Geschehen bestimmen, wiederholt sich mit der Wiederholung des Sternenlaufs auch das Geschehen auf der Erde; *en gros et en détail* – ein kosmisch determiniertes Recycling unserer Lebenswelt. Der Wissenschaftshistoriker Eudemos aus der Schule des Aristoteles sagt es seinen Studenten so:

> Wenn man den Pythagoreern glauben soll, so werde auch ich künftig, so wie alles
> der Zahl nach wiederkehrt, euch hier wieder Märchen erzählen, dieses Stückchen
> in der Hand haltend, während ihr ebenso vor mir sitzen werdet. Auch alles andere
> wird sich so verhalten.[22]

Der Aristoteliker Dikaiarch (um 320 v. Chr.) sagt kurz und bündig: „Alle Dinge, die einmal waren, kehren von neuem im Kreislauf wieder, und es gibt nichts wirklich Neues."[23] Die ewige Wiederkehr hebt die Zeit aus den Angeln und garantiert die Ewigkeit des Lebens als verborgene Zeit-losigkeit: Ewige Wiederholung ist eine ewige Gegenwart. König Salomo weiß: „Was geschehen ist, wird wieder geschehen, was man getan hat, wird man wieder tun. Es gibt nichts Neues unter der Sonne."[24] Nietzsche, der Atheist aus dem Pfarrhaus, war von der Idee einer ewigen Wiederkehr als einer Repetier-Auferstehung ohne Gott fasziniert wie von nichts anderem und hat sie mit weitausholendem Gestus und hochromantischer Drapierung als seine eigene unter die Leute gebracht:

> Und diese langsame Spinne, die im Mondschein kriecht, und dieser Mondschein selber, und ich und du im Torwege, zusammen flüsternd, von ewigen Dingen flüsternd – müssen wir nicht alle schon da gewesen sein?
> – und wiederkommen und in jener anderen Gasse laufen, hinaus, vor uns, in dieser langen schaurigen Gasse – müssen wir nicht ewig wiederkommen?[25]

Die altehrwürdige Idee der „ewigen Wiederkehr" ist in unseren Tagen als „Erinnerung aus dem Nichts" wieder auf den Markt gekommen, freilich in verzwergter Form. Die modernen Psychologen bezeichnen mit diesem Wort eine kuriose Gedächtnisstörung, die den Menschen glauben lässt, er sei in einem ewigen Kreislauf von Wiederholungen gefangen. Die beständige Repetition ist noch da, aber ihre kosmische Dimension ist perdu.

---

[1] Georg Cantor: Gesammelte Abhandlungen mathematischen und philosophischen Inhalts, hrsg. von Ernst Zermelo, Berlin 1962, S. 374. Dieses Werk wird hinfort zitiert kurz verwiesen mit „Cantor: Ges. Abh.".

[2] Gilgamesch, ninivitische Fassung, deutsch von Raoul Schrott, München-Wien 2001.

[3] So Goethes Egmont im 5. Aufzug des Trauerspiels *Egmont*.

[4] Shakespeare: Hamlet, 1. Akt, 2. Szene.

[5] Erik Hornung (Hrsg.): Die Unterweltsbücher der Ägypter, Zürich und München 1992, S. 13.

[6] Herodot 4, 94.

[7] Goethe: Faust I, Hexenküche.

[8] Ps 115, 17; Jes 14, 9f.

[9] Ps 39, 5.

[10] Hiob, letzter Satz des Epilogs.

[11] Gemeint ist die Feuerbestattung.

[12] Od. XI, 218ff.

[13] Od. XI, 487ff.

[14] Dan 12, 2. Vgl. 2 Makk 7, 9: Die Auferstehung ist auch dort ausdrücklich eine „Auferstehung zum ewigen Leben".

[15] Mk 12, 18-27.
[16] 1 Kor 15, 14.
[17] 1 Kor 15, 32.
[18] Röm 6. 23.
[19] 1 Kor 15, 55.
[20] Ovid: Metamorphosen XV, 165-168.
[21] Focus 29. April 1995.
[22] Simplikios: Kommentar zur Physik des Aristoteles, S. 732 Diels (Fr. 88 Wehrli).
[23] So Dikaiarch (um 300 v. Chr.), ein Schüler des Aristoteles, in Porphyrios: Vita Pyth. 19.
[24] Kohelet 1, 9.
[25] Friedrich Nietzsche: Also sprach Zarathustra, 3. Teil, Vom Gesicht und Rätsel 2.

3. „O Ewigkeit, du Donnerwort"[1]

Du aber, Herr, bleibst in Ewigkeit.

Psalm 102, 13

Was gibt es Unverständlicheres als die Ewigkeit.

LOGIK VON PORT-ROYAL

„Ewig" war nicht immer „ewig" und „Ewigkeit" nicht immer „Ewigkeit". Diese Wörter haben eine lange, sich selbst in die Quere kommende Geschichte, eine Geschichte, die aufs frappierendste zeigt, wie schwer es dem endlichen Menschen gefallen ist, das „zeitlich Unendliche" – und so erst recht das „Unendliche" selbst – auszubrüten. Die Sprachforscher sagen uns, dass die scheinbar vertraute „Ewigkeit" – die grenzenlose, niemals endende Ewigkeit – in der ältesten Zeit eine unbekannte Vorstellung gewesen sei. Das Adjektiv „ewig" geht auf ein germanisches Wort zurück, das im Deutschen inzwischen ausgestorben ist und „Menschenalter", „Jahrhundert" oder noch unbestimmter „lange Zeit" bedeutet. Im Gotischen lautete es *aiws* (= „Ewigkeit", aber auch einfach „Zeit") und diente zur Übersetzung des griechischen *aion*, das „Ewigkeit", aber auch eine nur endliche „Zeitdauer", insbesondere „Lebenszeit", „Generation", „Leben" bedeuten kann. *Aion* ist als „Äon" ins Deutsche eingegangen und bezeichnet hier einen zwar großen, aber doch nur endlichen Zeitraum, etwa in Fausts Ausruf: „Es kann die Spur von meinen Erdentagen nicht in Äonen untergehn."[2] Durchweg haben wir in diesen alten Wörtern ein unentschiedenes Changieren zwischen einer vage gefühlten „Ewigkeit" und einem unüberblickbar großen „Zeitraum": Man denke bei diesem metaphysischen Schillern daran, dass zu dem zurückhaltenden griechischen *aion* das vorantreibende griechische *aei* (= „immer") gehört. All diese Wörter wurzeln in dem indogermanischen *aiu*, das „Leben, Lebensdauer, lange Zeit" und erst von daher eine moderate „Ewigkeit" im Sinne einer „sehr, sehr langen Zeit" bedeutet.[3] Im Grimmschen Märchen *Das Hirtenbüblein* ist diese Vorstellung von „Ewigkeit" anmutig aufbewahrt. Der König fragt das blitzgescheite Hirtenbüblein, wie viele Sekunden die Ewigkeit habe. Und das Büblein sagt sofort (freilich ohne die Frage wirklich zu beantworten): „In Hinterpommern liegt der Demantberg, der hat eine Stunde in die Höhe, eine Stunde in die Breite und eine Stunde in die Tiefe; dahin kommt alle hundert Jahre ein Vöglein und wetzt sein Schnäblein daran, und wenn der ganze Berg abgewetzt ist, dann ist die erste Sekunde von der Ewigkeit vorbei."

Noch heute weiß die Umgangssprache etwas von der zu einer „langen, langen Zeit" zurückgeschnittenen „Ewigkeit", wenn sie ungeduldig ausruft: „Das dauert ja eine Ewigkeit!" Oder wenn Woody Allen seufzt: „Die Ewigkeit ist langweilig, besonders gegen ihr Ende." Die Prager

Rebellen von 1989 hingegen haben wohl eher in sehr aufgewühlter Stimmung ihren trotzig-paradoxen Kampfruf ausgestoßen: „Freundschaft mit der Sowjetunion in Ewigkeit, aber keine Minute länger!"

Wenn man nun erfährt, dass das griechische *aion* urverwandt ist mit dem altindischen *ayu* = „Lebenskraft", dann denkt man ganz von selbst an das Lebenskraut des Königs Gilgamesch, der die Unsterblichkeit sucht – und lässt die Idee der „echten", „endlosen" Ewigkeit aus der Sehnsucht nach Unsterblichkeit entspringen. Die „echte" Ewigkeit ist eine das Irdische auffällig transzendierende Vision im Dunstkreis des Göttlichen. Die babylonischen Sternkundigen, die Chaldäer, sahen in den Sternen Götter, und da die Himmelskörper offenbar kein Verfallsdatum trugen und dem destruierenden menschlichen Zugriff entrückt waren, gerieten sie auf den Gedanken, die Götter seien ewig – woraus ihnen dann die Idee der Ewigkeit selbst entstand. Auch die Ägypter sahen in den Sternen Symbole der Ewigkeit. Platon, der stark von der Kulturkraft des Orients beeinflusst war, nennt die Sterne „lebendige, göttliche und ewige Wesen".[4] Die Ewigkeit göttlicher Wesen war ihm von der Unsterblichkeit der Homerischen Götter her aufs beste bekannt.

Die Bibel denkt wie Homer: Gott allein – kein Mensch! – ist ihr „ewig"; Gott wird radikal singularisiert als „der Ewige".[5] (Noch in Beethovens großer Hymne heißt es: „Die Himmel rühmen des Ewigen Ehre.") „Ewigkeit" wird so ein Wort aus dem Vokabular der Transzendenz. Scharf kontrastiert der Psalmist denn auch die heilige Unvergänglichkeit Gottes mit der elenden Vergänglichkeit der geschaffenen Welt (zu der diesmal sogar die sonst so erhabenen Sterne gehören):

> Gott, du hast vormals die Erde gegründet, und die Himmel sind deiner Hände
> Werk. Sie werden vergehen, aber du bleibst …
> Du bleibst, wie du bist, und deine Jahre nehmen kein Ende.[6]

Das hebräische Wort für „Ewigkeit" – 'olam – bedeutet ursprünglich wahrscheinlich das „Verborgene", „Verhüllte". Jüdische Denker neigten denn auch dazu, die Ewigkeit Gottes mit seiner Unerkennbarkeit in Verbindung zu bringen.[7] In diesem Sinne schreibt auch der Apostel Paulus: „Das Sichtbare ist vergänglich, das Unsichtbare ewig."[8] Thomas Mann hat diesen Komplex von Unsichtbarkeit, Unerkennbarkeit und Ewigkeit auf den beiden ersten Seiten seiner Mose-Erzählung *Das Gesetz* brillant dargestellt. Mose flieht (wegen Totschlags) aus Ägypten zu dem Wüstenvolk der Midianiter, und dort macht er die Bekanntschaft eines Gottes, den man nicht sehen konnte und den die Midianiter ziemlich gedankenlos verehrten, nur um nichts zu versäumen und niemanden zu kränken (es könnte ja vielleicht tatsächlich einen unsichtbaren Gott geben, warum nicht?). Mose dagegen ist kraft seiner Begierde nach dem Reinen und Heiligen wie elektrisiert:

> Er fand, dass kein sichtbarer Gott es an Heiligkeit mit einem unsichtbaren aufnehmen könne, und staunte, dass die Kinder Midians fast gar kein Gewicht legten auf eine Eigenschaft, die ihm unermesslicher Implikationen voll zu sein schien.
> In langen, schweren und heftigen Überlegungen …, erschüttert von Eingebungen und Offenbarungen …, gelangte er zu der Überzeugung, dass Jahwe kein anderer

sei als El 'elion, der Einzig-Höchste, El ro'i, der Gott, der mich sieht, – als Er, der immer schon „El Schaddai", „der Gott des Berges" geheißen, als El 'olam, der Gott der Welt und der Ewigkeiten.

Gott ist ein „Gott der Ewigkeiten" (Plural!): Zunächst geht er in eine ewige Zukunft – „deine Jahre nehmen kein Ende"[9] – aber er kommt auch, was noch erstaunlicher ist, aus einer ewigen Vergangenheit. Mose, ein Zeuge von Rang, statuiert beeindruckend: „Ehe denn die Berge wurden und die Erde und die Welt geschaffen wurden, bist du, Gott, von Ewigkeit zu Ewigkeit."[10] Gott ist ewig „nach rückwärts" und „nach vorwärts". *A parte ante* und *a parte post*, um schulgerecht zu sprechen.

Die beiden Ewigkeiten Gottes hat die frühe Kirche auch für den eingeborenen Gottessohn reklamiert. Das Konzil von Konstantinopel legte im Jahre 381 als verbindliches Glaubensbekenntnis fest, Jesus Christus sei „aus dem Vater geboren *vor allen Weltzeiten*" (Äonen) und sein Reich werde „*kein Ende* haben".[11] Schon wenige Jahre vorher hatte Bischof Epiphanius von Salamis deutlich gemacht, dass die Kirche es gerade mit der schwer begreiflichen Ewigkeit *a parte ante* des Gottessohnes sehr ernst meine und den Glauben an sie notfalls erzwingen würde:

> Die aber behaupten: „Es gab einmal eine Zeit, als er nicht war", und: „Bevor er gezeugt wurde, war er nicht" ..., diese belegt die katholische und apostolische Kirche mit dem Anathem.[12]

Man kann es nicht leugnen: Die Theologie hat aus der Ewigkeit ein gefährliches Pflaster gemacht. Und dies, weil umgekehrt die Ewigkeit Gottes ein Sprengsatz im Allerheiligsten der Theologie – in ihrer Lehre vom Anfang und Ende aller Dinge – war, ein Sprengsatz, der das überkommene Weltbild zerreißen und sogar die Zeit selbst zerstören sollte. Das erste Buch des Alten Testaments, die *Genesis*, beginnt mit dem Satz der Sätze: „Am Anfang schuf Gott Himmel und Erde." Was Gott damals vollbrachte, war eine *creatio ex nihilo*, eine „Erschaffung aus dem Nichts", eine Knall-auf-Fall-Schöpfung. Das wusste man, und schon die frühen Christen hatten ausgerechnet, dieser „Urknall" habe erst vor wenigen tausend Jahren stattgefunden. (Verfeinerte Methoden haben im 17. Jahrhundert dem britischen Erzbischof Ussher die Feststellung erlaubt, Gott habe die Welt am 23. Oktober 4004 v. Chr. geschaffen.) Nun aber konnte man der Frage nicht mehr ausweichen, die Origenes (185-254), einer der brillantesten Theologen des Christentums, so formulierte: „Was hat [der ewige] Gott eigentlich getan, bevor die Welt begann?" Denn, spekuliert er, es ist „gottlos und unsinnig", sich den ewig rührigen, geradezu hyperaktiven Gott „müßig und bewegungslos" zu denken. Origenes gibt eine sehr kühne Antwort: Er unterschlägt das gewichtige Wort „Am Anfang" und lässt vor diesem biblisch verbürgten Anfang andere Welten existieren, die Gott geschaffen hat. Als wenig tragfähiges Argument bringt er die Klage des vom Weltlauf ennuyierten Predigers Salomo, alles sei schon einmal da gewesen, nichts unter der Sonne sei neu.[13] Origenes fühlt sich offenbar nicht sehr wohl auf seiner dürren Argumentationsweide. Die naheliegende Frage, wie weit sich die Welterschaffungen denn zurückverfolgen lassen und ob der ruhelos regsame Gott im Sog der nach hinten offenen Ewigkeit nicht den gefürchteten *regressus in infinitum*, das „unendliche Zurückschreiten" habe exekutieren müssen – diese unabweisbare Frage stellt er noch nicht einmal. Ersatzweise versichert er, dass nicht mehrere Welten gleichzeitig nebeneinander existieren. „Parallelwelten" standen aber gar nicht zur Debatte.[14]

Wie ist es um die Zukunft bestellt? Jesus selbst verkündet, dass eines Tages Himmel und Erde in einer krachenden Katastrophe vergehen werden. Tag und Stunde freilich wisse niemand.[15] Das hat den berühmten Michael Stifel (1487-1567), Pfarrer, Freund Luthers, schließlich Professor für Mathematik in Jena, nicht ruhen lassen: In seinem Werk *Vom End der Welt* (1532) hat er die Apokalypse für den 18. Oktober 1533 um 8 Uhr morgens, kurz nach dem Frühstück, vorausgesagt. Als sie nicht eintrat, verfiel er ob des Scheiterns seiner Wissenschaft in eine tiefe Depression.

Origenes lässt Gott nach dem Ende der gegenwärtigen Welt so wenig müßig sein wie vor ihrem Anfang: Gott schafft eine neue Welt und nach ihr wieder eine neue – und so entstehen in einem *progressus in infinitum*, in einem „unendlichen Voranschreiten", sukzessiv unendlich viele Welten von jeweils *endlicher* Dauer. Die zeitliche Endlichkeit der Welten begründet Origenes mit dem eher ketzerischen Argument, selbst Gott sei dem Unendlichen nicht gewachsen, er könne es nicht umfassen und begreifen, und eine unendliche Folge von Ereignissen könne auch er nicht überblicken: Für sein Agieren sei der Himmelsherr auf eine zeitlich endliche Welt angewiesen.[16] In Kenntnis seiner Grenzen habe er zu Beginn der Schöpfung denn auch nur so viel Vernunftwesen ins Dasein gerufen, wie er „durchwalten" konnte, denn, fährt Origenes mit einer Deutlichkeit fort, die ihm noch nach seinem Tod den Kopf kosten sollte:

> Man muss auch Gottes Macht für begrenzt erklären und nicht unter dem Vorwand frommer Scheu ihr die Umgrenzung nehmen. Denn wenn Gottes Macht unbegrenzt ist, so folgt, dass sie sich nicht einmal selbst denken kann; denn das Unbegrenzte ist seinem Wesen nach nicht umfassbar [nicht erkennbar].[17]

Diese Lehre war eine schwärende Wunde am Körper der christlichen Theologie. Im Jahre 543 erließ Kaiser Justinian schließlich ein Edikt gegen den längst verblichenen Gelehrten, in dem er verfügte: „Wenn einer sagt oder dafürhält, Gottes Macht sei begrenzt und er habe (nur) soviel geschaffen, wie er umfassen und denken könnte … – so sei er im Bann."[18] Im Jahre 553 wurden die Lehren des Origenes auf dem Fünften Ökumenischen Konzil in Konstantinopel mit dem Anathem belegt.

Origenes war dem Geistigen so sehr ergeben, dass er sich als junger Mann kastriert haben soll, um ein für alle Mal den Versuchungen des Fleisches zu entrinnen. (Das muss man aber nicht glauben.) Als Lehrer der Theologie war er weitberühmt. Eusebios (um 260-339), der Bischof von Caesarea, schreibt über ihn in seiner *Kirchengeschichte*:

> Noch sehr viele andere gelehrte Männer kamen, da sich der Ruf des Origenes überallhin verbreitete, zu [Origenes], um einen Beweis von der Tüchtigkeit des Mannes in den heiligen Wissenschaften zu erhalten. Zahlreiche Häretiker und nicht wenige von den angesehensten Philosophen hörten mit Eifer ihm zu und ließen sich von ihm ebenso in den göttlichen Dingen wie auch in der heidnischen Philosophie unterrichten. Diejenigen, welche er für begabt erachtete, führte er nämlich auch in die philosophischen Fächer ein, indem er ihnen Unterricht in Geometrie, Arithmetik und den anderen grundlegenden Wissenschaften erteilte, sie mit den verschiedenen Systemen der Philosophen bekannt machte, deren Schriften erklärte,

kommentierte und im Einzelnen kritisierte, was ihm auch bei den Heiden den Ruhm eines großen Philosophen eintrug. Auch viele von denen, die der Bildung ferne standen, veranlasste er zum Studium der allgemeinen Wissenschaften, indem er ihnen erklärte, dass sie damit eine nicht wenig nützliche Unterlage für das Verständnis der göttlichen Schriften gewönnen. Aus diesem Grunde hielt Origenes die Pflege der weltlichen Wissenschaften und der Philosophie auch für sich selbst für sehr notwendig ... In den Schriften [der zeitgenössischen heidnischen Philosophen] wird er häufig erwähnt.[19]

Der antichristliche Porphyrios (2. Hälfte des 3. Jahrhunderts n. Chr.) lässt sich über Origenes weniger wohlwollend aus als der Bischof Eusebios: „Sein Leben war das eines Christen und widersprach den Gesetzen." Über Welt und Gott aber, fügt er anerkennend hinzu, habe er gedacht wie ein Grieche: „Ständig beschäftigte er sich nämlich mit Platon ... und war vertraut mit den Schriften der berühmten Männer aus der pythagoreischen Schule."[20]

Cantor berichtet missbilligend, dass der Kardinal Giacinto Sigismondo Gerdil (1718-1802) einen „mathematischen Beweis" gegen die Ewigkeit der Materie und der Bewegung geliefert habe. Die *démonstration mathémathique* des Kirchenfürsten floss in gut origenistischem Geist aus der „bewiesenen Unmöglichkeit" (so Gerdil) aktual-unendlicher Folgen.[21]

Für Cantor hing die mathematische Theorie des Unendlichen aufs engste mit Philosophie und Theologie zusammen – so eng, dass er über die Zeiten hinweg das Gespräch mit weltlichen Meisterdenkern und eminenten Kirchenvätern suchte und dass ihm die endlos aufsteigenden transfiniten Zahlen, die er geschaffen hatte, „etwas Heiliges [waren], gewissermaßen die Stufen, die zum Throne der Unendlichkeit, zum Throne Gottes emporführen".[22]

Die frühen griechischen Philosophen haben immer vehement gegen die Spekulation polemisiert, aus dem windigen Nichts könne ein solides Etwas entstehen. Besonders hervorgetan hat sich in diesem Kampf der wortgewaltige Dichter-Philosoph Empedokles von Agrigent (483-423 v. Chr.). Barsch – barscher geht es nicht – spricht er all denen rundweg die Vernunft ab, die wahnhaft glauben, dass etwas *aus nichts entsteht oder in nichts zergeht.*[23] Den frühen christlichen Theologen jedoch hat die „Schöpfung aus dem Nichts", die *creatio ex nihilo*, keine schlaflosen Nächte bereitet; Gottes Allmacht, meinten sie gelassen, würde das alles schon richten. Ganz anders aber stand es mit dem Problem der Schöpfung als eines jäh aus der Ewigkeit in die Zeit hereinbrechenden Ereignisses. Die Frage des Origenes, die noch den hl. Augustinus umtrieb: Warum hat Gott seiner Gestaltungskraft erst so spät, erst mit Beginn der Schöpfung, freien Lauf gelassen, nachdem schon eine Ewigkeit ungenutzt verstrichen war?[24] Unsinnig und gottlos war es doch, sich den Allmächtigen als einen zu denken, der den Himmelsthron mit einem Ohrensessel verwechselt, müßig dahindämmert, sich dann endlich den Schlaf aus den Augen wischt und nun urplötzlich auf den Gedanken kommt, auch einmal eine Welt aus dem Boden zu stampfen – im Geist von Nestroys *Einen Jux will er sich machen.*[25] Ganz abgesehen von der peinlich langen Trägheit Gottes: Wie sollte man sich eigentlich vorstellen, dass in dem unwandelbaren, ewig sich selbst gleichen Himmelsherrn, bei dem „kein Wechsel noch Schatten einer Veränderung ist",[26] wie also sollte man sich vorstellen, dass dieser transzendente Permafrost schließlich doch auftaut und beschließt, die Welt ins Dasein zu rufen? „Sehr tief ist es", meint Augustinus, „sehr tief ist es, dass Gott immer war und doch den nie zuvor geschaffenen Menschen zu bestimmter Zeit erstmalig schaffen wollte, ohne im mindesten seinen Ratschluss und Willen zu ändern."[27] Augustinus' Problem war nicht die Schöpfung aus dem Nichts, sondern die Schöpfung zu einer ganz bestimmten Zeit. Das Problem: Was hat Gott vor dieser Zeit getan? Hat er vielleicht, wie die *esprits forts* ironisch mutmaßten, Höllen für die Vorwitzigen eingerichtet, die solche Fragen stellen?[28]

Eine unerwartete Wiederauferstehung erlebte dieses Sinnieren ausgerechnet bei Georg Büchner: in dem Gespräch, das er zu Beginn des dritten Aktes von *Dantons Tod* die Deputierten Payne und Mercier führen lässt. Payne behauptet, Gott könne die Welt nicht geschaffen haben, „denn entweder ist die Schöpfung ewig wie Gott, oder sie hat einen Anfang. Ist Letzteres der Fall, so muss Gott sie zu einem bestimmten Zeitpunkt geschaffen haben. Gott muss also, nachdem er eine Ewigkeit geruht, einmal tätig geworden sein, muss also einmal eine Veränderung in sich erlitten haben, die den Begriff Zeit auf ihn anwenden lässt, was beides gegen das Wesen Gottes streitet. Gott kann also die Welt nicht geschaffen haben." Payne schließt daraus Hals über Kopf, dass es Gott gar nicht gibt. Mercier weist ihn warnend auf die noch nicht diskutierte Alternative hin: „Wenn aber die Schöpfung ewig ist?" Payne, kurz angebunden: „Dann ist sie schon keine Schöpfung mehr." Jetzt würde Augustinus mit der ihm eigenen Direktheit sagen, was er in einem solchen Fall tatsächlich gesagt hat: „Der Mann ist an gottlosem Wahnsinn tödlich erkrankt."[29]

Als sehr rätselhaft empfindet Augustinus in diesem Zusammenhang auch das Wort des Apostels Paulus von den „ewigen Zeiten", und zwar „nicht *zukünftigen* [so der Heilige], sondern, was noch seltsamer ist, *vergangenen*. Denn Paulus sagt ja: ‚Auf Hoffnung des ewigen Lebens, welches verheißen hat Gott, der nicht lügt, *vor ewigen Zeiten* …' Da spricht er also davon, dass es *nach rückwärts* ewige Zeiten gegeben habe."[30] Hier steht man ziemlich verwirrt vor dem Problem einer *abgelaufenen Unendlichkeit*. Bei diesem Diskussionsstand erinnert sich der Bischof von Hippo an einen Satz des Akademiepräsidenten Platon: „Die Zeit ist zusammen mit dem Himmel entstanden."[31] Das Pronunziamento über eine „Entstehung" der Zeit ist in der griechischen Philosophie singulär. Demokrit (460-371 v. Chr.), der führende Kopf der antiken Atomistik, lehrte ausdrücklich, die Zeit sei *unentstanden*.[32] So dachte auch Platons „Schüler" Aristoteles,[33] und stirnrunzelnd notierte er:: „Einzig Platon lässt die Zeit entstanden sein; er sagt, ihr Dasein sei an das Dasein des Weltalls gebunden und das Weltall sei einmal entstanden."[34] Dieses Sondervotum Platons ist nun aber genau das, was Augustinus braucht, und wunderbar gestärkt schreibt er einen durch die Jahrhunderte hallenden Satz nieder: „Die Welt ist nicht in der Zeit, sondern mit der Zeit erschaffen."[35] Denn „Zeit" gibt es nicht ohne Veränderlichkeit, „Zeit" kann also nicht sein ohne etwas Erschaffenes, das sich ändert.[36] (Wir stellen Zeitabläufe fest durch auslaufendes Wasser in der Wasseruhr, auslaufenden Sand in der Sanduhr, schwingende Pendel in der Pendeluhr, durch die Umläufe der Sonne, das Krähen des Hahnes usw.) Die Ewigkeit hingegen kennt keine Veränderung, sie ist ewig sich selbst gleich.[37] Die Frage, was Gott „vor" der Erschaffung der Welt getan hat, ist müßig, weil es ein „Vor" ja erst seit der Erschaffung der Welt gibt.

Damit aber geschieht nun etwas schlechthin Ungeheuerliches: Augustinus erfindet eine Ewigkeit, welche die Zeit auslöscht. Die neue Ewigkeit ist keine unendlich lange Zeit, sondern etwas Un-zeitliches, eine Nicht-Zeit, sie „kennt keine Veränderung", sie ist eine „*stets gegenwärtige* Ewigkeit".[38] Vorgearbeitet hat diesen Spekulationen kein Geringerer als Jahwe mit seiner vollendet zeitfreien Selbstdefinition: „Ich bin, der ich bin."[39] Jahwe versteht sich als reines Sein in Permanenz, ohne Veränderung, ohne Vor und Nach: „Du, Herr, bleibst, wie du bist."[40] (Augustinus zitiert dieses Pauluswort ganz bewusst im Zusammenhang mit seinen Ewigkeitsmeditationen.[41]) Der Apostel Petrus hat zurückhaltend gemeint, vor Gottes Augen seien „tausend Jahre wie ein Tag".[42] Bei Augustinus aber geht es viel höher her. Die ganze Zeit, die *ganze*, verdichtet sich in Gott zu einem einzigen Tag: „Dein heutiger Tag ist Ewigkeit."[43] Und: „In der Ewigkeit gibt es kein Vorübereilen [wie in der Zeit], sondern das Ganze ist gegenwärtig."[44] In seinem Kirchenlied *O Ewigkeit, du Donnerwort* nennt J. Rist die Ewigkeit denn auch brillant-paradox „Zeit ohne Zeit".

Einer der einflussreichsten Vertreter der Augustinischen Vorstellung, die Ewigkeit sei ein zeit-loses „Jetzt" ohne Vor, ohne Nach, ist Boethius (um 480-524), der *magister officiorum* Theoderichs des Großen. Falsche Zeugen bezichtigten den „letzten Römer und ersten Scholastiker" des Hochverrats, der übel beratene Theoderich ließ ihn einkerkern und hinrichten. Im Gefängnis verfasste der Mann, der schon über Arithmetik, Musik und Logik geschrieben hatte, eines der großen Bücher des Abendlandes, ein Lieblingsbuch des Mittelalters, ein Lieblingsbuch der Nachdenklichen aller Zeiten: *De consolatione philosophiae* („Trost der Philosophie"). In ihm stehen Sätze, die Cantor eine „unübertroffene Definition" der Ewigkeit genannt hat:[45]

> Ewigkeit ist der ganze simultane und vollkommene Besitz eines unbegrenzbaren Lebens … [Nur] was die ganze Fülle des unbegrenzbaren Lebens in gleicher Weise umgreift und besitzt, wem nichts Zukünftiges fern ist und nichts Vergangenes verflossen, das kann mit Recht ewig geheißen werden, und dies muss notwendig seiner mächtig, gegenwärtig, immer bei sich sein und die Unendlichkeit der beweglichen Zeit gegenwärtig haben … [Es ist dem göttlichen Geiste eigentümlich], die ganze Gegenwart eines unbegrenzbaren Lebens in gleicher Weise umfasst zu halten.[46]

Der letzte Satz variiert den Augustinischen Gedanken, den Cantor so schätzte, dass für Gott „alles Unendliche auf unbeschreibliche Weise endlich [ist], weil es seinem Wissen nicht unfasslich ist".[47]

Goethe hat die Sätze des Boethius in Verse gebracht:

> Wenn im Unendlichen dasselbe
> Sich wiederholend ewig fließt,
> Das tausendfältige Gewölbe
> Sich kräftig ineinander schließt,
> Strömt Lebenslust aus allen Dingen,
> Dem kleinsten wie dem größten Stern,
> Und alles Drängen, alles Ringen
> Ist ewige Ruh in Gott dem Herrn.[48]

Unter ausdrücklicher Berufung auf Boethius hat Thomas von Aquin gelehrt, die Zeit sei ein *fliehendes*, die Ewigkeit ein *ständiges* Jetzt[49] („eine ewige Ruh in Gott dem Herrn"). Faust möchte das fliehende Jetzt schon im Irdischen auf Dauer stellen: „Verweile doch, du bist so schön!"[50] Noch irdischer singen die Mainzer Hofsänger jahraus, jahrein in der Mainzer Karnevalshymne: „So ein Tag, so wunderschön wie heute, so ein Tag, der dürfte nicht vergehn." Selbst im

Amüsierbetrieb behauptet also das scholastische *Nunc stans*, das „stehende Jetzt", als Modell der Ewigkeit seine Rechte!

Die Zeit ist den Menschen zu allen Zeiten bedrohlich, un-heimlich, als das Un-heimliche schlechthin erschienen – ein unsichtbares, unaufweisbares Etwas, das aus drei Nichtsen besteht, die aber, anders als andere Nichtse, einen furchtbar realen „Fluss" haben. Isaac Newton (1642-1727), einer unserer größten Geister, hat in seinem Jahrhundertbuch, den *Principia*, die Zeit geradezu durch ihr unbeeinflussbares „Fließen" charakterisiert: „Die absolute, wahre und mathematische Zeit verfließt an sich und vermöge ihrer Natur gleichförmig und ohne Beziehung auf irgendeinen äußeren Gegenstand."[51] Wilhelm Busch sagt es ganz ähnlich:[52]

> Eins, zwei, drei im Sauseschritt
> Läuft die Zeit, wir laufen mit.

Niemandem kommt das Fließen der Zeit so unaufhaltbar – und so unbarmherzig – vor, wie dem Verurteilten, der in die Todeskammer geführt wird; der anglophone Volksmund nennt ihn mit schauerlicher Paradoxie *dead man walking*. Die drei Nichtse der Zeit sind Zukunft, Gegenwart und Vergangenheit. Zukunft – sie ist gar nicht da, schafft aber rührig und ungerührt das ganze Daseinsmaterial heran. Man weiß nicht wie: Sie ist gemeingefährlich. Die Gegenwart löscht sich aus, indem sie entsteht – aber was immer auch geschieht, es geschieht auf der scharfgeschliffenen Rasierklinge des Präsens: Die Gegenwart macht das Leben zum Hochseilakt. Die Vergangenheit schließlich ist ontologisch völlig verunglückt: eine permanent aufgefüllte und dennoch immer leere Mülldeponie. Die *Offenbarung des Johannes* lässt auf eine radikale Erlösung von dieser unsäglich elenden Zeit hoffen: Ein Engel verkündet die Tröstung, „dass hinfort keine Zeit mehr sein soll".[53] Es war an der Zeit.

   Mystiker aller Länder haben die Realität der Zeit immer entschieden bestritten; die Aufhebung der Zeit, die Ent-zeitung der Welt, ist eine ihrer eigentümlichsten und verblüffendsten Leistungen. Diese angeblich stetig von einem Vorher zu einem Nachher fließende „Zeit" sei nur eine Halluzination. Indisch gesprochen sei sie ein perfides Täuschungsmittelchen der ausgebufften Täuschungsgöttin Maja, ein Webstück aus ihrem Schleier, mit dem die Illusionskünstlerin die Wirklichkeit verdeckte. Auch Kant untergrub die Objektivität der Zeit, indem er sie nur als „Form unserer Anschauung" gelten ließ: Das menschliche Gehirn trägt von sich aus die Zeit in das Chaos der Sinnesdaten hinein, um es zu ordnen; die menschenunabhängige Welt der „Dinge an sich" hingegen ist zeit-los. Es ist beunruhigend merkwürdig, dass der mystische Gedanke einer Scheinhaftigkeit der Zeit bei manchen modernen Physikern eine Auferstehung feiert. Der Quantentheoretiker und Nobelpreisträger Erwin Schrödinger (1887-1961) konstatierte, die Relativitätstheorie bedeute eine „Entthronung der Zeit … eine Erlösung von dem starren Gesetz des ,Vorher und Nachher' … Der ganze Zeitplan [ist] nicht so unbedingt ernst zu nehmen, wie es auf den ersten Blick scheint." Und Einstein meinte: „Die Scheidung zwischen Vergangenheit, Gegenwart und Zukunft [hat] nur die Bedeutung einer wenn auch hartnäckigen Illusion."[54]

   Maler der Romantik haben immer wieder versucht, das Johannes-Programm – „dass hinfort keine Zeit mehr sein soll" – mit Ihren Mitteln zu verwirklichen und in ihren Bildern die Zeit auszutilgen. Musterbeispiele für abgetötete oder tiefgefrorene Zeit sind *Das Felsentor* von Karl

F. Schinkel (1818), *Der einsame Baum* von Caspar David Friedrich (1822) und *Die Toteninsel* von Arnold Böcklin (fünf Fassungen 1880-1886).

Niemand hat sich so sehr an der Zeit abgearbeitet und wundgerieben wie der Bischof von Hippo. „Was also ist die Zeit?", fragt er beunruhigt und antwortet verzweifelt: „Wenn niemand mich es fragt, so weiß ich es; will ich dem Fragenden es auseinandersetzen, weiß ich es nicht." Die Seinsweisen der Vergangenheit, Zukunft und Gegenwart kommen ihm tief rätselhaft vor. Das Vergangene ist nicht mehr, das Zukünftige ist noch nicht, das Gegenwärtige aber hat sich in einer fatalen Dialektik verfangen: „Wenn es immer gegenwärtig wäre und nicht in Vergangenes überginge, wäre es nicht mehr Zeit, sondern Ewigkeit. Wenn also die Gegenwart, damit sie Zeit sei, darum besteht, weil in Vergangenheit sie übergeht, wie können wir dann sagen, dass das sei, was seinen Seinsgrund dadurch empfängt, weil es nicht sein wird, so dass wir in Wahrheit es Zeit nur nennen können, weil es bestrebt ist, nicht mehr zu sein?"[55]

Aber die dreifach nichtige Zeit ist in Tat und Wahrheit eine imperiale Macht. Im persischen Zervanismus hat sie das Ende der Karriereleiter erreicht: Dort ist sie ein veritabler Gott geworden, ja, der Zeitgott Zervan Akaranan („grenzenlose Zeit", „ungeschaffene Zeit") ist sogar der höchste Gott und der Erzeuger aller Dinge.[56] Heraklit (etwa 544-463 v. Chr.), der Grübler von Ephesos, den das Altertum den „weinenden Philosophen" nannte, schrieb den desperaten Aphorismus nieder: „Die Zeit ein Kind, – ein Kind beim Brettspiel; ein Kind sitzt auf dem Thron."[57] Die moderne Physik sagt uns, dass das Eigentümliche der Zeit – ihr Gerichtetsein – durch das Wachstum der Entropie, d. h. durch das Wachstum der Unordnung erkennbar wird, einer Unordnung, wie sie etwa spielende Kinder gedankenlos erzeugen. Natürlich hat Heraklit nichts von Entropie gewusst, als er die Zeit ein spielendes Kind nannte. Der Entropiebegriff gehört ohnehin zu den okkultesten Begriffen unserer Physik, die an Okkultem keinen Mangel leidet. Auf einem amerikanischen Cartoon sagt ein gelehrter Herr zu einem anderen: *If you can live with entropy you can live with anything.*

Augustinus meint, „die Philosophen dieser Welt" (die griechischen) hätten sich des quälenden Problems des Weltbeginns raffiniert durch die Kreislauflehre – die Lehre der ewigen Wiederkehr – entledigt. In der Tat: Die Kreisbewegung hat nicht Anfang noch Ende und wurde in Hellas stets als die vollkommenste Bewegungsform gefeiert. An der Nobilitierung der Kreisbewegung waren die besten Köpfe Griechenlands beteiligt, unter ihnen Heraklit, Pythagoras und Platon, vor allem aber Aristoteles. Der *maître penseur* glaubte bewiesen zu haben, dass die Welt eine Kugel sei.[58] In einer Kugel aber kann es keine ewige geradlinige Bewegung mit konstanter Geschwindigkeit geben. Die Kreisbewegung hingegen kann ohne weiteres ewig sein und ist deshalb das kinematische Hauptelement eines *ewigen* Kosmos, wie ihn Aristoteles ja vor Augen hat. Er sagt es so (und kontrastiert dabei die zirkuläre Bewegung scharf mit der linearen):

> Die Kreisbewegung ist fundamentaler als die auf einer Geraden; denn sie besitzt den höheren Grad der Einfachheit und der Geschlossenheit. Eine Bewegung auf einer Geraden kann ja nicht unendlich fortgehen – denn es gibt [in einer endlichen Welt] überhaupt keine unendliche Gerade.[59]

Die Kreisbewegung hat jene paradoxe und gleichzeitig beruhigende Eigenschaft, dass „der Gegenstand sich im Weiterlaufen vom Ausgangspunkt entfernt und gleichzeitig zu ihm zurückkehrt" (Aristoteles[60]). Diese Anfangs- und Endlosigkeit des Kreises und des Kreisens hat die Tieferdenkenden schon immer in Bann geschlagen und die Kreisbewegung *edler* als die geradlinige erscheinen lassen. Letztere hat nämlich einen Anfangs- und einen Endpunkt – und so kann es bei ihr zur inneren Unruhe, zu Beschleunigungen kommen, wenn es nämlich den Körper immer unbeherrschter zu seinem Ziel hinzieht und er so in unziemliche Eile gerät. Anders bei der Kreisbewegung: Weil hier Anfangs- und Endpunkt zusammenfallen, gibt es kein anlockendes, beschleunigendes „Ziel", und somit ist ihre Geschwindigkeit in würdigster Weise konstant wie der gemessene Gang eines britischen Gentlemans. Wieder wegen der Identität von Anfangs- und Endpunkt gibt es bei ihr keine „entgegengesetzte Bewegung", die sie zerstören könnte: Sie ist ewig.[61] Kein Wunder, dass der sonst so kühle Aristoteles sich nicht enthalten konnte, angesichts solcher Herrlichkeiten in ein lautes Rühmen auszubrechen: „Die Kreisbewegung muss die ursprünglichste sein. Denn das Vollkommene ist von Natur ursprünglicher als das Unvollkommene und der Kreis gehört zu den vollkommenen Dingen."[62] Mehr noch: Das *ewige* Fortschreiten auf dem Kreis versöhnt das Unendliche der Bewegung mit der Endlichkeit des Alls, es versöhnt die Bewegung mit der Ruhe – es ist etwas wie eine paradox *in sich ruhende Bewegung*. Es ist ein Weltgefühl, nicht nur eine kinematische Erwägung, die dem Griechen den Gedanken eingibt, die zirkuläre Bewegung habe eine höhere Dignität als die lineare. Die Vorstellung einer „ewigen Wiederkehr", eines Kreisens der Weltalter, stieß bei ihm denn auch auf keinen Widerstand.

Ganz anders steht Augustinus zu diesen Dingen. Schroff nennt er die Lehre von der ewigen Wiederkehr des Gleichen einen „Irrwahn" und ein „Possenspiel"[63]. Die geschichtliche Bewegung läuft nicht zirkulär in sich selbst zurück, sondern schreitet in einer linearen Kette unwiederholbarer Ereignisse voran: „Denn einmal nur ist Christus für unsere Sünden gestorben." Er ist auferstanden zu einem ewigen Leben, „und auch wir werden nach der Auferstehung immer bei dem Herrn sein".[64] Der Ton liegt auf „immer": Von einem Wandel der Existenz im Himmelreich durch ein angebliches Kreisen der Weltzeiten ist nicht die Rede. Das Leben des Christen ist geradlinig: Es ist eine Wanderung, vom Irdischen zum Himmlischen; dort findet es zur ewigen Ruhe.

Noch die origenistische Vorstellung von dem hyperaktiven Gott, der die Ewigkeit ausfüllt, indem er ständig zeitlich begrenzte Welten erschafft, war von der antiken Kreislaufidee der ewigen Wiederkehr imprägniert. Augustinus zerstört das repetitive Kreisen und setzt an seine Stelle das lineare Voranschreiten, den *progressus*. Der spätantike Heilige steht so am Anfang der modernen Fortschrittsidee und erweist sich wieder einmal als das, was er ist: einer der großen Revolutionäre des Abendlandes. Seit Augustinus denkt und fühlt Europa anders als vor ihm. Der Mensch ist nicht länger geborgen in einem ewig in sich selbst kreisenden Kosmos – das griechische Wort *kosmos* ist unendlich anheimelnd und vertrauenerweckend, es bedeutet „Ordnung" und gleichzeitig „Schmuck". Der Mensch wandert von nun an durch eine fremde Welt hin zu einem ewigen Aufgehobensein in Gott. Nichts in den Schriften des Augustinus drückt die neue antizyklische, linear-zielgerichtete Weltsicht so prägnant – und so bewegend – aus wie das Wort, das er an seinen Gott richtet: „Unruhig ist unser Herz, bis es ruht in dir."[65]

Dieser Schicksalsmann wurde am 13. November 354 in der Kleinstadt Tagaste (heute das algerische Souk-Ahras) als Kind einer mittelständischen Familie geboren. Der Vater Patricius war ein wackerer Heide, die Mutter Monica eine fromme Christin, die alles tat, um ihren (lange ungetauften) Sohn auf den Weg des Heils zu führen; sie wurde später heiliggesprochen. Der brillante Jüngling studierte in dem nahegelegenen Karthago, begeisterte sich dort durch die Lektüre Ciceros für die heidnische Philosophie, schloss sich den Manichäern an, die viel von dem wild wogenden Kampf zwischen dem „König des Lichts" und dem „König der Finsternis" zu vermelden wussten (der in demokratischen Wahlschlachten immer von neuem aufgeführt wird), wurde dieser Aufgeregt- und Ausgefallenheiten aber schließlich überdrüssig, geriet an den Rand des Agnostizismus, tröstete sich unterdessen mit den Freuden der Liebe und zeugte mit einem Bettschatz einfacher Provenienz einen Sohn, den er nicht ohne Unverfrorenheit Adeodatus („von Gott gegeben") nannte. Man wird bei dieser Faktenlage sagen dürfen, dass der angehende Heilige ein erfülltes Studentenleben führte. Im Alter von achtundzwanzig Jahren ging er als Lehrer der Rhetorik nach Rom, wurde Professor in der Metropole Mailand, wo die Kaiser des Westens residierten und der charismatische Ambrosius Bischof war, ein Mann, der auch den Mächtigsten dieser Welt widerstand. In Mailand studierte er sich tief in den Neuplatonismus hinein, der „das Eine" als Urgrund des Seins ansah (was nicht jeder gut begriff), den Leib verachtete (was nicht jeder billigte) und die Erleuchtung in mystischer Manier durch Introspektion zu finden hoffte. Im Spätsommer des Jahres 386 kam es in einem Mailänder Garten zur tosenden Konversion des knapp Zweiunddreißigjährigen. Er hat sie etwa fünfzehn Jahre später in einem der eindrucksvollsten Selbstzeugnisse der Literatur minutiös beschrieben:[66] „Abgründiges Betrachten aus verborgener Tiefe" (das ist die neuplatonische Introspektion) habe sein ganzes Elend vor die Augen seines Herzens hingehäuft, ein Sturm habe sich in seinem Inneren erhoben und Ströme von Tränen seien ihm aus den Augen gestürzt. Er habe sich unter einem Feigenbaum zu Boden geworfen, und plötzlich habe eine Stimme gerufen: „Nimm, lies! Nimm, lies!" Da habe er die Briefe des Apostels Paulus aufs Geratewohl aufgeschlagen, und als Erstes sei sein Blick auf die Mahnung gefallen: „Nicht in Fressen und Saufen, nicht in Wollust und Unzucht, nicht in Hader und Neid, sondern ziehet an den Herrn Jesus Christus und wartet des Leibes nicht so, dass ihr seinen Begierden verfallet."[67] Ostern 387 wurde er zusammen mit seinem Sohn Adeodatus von Ambrosius getauft. Wenig später kehrte er nach Afrika zurück, zunächst nach Tagaste. 386 wurde er Bischof von Hippo Regius, etwa zehn Jahre danach schrieb er seine *Bekenntnisse*.

In der Nacht des 24. August 410 erstürmten die Westgoten Rom und löschten das „Licht der Welt" aus. Augustinus war von dem Brandschatzen, Plündern und Massakrieren tief erschüttert. Und gleichzeitig war er empört über die lauten Klagen der Altheiden, die Katastrophe Roms sei das Resultat der christlichen Heidenverfolgung, der Beseitigung der Götterstatuen und der Zerstörung der Tempel. Augustinus beschloss, gegen diese „Lästerungen und Irrtümer" die Bücher vom Gottesstaat zu schreiben. Er arbeitete an diesem Werk (mit Unterbrechungen) von 412 bis 426. 430 starb er, während die gefürchteten Vandalen seine Stadt belagerten.

Die Wörter „ewig" und „Ewigkeit" werden im Alten Testament nie auf Menschen und nie auf Irdisches angewandt; sie sind reserviert für den transzendenten Gott: „Du bist seit Ewigkeit", „Du bist Vater in Ewigkeit", „Ehe die Berge geboren wurden, die Erde entstand und das Weltall, bist du, o Gott, von Ewigkeit zu Ewigkeit".[68] Die Wörter „ewig" und „Ewigkeit" sind transzendenzgesättigt, sie transportieren Erhabenes – überwältigend Erhabenes, und so ist die Versuchung schlechthin unwiderstehlich, mit ihnen den Werkzeugkasten der Impressionistik

(Beeindruckungstechnik) anzureichern. Das mag in Kunst und Wissenschaft legitim sein. Man wird nichts dagegen einwenden, dass der französische Kunsthistoriker Daniel Arasse in Leonardos *Abendmahl* „die Ankunft der Ewigkeit in der Zeit" erkennt; noch weniger wird man etwas gegen das Diktum unseres Carl Friedrich Gauß einwenden, die Mathematik sei „die Wissenschaft der ewigen Wahrheiten", oder gegen den Ruf Friedrich Wilhelm Schellings: „Kommt her zur Physik und erkennt das Ewige!" Die Wissenschaften leben und weben tatsächlich *sub specie aeternitatis* („unter dem Gesichtspunkt der Ewigkeit"), denn was sie mit ihren schwachen Kräften suchen – und nie aufhören zu suchen – ist die Wahrheit, und die Wahrheit ist ewig. Anders liegen die Dinge im Historischen und Politischen, und hier wird es peinlich, schlimmer noch: Es wird ridikül. Die *Roma aeterna* („das ewige Rom") war nach wenig mehr als tausend Jahren zu Ende, der 1871 gegründete „ewige Bund" der deutschen Fürsten (das „Bismarckreich") hielt knapp fünfzig Jahre durch, und dem „ewigen Deutschland" ging schon nach zwölf Jahren die Luft aus, obwohl der Reichsjugendführer Baldur von Schirach seine Pimpfe immer und immer wieder singen ließ: „Die Fahne führt uns in die Ewigkeit" (Text: Baldur von Schirach). Kant war mit seinen Expektorationen zum „ewigen Frieden" auf einem gut ausgeschilderten Holzweg ins Nichts. Goethe traf es besser, als er vom „Ewig-Weiblichen" raunte. Man wusste, dass er wusste, wovon er sprach: von etwas wunniglich Handfestem. In eine fatale Schieflage gerieten die Väter und Mütter des Grundgesetzes, als sie im Artikel 79, Absatz 3 GG einigen Bestimmungen des Grundgesetzes eine (später sogenannte) „Ewigkeitsgarantie" gaben, ohne diese Garantie selbst mit einer Ewigkeitsgarantie zu unterfüttern. (Das ist auch nicht möglich, ohne in einen letalen *regressus in infinitum* zu geraten, dem keine irdische Druckerei gewachsen wäre.) Auf Ewigkeit gestellte Artikel können übrigens ohne Änderung des Wortlauts aufs bequemste durch Neuinterpretation ihrer störenden Ewigkeit entkleidet werden. Das ist ausgerechnet dem A-und-O-Artikel des Grundgesetzes, dem Artikel 1, mit seiner hochkarätigen Versicherung widerfahren, die Würde des Menschen sei unantastbar. Anfang 2003 erschien im „Grundbuch zum Grundgesetz", im Kommentar von Maunz-Dürig, eine Neuinterpretation, auf die der Staatsrechtler und Ex-Bundesverfassungsrichter Ernst-Wolfgang Böckenförde ein halbes Jahr später mit den entsetzten Worten reagierte: „Die Würde des Menschen war unantastbar."[69]

Erholen wir uns von dieser Sorte Ewigkeits-Rotwelsch durch Nietzsches *Tanzlied*, das der Ewigkeit wieder ihre Würde zurückgibt, auch wenn Jahwe das nicht so gesehen hätte:

> O Mensch! Gib acht!
> Was spricht die tiefe Mitternacht?
> „Ich schlief, ich schlief –,
> Aus tiefem Traum bin ich erwacht: –
> Die Welt ist tief,
> Und tiefer als der Tag gedacht.
> Tief ist ihr Weh –,
> Lust – tiefer noch als Herzeleid:
> Weh spricht: Vergeh!
> Doch alle Lust will Ewigkeit –,
> – Will tiefe, tiefe Ewigkeit."[70]

[1] Kirchenlied von Johann Rist (1607-1667).

[2] Goethe: Faust II, Artemis-Gedenkausgabe 5, Vs. 11583f.

[3] Friso Melzer: Der christliche Wortschatz der deutschen Sprache, Lahr 1951, Stichwort „ewig", S. 120ff.

[4] Platon: Timaios 40c.

[5] Gen 21, 33.

[6] Ps 102, 26-28.

[7] Jonas Cohn: Geschichte des Unendlichkeitsproblems im abendländischen Denken bis Kant. Leipzig 1896, Reprint Hildesheim-Zürich-New York 1983, S. 57.

[8] 2 Kor 4. 18.

[9] Ps 102, 28.

[10] Ps 90, 2.

[11] Dekrete der ökumenischen Konzilien, Bd. 1, hrsg. von Josef Wohlmuth, 3. Aufl. Paderborn-München-Wien-Zürich 1998, S. 24.

[12] Heinrich Denzinger: Kompendium der Glaubensbekenntnisse und kirchlichen Lehrentscheidungen, 37. Auflage, Freiburg, Basel, Rom, Wien 1991, hrsg. von Peter Hünermann, S. 37.

[13] Das Buch Kohelet (Prediger Salomo) 1, 1.9.

[14] Origenes: Vier Bücher von den Prinzipien [De principiis], hrsg. und übers. von Herwig Görgemanns und Heinrich Karpp, Darmstadt 1985; dort III, 5, 3; vgl. auch I, 4, 3-4. Auf diese Ausgabe wird hinfort kurz mit „Origenes: De principiis" verwiesen.

[15] Mt 24. 29-36.

[16] Origenes: Comment. in Matthaeum T. VIII. In J.-P. Migne: Patrologia Graeca, Bd. 13, S. 1089 C.

[17] Origenes: De principiis II, 9, 1.

[18] Origenes: De principiis, Textanhang, S. 825.

[19] Eusebios: Kirchengeschichte VI, 18, 2-19, 1.

[20] Zitiert von Eusebios: Kirchengeschichte VI, 19, 7-8.

[21] Cantor: Ges. Abh., S. 370.

[22] Gerhard Kowalewski: Bestand und Wandel, München 1950, S. 201.

[23] Empedokles B 11 und B 12.

[24] Augustinus: Gottesstaat XII, 13.

[25] Origenes: De principiis III, 5, 3; Augustinus: Bekenntnisse XI, 13.

[26] Jak 1, 17; Augustinus zitiert diese Stelle im Zusammenhang mit der Schöpfungsproblematik im *Gottesstaat* XI, 21.

[27] Augustinus: Gottesstaat XII, 15.

[28] Augustinus: Bekenntnisse XI, 12, übers. von Hubert Schiele, 2. Aufl., Freiburg 1950. Auf diese Ausgabe wird hinfort kurz verwiesen mit „Augustinus: Bekenntnisse".

[29] Augustinus: Gottesstaat XI, 4.

[30] Augustinus: Gottesstaat XII, 17. Das Pauluswort stammt aus Titus 1, 2f, die Hervorhebungen sind von mir.

[31] Platon: Timaios 38b.

[32] Demokrit A 71.

[33] Aristoteles: Vom Himmel 283b (erster Satz des zweiten Buches); vgl. auch Meteorologie 353a.

[34] Aristoteles: Physik 251b.

[35] Augustinus: Gottesstaat XI, 6.

[36] Dieser Gedanke ist schon in Platons *Timaios* 38c angedeutet; genauer wird er ausgeführt in Aristoteles' *Physik* 220b: „Die Zeit bestimmt die Bewegung, weil sie ihre Zahl ist, die Bewegung bestimmt die Zeit."

[37] Augustinus: Gottesstaat XI, 6.

[38] Augustinus: Bekenntnisse XI, 13.

[39] Ex 3, 13. Andere Übersetzungen dieser wichtigen Stelle: Ich bin der „Ich bin da" (Neue Jerusalemer Bibel); Ich werde sein, der ich sein werde (Luther 1534).

[40] Ps 102, 26-28.

[41] Augustinus: Bekenntnisse XI, 13.

[42] 2 Petr 3, 8.

[43] Augustinus: Bekenntnisse XI, 13.

[44] Augustinus: Bekenntnisse XI, 10.

[45] Georg Cantor: Ges. Abh., S. 384.

[46] Boethius: Trost der Philosophie, 5. Buch, 6. Prosa, übers. von Karls Büchner (Sammlung Dieterich, Band 33); die Übersetzung wurde an einer Stelle geändert. Hervorhebung von mir.

[47] Augustinus: Gottesstaat XII, 19.

[48] Johann Wolfgang von Goethe: Zahme Xenien VI.

[49] Thomas von Aquin: Summa theologiae I, 10. Untersuchung, 2. Artikel. Thomas bezieht sich auf Boethius: De Trinitate 4.

[50] Goethe: Faust II, 11579f; vgl. auch 11589.

[51] Isaac Newton; Mathematische Prinzipien der Naturlehre, übers. von J. Ph. Wolfers, Nachdruck Darmstadt 1963, S. 25.

[52] In dem Kapitel *Julchen* der *Knopp-Trilogie.*

[53] Offb 10, 6.

[54] Für beide Zitate vgl. Max Jammer: Einstein und die Religion, Konstanz 1995, S. 71.

[55] Augustinus: Bekenntnisse XI, 14.

[56] Bartel van der Waerden: Erwachende Wissenschaft, Bd. 2, Basel-Stuttgart 1968, S. 230f. Vgl. auch Bertholet: Wörterbuch der Religionen, Stuttgart 1985, Stichwort Zervanismus auf S. 673.

[57] Heraklit B 52, übers. von Bruno Snell.

[58] Aristoteles: Vom Himmel I, Kap. 5-9.

[59] Aristoteles: Physik 265a.

[60] Aristoteles: Physik 264b.

[61] Aristoteles: Vom Himmel, Buch II, Kap. 6; Buch I, Kap. 4; s. auch 284a (die Kreisbewegung erhält sich ohne von außen antreibende Kraft).

[62] Aristoteles: Vom Himmel 269a.

[63] Augustinus: Gottesstaat XII, 14.

[64] Augustinus: Gottesstaat XII, 14.

[65] Augustinus: Bekenntnisse I, 1.

[66] Augustinus: Bekenntnisse VIII, 12.

[67] Rom 13, 13-14.

[68] Ps 93, 2; Jes 9, 5: Ps 90, 2.

[69] Ernst-Wolfgang Böckenförde: „Die Würde des Menschen war unantastbar", in Frankfurter Allgemeine Zeitung vom 3. September 2003.

[70] Friedrich Nietzsche: Also sprach Zarathustra, Dritter Teil, *Das andere Tanzlied.*

4. Die zerbröselnde Ewigkeit

Als Erstes ist die gähnende Leere entstanden.

HESIOD

Und allem Anfang wohnt ein Rätsel inne.

HERMANN-HESSE-VARIANTE

Die Frage nach dem Anfang aller Dinge hat die Menschen seit den Zeiten des Mythos bis in die Zeiten der Moderne magnetisch angezogen. Schon die alten Ägypter suchten Auskunft und fanden sie: Ihre Göttin Neith hatte das ganze Universum ohne sonderlichen Aufwand mit gerade mal sieben Zauberworten aus dem Nichts hervorgebracht.[1] Die *Genesis* berichtet, dass Jahwe ganz ähnlich verfuhr. Aus dem Nichts heraus schuf er „am Anfang Himmel und Erde. Und die Erde war wüst und leer [*tohu wa bohu*], und es war finster auf der Tiefe."[2] Auch der griechische Dichter Hesiod (um 700 v. Chr.), den die Hellenen auf eine Stufe mit ihrem Spitzenpoeten Homer stellten, lässt alles aus dem Nichts entspringen. Aber in einer paradoxen Volte lässt er sogar das Nichts „entstehen" – man weiß nicht wie: „Im Anfang ist die gähnende Leere entstanden."[3] Hesiods Wort für „gähnende Leere" ist Χαος, lat. *chaos*, deutsch Chaos; es kann bei ihm auch den Weltraum bezeichnen.[4] Χαος kommt von dem griech. Verbum *chainein* (= klaffen, gähnen). Bei Ovid, dem römischen Dichterkollegen Hesiods, materialisiert sich das *chaos* unversehens und unmotiviert zur „wirren Urmasse":

> Vor dem Meere, dem Land und dem alles deckenden Himmel
> zeigte Natur in der ganzen Welt ein einziges Antlitz.
> Chaos ward es benannt, eine rohe, gestaltlose Masse,
> Nichts als träges Gewicht und, uneins untereinander,
> Keime der Dinge, zusammengehäuft in wirrem Gemenge.[5]

Und so degeneriert Chaos schließlich in unserem Alltagsdeutsch zum „Durcheinander", zur exzessiven Unordnung, wie auch in einer ganz merkwürdigen Parallele hierzu *tohu wa bohu* („wüst und leer") schließlich zu unserem Tohuwabohu (= „Durcheinander *par excellence*") heruntergekommen ist. In beiden Fällen entfaltet sich die windige „Leere" vermöge einer undurchsichtigen Dialektik zu einer handfesten „Unordnung".

Hesiod war das Kind eines einfachen Bauern in dem hinterwäldlerischen Böotien, wurde von seinem pfiffigen Bruder Perses ums Erbe betrogen und hat nach eigenen Angaben seine

Weltentstehungslehre direkt von den göttlichen Musen empfangen, als er Schafe hütete. Den Hesiodschen Musen sollte man freilich mit Reserve begegnen. Sie rücken sich selbst in ein fahles Licht mit dem offenherzigen Sätzchen: „Wir wissen trügenden Schein in Fülle zu sagen."[6] So viel zum olympischen Intellektuellenstadl.

In Island schlägt Jahrhunderte später die Seherin der *Edda* den unverfälscht Hesiodschen Ton an:

> Urzeit war es, da Ymir[7] hauste:
> Nicht war Sand noch See noch Salzwogen,
> Nicht Erde unten noch oben Himmel,
> Gähnung grundlos, doch Gras nirgends.[8]

Der „Anfang" hat eine fatale Dialektik: Immanuel Kant hat sie in dem berühmten Kapitel *Die Antinomien der reinen Vernunft* seines Hauptwerks gleich als erste Antinomie analysiert. Die (bewiesene!) „These" der Antinomie lautet: „Die Welt hat einen Anfang in der Zeit." Die (bewiesene!) „Antithese" behauptet: „Die Welt hat keinen Anfang in der Zeit." Die innere Widersprüchlichkeit des „Anfangs" kann man nicht kleinreden. Steht nämlich am Anfang ein Etwas, so wird man fragen, woher denn dieses primordiale Etwas kommt und ob es nicht schon – gegen die Vernunft – *vor* dem Anfang aller Dinge existierte. Steht am Anfang aber das Nichts, wird man fragen, wie aus dem Nichts ein Etwas entstehen konnte. Es gibt nur drei Möglichkeiten, sich diese Fragen vom Halse zu schaffen. Erstens: Man stellt sie gar nicht; das hat Homer getan; der „weiseste der Griechen" erwägt und erwähnt keinen „Anfang". Zweitens: Man lässt die Welt seit Ewigkeiten, ohne Anfang, bestehen. Drittens: Man hält sich an einen allmächtigen Schöpfergott, der die Welt aus dem Nichts ins Dasein ruft. Der Schöpfergott tritt in unseren Tagen von neuem auf, diesmal im Talar der Quantenmechanik. Davon später mehr.

Die beiden größten naturwissenschaftlich-philosophischen Denker des alten Griechenlands, Demokrit und Aristoteles, haben sich für eine Welt „von Ewigkeit her" entschieden. Für Demokrit ist die Zeit ohne Anfang; die Kette der Ursachen reicht von Ewigkeit zu Ewigkeit, und die Grundprozesse des Universums, die Bewegungen der Atome, sind denn auch anfangslos und ewig.[9] Nichts anderes verkündet Aristoteles in einem wuchtigen Text:

> Aus dem Gesagten kann man sich davon überzeugen, dass der gesamte Himmel weder entstanden ist noch untergehen kann, wie einige meinen, sondern dass er einer ist und ewig und in seiner ganzen Dauer weder Anfang noch Ende hat und in sich selbst die unendliche Zeit fasst und umgreift.[10]

Das Problem des Anfangs stellt sich allen denkenden Menschen zu allen Zeiten. Der muslimische Theologe, Mystiker und Philosophenfresser Algazel (oder Gazali, 1059-1111) hat emphatisch einen Anfang der Welt proklamiert und hat ihn auf eine Weise demonstriert, die uns hier angeht. Für Algazel ist die Seele unsterblich. Hätte nun die Welt keinen Anfang gehabt, sagt er, so müsste bis heute eine unendlich lange Zeit abgelaufen sein. Folglich müssten heute unendlich viele Seelen ihr Wesen treiben – das aber sei unmöglich, weil unendliche Gesamtheiten gar nicht denkbar seien. Also muss die Welt vor endlicher Zeit einmal angefangen haben. Der große muslimische Aristoteliker Averroës aus Cordoba (1126-1198) hingegen setzte wie sein heidnischer Meister auf die Anfangslosigkeit des Kosmos. Er hielt, wie Aristoteles, die Seele für sterblich, womit das Argument des Algazel – unzulässige Anhäufung unsterblicher Seelen – bereits ausgehebelt war. Es überrascht sogar uns Abgebrühte, dass einstmals Unsterblichkeitsfragen in die Kosmologie hineinspielen konnten. Aber dergleichen erweitert den Horizont; es lehrt, dass man in der Geschichte des Denkens auf *alles* gefasst sein muss. Noch in diesem Kapitel wird uns eine Vision begegnen, auf die wir nach dreitausend Jahren Wissenschaftsgeschichte nicht gut vorbereitet sind: die Geburt des Kosmos aus dem Nichts. Geburtshelfer sind Physiker und Kosmologen unserer Tage.

Zwischen Demokrit und Aristoteles, den Kündern einer ungebrochen-geradlinigen Ewigkeit der Welt, steht der Prophet einer gebrochen-pulsierenden Ewigkeit: der schillerndste, romantischste, narkotisierendste aller griechischen Philosophen, ein Dichter, Visionär und Halluzinator, dem aber kurioserweise *in puncto* strenger Folgerichtigkeit des Denkens keiner das Wasser reichen konnte (so Aristoteles[11]), ein Schamane, dem Wunderheilungen und Totenerweckungen flott von der Hand gingen, der aber auch ein tüchtiger Wasserbauingenieur war, Sümpfe ausspülte und das Land von giftigen Miasmen befreite (wofür man ihn verehrte wie einen Gott, was er ganz in Ordnung fand), ein Naturwissenschaftler, der die zukunftsträchtige Lehre aufbrachte, alle Materien entstünden dadurch, dass gewisse unveränderliche Grundstoffe – bei ihm die „Wurzeln" Erde, Wasser, Luft und Feuer – in zahlenmäßig wohlbestimmten Proportionen zusammenträten (das ist die vorweggenommene Idee unserer „chemischen Formel", man denke an H_2O); ein resoluter Typ, dem man einen finalen Sprung in den Ätna zutraute, ein Faszinosum schließlich, das einen Dichter wie Hölderlin zu einem Sprachkunstwerk höchsten Ranges und einen Historiker wie Renan zu dem brillanten Aperçu inspiriert hat. Dieser Magier und Naturforscher sei eine Mischung aus Cagliostro und Newton gewesen. Die Rede ist von Empedokles aus Akragas (483-423 v. Chr.). Es bleibt noch nachzutragen, dass Akragas, heute Agrigent, zu Empedokles' Zeiten überaus reich und Empedokles selbst ein Millionär aus angesehener Familie war, den die Agrigentiner gerne zu ihrem König gemacht hätten. Er winkte ab. Dieser widerspruchsvolle Mann war zwar ein echter Aristokrat, gleichzeitig aber auch ein echter Demokrat. Niemand hat ihm das nachgemacht.

Keiner hat so feurig wie Empedokles die griechische Seinsfrömmigkeit mit ihrem Hauptartikel gepredigt, dass nichts aus dem Nichts entsteht und nichts in das Nichts vergeht; wer anders denkt, wird kurzerhand zum „Unmündigen" erklärt.[12] Den Grundbausteinen der Natur, den „Wurzeln" (wir reden mit Aristoteles lieber von „Elementen"), schrieb er Ewigkeit zu, den Göttern hingegen nur Langlebigkeit.[13] Als erster griechischer Denker führte er den Kraftbegriff ein, um das rastlose Changieren der Welt zu erklären. Er erfand zwei kosmische Kräfte: „Liebe" und „Streit". Die „Liebe" ist eine Attraktionskraft. Sie führt Elemente zusammen und bildet Materien. Der „Streit" ist eine Repulsionskraft: Er trennt Elemente und löst Materien auf.[14] Die zwei Kräfte sind ebenso ewig wie die vier Elemente. Die Welt ist ihm von Ewigkeit zu Ewigkeit.

Schon Thales hatte einen Urstoff gekannt, aus dem alles entstanden sein sollte: das Wasser. Über die Mechanik der Entstehung aber hatte er sich ausgeschwiegen. Ganz anders Empedokles! Aufs schönste zeigt er seine von Aristoteles gerühmte Folgerichtigkeit, indem er als primordialen Welt-Zustand eine strukturlos-symmetrische Kugel, den *Sphairos*, imaginiert, in dem die Elemente zu einem strukturlos-homogenen Urbrei durcheinandergemischt sind. Nirgendwo etwas Gestaltetes, Strukturiertes – natürlich nicht, Gestalten und Strukturen sollen ja erst noch entstehen. Zusammengehalten wird die sphärische Urmasse von der Liebe. Kein Zwist, kein Streit ist im *Sphairos*; er liegt „im festen Verlies der *harmonia*" und freut sich still „der ringsum herrschenden Ruhe".[15]

Aber in dieser heiligen Stille des Seins kommt es zu einer furchtbaren Katastrophe. Irgendwie, von irgendwoher, aus irgendeinem Grund dringt der „verderbliche Streit" in den Frieden des *Sphairos* ein, „erschüttert [seine] Glieder",[16] kämpft gegen die Bindekraft der Liebe und entmischt die selig zusammenliegenden Elemente. Wir werden nie wissen, warum er sich plötzlich rührt.[17] Wir wissen aber, *dass durch diese Katastrophe die Welt entsteht*. Die noch nicht ganz überwundene Liebe nämlich versucht, die vom Streit auseinandergetriebenen Elemente wie ein Alleskleber zusammenzukleistern, und dabei fügt sie die Elemente mit letzter Kraft und wie es sich gerade trifft zu den allerverschiedensten Zufallsprodukten zusammen: zu Bergen, Bäumen, Tieren, Menschen, Monstern – zu der ganzen Gestaltenfülle also, die wir „Welt" nennen. Die „Welt" entsteht durch einen veritablen „Urknall": durch den *Big Bang* im *Sphairos*. Der Vater dieser Welt ist der „Streit", und diese elende Vaterschaft ist denn auch ihr Kainsmal.

Die Katastrophe geht weiter, der Streit gibt keine Ruhe. Erbarmungslos löst er auch das gerade noch mit knapper Not Gestaltete in seine Elemente auf und vereinigt nun alles Feuer für sich, alles Wasser für sich usw. – gemäß dem altgriechischen Attraktionsprinzip, dass Gleiches sich zu Gleichem gesellt. Es entsteht eine schauerlich tote *akosmia*, eine „Unwelt", bestehend aus vier starr nebeneinanderstehenden Blöcken: einem Feuer-, Wasser-, Erd- und Luftblock.[18] Und nun gerät der frei spekulierende Empedokles auf einen Gedanken, der ausgefallener und paradoxer nicht sein könnte: Ausgerechnet im gänzlich liebesleeren Zustand rafft die Liebe sich wieder auf und gestaltet die *akosmia* zurück zu einem *kosmos*, und dieser *kosmos* wird in einem „Endknall", einem *Big Squeeze*, zurückhomogenisiert (und zerstört![19]) zu einem neuen *Sphairos*. Der gewaltige Zyklus

$$\textit{Sphairos} \rightarrow \textit{kosmos} \rightarrow \textit{akosmia} \rightarrow \textit{kosmos} \rightarrow \textit{Sphairos}$$

ist nun beendet. Er kann von neuem beginnen und wird ewig weitergehen.[20] Ein endgültiges Ende, einen ultimativen Untergang gibt es nicht. Ob es einen *ersten* Urknall gegeben hat oder ob die Urknälle sich *seit Ewigkeiten* ereignen, lässt Empedokles offen. Seine grandiose Vision eines pulsierenden Universums ist sein Gegenstück zur babylonisch-pythagoreischen Vision der „ewigen Wiederkehr". Die neuen Welten des Empedokles entstehen mit physikalischer Zwangsläufigkeit, weil Urstoffe und Urkräfte nicht in Nichts zergehen können: Sie sind immer da und wollen nimmer müßig gehen.[21]

Der erste moderne Kosmologe war Isaac Newton (1642-1727), „das größte Genie, das je existiert hat" (Voltaire[22]). Dieser supreme Physiker, dem sich erst Einstein wieder an die Seite stellen durfte, war ein tiefreligiöser Mensch, und wie kein anderer glaubte er an einen *pankrator* („Allesbeherrscher"), an einen unbeschreiblich allmächtigen Schöpfer des Himmels und der Erden. Für Newton, den Begründer unserer wissenschaftlichen Zivilisation, verstand es sich von selbst, dass die Welt einen Anfang gehabt hatte – genau das verbürgte ja der Schöpfungsbericht der *Genesis*, der in seiner völlig zerlesenen Bibel stand. Aber er unterfütterte die biblische Darstellung noch mit einer atomistischen Prä-Genesis, in der er Gott das Material für den Bau der Welt vorbereiten lässt. Die Prä-Genesis des gottesfürchtigen Newton kommt pikanterweise von dem gottlosen Demokrit her, und zweifellos wäre dem „lachenden Philosophen" bei der Lektüre dieses gottseligen Atomismus das Lachen rasch vergangen:

> [Es ist] mir wahrscheinlich, dass Gott im Anfang der Dinge die Materie in massiven, harten, undurchdringlichen und beweglichen Partikeln erschuf … mit solchen Eigenschaften …, wie sie zu dem Endzwecke führten, für den er sie gebildet hatte … Damit die Natur *von beständiger Dauer* sei, ist der Wandel der körperlichen Dinge ausschließlich in die verschiedenen Trennungen, neuen Vereinigungen und Bewegungen dieser *permanenten* Teilchen zu verlegen.[23]

„Damit die Natur von beständiger Dauer sei …" Den Mann, der die Kraft der Gravitation – die Kraft wechselseitiger Anziehung aller Massepartikel – zur höchsten Ordnungsmacht des Kosmos erhoben hatte und so das Staunen der Welt geworden war, diesen Mann quälte die Sorge, dass ebendiese kosmosbauende Kraft den Kosmos zerstören könnte: Die Fixsterne mussten doch, angetrieben von der nie erlahmenden Massenanziehung, alle miteinander in den Schwerpunkt des Universums stürzen, und in diesem Kollaps würde die ganze Kosmosherrlichkeit ihr Ende finden. In seinem Hauptwerk, den *Mathematischen Prinzipien der Naturphilosophie* (1687), einem Wendepunkt des menschlichen Denkens, bringt nun ausgerechnet der Physiker seinen Gott ins Spiel, um dem kosmischen Desaster zu steuern: Der *pankrator* (so der gottselige Newton) hat das kataklysmatische Zusammenstürzen der Sterne wohlweislich verhindert, indem er sie „in ungeheure Entfernung voneinander" gestellt hat.[24] Newton muss gewusst haben, dass dieser Gotteskniff nicht ausreicht, um das Gravitationsgesetz zu unterlaufen, denn die Massenanziehung vermindert sich zwar mit wachsender Entfernung rapide, hört aber nie ganz auf. Er wird wohl geglaubt haben, dass der *pankrator* die Fixsterne eigenhändig festhält (was dem Übergewaltigen ein Leichtes ist).

Im nächsten Akt tritt Einstein auf. 1905 hatte der junge Mann (gerade mal 26 Jahre alt und gerade mal „technischer Experte dritter Klasse" im eidgenössischen Patentamt zu Bern) seine umstürzlerische Spezielle Relativitätstheorie veröffentlicht und elf Jahre später, 1916, als Professor in Berlin die revolutionäre Allgemeine Relativitätstheorie abgeschlossen – im Kern eine weit über Newton hinausgehende Theorie der Gravitation. Zweihundertdreißig Jahre nach Newtons Drittem Teil seines Meisterwerks – dem Buch *Über das Weltsystem* – begannen sich nun die Ereignisse auf der kosmologischen Bühne zu überschlagen. 1917 wandte Einstein seine neue Gravitationstheorie, wie Newton es mit seiner alten getan hatte, auf das Universum an. Die Arbeit trug den Titel „Kosmologische Betrachtungen zur allgemeinen Relativitätstheorie".[25] Einstein legte den „Betrachtungen" eine Hypothese zugrunde, die sich nicht aus seinen relativistischen

Gleichungen ergab. Es war die Aristotelische Überzeugung, dass die Welt *statisch* sei, d. h. dass ihre Eigenschaften sich im Großen und Ganzen zeitlich nicht ändern: Die Welt ist ewig, insbesondere ist sie anfangslos, die Frage nach einem Weltschöpfer erübrigt sich also. Das war für Einstein wichtig, denn ihm war daran gelegen, eine „kosmische Religiosität" an die Stelle der Anbetung eines „menschenartigen Gottes" zu setzen,[26] und nirgendwo zeigt sich seine eigene kosmische Religiosität so deutlich, wie in seiner Annahme, die Welt sei ewig – ewig nach rückwärts, ewig nach vorwärts, ewig *aus sich selbst heraus.* Um diese religiös geforderte Ewigkeit auch mathematisch abzusichern, fügte Einsein seinen Gleichungen noch ein Glied hinzu, das man später „kosmologisches Glied" genannt und als eine Kraft der Abstoßung gedeutet hat, die der anziehenden, zum unerwünschten Weltkollaps führenden Gravitation entgegenwirkt. 1922 nahm der brillante, früh am Typhus gestorbene russische Mathematiker Alexander Friedmann (1888-1925), der während des Ersten Weltkriegs als Freiwilliger Bombardierungsstrategien für die russische Luftwaffe ausgeklügelt hatte, die Grundgleichungen der Allgemeinen Relativitätstheorie ernster, als ihr Erfinder es getan hatte. Er sah in diesen Wundergleichungen das mathematische Skelett der Welt, verzichtete denn auch auf das artifiziell hinzugefügte kosmologische Glied und zeigte, dass die unverfälschte Relativitätstheorie ein *expandierendes* Universum liefert, das bei hinreichend hoher Dichte der kosmischen Materie eine maximale Ausdehnung erreicht und dann wieder in sich zusammenfällt.[27] Der junge Russe war der Mann des Umdenkens: Gegen Aristoteles und gegen Einstein setzte er an die Stelle eines statischen ein zeitlich veränderliches Universum und mathematisierte (ohne es zu sagen) die Vision des Empedokles vom *Sphairos,* der in einer Urexplosion eine Welt hervorbringt, die dann wieder zurückschrumpft in einen neuen *Sphairos.* Zwei Jahre später (ein Jahr vor seinem Tod) zeigte Friedmann, dass bei hinreichend geringer Dichte der kosmischen Materie die Expansion des Universums ungebremst weitergeht; die Gravitation ist bei zu spärlicher Materie eben zu schwach, um die Welt zusammenhalten zu können.[28] In beiden Modellen ist der anfängliche Abstand zweier beliebiger Galaxien voneinander gleich Null, die gesamte Materie also mit unvorstellbar hoher Dichte in einem winzigen Weltkern zusammengepresst. Die Expansion beginnt mit der Explosion dieses Kerns, mit dem später sogenannten „Urknall". Im ersten Modell wird die Expansion von einer Kontraktion abgelöst, und das Universum findet sein Ende in einer unendlich hohen Verdichtung der Materie. Friedmann hat diese katastrophischen Szenarien freilich nicht ausgemalt. Er hat auch nicht dargelegt, dass die hochverdichtete Materie ein neuer Weltkern sein könnte, der nun von neuem expandiert, dann wieder kontrahiert usw. – in alle Ewigkeit. Diese Empedokleische Idee eines oszillierenden Universums ist erst in den sechziger Jahren des 20. Jahrhunderts von einer Gruppe amerikanischer Physiker in Princeton aufgegriffen worden. Im Hintergrund der Vision vom beständigen Werden und Vergehen scheint Heraklit von Ephesos (etwa 544-483) zu stehen, der dunkel geraunt hatte: „Diesen Kosmos hat nicht einer der Götter noch einer der Menschen geschaffen, sondern er war immer und ist und wird sein: immer-lebendes Feuer, aufflammend nach Maßen und verlöschend nach Maßen."[29] Die Stoiker haben daraus später eine Abfolge kataklysmischer Weltbrände gemacht.

Einstein war als Protagonist eines stationären Universums von der bizarren Expansionsidee Friedmanns tief schockiert. Er wies dem Russen hastig einen Fehler nach, zog aber seinen Einwand ebenso hastig wieder zurück, freilich mit Worten, welche die kosmologische Realität der Friedmannschen Expansionstheorie bewusst in der Schwebe ließen.[30] Einstein wollte sich von der Unveränderlichkeit des Kosmos nichts abdingen lassen. Sie war das Fundament seiner „kosmischen Religiosität".

Friedmann starb zu früh, um etwas von Hubbles spektroskopisch indizierter Expansion des Weltalls wissen zu können. (Davon gleich mehr.) Seine Deduktion dieser Expansion aus Einsteins Gleichungen erwies sich nun als glänzender Triumph der mathematischen Vernunft, ähnlich glänzend wie Maxwells mathematische Extraktion der befremdlichen „elektromagnetischen Wellen" aus dem Tableau der sogenannten Maxwellschen Gleichungen – Gespensterwellen, die Heinrich Hertz nun aber dank Maxwells mathematischer Voraussage 1888 durch zielgerichtetes Experimentieren tatsächlich entdeckte. Trotzdem sollte man sich nicht zu der hübschen Formel versteigen „Friedmanns Hertz hieß Hubble", denn Hubble zog nicht aus, um Friedmanns Spekulationen zu bestätigen. Er tat es nicht, weil er sie nicht kannte.

Der Amerikaner Edwin Hubble (1889-1953), kaum jünger als Friedmann, war wohl der größte beobachtende Astronom seit Tycho de Brahe und hat wie kein anderer seit Galilei unser Bild vom Kosmos verändert; heute trägt das ungemein leistungsfähige Hubble-Weltraumteleskop seinen Namen. Hubbles Karriere zeigt im lockeren Umgang mit sich selbst typisch amerikanische Züge. Er studierte zunächst ein wenig Mathematik und Astronomie (ohne die Sache sehr ernst zu meinen), machte als Preisboxer von sich reden, ging dann, was Boxer selten tun, in die Jurisprudenz und wurde Anwalt. Die Aktenschieberei langweilte ihn bald, und schon im Alter von vierundzwanzig Jahren warf er den juristischen Bettel hin, wandte sich von neuem der Astronomie zu und promovierte 1917 in dieser ehrwürdigsten aller Wissenschaften. Er nahm als Freiwilliger noch rasch am Ersten Weltkrieg teil und begann nach dessen Ende an dem berühmten Mount-Wilson-Observatorium (Kalifornien) zu arbeiten. In den Jahren 1922 bis 1924 entdeckte er, dass viele „Nebel" (wie etwa der bekannte Andromedanebel) riesige Ansammlungen von Sternen außerhalb unserer Milchstraße („Galaxie", von griechisch *gala* = Milch) sind. Er begründete so die „außergalaktische Astronomie" und entwarf ein völlig neues Bild vom Himmel – eine Revolution, die derjenigen vergleichbar ist, die Galilei 1609 auslöste, als er sein selbstgebautes *cannochiale* („Augenrohr") gegen den Himmel richtete, die Jupitermonde entdeckte, das scheinbar feste Band der Milchstraße in zahllose Sterne auflöste und mit Selbstgefühl von den „großen Dingen" sprach, die er nun in einer kleinen Schrift „den Naturforschern zur Untersuchung und Betrachtung" vorlege.[31] Hubble untersuchte die unvorstellbar weit entfernten „Galaxien", die es neben unserer „Heimat-Galaxie" in riesiger Anzahl gab, auch spektroskopisch – freilich nur, um ihre chemische Zusammensetzung aufzuklären. Dabei fiel ihm etwas auf, nach dem er überhaupt nicht gesucht hatte, weil er es nicht vermuten konnte: die sogenannte „Rotverschiebung" des Spektrums. Ein wohlbekanntes akustisches Phänomen wird helfen, die sensationelle Schlussfolgerung zu verstehen, die Hubble daraus zog und die ihn unsterblich machen sollte. Stellen wir uns vor, wir stehen am Straßenrand und ein Notarztwagen kommt mit heulender Sirene auf uns zugerast. Wir wissen aus Erfahrung, dass das Heulen in eine tiefere Tonlage umschlägt, sobald der Wagen uns passiert hat und sich entfernt. Das liegt daran, dass der Schall eine Wellenbewegung ist und die Schallwellen „auseinandergezogen" werden wie die Falten im Balg einer Ziehharmonika, wenn die Schallquelle von uns wegeilt: Der Sirenenton wird langwelliger, also tiefer.[32] Auch das Licht ist eine Wellenbewegung. Entfernt sich eine Lichtquelle von uns, so werden die Lichtwellen länger, und somit wird das Licht röter (rotes Licht hat eine große, violettes eine kleine Wellenlänge.) Das ist die „Rotverschiebung" bei einer hinwegeilenden Lichtquelle. Hubble beobachtete eine Rotverschiebung in den Spektren ferner

Galaxien und zog daraus den Schluss, dass die Galaxien sich von uns entfernen, *das Universum sich also ausdehnt*.[33] Diese atemberaubende Vision eines expandierenden Kosmos, welche die jahrtausendealte Überzeugung von einer fest in sich selbst ruhenden Welt erschütterte, veröffentlichte Hubble im Jahre 1927. Er fand heraus, dass die Galaxien nach allen Richtungen fliehen und dass ihre Fluchtgeschwindigkeiten proportional zu ihren Entfernungen von uns wachsen, bestimmte den Proportionalitätsfaktor (die „Hubble-Konstante"), und konnte nun, indem er zurückrechnete, feststellen, wann die Expansion – wann also das Universum – begonnen hatte. Sein Ergebnis war freilich zunächst rundweg zum Lachen, denn das ganze Universum war nach diesen Kalkulationen wesentlich jünger als die Erde (über deren Alter die Geologen ziemlich sichere Auskunft geben konnten). Das passte natürlich nicht zusammen, ließ sich aber durch eine Neubestimmung der Hubble-Konstanten bereinigen. Heute sind sich die Kosmologen weitgehend einig, dass das Universum etwa 14 Milliarden Jahre alt ist. Es hat inzwischen einen Durchmesser von etwa 36 Milliarden Lichtjahren erreicht und expandiert immer noch.

Im Dezember 1930 reiste Einstein zu einem Forschungsaufenthalt nach Pasadena (Kalifornien). Er nutzte die Gelegenheit, Hubble im Mount Wilson Observatorium zu besuchen. Der Star der Astronomie trug dem Superstar der Physik die Sache mit der Rotverschiebung und der Weltallexpansion vor. Für Einstein war jetzt die Stunde der Wahrheit gekommen: Er gestand ein, dass die Erfindung des kosmologischen Glieds „der größte Schnitzer" seines Lebens gewesen sei. Der große Mann ist wohl zu hart mit sich selbst ins Gericht gegangen. 1997/98 haben mehrere Kosmologen die Idee einer „Antigravitation" aufgebracht, die als Gegenkraft zur zusammenziehenden Gravitation das Gewebe des Universums gewissermaßen „auseinanderdehnt". Die Antigravitation findet ihr mathematisches Pendant in Einsteins kosmologischem Term und ist der entmythologisierte „Streit" des Empedokles, der gegen die kontrahierende „Liebe" die Welt wie einen Ballon „aufbläst".

Friedmann war schon 1925 gestorben. Seine bahnbrechenden Arbeiten waren zwar in der berühmten deutschen *Zeitschrift für Physik* erschienen, waren aber dennoch kaum bekannt und spielten in der Hubble-Diskussion keine Rolle. Den Russen ersetzte ein Belgier, der bei einem zweijährigen Studien-Aufenthalt an dem renommierten MIT (Massachusetts Institute of Technology) schon vor 1927 von Hubbles sensationeller Entdeckung gehört hatte: Georges Lemaître (1894-1966). Im Jahre 1927 seiner Rückkehr nach Europa brachte er die dramatische Idee aufs Tapet, vor Äonen sei ein „Uratom" (*un atom primitif*) explodiert, und aus dieser Katastrophe sei nun alles entstanden, was zu einer „Welt" gehört: Raum, Zeit und Materie. Lemaître hatte eine ähnlich buntscheckige Karriere wie Hubble: Er war der Reihe nach Bauingenieur, Offizier, Priester und Professor für Astrophysik gewesen. Es mag seine Erfahrung als Artillerieoffizier im Ersten Weltkrieg gewesen sein, die ihn denken ließ, die nach allen Richtungen auseinanderfliegenden Sterne im expandierenden Universum Hubbles verhielten sich ähnlich wie die nach allen Richtungen auseinanderfliegenden Splitter einer detonierenden Granate.

Das Explosionsspektakel des belgischen Artilleristen war lange Zeit heftig umstritten. Im *atom primitif* ballte sich tatsächlich die ganze hirnzertrümmernde „Dialektik des Anfangs" zusammen: Die unmotivierte Detonation des Uratoms sollte hervorbringen, was doch zu seinen Voraussetzungen gehörte. Der Volksmund formuliert die im „Anfang" eingebaute Antinomie seit eh und je als ironische Frage, was denn früher war: die Henne oder das Ei? Kirchenfürsten haben eine heilige Scheu vor dem „Anfang", weil er als eine Setzung aus Gottes Willen und so als ein göttliches Mysterium gilt. 1981 fand im Vatikan eine Konferenz von Naturwissenschaftlern statt.

Der Papst ermunterte die versammelten Gelehrten, sich mit der Entwicklung des Universums *nach* dem Urknall zu beschäftigen, warnte sie aber davor, den Urknall selbst zu erforschen, denn der sei der eigentliche Augenblick der Schöpfung und damit das Werk Gottes.[34] Einer der entschiedensten Verfechter des „heißen Urknalls", jener unvorstellbar kurzen Anfangsphase des Kosmos mit einer unvorstellbar hohen Temperatur, war der russisch-amerikanische Physiker George Gamow (1904-1968), ein Schüler Friedmanns. Er präsentierte seine wahrhaft knallige These ausgerechnet an einem 1. April, nämlich am 1. April 1948 in der amerikanischen Zeitschrift *Physical Review*. Im Titel figurierten drei Autoren: Alpher (ein Mitarbeiter Gamows), Bethe (der spätere Nobelpreisträger für Physik) und Gamow selbst. Bethe hatte mit der Sache nichts zu tun und war nur des ersten Buchstabens seines Namens wegen von dem humorigen Gamow zur Mitautorschaft überredet worden. Die Anfangsbuchstaben A, B, G der drei Namen sollten an die drei ersten Buchstaben Alpha, Beta, Gamma des griechischen Alphabets erinnern; diese alphabeteröffnende Letternfolge schien Gamow ungemein passend zu sein für eine Arbeit über die Eröffnung des Universums.

Einer der entschiedensten Widersacher Gamows war der Astronom und Science-Fiction-Autor Sir Fred Hoyle (1915-2001). Dem passionierten Urknallgegner kommt pikanterweise das Verdienst zu, das primordiale Gewitter in einem Rundfunkvortrag auf den zündenden Namen *Big Bang* getauft und damit – sehr gegen seine Absicht – erst richtig populär gemacht zu haben. Hoyle hatte das kosmische Peng-Peng durch dieses eine Wort eigentlich diskreditieren wollen. Es hatte aber den gegenteiligen Effekt, weil es die Phantasie entzündete. Als erfahrener Romanautor hätte Hoyle eigentlich wissen müssen, dass seine semantische Kreation einfach zu gut war. 1972 wurde er seiner wissenschaftlichen Verdienste wegen geadelt.

Genau im Jahr 1948, also im Jahr der Gamowschen These vom heißen Urknall brachte Hoyle seine Antithese auf den Markt: die *steady state theory*, die Vision eines Universums, das in erhabener Ruhe ewig sich selbst gleich bleibt und weder Anfang noch Ende kennt. Der Urknall war so umstritten wie die Urzeugung. Aber noch 1994, als Hoyle schon neunundsiebzig Jahre zählte und nur noch wenige an seine Kosmologie glauben mochten, sagte er mit einer Art resignierten Frohsinns: „Ich werde wohl nicht lange genug leben, aber es wird herauskommen, dass ich recht habe." Das aber kam nicht heraus. Heraus kam nur das vertraute Phänomen, dass große Forscher oft der Forschung hinderlich im Wege stehen. Charles Darwin, der uns in einer biologischen Version von „Urknall"theorie unversehens vom Affen abstammen ließ, hatte deshalb dem Mann der Wissenschaft geraten, schon mit sechzig Jahren das Zeitliche zu segnen, da er später allen neuen Lehren verstockt widersprechen würde.[35]

Eigentlich wurde sie Urknallhypothese erst in den Jahren 1964/65 reputierlich, als die „kosmische Hintergrundstrahlung" entdeckt und verstanden wurde, eine Strahlung im Mikrowellenbereich,[36] die Gamow schon 1948 als ein das ganze Universum erfüllender Rest des höllischen Urknallfeuers vorausgesagt hatte, ohne jedoch damit Furore zu machen. Ihre tatsächliche Entdeckung gehört zu den wichtigsten Ereignissen der modernen Kosmologie. Sie geschah rein zufällig durch zwei junge amerikanische Radioastronomen: Arno Penzias und Robert Wilson. Die beiden sollten im Auftrag der Bell-Laboratorien mit einer ausgemusterten Empfangsschüssel die Sterne „aushorchen", um die hochsensitive Antenne doch noch zu irgendetwas – *irgendetwas!* – Vernünftigem zu nutzen. Als die frischgebackenen Doktoren im Frühjahr 1964 in Crawford Hill, etwa fünfzig

Kilometer von Princeton entfernt, ihre Apparatur gen Himmel richteten, hörten sie etwas völlig Unerwartetes: ein beständiges „Zischen" bei einer Wellenlänge von 7,35 cm. Das Zischen war tagaus, tagein konstant und hing nicht von der Richtung der Empfangsschüssel ab. Es zeigte also eine Strahlung an, die ohne aufweisbare Quelle gleichmäßig das ganze Universum erfüllte. Die Sache war rätselhaft und die beiden Radioastronomen waren ratlos. Sie wussten nichts mit dem Zischen anzufangen, denn die Gamowsche Hintergrundstrahlung war ihnen entweder nicht bekannt oder suspekt. Von der Urknallhypothese hielten sie wenig. Wilson hielt gar nichts von ihr; er hatte zu lange bei dem Gamow-Gegner Hoyle studiert.

Etwa zur gleichen Zeit diskutierte eine kleine Gruppe von Physikern in Princeton die Gamowsche Frage, was aus der höllischen Urknallhitze geworden sein könnte. Jim Peebles, ein besonders aktives Mitglied der Gruppe, fand schließlich zu Beginn des Jahres 1965 nach langwierigen Rechnungen heraus, dass das heutige Universum von einer elektromagnetischen Reststrahlung, der Urknallhitze, gleichmäßig durchtränkt sein musste: Die unbeschreibliche Glut des *Big Bang* lebte fort als eine moderate „kosmische Hintergrundstrahlung".

Rein zufällig – über mehrere Freunde und Kollegen – trat Penzias in Verbindung mit den Princeton-Physikern. Diese reisten nun nach Crawford Hill, sahen und hörten sich alles an und kamen rasch zu ihrem Urteil: Das skurrile Zischen war das vorausgesagte Echo des Urknalls. Ihn hatte es also tatsächlich gegeben. Eine große Sache! Eine sehr große Sache!

Dieser Meinung waren Penzias und Wilson allerdings nicht; mit dem *Big Bang* hatten sie ja nichts im Sinn. Sie änderten ihre Meinung freilich am 21. Mai 1965. An diesem Tag nämlich berichtete der angesehene Wissenschaftsjournalist Walter Sullivan in der *New York Times* über die von Penzias und Wilson entdeckte kosmische Hintergrundstrahlung und ihre Deutung durch Princeton-Physiker als „Überrest einer Explosion, welche die Geburt des Universums markiert". Erst jetzt begannen Penzias und Wilson, an den Urknall zu glauben. 1978 erhielten sie den Nobelpreis für Physik.

Die Entdeckung und Deutung der kosmischen Hintergrundstrahlung beendete die Diskussion über die Expansion des Weltalls. Die Frage war nur noch, ob sie in eine Kontraktion umschlagen oder ungebremst weitergehen würde. Und auch bei dieser für unser Weltverständnis und Weltgefühl so wichtigen Frage greift die Hintergrundstrahlung noch einmal ein. Messungen und Analysen dieser Strahlung aus dem Jahre 2003 deuten darauf hin, dass die Expansion des Alls *ewig* weitergehen und die Dichte der Materie dabei ständig abnehmen wird. Mehr noch: Die Messdaten weisen auf eine „dunkle Energie" hin, die sogar zu einer *beschleunigten* Expansion des Universums führt.

Nach unserem gegenwärtigen Erkenntnisstand ist die Welt nicht „nach hinten", wohl aber „nach vorne" ewig – letzteres freilich nur in einer jämmerlich poveren Seinsweise, die eigentlich kein „Sein" mehr ist: völlig ausgebrannt, kalt und dunkel, angefüllt mit unsagbar dünnem Materiestaub, ein Quasi-Nichts, bei Lichte besehen ein Nichts. Die einstmals absolute Ewigkeit des Alls zerbröselt. Das also ist das schäbige Ende der kosmischen Herrlichkeit mit ihren Abermilliarden strahlender Sonnen.

Es gibt eine berühmte – und beunruhigende – Frage des hl. Augustinus, die heute wieder gestellt wird, freilich in stark säkularisierter Form. Bei Augustinus hieß sie: „Was tat Gott *vor* der Erschaffung der Welt?"[37] Jetzt heißt sie: „Was war denn eigentlich *vor* dem Urknall?"

Die traditionelle Urknalltheorie krankt daran, dass sie den *Big Bang* einfach als gegeben hinnimmt und nur die Zeit *nach* ihm ins Auge fasst. „Die ersten drei Minuten" heißt ein bekanntes Buch des amerikanischen Nobelpreisträgers Steven Weinberg über den Ursprung des Universums. Was aber war *vor* dem Urknall? Was knallte im Urknall? Und warum knallte er? Die Kosmologen unserer Tage haben angefangen, das Undenkbare zu denken und es gleichzeitig, wie zum Selbstschutz, als banal hinzustellen. Sie knüpfen, ohne es zu sagen, an Hesiod an: „Als erstes ist die gähnende Leere entstanden." Im Anfang war das Nichts. Das Nichts hat alles hervorgebracht. Aber wie denn das? In der *Genesis* erledigte Jahwe die Sache rasch durch sein „Es werde"-Wort. 1973 ging er anders vor und gab den Quantenmechaniker. In diesem Jahr nämlich präsentierte ein junger Professor namens Edward P. Tryon (jung genug, um am Etablierten zu rütteln und die Etablierten zu verstören) die „*creatio ex nihilo*"-These in Frageform: „Ist das Universum eine Vakuumfluktuation?"[38] Hier muss man wissen, dass das Vakuum, die Leere, nach Auffassung der Quantenmechanik – und gegen alle gutbürgerlichen Vorstellungen – eine recht rührige Sache ist. Da nämlich in der Quantenmechanik an die Stelle „harter" Determinationen „weiche" Wahrscheinlichkeiten treten, die es nur mit Kollektiven, nicht mit Individuen zu tun haben, findet der progressive Physiker unserer Tage nichts dabei, im Vakuum *spontan* – ohne Grund und Ursache – Elementarteilchen mitsamt ihren Antiteilchen entstehen zu lassen (z. B. Elektronen und Positronen). Da die Antiteilchen die Teilchen gewissermaßen neutralisieren, ist eigentlich gar nichts passiert. Insbesondere ist den Erhaltungssätzen, also dem innersten Kern der physikalischen Seinsfrömmigkeit, kein Leid geschehen. (Die physiko-theologischen Erhaltungssätze besagen, dass gewisse fundamentale Größen – etwa Energie und Impuls – in ihren Gesamtquantitäten *in alle Ewigkeit* erhalten bleiben.) Die Kreationsherrlichkeit währt freilich nur eine extrem kurze Zeit, dann versinkt sie wieder in jenes Nichts, aus dem sie gekommen ist. Dieses Scherzando des Vakuums nennt man eine „Vakuumfluktuation", und Tryon wagte die Vermutung, auch das ganze Universum könne aus einer Vakuumfluktuation entstanden sein. Die positive Energie, die es als kinetische Energie der Himmelskörper und als Energie seiner Materie enthält (Materie ist nach Einstein hochverdichtete Energie), diese positive Energie wird kompensiert durch die negative Energie des Gravitationsfeldes seiner Massen. Die Gesamtenergie des Universums ist per saldo Null. Das Universum der zahllosen Galaxien ist, bei Lichte besehen, ein Nichts und konnte also unverkrampft aus dem Nichts entstehen. Der Weg des Kosmos führt aus dem Nichts ins Nichts: *Ex nihilo in nihilum.* Dank des Spontaneitätsreservoirs, das die probabilistische Quantenmechanik bereitstellt, ist es verlorene Mühe, nach Anlässen und Ursachen der Kosmosgeburt zu suchen. Tyron schreibt in seinem Artikel kühl, unser Universum sei „schlicht und einfach eines von diesen Dingen, die von Zeit zu Zeit passieren". Die Frage des Augustinus, warum der ewig unwandelbare Gott eine Wandlung durch seinen Entschluss erfährt, eine Welt zu erschaffen,[39] diese Frage entlarvt sich als Resultat einer unzulänglichen Studie des Jahwe-Charakters: Der Schöpfergott ist in Wirklichkeit ein quantenmechanischer Hans Dampf in allen Gassen, dem heute dies, morgen jenes und übermorgen etwas ganz anderes einfällt – alles nach der Devise *Sic volo, sic iubeo, sit pro ratione voluntas* („So will ich's, so befehle ich's, als Grund gelte mein Wille"[40]).

Der angesehene Kosmologe Alan Guth vom MIT schreibt im Schlusskapitel seine Buches *Die Geburt des Kosmos aus dem Nichts*[41] sehr vorsichtig (obwohl er selbst ein *ex-nihilo*-Protagonist ist), die Versuche, die Entstehung des Universums aus dem Nichts zu erklären, seien alle „äußerst spekulativ". (Umso erstaunlicher, wie gelassen die „Nihilisten" mit dem windigen

Nichts hantieren, als sei es ein konkretes Etwas.) Falls dieses Programm aber eines Tages erfolgreich zu Ende geführt werden könne, so Guth, würde es bedeuten, dass die Existenz und die Geschichte des Universums durch die Gesetze der Physik erklärt werden können. Aber dann endet diese Passage (und das ganze Buch) mit einer Zeile, die an das Ringen des Augustinus um den Anfang von Welt und Zeit erinnert. Wenn dies alles gelänge, so Guths letzter Satz, „dann bliebe immer noch ein großes Rätsel unserer Existenz: Was bestimmt die Gesetze der Physik?". Wir schieben den „Anfang" immer vor uns her. „Denn jedem Anfang wohnt ein Rätsel inne."

---

[1] Die Schöpfungsmythen, mit einem Vorwort von Mircea Eliade, Darmstadt 1991, S. 60.

[2] Gen 1, 1-2.

[3] Hesiod: Theogonie 116.

[4] Hesiod: Theogonie 700.

[5] Ovid: Metamorphosen I, 5ff.

[6] Hesiod: Theogonie 28.

[7] Ymir war der Ur-Riese, der entstand, als das Feuer von Muspelheim auf das Eis von Niflheim traf.

[8] Die Edda, übertr. von Felix Genzmer, Düsseldorf 1956, S. 43.

[9] Demokrit A 71 und A 39: Cicero: Vom höchsten Gut und größten Übel (De finibus) I, 6, 17.

[10] Aristoteles: Vom Himmel 283b (erster Satz des zweiten Buches).

[11] Aristoteles: Metaphysik 1000a.

[12] Empedokles B 11.

[13] Empedokles B 21.

[14] Empedokles B 21.

[15] Empedokles B 27 und B 27a. Zur Version „ringsum herrschende Ruhe" statt „ringsum herrschende Einsamkeit" (Diels) s. Werner Jaeger: Die Theologie der frühen griechischen Denker, Stuttgart 1953, S. 161f.

[16] Empedokles B 30, B 31 und B 36.

[17] Aristoteles: Metaphysik 1000b.

[18] Plutarch: De facie … 926d-e.

[19] Aristoteles: Metaphysik 1000b; Empedokles A 52 (Simplikios).

[20] Empedokles B 17 und A 52 (Simplikios). Empedokles scheint zu meinen, dass wir uns im ersten der beiden *kosmoi* des Zyklus befinden. S. dazu John Burnet: Die Anfänge der griechischen Philosophie, Leipzig und Berlin 1913, S. 214f. In den ewig sich wiederholenden Zyklen ahnt man den pythagoreischen Gedanken der ewigen Wiederkehr.

[21] Augustinus hat deutlich gesehen, wie rasch hier physikalische Erhaltungssätze in theologische Aussagen umschlagen können. Vgl. Vom Gottesstaat XII, 18 und 21.

[22] Jean Orieux: Das Leben des Voltaire, Frankfurt/M. 1978, S. 857.

[23] Newton: Optik, Frage 31, Hervorhebungen von mir.

[24] Mathematische Prinzipien der Naturlehre, übers. von J. Ph. Wolfers, Nachdruck Darmstadt 1963, S. 508.

[25] Die Arbeit ist in den Sitzungsberichten der Preußischen Akademie der Wissenschaften 1917, S. 142-152, erschienen. Sie ist abgedruckt in dem Sammelband *Das Relativitätsprinzip*. Darmstadt 1982.

[26] Albert Einstein: Mein Weltbild, Ullstein Buch Nr. 35024, Frankfurt/M.-Berlin 1934, S. 16.

[27] Alexander Friedmann: Über die Krümmung des Raumes. Zeitschrift f. Physik 10 (1922), 377-386.

[28] Alexander Friedmann: Über die Möglichkeit einer Welt mit konstanter negativer Krümmung. Zeitschrift f. Physik 21 (1924), 326-332.

[29] Heraklit B 30.

[30] Albert Einstein: Bemerkung zu der Arbeit von A. Friedmann „Über die Krümmung des Raumes". Zeitschrift f. Physik 11 (1922), 326. Dazu seine Berichtigung in der Zeitschrift f. Physik 16 (1923). 228.

[31] Galilei: Sidereus Nuncius, erster Satz des Haupttextes (nach der Widmung).

[32] Dieses Phänomen wird nach dem österreichischen Mathematiker und Physiker Christian Doppler (1803-1853), der es 1842 vorausgesagt hatte, Doppler-Effekt genannt. 1845 wurde der Effekt an Eisenbahnzügen nachgewiesen. Heute wird der Doppler-Effekt vielfältig genutzt, z. B. bei der Navigation von Flugzeugen.

[33] Der Gedankengang hat freilich einen logischen Haken: Man kann eine Schlussfolgerung nicht unbesehen umkehren. Aus der Aussage „Wenn eine Lichtquelle sich entfernt, entsteht eine Rotverschiebung" ergibt sich nicht die Umkehrung „Wenn eine Rotverschiebung vorliegt, eilt die Lichtquelle von uns hinweg". Die Rotverschiebung könnte auch andere Ursachen haben. Dagegen ist die Rotverschiebung eine empirische Bestätigung des theoretischen Resultats von Friedmann, dass das Universum expandiert.

[34] Stephen W. Hawking: Eine kurze Geschichte der Zeit. Reinbek bei Hamburg 1988, S. 148.

[35] Leben und Briefe Charles Darwin's, hrsg. von Francis Darwin, 1. Bd., 2. Aufl. Stuttgart 1910, S. 65.

[36] Der Mikrowellenbereich umfasst Wellen mit Längen zwischen 1 mm und 1 m.

[37] Augustinus: Bekenntnisse XI, 10.

[38] Edward P. Tryon: Is the Universe a Vacuum Fluctuation? Nature 246 (1973), 396-397.

[39] Augustinus: Gottesstaat XI, 6; Bekenntnisse XI, 10.

[40] Juvenal: Saturae 6, 223.

[41] Das ist der deutsche Titel seines Buches *The Inflationary Universe*. Die deutsche Übersetzung ist 1999 in München erschienen.

5. Hellas im Rausch der Unendlichkeit

> … es öffnete sich der unendliche Äther;
> Aller Gestirne wird man gewahr.
>
> HOMER (8. Jh. v. Chr.)

> Ich habe dir Flügel gegeben, um leicht über das
> unendliche Meer und das weite Land zu fliegen.
>
> THEOGNIS (7. Jh. v. Chr.)

Den Griechen hat man gerne eine Passion für das geformte *Endliche* und einen Affekt gegen das formlose *Unendliche* nachgesagt, einen Affekt, der sich bis zum *horror infiniti* („Schrecken vor dem Unendlichen") auswachsen konnte. Man muss das nicht glauben. Denn große Dichter und große Denker der frühen Griechen stehen mit dem Unendlichen auf vertrautem Fuß. Wie stellt sich denn der „weiseste der Griechen", den Platon den „Erzieher Griechenlands" nennt,[1] wie stellt sich Homer im 8. Jahrhundert v. Chr. zum Unendlichen? Der Dichter der *Ilias* und *Odyssee*, der Lieblingsdichter eines Volkes von weit im Grenzenlosen umherschweifenden Seefahrern und neugierig ins Fernste strebenden Entdeckern, dieser griechischste der griechischen Dichter denkt nicht daran, das Unendliche zu verleugnen oder zu verleumden, nein: Er preist und bewundert es! Er preist und bewundert den „unendlichen Äther", das „unendliche Meer", die „unendliche Weite der Erde".[2] Die Unendlichkeit des Meeres muss so beeindruckend gewesen sein, dass sie sich sogar bis ins griechische Hinterland herumsprach, jedenfalls rühmt auch der zweite große Epiker der Hellenen, Hesiod (um 700 v. Chr.), das „unendliche, wogengeschwellte Meer",[3] obwohl er, im Unterschied zum Küsten- und Inselmenschen Homer, eine Landratte aus dem hinterwäldlerischen Böotien war. Dazu passt, dass ein moderner Dichter, Romain Rolland, vom Gefühl des „Ozeanischen" als einem Gefühl des Unbegrenzten, Schrankenlosen gesprochen hat. Der Ozean war immer die Verkörperung des Unendlichen. Er war es besonders bei den Griechen, einem seefahrenden Volk, dessen Schiffe schon früh über die „Säulen des Herkules" (Meerenge von Gibraltar) hinaus in die Unermesslichkeit des Atlantischen Ozeans gelangten.

Es ist keineswegs ein Anachronismus, sondern ein Rückgriff auf ein konstantes Humanum, bei Homers profundem Empfinden für das Unendliche an Sätze zu denken, die zweieinhalb Jahrtausende später der feinsinnige Edmund Burke (1729-1797) geschrieben hat: „Eine andere Quelle des Erhabenen ist das Unendliche … Das Unendliche hat eine Tendenz, den Geist mit jener Art von entzückendem Schrecken [*delightful horror*] zu erfüllen, der die echteste Wirkung und der zuverlässigste Prüfstein des Erhabenen ist."[4] Kaum anders drückt sich der gleichaltrige

Immanuel Kant (1724-1804) über das „Mathematisch-Erhabene" in der Natur aus: „Erhaben ist also die Natur in derjenigen ihrer Erscheinungen, deren Anschauung die Idee ihrer Unendlichkeit bei sich führt."[5] Es hat denn auch die unverwechselbare Stimmung des „Mathematisch-Erhabenen", wenn es in der *Odyssee* heißt, dass nach dem Verlassen der Insel im ganzen endlosen Umkreis „nichts als Himmel und Wasser den Blicken sich zeigte".[6] „Nichts als Himmel und Wasser", gestaltlos, grenzenlos – noch einmal sollte man Kant hören: „Das Erhabene ist … auch an einem formlosen Gegenstande zu finden, sofern *Unbegrenztheit* an ihm oder durch dessen Veranlassung vorgestellt und doch Totalität derselben hinzugedacht wird."[7] Dichter haben einen Hang zum Unendlichen, zum „unfasslich Nebelgroßen" (Goethe), weil das Unendliche einen Hang zum Erhabenen hat. Nietzsche hat diesen Hang immer wieder verspürt:

> Alles glänzt mir neu und neuer,
> Mittag schläft auf Raum und Zeit –:
> Nur *dein* Auge – ungeheuer
> Blickt mich's an, Unendlichkeit![8]

Der Erzpoet Homer vermag nun aber sogar, dem Erhaben-Unendlichen das Sanft-Idyllische beizumischen:

> Wie die Sterne den leuchtenden Mond umkränzen am Himmel,
> Strahlend im herrlichen Glanz, wenn windstill ruhet der Äther;
> Hell sind rings die Warten und ragenden Gipfel der Berge,
> Auch die Schluchten, es öffnete sich der unendliche Äther;
> Aller Gestirne wird man gewahr, und es freut sich der Hirte:
> Also loderten zwischen den Schiffen und Fluten des Xanthos,
> Weit erglänzend vor Ilios' Feste, die Feuer der Troer.[9]

Es ist beachtenswert, dass ein anderer großer Naturverbundener, Goethe, eine andere Stellung zum Sternenhimmel gehabt hat als Homer. Auf dem überwölbten Marktplatz von Padua ergreift ihn ein seltsam gemischtes Gefühl: „Es ist keine Frage, dass der ungeheure überwölbte Raum eine eigene Empfindung gibt. Es ist ein abgeschlossenes Unendliches, dem Menschen analoger als der Sternenhimmel. Dieser reißt uns aus uns selbst hinaus, jener drängt uns auf die gelindeste Weise in uns selbst zurück."[10]

Zur räumlichen Unendlichkeit gesellt Homer ohne Problematisieren die zeitliche: Die Welt war immer und wird immer sein; der „weiseste der Griechen" kennt nicht die Vorstellung, sie sei irgendwann einmal entstanden und könne irgendwann einmal vergehen. Mit wenigen Ausnahmen haben die Hellenen sich ihm angeschlossen. Die Ewigkeit des Kosmos – nach rückwärts und nach vorwärts – war ihnen selbstverständlich, wir wissen das schon.

Ein kurzes Wort noch zur „Aktualität" Homers. Über sie kann man natürlich sehr verschieden denken. Als aber der türkische Schriftsteller Yasar Kemal 1997 den Friedenspreis des deutschen Buchhandels erhielt, las man, dass auf diesen Dichter die Epen Homers „von überragendem Einfluss" gewesen seien; zu weiten Teilen wisse er sie sogar auswendig.[11] Homer ist noch immer unter uns.

Bei Homer war das Unendliche in guten Händen. Gleiches gilt von Thales (625-545 v. Chr.). Dieser weitgereiste Kaufmann aus der „liebesseligen Seestadt" Milet,[12] der angesehenste der „Sieben Weisen", ein kluger Politiker, ausgebuffter Spekulant, einfallsreicher Ingenieur, Begründer der europäischen Mathematik, Astronomie und Philosophie, dazu auch ein Sportfan, wie er im Buche steht, der noch als Greis einen gymnastischen Wettbewerb besuchte und in der glühenden Sonne dem Durst und der Hitze erlag – dieser renaissancehafte Tausendsassa, der uns noch heute durch den „Thales-Kreis" bekannt ist, hatte den extravaganten Einfall, die zahllosen und unter sich so verschiedenen Gebilde unserer Welt aus einem einzigen Urstoff entstehen zu lassen: aus dem Wasser. Niemand weiß so recht, wie Thales ausgerechnet auf das Wasser als Urstoff verfallen ist. Mag sein, dass ein Blick aus seinem Fenster auf das gewaltige Meer ihn eines Tages auf diesen Gedanken gebracht hat.[13] Wie dem auch sei: Ein Mann aus der mächtigen, weitausgreifenden Hafenstadt Milet konnte schwerlich das Wasser zum Urstoff der Welt machen, ohne an die Unermesslichkeit des Meeres zu denken, das sich vor seinen Augen erstreckte – endlos über die Meerenge von Gibraltar hinaus ins Unbekannte, ein Meer, das schon sein Landsmann Homer aus dem benachbarten Smyrna „unendlich" genannt hatte. Wir wissen nicht, ob Thales das Urwasser ausdrücklich als „unendlich" angesehen hat (es ist nichts Geschriebenes von ihm überliefert), aber wir können kaum daran zweifeln.[14] Die Unendlichkeit des Meeres gehörte zum Weltbild der frühen Hellenen. Verstärkend kommt ein Gedanke hinzu, gegen den sich Aristoteles mit Eifer wendet, mit einem Eifer, der freilich beweist, dass eben dieses Aperçu gängige Münze und wohl auch dem Thales vertraut war: Das Urelement muss notwendigerweise *unendlich* sein, *damit das Werden, das aus ihm sich nährt, nicht aufhört.* Aristoteles, der geschworene Widersacher des Unendlichen, kontert übrigens ingeniös mit einem Recyclingargument: Es könnte sehr wohl sein, sagt er, dass bei *endlichem* Gesamtvorrat das eine Ding entsteht, weil und indem ein anderes vergeht.[15] Thales wird anders gedacht und sein Urelement Wasser für unendlich gehalten haben.

Ganz unverblümt, es geht nicht unverblümter, hat sich Anaximander von Milet (etwa 611-545 v. Chr.) zum Unendlichen bekannt. Dieser „Gefährte" des Thales war von einer veritablen Sucht nach Unendlichem besessen. Nicht das unendliche Wasser – nein, *das Unendliche selbst*, das chemisch reine Unendliche, macht er zum Urstoff der Welt. Thales hatte an Homers und Hesiods „unendliches Meer", den *pontos apeiritos*, gedacht, als er über die Ursubstanz grübelte. „Wasser" aber ist dem Anaximander ein viel zu bestimmter, viel zu festgelegter Stoff, um noch etwas anderes als Wasser produzieren zu können; aus Gleichem entsteht eben immer nur Gleiches. Benötigt wurde etwas Qualitätsloses, Abstraktes, das nicht durch beherrschende eigene Qualitäten daran gehindert wird, andere Qualitäten hervorzubringen. Aus der tradierten Wortfügung *pontos apeiritos*, „unendliches Meer", löst Anaximander den viel zu konkreten, viel zu wenig wandlungsfähigen *pontos*, das Thaletische Wasser, heraus – und zurück bleibt *apeiritos*, „unendlich", ein Adjektiv, das er, da er eine Substanz braucht, zu *apeiron*, „das Unendliche", substantiviert. Man kann sich gut vorstellen, wie intensiv Thales und sein etwa fünfzehn Jahre jüngerer „Gefährte" Anaximander in endlosen Gesprächen das heikle Problem der Ursubstanz, der *arche*, durchgesprochen, durchgespielt, hin- und hergewendet haben. Das Ergebnis war ein wuchtiger Text Anaximanders, der erste philosophische Text des Abendlands, der uns überliefert ist, ein gewaltiges physiko-moralisches Pronunziamento. In ihm erscheint das Unendliche als Hauptakteur in dem gewaltigen Drama des Werdens und Vergehens, als alles gebärendes und alles verschlingendes Fundamentalagens, als unerschöpflicher Rohstoff und nie versiegende Betriebsenergie des Universums. Dunkel und feierlich verkündet der Shakespeare der Kosmogonie:

> Anfang und Ursprung der seienden Dinge ist das Unendliche [*apeiron*]. Woraus aber das Werden ist den seienden Dingen, in das hinein geschieht auch ihr Vergehen nach der Schuldigkeit; denn sie zahlen einander gerechte Strafe und Buße für ihre Ungerechtigkeit nach der Zeit Anordnung.[16]

Dieses *apeiron* ist, wie das „wogengeschwellte Meer" Hesiods,[17] in zeugender und zerstörender Bewegung, und diese Bewegung ist ihrerseits *unendlich, ewig*.[18] Aus dem ewig gärenden, ewig brodelnden *apeiron* entsteht nicht nur eine einzige Welt – aus ihm entstehen in kolossalem Gebären *unendlich viele* Welten.[19] Sie gehen in atemberaubender Katastrophendynamik aber wieder unter, und dieses Entstehen und Vergehen geschieht „seit unendlicher Zeit".[20] Anaximanders *apeiron* ist das Reservoir unendlich vieler kosmogonischer Prozesse in einer unendlichen Zeit. Unendlichkeiten, wohin man blickt! Grandioses dieser Sorte werden wir gleich noch einmal bei Demokrit erleben – und dann erst wieder zweitausend Jahre später bei Giordano Bruno.

Demokrit von Abdera (460-371 v. Chr.), der Hauptvertreter der antiken Atomistik,[21] ist noch im heutigen Griechenland unvergessen: Er hat dem Kernforschungszentrum *Demokritos* in Athen seinen Namen gegeben, und vor der Einführung des Euro zeigte die griechische Zehndrachmenmünze auf der Vorderseite den bärtigen Kopf des Philosophen, auf der Rückseite etwas anachronistisch ein Bohrsches Atommodell mit einem Kern und drei Elektronen auf elliptischen Bahnen. Die Atomistik ist eine der folgenreichsten hellenischen Denkleistungen. Die Bausteine des Seins sind nach dieser Lehre Mikropartikel, „Atome", die aus ein und demselben Urstoff bestehen. Sie sind so klein und so hart, dass niemand sie sehen und niemand sie zerteilen kann (*atomos* heißt „unzerschneidbar"). Wir haben uns inzwischen so sehr an den Atombegriff gewöhnt und gehen so gedankenlos mit ihm um, dass wir gar nicht mehr begreifen, wie revolutionär er einmal war und wie sehr es gegen alle Vorstellungen lief, etwas *Ausgedehntes* – und sei es noch so klein – grundsätzlich nicht mehr zerteilen zu können. Viele große Wissenschaftler – von Aristoteles über Leibniz bis hin zu Mach – haben denn auch die Atomidee als absurd abgelehnt. Isaac Newton war zwar Atomist, aber er kam dabei ohne die unendliche Macht Gottes nicht aus. Einzig der allmächtige Gott konnte gegen die unbestreitbare Lehre von der Teilbarkeit des Ausgedehnten materielle Partikel geschaffen haben, die so hart, so massiv, so undurchdringlich sind, dass keine Macht von gewöhnlicher Art sie zerteilen könnte.[22] Seit Demokrit ist die Dialektik „teilbar – unteilbar" eine Fundamentaldialektik des westlichen Denkens und aufs engste verbunden mit der Dialektik „unendlich – endlich". Edmund Burke (1729-1797) meinte, wir könnten ebenso wenig zur Idee einer perfekten Einheit [*perfect unity*] gelangen, die nicht mehr zerlegt werden kann, wie zur Idee eines vollständigen Ganzen [*compleated whole*], das nicht mehr vergrößert werden kann.[23]

Demokrit scheint wie ein antiker Leibniz das gesamte Wissen seiner Zeit innegehabt zu haben. Seine Mitbürger (immer das griechische Hauptanliegen, den Sport, vor Augen) nannten ihn einen *pentathlos* (Fünfkämpfer) der Philosophie, weil er nicht nur Physik, Mathematik und

Ethik beherrschte, sondern auch alles, was zur allgemeinen Bildung gehörte, „wozu noch die volle Bekanntschaft mit den technischen Disziplinen kam".[24] Demokrit fand dieses Rühmen ganz in Ordnung und beschrieb sich ohne Selbstverkleinerung so:

> Ich bin von meinen Zeitgenossen am meisten auf der Erde herumgekommen, wobei ich am weitgehendsten forschte, und habe die meisten Himmelsstriche und Länder gesehen und die meisten gelehrten Männer gehört, und in der Zusammensetzung der Linien mit Beweis hat mich noch keiner übertroffen.[25]

Platon allerdings, der Erfinder der unirdischen „Ideen", hätte die Schriften Demokrits am liebsten alle verbrannt,[26] die Schriften dieses Elenden, der nur den leeren Raum und die in ihm herumschwirrenden materiellen Atome gelten ließ. Cicero klagte denn auch, Demokrit hebe die Gottheit so völlig auf, dass noch nicht einmal eine vage Vorstellung von ihr bleibe.[27] Laut Demokrit ist nicht Zeus der Kanzler des Kosmos, sondern das Kausalitätsprinzip. In grandiosen Worten haben die Alten diese Demokritsche Grundüberzeugung mitsamt dem zugehörigen Bekenntnis zur Anfangslosigkeit und Ewigkeit der Welt ausgedrückt:

> Die Ursachen alles dessen, was jetzt geschieht, hätten *keinen Anfang*; überhaupt sei *von Ewigkeit her* alles, was geschehen sei, jetzt ist und künftig sein wird, in der *ananke* [Notwendigkeit] schon enthalten.[28]

Diesem grandiosen Text sollte man noch Demokrits These hinzufügen, die Bewegung der Atome sei anfangslos, von Ewigkeit her.[29]

Demokrit brauchte keine Götter, dieser Naturforscher war durchdrungen und getrieben von einer tiefen Naturfrömmigkeit. Diese „kosmische Religiosität", d. h. der „Glaube an die Vernunft des Weltenbaues" und die „Sehnsucht nach dem Begreifen wenn auch nur eines geringen Abglanzes der in der Welt geoffenbarten Vernunft" (Einstein[30]) drückt sich vielleicht am schönsten in seinem Satz aus, er wolle lieber einen einzigen Kausalnexus aufklären als König der Perser werden.[31] (Persien war die Supermacht der damaligen Zeit.) Demokrits Naturfrömmigkeit zeigt sich aber auch darin, dass er den kleinen und kleinsten Dingen der Natur ebenso viel Aufmerksamkeit schenkte wie den großen und größten. Aristoteles sagt ihm bewundernd nach, er habe über *alles* nachgedacht, und zwar gründlich.[32]

Als der Philosoph, den die Antike „den lachenden" nannte, neunzig Jahre alt geworden war und spürte, dass seine Kräfte nachließen, gab er sich selbst einen sanften Tod: Er aß nicht mehr.[33]

Demokrit erlaubt sich ein Schwelgen im Unendlichen, das den infinitistischen Exzessen Anaximanders in nichts nachsteht: *Unendlich* viele Atome gibt es, sie bewegen sich seit *unendlicher* Zeit in einem *unendlichen* Raum und bringen *unendlich* viele Welten hervor,[34] und von den Schicksalen dieser Welten erfahren wir in einem dramatischen Bericht, „die einen seien noch im Wachsen, die anderen ständen auf der Höhe ihrer Blüte; andere seien im Schwinden begriffen, und an der einen Stelle entständen sie, an der anderen schwänden sie. Sie gingen aber durcheinander zugrunde, wenn sie aufeinanderstießen."[35] Es ist ein Weltgemälde, das seinesgleichen erst wieder in der Astronomie der Gegenwart gefunden hat, die von gewaltigen

Sternexplosionen redet, von Prozessen unvorstellbarer Heftigkeit in den Umgebungen „schwarzer Löcher" und von riesigen Gasfontänen, die in den intergalaktischen Raum geschleudert werden. Und eine Astronomie, die jetzt auch noch dem verwegensten Gedanken Demokrits näher tritt, dass es neben unserem „Heimat-Universum" noch unendlich viele weitere Universen gibt.[36] Unendlichkeiten, überall Unendlichkeiten!

Besonderen Wert scheint Demokrit auf die These gelegt zu haben, die *Zeit* sei „unentstanden", erstrecke sich also *unendlich* weit in die Vergangenheit hinein. Aristoteles betont, dass alle Philosophen, mit Ausnahme des einen Platon, diese Meinung teilten.[37] Sie mussten es tun, weil sie andernfalls eine Entstehung aus dem Nichts hätten in Kauf nehmen müssen, und die *generatio ex nihilo* war den Griechen ein Greuel. Homer wollte nichts von ihr wissen, Demokrit auch nicht,[38] Empedokles von Agrigent (483-423 v. Chr.) hat sie pathetisch verworfen:

> Denn es ist unmöglich, dass etwas aus dem gar nicht Vorhandenen entsteht. Und ebenso ist es unmöglich und unerhört, dass etwas, was vorhanden ist, schlechthin zugrunde gehen könnte.[39]

Aristoteles sagt zusammenfassend, nach Ansicht aller „Physiker" könne aus dem Nichts rein gar nichts entstehen.[40] Dem Tragödiendichter Euripides (480-406 v. Chr.) ist die Sache wichtig genug, um vor Tausenden von Zuschauern von der Bühne herab zu verkünden: „Keins von den Dingen, die da entstehen, vergeht, sondern das eine trennt sich vom andern und zeigt dann eine andere Gestalt."[41] Einen Anfang der Welt konnte es nicht geben und deshalb auch keinen Anfang der Zeit. Auch kein Ende. Denn das Nichts konnte nicht gedacht werden, weder das Nichts *vor* dem Anfang, noch das Nichts *nach* dem Ende. Die Zeit also war unendlich; selbst der unendlichkeitsscheue Aristoteles kam an ihrer Unendlichkeit nicht vorbei.

Eine unendlich weit zurückreichende Zeit zusammen mit einem strengen Kausalitätsprinzip (wie es die Atomisten tatsächlich hatten[42]) bringt es mit sich, dass auch die *Kette der Ursachen* unendlich weit zurückreicht und „alles in der Notwendigkeit schon vorher enthalten ist".[43] Dieser Lehre haben Aristoteles und die Kirchenväter heftig widersprochen; sie wird uns noch beschäftigen.

Die Atomistik scheint um 500 v. Chr. „in der Luft gelegen" zu haben, wie man es bei bahnbrechenden Theorien so oft findet.[44] Mikropartikel als Bauelemente der Materie kennt schon vor Demokrit der große *physikos* („Physiker") Anaxagoras von Klazomenai (500-428 v. Chr.). Anaxagoras war ein Geistmensch, wenn es je einen gegeben hat, eine überzeugende Verkörperung des „theoretischen Lebens" (*bios theoretikos*). Schon seine Mitwelt nannte ihn verehrungsvoll „Geist". Sein reiches Erbteil hatte er seinen Verwandten überlassen, um sich ungestört der Naturforschung widmen zu können, denn zur Beobachtung von Sonne, Mond und Himmel sei er auf die Welt gekommen.[45] Um 460 v. Chr. siedelte er aus dem ionischen Klazomenai nach Athen über und wurde dort ein Freund des Tragödiendichters Euripides und ein Freund des ungekrönten Königs von Attika, Perikles. Es hieß, Perikles habe vor allem dem Umgang mit Anaxagoras „den Stolz und den hochgemuten Sinn, das Volk zu führen [verdankt], durch ihn erhob sich sein

Charakter zu besonderer Würde und Vollkommenheit". Selbst seiner Sprechweise, seiner Art zu gehen und dem Faltenwurf seines Mantels habe der vertraute Verkehr mit dem „Geist" zum Vorteil gereicht.[46]

Die Mikropartikel des Anaxagoras – die „Homöomerien" (= gleichartige Teile),[47] die „Samen (*spermata*) aller Dinge" – sind unsichtbar klein. Es gibt (wir sind schon darauf eingestimmt) unendlich viele von ihnen. Sie *bilden* alle Stoffe und *enthalten* alle Stoffe: „In jedem ist von jedem ein Teil enthalten."[48] (Was unseren Körper ausmacht – Blut, Fleisch, Knochen, Haare usw. – muss schon in mikroskopisch kleinen Teilchen in den Speisen vorhanden sein.) So kommt es, dass in dieser Theorie das Einfach-Unendliche, das man bisher leidlich zu kennen glaubte, noch überboten wird durch ein „Unendlich × Unendlich"; von dem Aristoteleskommentator Simplikios (6. Jh. n. Chr.) hören wir nämlich, „dass jede einzelne Homöomerie in gleicher Weise wie das Ganze alle Stoffe in sich enthalten muss und nicht nur unendlich viele, sondern sogar unendlichunendlich viele [*apeirakis apeira*]".[49] Von einem *horror infiniti* war Anaxagoras offenbar nicht befallen.

Demokrits Atome waren unverkleinerbare „*kleinste* Teilchen". Vom Unverkleinerbaren scheint Anaxagoras nichts gehalten zu haben. Jedenfalls ist ein Satz von ihm überliefert, der sich mit Verve gegen „Allerkleinstes" ausspricht und eine scharfe Trennlinie gegenüber dem „atomistischen" Denken Demokrits, dem Denken in Unteilbarkeiten, zieht: „Von dem Kleinen gibt es kein Allerkleinstes, sondern immer noch ein Kleineres. Denn es ist unmöglich, dass das Seiende durch Teilung bis ins Unendliche aufhört zu sein."[50] Hier wird zum ersten Mal die Dialektik „teilbar – unteilbar" offen angesprochen. Dieser Satz markiert einen Wendepunkt; er wird uns bald wieder beschäftigen.

Zweitausend Jahre nach Anaxagoras glaubt auch Leibniz, unser großer Gottfried Wilhelm Leibniz (1646-1716), der nicht einfach ein Universalgelehrter, sondern eine Lichtgestalt des Geistes gewesen ist, auch dieser Leibniz glaubt nicht an die Unteilbarkeit körperlicher Dinge, seien sie noch so klein. Beim Absteigen ins immer Kleinere hinein erschließen sich ihm sukzessiv neue Welten. Befeuert von der kabbalistischen Mystik schreibt er in seiner *Monadologie*, als wolle er Anaxagoras illustrieren:

> Jedes Stück Materie kann gleichsam als ein Garten voller Pflanzen oder als ein Teich voller Fische aufgefasst werden. Aber jeder Zweig der Pflanze, jedes Glied des Tieres, jeder Tropfen seiner Säfte ist wieder ein solcher Garten und ein solcher Teich.

Der satirische Jonathan Swift (1667-1745), der Verfasser von *Gullivers Reisen*, hat denselben Gedanken um einiges derber so ausgedrückt:

> Die Forscher der Natur beweisen:
> Ein Floh hat Flöhe, die ihn beißen,
> An diesen saugen kleinre heiter,
> So geht's *ad infinitum* weiter.

Der Gedanke des Anaxagoras von den Welten in den Welten hat immer eine eigenartige Faszination ausgeübt. In sehr profaner Weise lebt er weiter in den „Puppen in der Puppe" und in den Meditationen über die Zwiebelschale, der immer neue Zwiebelschalen folgen.

Auch Empedokles, ein Mann wuchernder Phantasie, die immer wieder in wissenschaftlich fruchtbares Halluzinieren überschwappte, kennt schon vor Demokrit Mikropartikel als Bausteine der Welt. Seine vier Elemente oder „Wurzeln" – Erde, Wasser, Luft und Feuer – bestehen aus „kleinsten Splittern", die „gleichsam die Elemente der Elemente" sind.[51] Die Dinge dieser Welt entstehen durch *Mischung* der Elemente in wohldefinierten Zahlenverhältnissen (man könnte hier durchaus von einer Frühform unserer chemischen Formel reden), und eine solche Mischung, kommentiert Aristoteles, „muss eine Vereinigung sein wie eine Mauer, die aus Ziegelsteinen zusammengefügt ist. Sie wird aus den Elementen bestehen, die als solche unverändert bleiben, aber *in kleinen Teilchen* nebeneinandergefügt sind."[52] Leider erfahren wir nirgendwo, ob es unendlich viele oder nur endlich viele „kleinste Splitter" gibt. Es steht aber zu vermuten, dass der grandiose Empedokles, dem Wunderheilungen und Totenerweckungen leicht von der Hand gingen, es nicht unter unendlich vielen „Splittern" getan hat.

Auffällig ist, dass ausgerechnet den griechischen Göttern das „Unendliche" abgeht, das der jüdisch-christliche Himmelsherr in so reichem Maße besitzt. Ihre Kräfte sind nicht unendlich, Odysseus ist ihnen an Weisheit gewachsen, ihre Fortbewegung könnte schneller sein, ihr Wissen und Vorauswissen ist manchmal recht dürftig. Hephaistos ahnt nicht, dass der stattliche Ares es mit seiner Frau, der lieblichen Aphrodite treibt, und Ares seinerseits ahnt nicht, dass Hephaistos es ihm eintränken wird, als dieser zufällig – zufällig! – von dem olympischen Getändel erfährt. Auch die anderen Götter ahnen nichts von dem Techtelmechtel in ihrem durchaus überschaubaren Kreis; sie sind nicht wenig überrascht, als Hephaistos ihnen den ertappten und kunstvoll gefesselten Ares vorführt.[53] Die Götter, versichert der fromme Hesiod, sind nicht über alles Herr, am wenigsten Herr sind sie über Eros: Er bezwingt ihren „Sinn in der Brust und besonnen planendes Denken".[54] Einzig ihre Unsterblichkeit, ihre immer wieder leitmotivisch hervorgehobene Unsterblichkeit, lässt die Olympier teilhaben am Unendlichen. „Unsterblich – sterblich": Das ist der einzige gravierende Unterschied zwischen Göttern und Menschen.

Homer und Thales, Anaximander, Anaxagoras und Demokrit mögen als Belege dafür dienen, dass man dem griechischen Geist keinen angeborenen *horror infiniti* nachsagen kann. Diese Giganten redeten frei und ohne Scheu vom Unendlichen – und niemand gab sich verstört. Den Griechen half dabei, dass ihr Geist spekulativ und wirklichkeitsüberfliegend war. Plutarch hat mit seinem feinen Empfinden von der welttranszendierenden Kraft des ersten griechischen Philosophen gesagt: „Überhaupt scheint damals allein die Philosophie des Thales spekulierend über die Grenzen des praktischen Lebens hinausgegriffen zu haben."[55] Die Hellenen waren von Hause aus zum Mythischen und Phantasmagorischen aufgelegt, ihre denkerische Kraft kam aus ihrer Imagination und „Poesie". Hier nun muss man sich vor Augen halten, was die Wörter „Poet" und „Poesie" ursprünglich bedeuten. Der griechische „Poet" – *poietes* – ist ein Macher, Urheber, Täter, dann erst ein Dichter; die „Poesie" – *poiesis* – ist Handeln, Schaffen, Tätigkeit, dann erst Dichtkunst und Gedicht. Der Nürnberger Meistersinger Hans Sachs war „Schuhmacher und Poet dazu"; die Hellenen hätten gesagt, er sei Schuhpoet und Liederpoet gewesen. Die frühen griechischen Dichter und Denker „machten" das „Unendliche" in ihren Gehirnen, dann erst stülpten sie es ungeniert der „Wirklichkeit" über. Man sollte sie denn auch nicht „Kosmologen", sondern „Kosmopoeten" nennen. Sie „machten" den Kosmos, und der konnte dann mitsamt seinen Inhalten leicht unendlich sein, denn im Gehirn ist mehr Platz als im All.[56] Die Griechen hatten sich im Unendlichen aufs bequemste eingerichtet.

Diese Lage änderte sich jedoch dramatisch mit der ersten Krise des Unendlichen. Sie ging Hand in Hand mit der ersten Krise der jungen Mathematik, Hand in Hand nämlich mit der pythagoreischen Entdeckung der Inkommensurabilität, eines der folgenreichsten Ereignisse in der Geschichte des Denkens. Sie geschah im süditalienischen Kroton, dem heutigen Crotone. In Kroton verlor das Unendliche seine Unschuld, dort begann die „Verendlichung der Welt".

---

[1] Platon: Staat 606e.

[2] Ich gebe einige Belegstellen an. Äther: Il. 8, 558; Il. 16, 300. Meer: Il. 1, 350; Il. 24, 545; Od. 4, 510; Od. 10, 195; s. hierzu auch Hesiod: Theogonie 109 und Theognis 237. Erde: Il. 7, 446; Il. 24, 342; Od. 1, 98; Od. 5, 46; Od. 15, 79; Od. 17, 386 und 418; Od. 19, 107; s. hierzu auch Herodot I, 204.

[3] Theogonie 109.

[4] Edmund Burke: A Philosophical Enquiry into the Origin of our Ideas of the Sublime and Beautiful, Section VIII.

[5] Immanuel Kant: Kritik der Urteilskraft, hrsg. von Karl Vorländer, unver. Nachdruck 1948 der 6. Aufl. Leipzig 1924, S. 99.

[6] Od. 12, 404; wörtlich derselbe Ausdruck noch einmal in Od. 14, 302.

[7] Kant: Kritik der Urteilskraft, S. 87.

[8] Friedrich Nietzsche: Fröhliche Wissenschaft. Dort: Lieder des Prinzen Vogelfrei: Nach neuen Meeren.

[9] Il. 8, 555-561.

[10] Johann Wolfgang von Goethe: Italienische Reise I, 27.9.1786.

[11] Frankfurter Allgemeine Zeitung, 18. Oktober 1997.

[12] Apollonhymnus 180.

[13] Auch Aristoteles weiß nicht genau Bescheid. Vgl. seine Metaphysik 983b.

[14] S. dazu Aristoteles: Physik 203a.

[15] Aristoteles: Physik 208a. Diese Stelle wird bei Diels-Kranz unter „Anaximander A 14" geführt, ohne dass Aristoteles dort Anaximander erwähnt. Aristoteles' Argument richtet sich generell gegen das Argument, ein Urstoff (nicht nur Anaximanders *apeiron*) müsse unendlich sein, „damit das Werden nicht aufhöre".

[16] Anaximander B 1.

[17] Theogonie 109.

[18] Hippolytos in Anaximander A 11; Simplikios in Anaximander A 17.

[19] Anaximander A 10.

[20] Pseudoplutarch: Stromateis 2.

[21] Der Begründer der Atomistik dürfte Demokrits Lehrer Leukipp gewesen sein.

[22] Newton: Optik, Frage 31.

[23] Edmund Burke: A Philosophical Enquiry into the Origin of our Ideas of the Sublime and Beautiful, Section VII.

[24] Diogenes Laertios IX, 37.

[25] Demokrit B 299.

[26] Diogenes Laertios IX, 40.

[27] Cicero: Vom Wesen der Götter I. 29.

[28] Demokrit A 39; Hervorhebung von mir.

[29] Cicero: Vom höchsten Gut und größten Übel (De finibus) I, 6, 17.

[30] Albert Einstein: Mein Weltbild, Ullstein Buch Nr. 35024, Frankfurt) M.-Berlin 1934, S. 16 und 17.

[31] Demokrit B 118.

[32] Aristoteles: Vom Werden und Vergehen 315b.

[33] Diogenes Laertios IX, 43.

[34] Demokrit A 37, A 40, A 56, A 81. Den unendlichen Raum scheint Demokrit geradezu *apeiron* genannt zu haben.

[35] Hippolytos in Demokrit A 40.

[36] Alan Guth: Die Geburt des Kosmos aus dem Nichts. München 1999, S. 41.

[37] Aristoteles: Physik 251b (in Demokrit A 71; s. dort auch Simplikios).

[38] Plutarch in Demokrit A 57.

[39] Empedokles B 12.

[40] Aristoteles: Physik 187a.

[41] Euripides: fr. 839, in Anaxagoras A 112; Übersetzung von Wilhelm Capelle.

[42] Leukipp B 2: „Nichts geschieht von selbst, sondern alles infolge eines Grundes und unter dem Druck der Notwendigkeit." Von Demokrit heißt es, er habe lieber eine einzige Ursachenerklärung finden wollen als König von Persien werden. (Demokrit B 118).

[43] Pseudoplutarch in Demokrit A 39.

[44] Ein besonders berühmtes Beispiel ist die Erfindung der Differential- und Integralrechnung.

[45] Diogenes Laertios II, 7 und 10.

[46] Plutarch: Perikles 4f.

[47] Der Ausdruck stammt von Aristoteles („Vom Himmel" 302b); Anaxagoras kann ihn nicht gebraucht haben.

[48] Anaxagoras B 11. S. auch Anfang von B 4 und Anfang von B 6.

[49] Anaxagoras A 45.

[50] Anaxagoras B 3. Zur Übersetzung s. Capelle: Vorsokratiker, Stuttgart 1968, S. 267, Fußnote 1.

[51] Aëtios in Empedokles A 43.

[52] Aristoteles: Vom Entstehen und Vergehen 334a; in Empedokles A 43. Hervorhebung von mir.

[53] Od. 8, 266-366.

[54] Hesiod: Theogonie 121f.

[55] Plutarch: Solon 3.

[56] „Leicht beieinander wohnen die Gedanken, / Doch hart im Raume stoßen sich die Sachen." (Friedrich Schiller: Wallensteins Tod II, 2).

6. Das Unendliche auf der pythagoreischen Achterbahn

> Es war aber unter ihnen ein Mann, der ein über-
> gewöhnliches Wissen hatte, der einen ungeheu-
> ren Reichtum des Geistes besaß und mannigfa-
> cher, gar kluger Werke mächtig war.
>
> EMPEDOKLES (5. Jh. v. Chr.) über Pythagoras

> Pythagoras was one of the most important men
> that ever lived.
>
> BERTRAND RUSSELL (20. Jh. n. Chr.)

Demokrits Denken in Mikropartikeln war keineswegs naheliegend. Die Vorstellung etwa, Kontinua wie Luft und Wasser bestünden aus *getrennten* Teilchen, ist vielen (unter ihnen Aristoteles) abwegig vorgekommen. Der Mutterboden der befremdlichen Partikularisierung der Materie ist seinerseits etwas höchst Befremdliches: die Zahlenmystik der Pythagoreer und ihre Heiligung der Eins (Einheit, *monas*) als *Ursprung* der ins Sakrale hinaufgesteigerten Zahlen. Diese Zahlenreligion führte auf kurzem Weg in eine schwere Krise des Unendlichen. Zuerst jedoch ein Wort über Pythagoras selbst.

Pythagoras ist für die meisten der Erfinder des ungenießbaren Buchstaben- und Zahlensalats $a^2 + b^2 = c^2$. Für Bertrand Russell hingegen ist er einer der wichtigsten Menschen der Weltgeschichte.[1] Der Mann wurde um 570 v. Chr. auf der ionischen Insel Samos geboren. Sein Erzeuger war nach der einen Lesart der bürgerliche Goldschmied Mnesarchos, nach der anderen der olympische Gott Apollon; für die zweite Version spricht, dass Pythagoras ein auffallend schöner Mann gewesen ist und sich ungemein göttlich aufführen konnte, wenn ihm danach zumute war. Sein Wissensdurst soll ihn schon in jungen Jahren nach Milet zu Thales und Anaximander und von dort nach Ägypten getrieben haben, der Heimat höherer Kultur. In Ägypten, heißt es, „besuchte er alle Heiligtümer, lernte sehr eifrig, prüfte alles genau [und] gewann die bewundernde Sympathie der Priester und Propheten … [Er weilte] in den allerheiligsten Gemächern bei Sternkunde und Geometrie und empfing die Einweihung in alle Göttermysterien."[2] In diesem heiligen Ambiente ist viel Priesterliches an ihm haftengeblieben. Dann soll er sogar nach Babylon gezogen und bei den dort residierenden *magoi* [„Magiern", Weisen] vollends zur Reife gekommen sein: „Er ward genau unterrichtet in allem, was ihnen heilig war, erlernte die Götterverehrung in aller Vollkommenheit und gelangte bei ihnen in der Zahlenlehre, in der Musik und in den übrigen Wissenschaften ans höchste Ziel."[3]

Um 530 v. Chr. gründete er in dem süditalienischen Kroton eine Schule, die freilich weniger eine Schule als vielmehr ein Heiligungsinstitut mit hochgesteigerten Erlösungshoffnungen und elaborierten Erlösungstechniken war, eine Klostergemeinschaft, in der Mystik und Musik, Vegetarismus und Mathematik zu etwas verschmolzen, das Außenstehende halb ehrfürchtig, halb schaudernd „pythagoreisches Leben" nannten[4] und das es nie wieder gegeben hat. Alles war darauf ausgerichtet, dass man die Seele reinige und Gott folge. Pythagoras' Anhänger erklärten den Meister denn auch „für einen anderen Olympier, der den damals Lebenden in Menschengestalt erschienen sei, um dem todgeweihten Leben aufzuhelfen".[5] Sie wussten, dass er starke Wundertaten vollbracht hatte und jederzeit zu neuen fähig war: Seuchen hatte er vertrieben, Erdbeben vorausgesagt; zur gleichen Stunde des gleichen Tages hatte er sich in Kroton *und* in Metapont gezeigt (bei hundertvierzig Kilometern Entfernung kein kleines Kunststück). Mehr noch: Einzig mit Musik und Räsonieren hatte er die Liebesbrunst eines wohlgebauten Jünglings abgekühlt. (Das mag glauben, wer will.) Die Mitglieder der Bruderschaft scheuten sich, seinen Namen auszusprechen; mit kunstloser Verehrung nannten sie ihn einfach „den Mann". Es war „der Mann", der ihnen den erlösenden „Weg nach oben" zeigte, den Weg heraus aus dem Kreislauf der Wiedergeburten im irdischen Jammertal.

Ausgerechnet in diesem heißen Sakralambiente kam die Mathematik – vor allem die angeblich kalte Zahl – zu rundweg göttlichen Ehren. Die orientalischen Geistesabenteuer des Pythagoras werden hierbei die entscheidende Rolle gespielt haben. In Babylon war die Zahl wie nirgendwo sonst ein Faszinosum und Tremendum. Schon in Sumer, von dem Babylon kulturell abstammte, war sie mit den Lebenspotenzen verknüpft gewesen: Das sumerische Wort für Eins – *ges* – bedeutet auch „Mann", das Wort für Zwei – *min* – stand auch für „Frau". Wir haben hier buchstäblich eine „Erotisierung der Arithmetik". Den Babyloniern wurden die Zahlen numinos, weil sie vom Himmel zu kommen schienen: Sie offenbarten sich ihnen in den wunderbar regelmäßigen, arithmetisch geordneten Bewegungen der Sterne.[6] In einem arithmotheologischen Paroxysmus verstiegen sich die Menschen zwischen Euphrat und Tigris schließlich dazu, Götter mit Zahlen zu benennen[7] und so *Zahlen zu Göttern zu machen.* (Dem frühen Denken flossen Name und Sache zusammen: Der Gott, der „Dreißig" hieß, machte die Dreißig zum Gott.) So kannten sie etwa die „Gleichungen" Anu (Gott des Himmels) = 60, Enlil (Gott der Erde) = 50, Ea (Gott des Süßwasserozeans) = 40.[8]

Um 2000 v. Chr. wird die Sieben als eine Zahl exorbitanter Macht entdeckt. Für die Priesterastrologen Babylons war die Sieben deutlich sichtbar an mehreren Stellen am Himmel angeschrieben. Die schicksalssteuernden Sterne waren – damals wie heute – die mysteriös und kapriziös auf wunderlichen Wegen umherirrenden Planeten. (Das griechische Wort *planetes* heißt auch „Landstreicher".) Und wie viele dieser mächtigen Planeten gab es? *Sieben*, genau *sieben*: Merkur, Venus, Mars, Jupiter und Saturn. Zu diesen Fünfen noch zwei weitere, die damals als „Planeten" galten: Sonne und Mond. Zur Siebenzahl der Planeten kam nun noch als ungemein wichtiges Siebenerphänomen, dass der oberste unter den babylonischen Astralgöttern, der Mond, eine volle Periode seines Gestaltwandels in vier *sieben*tägigen Übergängen absolvierte: von Neumond zu Neumond über Halbmond, Vollmond, Halbmond. Und noch an weiteren Stellen trat die Sieben auf. Da gab es die Plejaden mit ihren *sieben* Sternen; und diese Plejaden waren lebens-wichtig: Sie bestimmten die Zeiten der Aussaat und Ernte. Ferner kannte man den Großen Bären mit seinen *sieben* Sternen, der für weite Reisen durchs Pfadlose ein unentbehrlicher Kompass war. Wie keine andere Zahl war die Sieben eine Zahl, die vom Himmel kam und vom Himmel Macht über die Erde erhielt. Die Babylonier kannten denn auch sieben Weltrichtungen und sieben Weltzonen; die gewaltigen Etagentürme hatten sieben Abstufungen, die das Siebenhafte des Kosmos ausdrücken sollten, eines Kosmos, den die Babylonier geradewegs „Sieben" nannten. Das babylonische Schriftzeichen für die Sieben war ein Segenszeichen: Es bedeutete „Fülle". Und so hatte der babylonische Lebensbaum denn auch genau sieben Äste. Die Sieben stiftet eine „gefühlte Mathematisierung" der Welt und gehört deshalb zum Weltkulturerbe. Es ist kurios, dass sie noch heute eine zentrale Zahl unseres Denkens und Dichtens ist: Wenn wir eine Zahl brauchen, greifen wir zur Sieben; sie hat eine magnetische Anziehungskraft. Hinter den sieben Bergen hausen sieben Zwerge; der sehnsüchtige Liebhaber singt „Rosemarie, Rosemarie, sieben Jahre mein Herz nach die schrie"; Lance Armstrong hörte nach seinem siebten Sieg in Folge bei der Tour de France mit dem Radsport auf; Joanne Rowling beendete die Harry-Potter-Serie mit dem siebten Band; das bekannteste Bild der „Kommune 1" zeigt sieben Nackedeis, Männlein und Weiblein, die an einer Wand lehnen und ihre Hinterteile dem Beschauer zuwenden (wohl wissend, dass Genitalien nicht fotogen sind); es gibt die „Sieben Gebote von Rotterdam" zum Umgang mit dem Anderen; der lebensberatende Dietrich Grönemeyer stellt in seinem Buch *Lebe mit Herz und Seele* genau „Sieben Haltungen zur Lebenskunst" vor; die BILD-Zeitung vom 17.11.2006 enthüllte „7 bittere Wahrheiten" über unsere Rente; die FAZ berichtete am 23.2.2007 von den „sieben wichtigsten Trends" auf der Mailänder Damenmodenschau; Robinson Crusoe saß sieben Jahre auf seiner Insel fest; Haftstrafen werden auffallend häufig als siebenjährige ausgesprochen. (Die prominentesten Beispiele aus neuerer Zeit sind der ehemalige Staatssekretär Ernst von Weizsäcker im Nürnberger Wilhelmstraßen-Prozess 1949 und der Londoner Imam Abu Hamza al Masri im Jahre 2006 wegen Aufstachelung zum Mord und Rassenhass.) Babylon lässt grüßen.

Es trifft sich gut, dass die Weltzahl Sieben auch reizvolle arithmetische Eigenschaften hat: Sie liegt genau zwischen 2×3 und 2^3: Die siebte Zahl in der Dezimalentwicklung von $1/7 = 0{,}142857143$ ist 7; die Potent $7^7 = 823543$ hat die Quersumme 25, und die Quersumme hiervon führt uns zurück zu 7.

Im Ägypten der Pharaonen haben wir wie in Babylon Phänomene, die das Göttliche eng mit dem Zahlenhaften verknüpfen. Man sehe sich nur das Verfahren an, das der ägyptische Göttererschaffer Khepera zum Auftakt seines Schöpfungswerks verwendet. Als erstes erschafft er *sich selbst*, und das tut er, indem er – der noch gar nicht ist! – ein Wort murmelt. Das Wort ist kein Abrakadabra – es ist das (für uns prosaische) Zahlwort „Eins", das aber nun als *Schöpfungswort* unversehens magisch wird. Es ist ein uralter und weit über die Erde verbreiteter Glaube, dass den Zahlen geheimnisvolle Kräfte innewohnen, so dass man mit ihnen segnen und verfluchen, ver-zaubern und ent-zaubern kann.

Die orientalische Zahlenesoterik erreichte eine kritische Masse und wurde explosiv, als Pythagoras sie mit einer eigenen Zutat versetzte: mit seiner Entdeckung *arithmetischer* Gesetze in der Musik – in jener Kunst also, die den Griechen mehr zu Herzen ging und mehr am Herzen lag als jede andere, in jener mächtigen Kunst, mit der Orpheus Tiere gezähmt, Berge bewegt und Stürme besänftigt hatte. In dieser hochheiligen Kunst des Sehergottes Apollon weste und wirkte – schwer zu glauben und doch mit Händen zu greifen, mit Ohren zu hören! – in dieser seelenerschütternden Kunst weste und wirkte *Mathematisches*. Pythagoras demonstrierte nämlich am Monochord, einem einsaitigen Experimentalinstrument, dass den Intervallen Oktave, Quinte und

Quarte – also den tragenden Elementen der griechischen Musik – die wunderbar einfachen und in wunderbar einfacher Gesetzmäßigkeit fortschreitenden Zahlenverhältnisse 2:1, 3:2 und 4:3 – formelhaft also $(n+1){:}n$ für $n = 1, 2, 3$ – der Saitenlängen entsprachen. Die Entdeckung muss überwältigend gewesen sein. Noch auf dem Totenbett soll er seinem Anhang befohlen haben, immer das Monochord zu spielen,[9] und mittelalterliche Bilder zeigen ihn, wie er würdevoll an diesem Instrument hantiert. Zum ersten Mal war *Qualitatives* auf *Quantitatives* zurückgeführt – ein tief erregender Paradigmenwechsel, der die Welt gründlicher umgestalten sollte als jeder andere Paradigmenwechsel. Die Zahlen regierten also so verschiedene, so *grund*verschiedene Dinge wie Sterne und Töne. Durfte Pythagoras dann nicht behaupten, dass sie *alles* regieren? (Unter „Zahlen" verstanden die griechischen Denker freilich nur die „natürlichen Zahlen" 1, 2, 3, 4 usw.; auch wir wollen es zunächst so halten.) Durfte „der Mann" sich dann nicht zu dem arithmetischen Extremismus des Satzes „Alles ist Zahl!" versteigen? Er tat es[10] – und schuf damit ein radikal neues Weltbild: das Bild der Welt als *geronnene Mathematik*. Heute bestimmt diese Halluzination eines Halbgottes unser Leben, und es ist genau diese Halluzination einer mathematisch *gebauten*, also auch mathematisch *erkennbaren* und *beherrschbaren* Welt, die „den Mann" zu einem der wichtigsten Menschen gemacht hat, die je gelebt haben (Bertrand Russell). Es ist pythagoreischer Geist, der einen der echtesten Väter des Abendlandes, Platon, sagen lässt, der Königsweg ins Innerste der Natur sei „Messen, Zählen und Wägen".[11] Und derselbe pythagoreische Geist weht in dem spätbiblischen Wort, das in unserer Denkgeschichte so wegweisend werden sollte: „Du, Herr, hast alles geordnet nach Maß, Zahl und Gewicht."[12] Es ist ein Wort, das wir im 17. Jahrhundert bei Leibniz, neben Newton der Erfinder des mächtigsten mathematischen Werkzeugs zur Erforschung der Natur, wieder finden werden: „Indem Gott rechnet, entsteht die Welt." Im 19. Jahrhundert statuiert der *princeps mathematicorum* („König der Mathematiker") Carl Friedrich Gauß lapidar: „Gott rechnet." Das mag so sein. Mit Sicherheit wissen wir jedenfalls, dass Jahwe ein passionierter Zähler war, denn der gewaltigste aller Propheten, Jesaja, verkündet, dass der Herr täglich, immer von neuem, das Heer der Sterne zählt.[13] Die Mathematik ist Jahwes Leib-und-Magen-Wissenschaft. So erfreulich können sich gut veranlagte Wüstendämonen entwickeln. Pythagoras selbst, gleich nach Jahwe die wichtigste Figur in dem weltgestaltenden Prozess der Weltmathematisierung, ist eine nie wieder gesehene Kreuzung zwischen Gauß und Guru.

Wie überschwänglich die Pythagoreer von den Zahlen und ihrer Macht in allen Ecken und Winkeln des Seins dachten, lässt uns ein Text des Aristoteles ahnen:

> Die sogenannten Pythagoreer … waren der Meinung, dass in den Prinzipien der Mathematik die Prinzipien der Dinge gelegen seien. Da nun von diesen Prinzipien die Zahlen von Natur aus das erste sind, sie aber gerade in diesen viele Ähnlichkeiten mit dem Seienden und Entstehenden zu sehen vermeinten – mehr als in Feuer, Erde oder Wasser –, weil die eine Affektion der Zahlen die Gerechtigkeit, die andere die Seele und die Vernunft, wieder eine andere den „günstigen Augenblick" bedeuten sollte, und ähnlich alles übrige, da sie dazu noch in den Zahlen die Affektionen und Verhältnisse der [musikalischen] Harmonien erblickten, weil sie also glaubten, alle anderen Dinge glichen ihrer ganzen Natur nach den Zahlen und die Zahlen seien das Erste in der ganzen Natur, nahmen sie an, die Elemente der Zahlen seien die Elemente aller Dinge und der gesamte Himmel sei Harmonie und Zahl.[14]

In ihrer „Alles ist Zahl"-Euphorie sind die Pythagoreer so weit gegangen, auch die körperlichen Dinge irgendwie – *irgendwie,* man weiß nicht, wie – aus Zahlen bestehen zu lassen.[15] Diese alles erzeugenden Zahlen bestehen ihrerseits aus dem „Einen",[16] will heißen: Sie entstehen durch sukzessive Setzung der Eins. Es ist 2 = 1+1, 3 = 1+1+1, 4 = 1+1+1+1 usw. Das brachte den Pythagoreer Philolaos (Mitte 5. Jh. v. Chr.) zu dem Glaubenssatz „Das Eine (*monas*) ist der Urgrund von allem".[17] Sogar als einen echten und rechten Gott sollen die Pythagoreer die *monas* verehrt haben.[18] (Den heutigen Griechen ist sie viel prosaischer die Gebühreneinheit beim Telefonieren.) Aristoteles hingegen, der das alles nicht begreift (was man gut verstehen kann), bemerkt irritiert: „Wir finden keine klare Darlegung, was es heißen soll, dass Zahlen die Gründe des Wesens und des Seins sind."[19] Meinen denn diese Superklugen in Kroton etwa, sie könnten die Zahlen dadurch zum Baumaterial einer räumlich ausgedehnten Welt machen, dass sie den Einheiten, den Monaden, allen Ernstes *räumliche Ausdehnung* zuschreiben? Verstimmt fügt der immer nüchterne Aristoteles hinzu: „Wie aber das erste Eine dazu gekommen ist, über Größe zu verfügen, darüber scheinen die Pythagoreer sich im Unklaren zu sein."[20] Da nun die Zahlenreihe „diskret" ist (jede Zahl steht *vereinzelt* da, getrennt vom Vorgänger und vom Nachfolger), trägt sie wie von selbst das „Diskrete", das „Atomistische" in eine Welt hinein, die sie nach pythagoreischer Meinung irgendwie aufbaut. Von dieser arithmetischen Atomistik der Pythagoreer will Aristoteles, der entschiedene Gegner des Atomaren jeder Art, partout nichts wissen. Rüde lehnt er sie ab.[21]

Und doch ist sie mächtig geworden. Irgendwann ist sogar die *Zeit,* das Musterbild des Kontinuierlichen, dem übermächtigen Diskretisierungsgedanken zum Opfer gefallen. Jedenfalls wirft Plutarch (46-120 n. Chr.) den Stoikern vor, dass sie es seien, die der Zeitdiskretisierung abgeschworen hätten und nicht mehr an eine „kleinste Zeit" glaubten.[22]

Die pythagoreische *Diskretisierung der Welt* tritt uns aufs deutlichste in der Elementarteilchentheorie des Pythagoreers Ekphantos von Syrakus (5. Jh. v. Chr.) entgegen. Sie lehrt, die Urkörper („erste Körper", *prota somata*) seien *unteilbar,* also *Atome.* Sie unterschieden sich voneinander durch „Größe, Gestalt und Kraft".[23] Dass diese Atomtheorie auf dem Boden der pythagoreischen Monadenverehrung gewachsen ist, schimmert in der Nachricht durch, Ekphantos habe die „unteilbaren Körper und das Leere" als Prinzipien aller sichtbaren Dinge gelehrt, weil er als Erster „die pythagoreischen Monaden für körperlich erklärt" habe.[24]

Die pythagoreische Diskretisierung der Welt findet sich nun auch – und das ist entscheidend – in der Diskretisierung der geometrischen Gebilde wieder. Die diskrete Struktur des Alls beruht letztlich darauf, dass die weltstiftende Einheit (*monas*) etwas scharf Abgegrenztes ist. Die Rolle der *monas* übernimmt in der pythagoreischen Geometrie der Punkt (*stigma*). Platon soll gemeint haben, der Punkt scheine „das Abbild der Einheit in sich zu tragen", denn er sei ohne Teile.[25] Und noch Euklid (um 300 v. Chr.) eröffnete seine berühmten *Elemente,* das Grund-Buch der europäischen Mathematik, mit der vollendet rätselhaften Definition: „Ein Punkt ist, was keine Teile hat." Hat der Punkt keine Teile, weil er unausgedehnt ist (und doch existiert als ein seiendes Nichtiges) oder hat er keine Teile, weil er wie das „unzerschneidbare" Atom Demokrits zwar ausgedehnt ist, aber von mysteriösen Kräften so fest zusammengehalten wird, dass keine Macht ihn zerlegen kann? Die Pythagoreer scheinen Demokriteer gewesen zu sein und in dem teil-losen Punkt etwas *Ausgedehntes,* genauer: das *minimal* Ausgedehnte oder also das *geometrische Atom* gesehen zu haben.[26] Und so wie aus der Einheit durch sukzessive Setzung derselben die Zahlen entstehen, so entstehen aus der „Atomlinie" durch sukzessives Aneinanderfügen die Linien, die geraden und die krummen.

Die pythagoreische Idee der Atomlinien hat tief in die nächsten Jahrhunderte hineingewirkt. Mehr noch: Die Frage, ob nicht nur die Materie, sondern auch Raum und Zeit „atomar" strukturiert sind, ob es also eine „Elementarlänge" und eine „Elementarzeit" gibt, diese Frage hat die moderne Physik von neuem auf die Tagesordnung gesetzt.

Die atomare Geometrie der Pythagoreer geriet über Nacht in eine lebensbedrohliche Krise, ausgelöst durch das Phänomen der „Inkommensurabilität". Die Entdeckung der Inkommensurabilität war ein Erdbeben in der pythagoreischen Arithmotheologie und die erste Katastrophe des Unendlichen, mehr noch: Sie war eine Urkatastrophe des Geistes.

Was ist „Inkommensurabilität"? Zwei Strecken A und B heißen „kommensurabel" („mit demselben Maß messbar"), wenn es eine Maßeinheit gibt, die sowohl in A als auch in B „aufgeht", andernfalls heißen sie inkommensurabel. Genauer müsste man sie „kommensurabel" bzw. „inkommensurabel" *bezüglich. der gewählten Maßeinheit* nennen. Zwei Strecken der Längen 12 cm bzw. 15 cm sind bezüglich der Maßeinheit „1 cm" kommensurabel, zwei Strecken der Längen 12 cm und 15,5 cm sind es nicht; sie sind aber kommensurabel bezüglich der Maßeinheit „1 mm". Je kleiner eine Maßeinheit E ist, umso mehr Strecken werden bezüglich E kommensurabel sein. (Für den Schreiner sind übrigens die Längen aller seiner Leisten und Balken bezüglich der Millimetereinheit „praktisch kommensurabel"; sein Zollstock hat denn auch keine feinere Unterteilung als die in Millimeter.) Die Völker der Antike haben natürlich genau wie wir durch Abtragen eines Maßstabs gemessen; unser Wort „Meter" kommt von dem griechischen Wort *metron* = Maßstab, Messrute. Aus der geometrischen Atomistik der Pythagoreer ergibt sich nun als banale Folgerung, dass je zwei Strecken stets kommensurabel bezüglich der Maßeinheit „Atomlinie" sein müssen, denn sie sind ja eine Aneinanderreihung von (gleichlangen) „Atomlinien".[27] Wir dürfen also kurz sagen: Zwei beliebige Strecken A und B sind schlechthin kommensurabel. Ihre Längen verhalten sich wie die Anzahlen der in ihnen enthaltenen Atomlinien, *also wie zwei Zahlen* – was aufs beste zu dem pythagoreischen Hauptdogma passt: „Alles ist Zahl." (Noch einmal zur Erinnerung: „Zahlen" waren für die Griechen, was wir heute „natürliche Zahlen" nennen, also die Zahlen 1, 2, 3, 4 usw.) Und nun entdeckte ausgerechnet ein Pythagoreer, vermutlich der ohnehin als rebellisch verrufene Hippasos von Metapont (1. Hälfte 5. Jh. v. Chr.), dass Seite und Diagonale eines Quadrats *nicht* kommensurabel sind,[28] dass ihre Längen sich also *nicht* verhalten wie zwei Zahlen. Dies war „eine der fundamentalsten Entdeckungen in der ganzen Geschichte der Wissenschaft".[29] Wie ein Blitz muss sie in den schmucken Zahlenpark der Pythagoreer eingeschlagen haben. Das tief befriedigende Credo „*Alles* ist Zahl", dieses klare und elegante Dogma, erwies sich über Nacht als falsch – erwies sich in empörend lächerlicher Weise als falsch schon im *einfachsten* Fall: im Fall zweier Strecken. Der pythagoreische Klatsch wollte denn auch wissen, Hippasos sei mit kräftigem Zutun der Götter, denen diese Sache auch peinlich gewesen sei, elendiglich im Meer umgekommen: Ketzerschicksal.[30]

Das Quadrat und seine Diagonale regten wie nichts anderes dazu an, das schauderhafte Phänomen der Inkommensurabilität zu entdecken – ein Phänomen, das es eigentlich gar nicht geben durfte.[31] Die Pythagoreer betrieben eine „Rechensteinchenarithmetik": Sie veranschaulichten

Zahlen, indem sie Steinchen zu Figuren zusammenstellten. Eine besonders geschätzte Figur (ihrer bestechenden Symmetrie wegen) war das Quadrat. Ein 44-Rechensteinchenquadrat sieht so aus:

$$\begin{matrix} \circ & \circ & \circ & \circ \\ \circ & \circ & \circ & \circ \\ \circ & \circ & \circ & \circ \\ \circ & \circ & \circ & \circ \end{matrix}$$

Die Steinchen konnte man zwanglos als stark vergrößerte geometrische Atome deuten. Und nun lehrt ein einziger Blick, dass die Diagonale unseres Quadrats ebenso viele Steinchen enthält wie seine Seite, nämlich vier.[32] Die Diagonale ist also ebenso lang wie die Seite – aber das ist handgreiflich falsch. So entsteht unmittelbar aus der pythagoreischen Steinchenrechnerei und dem geometrischen Atomismus heraus die Frage, welches Verhältnis denn nun wirklich zwischen Diagonale und Seite des Quadrats bestehe. Und nun fand Hippasos heraus, dass zwischen diesen beiden Strecken *überhaupt kein Verhältnis besteht,* jedenfalls kein durch Zahlen angebbares (und nur ein *solches* Verhältnis ist im pythagoreischen Sinne ein *Verhältnis*). Die beiden Strecken sind *radikal inkommensurabel* – inkommensurabel bezüglich *jeder* Maßeinheit.

Vieles spricht dafür, dass Hippasos diesen Skandal mit Hilfe einfachster pythagoreischer Mittel ans Licht gebracht hat: mittels des „Satzes des Pythagoras" und eines erotisch grundierten Rechnens mit *gerade* und *ungerade*, das die Pythagoreer in der Schwarzen Küche ihrer Zahlenmystik gebraut hatten. (Das „Erotische" lag darin, dass ungerade Zahlen den Pythagoreern als *männlich*, gerade hingegen als *weiblich* galten; deshalb war ihnen die Zahl 5 = 2 + 3 das Symbol der Ehe.) Dem Gerade-ungerade-Rechnen – einem „Rechnen" nicht mit *Zahlen*, sondern mit *Begriffen*, das ist das Neue an der Sache – lagen die folgenden Additions- und Multiplikationstafeln für „gerade" bzw. „ungerade" (abgekürzt „g" bzw.„u") zugrunde:

$g + g = g$ (z. B. $2 + 4 = 6$) $g \times g = g$ (z. B. $2 \times 4 = 8$)
$g + u = u$ $g \times u = g$
$u + g = u$ $u \times g = g$
$u + u = g$ $u \times u = u$

Das sieht sehr verspielt aus, und doch war bei Platon die Arithmetik nicht etwa die Alltagsrechnerei der Händler und Handwerker, sondern die ausgefallene „Lehre vom Geraden und Ungeraden". Die Unterscheidung „gerade-ungerade" muss damals emotional stark aufgeladen gewesen sein. Heute wird das Gerade-ungerade-Rechnen mit schönstem Erfolg in der gänzlich unemotionalen Nachrichtentechnik verwendet; *tempora mutantur* („Die Zeiten ändern sich"). Der Inkommensurabilitätsbeweis, den Euklid (um 300 v. Chr.) darlegt,[33] könnte sehr gut der des Hippasos gewesen sein. In der Anmerkung bringe ich eine moderne Darstellung des pythagoreischen Desasters, die nur pythagoreische Mittel (in moderner Sprache) benutzt und jedem zugänglich ist, der die elementarsten Elemente der Algebra kennt. Anders gesagt: Jeder kann dieses *High Noon* des Geistes bequem im Ohrensessel genießen.[34]

Was nach dem Coup des Hippasos geschah, war furchterregend und blieb es bis tief in das 19. Jahrhundert hinein; manchen kommt die Sache noch heute unheimlich vor. Die Struktur selbst einer einfachen Strecke versank im Dunkeln. Aus „Atomlinien" konnte man sie hinfort nicht mehr bestehen lassen. Das aber hieß: Es war möglich, wie Anaxagoras schon mit grandiosem Unendlichkeitsgestus konstatiert hatte, es war möglich, jede noch so kleine Strecke weiter zu unterteilen: „Von dem Kleinen gibt es kein Allerkleinstes, sondern immer noch ein Kleineres."[35] Beim Zerschneiden stieß man nie auf etwas „A-tomares", nie auf etwas „Un-zerschneidbares". Eine radikale, restlose Unterteilung, die keine Teilstrecke ungeteilt ließ, eine Unterteilung, die nicht sukzessiv, sondern schlagartig erfolgte (als würde man eine Brotschneidemaschine benutzen, mit der ein Bäcker einen ganzen Brotlaib *simultan* in Scheiben schneidet), eine solche Unterteilung mit unendlich vielen, gleichzeitig vollzogenen, alles zerschneidenden Schnitten konnte keine „Größe" mehr übriglassen, sondern nur noch Ausdehnungsloses (so Aristoteles[36]). Diese wunderlichen Schnipsel ohne Größe waren dann wohl die „Elementarbestandteile" der Strecke. „Aber", sagt Aristoteles grimmig, „es ist absurd, dass eine Größe aus Dingen ohne Größe bestehen sollte."[37] Und an anderer Stelle meint er bekräftigend, dass keine Ausdehnungsgröße sich aus unteilbaren Elementen zusammensetze.[38] Das hieß aber auch – und hier kommen wir nun zu dem entscheidenden Punkt! –, dass eine unendliche *Simultan*zerschneidung gar nicht möglich ist. Zerschneiden, meint Aristoteles, zerschneiden kann man nur *sukzessive*, schrittweise, mit jedem Schritt im Endlichen verbleibend. Diese sukzessive Zerschneidung kann *in infinitum* vorangetrieben werden, aber dieses *infinitum* ist nur ein „potentiales *infinitum*", ein unbeschränkt vermehrbares Endliches, kein „aktuales *infinitum*", kein vollendetes Unendliches. Zerschneidung ist *schrittweise* uneingeschränkt möglich, gewiss, aber *simultan* ist sie unmöglich, nie ist sie vollzogen, nie „perfekt" (lat. *perfectus* = vollendet). An dem Problem, wie das „Kontinuum" aufgebaut sei, tritt zum ersten Mal – und gleich in aller Schärfe – der Unterschied zwischen dem *potentialen* und dem *aktualen* Unendlichen hervor, der mehr als zweitausend Jahre später noch Cantor schwer zu schaffen machen sollte. Der Unterschied zwischen diesen beiden Typen des Unendlichen war aufgebrochen und virulent geworden durch Hippasos' Entdeckung inkommensurabler Strecken. Er offenbarte seine Brisanz zunächst nicht im „unendlich Großen", sondern im „unendlich Kleinen".

Die Lage konnte nicht verfahrener sein: Die Hypothese, eine Strecke sei aus endlich vielen ausgedehnten Atomlinien zusammengeleimt, zerbrach an der Inkommensurabilität; die Hypothese, die Bausteine seien unendlich viele ausdehnungslose Punkte, scheiterte an der Banalität, dass Nichtse kein Etwas ergeben.[39]

Es ist bewegend zu sehen, wie Aristoteles, dieser gewaltige Geist, in immer neuen Anläufen versucht, Licht in das Dunkel des „Ausgedehnten", des „Ununterbrochenen" oder „Stetigen", des „Zusammenhängenden" (griech. *syneches*), des „Kontinuums" (von lat. *continuus* = zusammenhängend) zu bringen. Aus was bestand dieses „Zusammenhängende"? Bestand es überhaupt aus etwas? Und wenn ja, was hielt dann die Bestandteile des „Zusammenhängenden" eigentlich zusammen? Waren sie ineinander verwachsen wie Körperteile? War es ein Art Leim, der sie zusammenklebte? (Uns würde eher das Bild des „Verschweißens" vor Augen treten.) Sorgten Nägel für den Zusammenhalt? Oder hing das Kontinuum „von Natur aus" zusammen, hatte es „in sich selbst die Ursache des Zusammenhängens", anders als das Holzbündel, das durch ein äußeres Band zusammengeschnürt wird? „Von diesen Dingen aber heißen die, die von Natur aus kontinuierlich sind, in höherem Grade Eines als die, die es durch Kunst (*techne*, Technik) sind."[40] Hier klingt die Vorstellung an, ein Kontinuum sei „ein Ganzes, eine Art Eines".[41] Der gern aufgebrachten Idee einer zusammenschweißenden „Engstberührung" von „Punkten" stand entgegen, dass es zwischen zwei Punkten immer noch weitere Punkte gab, z. B. den Mittelpunkt ihrer Verbindungsstrecke. Von „Berührung" konnte also gar nicht die Rede sein.[42] Aristoteles lehnt eine atomare Struktur des Kontinuums entschieden ab: „So ergibt sich die Unmöglichkeit des Aufbaus eines Kontinuums aus unteilbaren Gliedern, etwa einer Linie aus Punkten, wenn ja die Linie ein Kontinuum und der Punkt unteilbar ist."[43] Das „Zusammenhängende" ist ihm nicht ein „Zusammengesetztes" – es ist ihm ein „Urphänomen", ein Unableitbares, etwas, das aus eigenem Recht existiert. Aristoteles ringt sich zu der Auffassung durch, das Wesen des Zusammenhängenden lasse sich nicht durch einen „Aufbau" aus „Teilen" begreifen – das Wesen des Zusammenhängenden liege paradoxerweise in seiner *Teilbarkeit*, genauer: in seiner *unbegrenzten, durch nichts behinderten Teilbarkeit*. Das hat er oft gesagt, am prägnantesten in dem Satz: „Kontinuierlich ist dasjenige, was in ein immer wieder Teilbares geteilt werden kann."[44] Wir werden gleich sehen, dass er sich mit diesem Satz übereilt hat.

Die Vorstellung, eine ausgedehnte Strecke bestünde aus Nichtsen, muss so abstoßend gewesen sein, dass man fast verzweifelt nach allem griff, um ihr zu entgehen. Da traf es sich gut, dass die eigentlich schon völlig diskreditierte Idee der Atomlinie eine Art Auferstehung erlebte, und zwar durch ein hirnerschütterndes Paradoxon des Zenon von Elea (etwa 490-430 v. Chr.), das etwa zur gleichen Zeit unter den griechischen Intellektuellen kursierte wie der Inkommensurabilitäts skandal des Hippasos. Das Paradoxon (die sogenannte „Dichotomie", wörtlich „Zweiteilung") besagte: „Der Wettläufer kann nie das Ende der Rennbahn erreichen." Er muss nämlich zuerst die Hälfte der Rennbahn zurücklegen, zuvor aber von dieser Hälfte die Hälfte, von dieser Hälfte (also von dem ersten Viertel) zuvor wieder die Hälfte und so weiter ohne Ende. Vor dem Läufer bauen sich unendlich viele Strecken auf, die er in einer endlichen Zeit durchlaufen soll. Das kann er nicht, er kommt noch nicht einmal aus den Startlöchern heraus. (Mehr über Zenon und seine weltberühmten Paradoxa später.) Die Schwierigkeit der „Dichotomie" liegt in der unbeschränkten Zerteilung der Rennbahn und verschwindet (so meinte man hoffnungsvoll), wenn die Bahn aus unzerteilbaren Atomlinien zusammengefügt ist. In der pseudoaristotelischen Schrift *Über Atomlinien* heißt es denn auch: „Ferner nötigt der Zenonische Beweis [die ‚Dichotomie'] zur Annahme einer unteilbaren Größe."[45]

Das Inkommensurabilitätsargument des Hippasos und das Wettläuferparadox des Zenon hatte die Fronten in einer Weise geklärt, die niemandem gefallen konnte: Mathematik stand gegen Mathematik. Es stimmt melancholisch, dass ausgerechnet Platon, der die Mathematik wie kein anderer Philosoph gepriesen und gefeiert und sein wissenschaftliches Schicksal aufs engste mit ihr verbunden hatte, es stimmt, sage ich, melancholisch, dass dieser Mann, ein Pythagoreer in seines Herzens Herzen, die pythagoreischen Atomlinien zu akzeptieren scheint, so sehr sie auch durch Hippasos mathematisch diskreditiert waren.[46] Das alles wird diesen Mathematikenthusiasten nicht wenig gequält haben. Noch der Greis tadelt die Hellenen dafür, dass sie viel zu wenig über inkommensurable Strecken wüssten – eine solche Verkommenheit sei eigentlich nur bei Schweinen möglich! – und rät zu häufigen Gesprächen über die unglaublich faszinierende Frage, „was seiner Natur nach aneinander messbar ist und was nicht". Allen Ernstes fährt er fort: „Alte Leute können sich damit viel reizvoller unterhalten als mit dem Brettspiel."[47] Hierzu passt, dass Aristoteles, ein *in mathematicis* sonst recht reservierter Mann, einmal sogar von der „Lust" (*hedone*) spricht, die es bereite, sich die erregende Inkommensurabilität von Quadratseite und Quadratdiagonale vor

Augen zu stellen. Und empfehlend fügt er hinzu, diese Lust sei, anders als die des alkoholischen Vollrauschs, ein Genuss ohne Reue.[48] So viel zum Unterhaltungswert der Inkommensurabilität.

Die Hypothese der *atomoi grammoi*, der „unteilbaren Linien", drang schließlich tief und dauerhaft in Platons Akademie ein. Vor allem Xenokrates, ihr dritter Leiter (von 339 bis 312 v. Chr.) hat sie mit Verve verfochten. Dieser Platonschüler verehrte die „Einheit" (*monas*) mit religiöser Inbrunst wie eine Gottheit. Dies hat ihn dazu gebracht, die Atomlinie als erzeugende Einheit aller Linien weit über Platons zerquälte Neigung zu ihr auf ein Podest zu stellen, wo sie wegen der vielen Einwände gegen sie nicht hingehört.[49] Der tüchtige Aristoteleskommentator Simplikios (4. Jh. n. Chr.) verwundert sich denn auch sehr, dass ein Geometer vom Rang des Xenokrates die unteilbaren Elementarlinien so rückhaltlos verfechten könne.[50] Er versucht, den mathematischen Ruf des Mannes zu retten, indem er ihm einen Gedanken zuschreibt, der ein Hauptgedanke bei Aristoteles ist[51] und den wir schon kennen: Nicht die unendliche *Teilbarkeit* habe Xenokrates bestritten, sondern die Möglichkeit, dass die Teilung *je vollzogen* sei. Denn nach jedem noch so späten Teilungsschritt bliebe ja immer noch Ungeteiltes übrig. Wieder einmal tritt die Unterscheidung zwischen dem *potentialen* und dem *aktualen* Unendlichen als rettender *deus ex machina* auf die philosophische Bühne.

Simplikios kannte die Schrift *Über Atomlinien* (*Peri atomon grammon*), die aus der Schule des Aristoteles stammte und unter dem Namen des Meisters lief. Das Büchlein zählte säuberlich die gängigen Gründe zugunsten der Atomlinien auf, um dann ebenso säuberlich dem geometrischen Atomismus den Garaus zu machen.[52] Der Haupteinwand ist natürlich die Inkommensurabilität: Gegen die Atomlinien spricht nun einmal, dass „dann alle Linien kommensurabel sein [müssten]. Denn aller Maß müsste die Atomlinie sein."[53] Die „unteilbaren Linien" werden schonungslos als Punkte entlarvt, eine aus Atomlinien bestehende Strecke würde also aus Punkten bestehen – das aber tut sie nicht, da ist Aristoteles vor.

In der Manier des Akademieoberhaupts Xenokrates verteidigt noch im 5. Jahrhundert n. Chr. Proklos Diadochos (410-485), der wie Xenokrates viele Jahre lang die Akademie geleitet hat, in seinem wertvollen Euklid-Kommentar die „unteilbaren Linien". Zwar scheine die stets mögliche Halbierung die unendliche Teilbarkeit jeder Strecke zu beweisen (und darzulegen, dass sie nicht aus Atomlinien bestehen könne), aber der Prozess des Halbierens verbleibe durchweg im Endlichen und könne deshalb nicht zeigen, dass man schließlich doch auf etwas Unteilbares gerate. Sofort anschließend versucht dieser treue Platoniker in derselben Weise auch mit dem Widerstreit zwischen Atomlinien und Inkommensurabilität zurechtzukommen: „Wenn sie [die Mathematiker] das Vorhandensein von Inkommensurabilität bei den ausgedehnten Größen nachweisen ..., was wird man dann sagen, beweisen sie anderes, als dass jede Größe *immerfort geteilt werden kann* und wir *nie zu dem Unteilbaren gelangen werden*, welches das kleinste allgemeine Maß von Größen ist?"[54] Wieder wird das Potential-Unendliche gegen das Aktual-Unendliche ausgespielt.

Es ist ein paradoxes, wissenschaftspsychologisch tief beunruhigendes Phänomen, dass ausgerechnet die Akademie, die dem mathematischen Laien ruppig die Tür wies und Mathematik furios als eine Extremsportart betrieb, so lange mit den Atomlinien herumgetändelt hat. Der Vorgang erinnert an Einsteins hartnäckigen Widerstand gegen die „statistische Deutung" der Quantentheorie. „Gott würfelt nicht", ist die leicht verkürzte Form seiner Überzeugung, der Weltlauf werde durch lückenlose Kausalität determiniert. Immer wieder erfand er Gedankenexperimente, welche die statistische Interpretation *ad absurdum* führen sollten, und wenn sie es nicht taten, erfand er eben neue.

Bei den Atomlinien erleben wir zum ersten Mal, was wir in der modernen Quantenphysik wieder erleben werden: Dass Alltagsbegriffe im Bereich der Elementarpartikel ihren Sinn verlieren können. Die Quantenphysik sagt uns beispielsweise, dass wir Ort und Impuls eines Elektrons nicht gleichzeitig genau messen können; sie hebt die strenge Unterscheidung zwischen Welle und Korpuskel auf; sie unterminiert den Begriff der Kausalität. Ganz entsprechend lässt die geometrische Atomistik den Begriff des „Mittelpunkts einer Atomlinie" in Rauch aufgehen: Dass ein Punkt der Mittelpunkt einer Atomlinie ist, kann man ja nur mit einem Maßstab feststellen, der die halbe Länge einer Atomlinie hat; einen solchen Maßstab kann es gemäß der Definition der Atomlinie aber gar nicht geben. Das bedeutet auch, dass sich die „Dichotomie" Zenons nicht mit Atomlinien aus der Welt schaffen lässt: Ein Körper kann sich nämlich nicht vom Anfangspunkt einer Atomlinie zu ihrem Endpunkt bewegen, weil er andernfalls ihren „Mittelpunkt" passieren müsste.[55]

Der Punkt selbst, die angeblich einfachste geometrische Entität, wurde ein Mysterium. Die „offizielle" Definition Euklids war schon verrätselt genug, auf grüblerische Naturen musste sie einen gefährlichen Einfluss ausüben: „Ein Punkt ist, was keine Teile hat." War dieses „Teil-lose" ein ausgedehntes Unteilbares, also ein geometrisches Atom, oder hatte es deshalb keine Teile, weil es gerade nicht ausgedehnt war? Bei Euklids Kommentator Proklos wurde das schlichteste aller geometrischen Gebilde denn auch zu einem mystisch-dynamischen Wesen hinaufgesteigert: „Der Punkt, der im Bereich der Ideen völlig unteilbar ist, hat gleichwohl verborgenerweise die unbegrenzte Kraft in sich, der zufolge er alle Ausdehnung erzeugt."[56]

Wie hat sich der größte Mathematiker der Antike und einer der größten Mathematiker aller Zeiten, Archimedes von Syrakus (etwa 287-212 v. Chr.), zu einer Geometrie gestellt, die ihre Objekte aus unteilbaren Größen, aus „Indivisibilien" (wie man später latinisierend sagen wird), aufbaut? Sehr pragmatisch, ohne im Geringsten seine gerühmte Strenge zu beeinträchtigen. Die damals gängige „Exhaustionsmethode" zur Berechnung von Flächen und Volumina war von Eudoxos (408-355 v. Chr.) und ihm selbst entwickelt worden, um den suspekten Indivisibilien aus dem Wege zu gehen. Die Methode war mathematisch einwandfrei, hatte aber den gravierenden Nachteil, dass sie nur zum *Beweisen*, nicht zum *Finden* von Ergebnissen geeignet war; sie griff erst, wenn man schon hatte, was man suchte. In seinem Buch *Die mechanische Methode* beschreibt Archimedes nun ein Verfahren, wie man „mechanisch", nämlich mittels eines gedanklichen Abwiegens und Austarierens, vernünftige Vermutungen über Flächen und Volumina machen kann. „Es ist nämlich leichter", schreibt er, „wenn man durch diese Methode vorher eine Vorstellung von den Fragen gewonnen hat, den Beweis herzustellen, als ihn ohne eine vorläufige Vorstellung zu erfinden."[57] Das für uns Entscheidende ist nun seine Verwendung von „Indivisibilien": Er stellt sich vor, dass ebene Gebilde aus Linienelementen, räumliche aus Flächenelementen aufgebaut seien, ähnlich wie ein Gewebe aus Fäden und ein Buch aus Seiten zusammengesetzt ist. Die Ergebnisse, die er so gewinnt, sieht er freilich immer nur als intelligente Vermutungen an, und sichert sie ausnahmslos durch die mühsamen Beweise mittels der Exhaustionsmethode ab. Archimedes ist nicht der Mann, Abstriche an mathematischer Strenge zu machen. Durch die Jahrhunderte hindurch hat er denn auch als unerreichtes – und manchmal demütigendes – Musterbild dieser Strenge gegolten. Er war immer der „göttliche Archimedes".

Um dem Mysterium des Punktes Herr zu werden, griffen die Scholastiker des 14. Jahrhunderts schließlich auf den allmächtigen Gott als letztes Auskunftsmittel zurück. Ihm trauten sie zu, die unendliche Teilbarkeit einer Strecke in eine unendliche Geteiltheit zu verwandeln, jeden der so entstehenden *unendlich* vielen Punkte deutlich als einen einzelnen zu erkennen und intuitiv zu sehen, wie die Gesamtheit aller Punkte sich zu einer Strecke zusammenschließt – womit man den Unruhestifter Aristoteles endlich zum Schweigen gebracht hätte. Dem war aber nicht so, denn aus einer ganz anderen Richtung kam eine ganz neue Schwierigkeit. Einer der scharfsinnigsten Scholastiker, Wilhelm von Ockham (1300-1350, lebte seit 1328 in München), gab in seinem Abendmahlstraktat zu bedenken, dass es zwei ganz besondere, zwei *sakrale* Zeitpunkte in der Eucharistie gäbe: der Zeitpunkt der Wandlung von Wein in das Blut Christi und der Zeitpunkt der Wandlung von Brot in den Leib Christi. Wie soll man sich diese Zeit„punkte" vorstellen? Sind sie ausdehnungslos, also ohne Dauer, so haben die Wandlungen gar keine Möglichkeit, stattfinden zu können. Sind sie aber ausgedehnt, so erfolgen die sakralen Mutationen gotteslästerlicherweise wie eine zeitaufwendige alchimistische Operation. Der *doctor invincibilis* („unbesiegbarer Lehrer") fand einen Ausweg, den wir als eine Art „Lützows wilder verwegener Jagd" im Geometrischen empfinden: Er sprach den „Punkten" jegliche Realität ab und traute Gott zu, irgendwie – war er nicht allmächtig? – eine Linie *ohne* Punkte und so denn auch eine Zeit *ohne* Zeitpunkte schaffen zu können. Seiner Abhandlung über das Abendmahl stellt er in einer theologischen Konsequenz, die unseren Gottesmännern fremd geworden ist, eine Abhandlung über Geometrie voran – Interdisziplinarität *in action*.

Hundert Jahre später wurde der Punkt auf seiner langen Irrfahrt durch die Denkgeschichte auch kirchenamtlich zum *theologicum*. Das Konzil von Konstanz, das 1415 den tschechischen Reformator Johannes Huß mit düsterem Pomp auf den Scheiterhaufen gebracht hatte, erklärte in ebendiesem Jahr neben den antipapistischen Ausfällen des britischen Professors John Wycliff (etwa 1330-1384) *post mortem* auch seine geometrische Lehre als häretisch, jede mathematische Linie sei aus *endlich* vielen einfachen Punkten zusammengesetzt, eine andere Zusammensetzung sei platterdings unmöglich. Die erste Aussage, befanden die verurteilungsgeübten Gottesmänner, sei eine philosophische Irrlehre, die zweite ein Angriff auf die Allmacht Gottes.

Die „atomare Geometrie" hat sich weit über das Ende der Platonischen Akademie (529) gehalten. Die „Methode der unteilbaren Größen", der „Indivisibilien", feierte in den turbulenten Anfängen dessen, was wir heute „Differential- und Integralrechnung" oder „Analysis" nennen und was damals auch „Infinitesimalrechnung" (Rechnung mit „Infinitesimalen", mit „unendlich kleinen" Größen) hieß, ein gespenstisches Comeback. Die Mathematiker liefen dem Archimedes von der Fahne, schlugen alle gedankliche Schärfe in den Wind und kaprizierten sich skrupellos auf Größen, die ein Nichts und doch ein Etwas, auf Nullen, die nicht ganz und gar Nullen waren. Die Mathematik begab sich auf ihren langen und ehrenrührigen Marsch durch die Unterwelt der „unendlich kleinen Größen", wo das Unendliche heillos makabre Triumphe feierte. Noch Leonhard Euler (1707-1783), der größte Mathematiker des 18. Jahrhunderts („unser aller Meister" nannte ihn Laplace, der „Newton Frankreichs"), noch dieser unglaublich brillante Euler machte einen unglaublich ruchlosen Gebrauch von „unendlich kleinen" und, parallel dazu, von „unendlich großen" Zahlen. Im Vorwort seiner berühmten *Introductio in Analysin infinitorum* („Einleitung in die Analysis des Unendlichen") schrieb er 1748 begütigend, er gehe so vor, dass der Leser „mit dem Begriff des Unendlichen allmählich, und ohne es selbst zu merken, vertraut wird". Euler war ein Menschenfreund *par excellence*.

Das „unendlich Kleine" wurde *à la mode* durch das enorm dunkle und enorm einflussreiche Buch des Galileifreundes Bonaventura Cavalieri (etwa 1598-1647) mit dem klangvollen Titel *Geometria indivisibilibus continuorum nova quadam ratione promota* („Geometrie, vorangebracht durch die neue Methode der Indivisibilien der Kontinua", 1635). Die Sache funktionierte *in praxi* nicht einmal schlecht (noch heute benutzen wir ein „Cavalierisches Prinzip"), aber niemand wusste so recht, warum sie das tat. Was jedoch den Mathe-Husar Isaac Barrow (1630-1677), den Lehrer Newtons in Cambridge, einen der wichtigsten Wegbereiter der Analysis, nicht daran hinderte, in seinen *Lectiones geometricae* (1674) das folgende vollmundige und doch von geheimen Zweifeln durchzogene Glaubensbekenntnis abzulegen:

> Um der Einfachheit, Kürze und Durchsichtigkeit willen spreche ich die Sprache der Atomisten; und ich habe keine Bedenken, ihre Methode zu benutzen, denn sie ist wahr. Die Methode der unteilbaren Größen ist die bequemste von allen und nicht weniger gewiss und unfehlbar, wenn sie richtig angewandt wird.

Der Titel des Cavalierischen Buches verrät, dass sein Autor das tut, was Aristoteles ausdrücklich verworfen und Archimedes nur aus Gründen einer erkenntnisleitenden Heuristik zugelassen hatte: Er baut Kontinua aus Indivisibilien, aus „Unteilbaren" auf. Die Operation musste scheitern, und Leibniz konnte mit Recht klagen, die Frage nach der Zusammensetzung des Kontinuums sei „ein Labyrinth für den menschlichen Geist"; von vergleichbarer Labyrinthik ist ihm nur noch die Frage nach dem Ursprung des Bösen.[58] Sein jüngerer Freund Johann Bernoulli (1667-1748), einer der ingeniösesten und provokantesten Mathematiker seiner Zeit, verstieg sich zu dem paradoxen Satz, eine Größe werde weder vermindert noch vermehrt, wenn man sie um eine unendlich kleine Größe vermindere oder vermehre. Muss diese „unendlich kleine Größe" dann aber nicht ein Nichts, ein *nihilum* sein? Leibniz war nicht ganz dieser Meinung und belehrte drei Jahre vor seinem Tod den italienischen Mönch und Mathematiker Guido Grandi (1671-1742) über die Infinitesimalen mit obskuren Worten: „Wir betrachten das Unendlichkleine nicht als ein einfaches und absolutes Nichts, sondern als ein *relatives Nichts* ..., d. h. als eine verschwindende Größe, die den Charakter dessen bewahrt, das verschwindet."[59] Man sieht, dass Leibniz Gründe hatte, vor Leuten zu warnen, die er mit Unbehagen „übergenaue Kritiker" nannte. Was hätte der „göttliche Archimedes" wohl dazu gesagt? Als Johann Bernoulli die unendlich kleinen Größen draufgängerisch mit den Kleinstlebewesen verglich, die man kürzlich unter dem Mikroskop entdeckt hatte, war Leibniz aber auch nicht zufrieden. Diese Lebewesen, wandte er ein, seien zwar *klein*, aber nicht *unendlich* klein. Wir blicken hier tief in das wirre Denken hinein, aus dem das mächtigste Werkzeug des Geistes zur Erforschung der Natur entstehen sollte: die Differential- und Integralrechnung – *ex obscuritate lux*. Wenn es je ein Wunder gab, hier ist es.

Pythagoras lehrte die Wiedergeburt, die Wanderung der Seele durch viele Körper. In Deutschland wurde er zweimal wiedergeboren: das erste Mal in der Gestalt des Johannes Kepler, den man denn auch ganz unbefangen *Pythagoras redivivus* genannt hat, das zweite Mal in der Gestalt des Braunschweiger Zahlentheoretikers Richard Dedekind (1831-1916), eines Freundes und Mitstreiters Cantors im Ringen um das Unendliche. Aristoteles hatte das Wesen des „Kontinuums", des „Stetigen", „Zusammenhängenden" in der *unbeschränkten* Teilbarkeit, in der unbehinderbaren *Zerschneidbarkeit* gesehen. Dedekind goss mittels Zerschneidungen anderer Art, der „Dedekindschen Schnitte", ein neues Licht über das Kontinuum aus, und zwar in seiner kleinen, aber epochemachenden Schrift *Stetigkeit und irrationale Zahlen* (1872). Unter „rationalen Zahlen" versteht man die vertrauten Brüche p/q, wobei p die „ganzen Zahlen" 0, 1, -1, 2, -2, 3, -3 usw., q die „natürlichen Zahlen" 1, 2, 3 usw. durchläuft. Jede Zahl, die nicht rational ist, heißt „irrational" (was nichts mit „unvernünftig" zu tun hat). Die Hippasische Inkommensurabilität von Quadratdiagonale und Quadratseite besagt in dieser Sprache, dass $\sqrt{2}$ – also (nach dem Satz des Pythagoras) die Länge der Diagonalen im „Einheitsquadrat" (Quadrat mit der Seitenlänge 1) – eine irrationale Zahl ist. Trägt man auf einer Zahlengeraden die rationalen Zahlen in gewohnter Weise auf, so findet sich unter diesen „rationalen Punkten" also nicht $\sqrt{2}$. Es gibt zwar unendlich viele rationale Punkte und diese liegen sogar „dicht", d. h. zwischen je zwei rationalen Punkten liegen immer unendlich viele rationale Punkte – dennoch gibt es in dem System der rationalen Punkte „Lücken", „Löcher", wie etwa $\sqrt{2}$. Die rationalen Punkte kommen zwar von links und von rechts beliebig nahe an das „Loch" $\sqrt{2}$ heran, aber keiner von ihnen fällt je hinein. Stellen wir uns jetzt einmal (etwas gewaltsam) eine „Zahlengerade" vor, aus der man alle irrationalen Punkte entfernt hat (man könnte sie eine „altpythagoreische Zahlengerade" nennen), so ist auch sie unbeschränkt zerschneidbar, also im Sinne des Aristoteles ein „Kontinuum", etwas „Stetiges". Da wir aber inzwischen wissen, dass sie Lücken hat, würden wir uns weigern, sie tatsächlich „lückenlos" zu nennen.

Wir machen jetzt einen Sprung in das 19. Jahrhundert. 1851 bäumte sich das Aristotelische Kontinuum noch einmal auf (zugegebenermaßen ein miserables Bild), und zwar in der kleinen, posthumen Schrift *Paradoxien des Unendlichen* des scharfsinnigen Bernhard Bolzano (1781-1848). Dieser Prager, dessen Name in keinem Lehrbuch der Analysis fehlt, der zu den kritischsten Geistern in der Mathematik seiner Zeit zählt und der ein unmittelbarer Vorläufer Cantors ist, hatte, ähnlich wie Hippasos, eine stürmische Karriere als Rebell. Er studierte Theologie, Philosophie und Mathematik und wurde 1805 in Prag Priester und Professor für philosophische Religionslehre. Man sah in ihm bald einen führenden Kopf der „Böhmischen Aufklärung", die dem überkommenen Katholizismus mehr Rationalität einflößen wollte und für soziale Reformen eintrat. 1819 wurde er ein Opfer der Metternichschen Demagogenverfolgung und verlor sein Amt. Von 1820 bis 1826 musste er sich in einem Glaubensprozess verantworten. Anschließend zog er sich resigniert aufs Land zurück. Das war immerhin etwas besser als das Ende des Hippasos in einem Schiffbruch.

In § 38 seiner *Paradoxien des Unendlichen*[60] behandelt Bolzano das „Kontinuum", die „stetige Ausdehnung". Schon mit den ersten Sätzen führt er uns zurück in die Welt des Pythagoras und Aristoteles:

> Sehr wohl erkannte man, dass alles Ausgedehnte seinem Begriffe nach aus Teilen zusammengesetzt sein müsse; erkannte ferner, dass sich das Dasein des Ausgedehnten nicht ohne einen Zirkel aus der Zusammensetzung solcher Teile, die schon selbst ausgedehnt sind, erklären lasse, wollte jedoch nichtsdestoweniger auch einen Widerspruch in der Voraussetzung finden, dass es aus Teilen, die keine Ausdehnung haben, sondern schlechterdings einfach sind (Punkten in Zeit [und] Raum...) entsteht.

Bolzano versucht sich nun an einer eigenen Definition des Kontinuums:

> Dort, aber auch nur dort, [ist] ein Kontinuum vorhanden, wo sich ein Inbegriff von einfachen Gegenständen (von Punkten in der Zeit oder im Raum…) befindet, die so gelegen sind, dass jeder einzelne derselben für jede auch noch so kleine Entfernung wenigstens einen Nachbar in diesem Inbegriff habe.

Aber auch nach dieser Definition ist die „altpythagoreische Zahlengerade", die nur aus rationalen Punkten besteht, ein „Kontinuum", was sie angesichts ihrer Lückenhaftigkeit gewiss nicht ist. Bei Lichte besehen ist Bolzanos Definition des Kontinuums genau die des Aristoteles, man muss nur die „beliebige Zerschneidbarkeit" des Griechen sprachlich ein wenig umformulieren. Es ist eigentlich unbegreiflich, dass ein Geist wie Bolzano, von dessen Scharfsinn und Willen zur Kritik man nicht hoch genug denken kann, in die Aristotelische Falle tappen konnte. Wir haben hier ein beeindruckendes – und niederdrückendes – Exempel menschlicher Fehlbarkeit. Es ist, als habe Bolzano geahnt, dass es mit seiner Definition nicht zum Besten bestellt ist. Denn mit leichter Unsicherheit schließt er an sie die Frage an: „Was noch sonst wollten wir verlangen?" Wir könnten es ihm sagen. Und wir sehen jetzt noch einmal, wie recht Leibniz mit seiner Klage hatte, die Untersuchung des Kontinuums sei „ein Labyrinth für den menschlichen Geist".

Nun tritt Dedekind auf. In seiner genannten Stetigkeits-Schrift von 1872 (dreißig Jahre nach dem Erscheinen der *Paradoxien des Unendlichen*) knüpft er unmittelbar an die „alten Griechen" an: Sie hätten schon bewiesen, dass es inkommensurable Längen gibt, z. B. die Seite und Diagonale eines Quadrats. Er stellt, wie wir es gerade getan haben, die „Lückenhaftigkeit" des Systems der rationalen Zahlen bloß und fährt mit Sätzen fort, die ihrer Klarheit, Tiefenschärfe und Redlichkeit wegen klassisch geworden sind:

> Die obige Vergleichung des Gebiets R der rationalen Zahlen mit einer Geraden hat zu der Erkenntnis der Lückenhaftigkeit, Unvollständigkeit und Unstetigkeit des ersteren geführt, während wir der Geraden Vollständigkeit, Lückenlosigkeit und Stetigkeit zuschreiben. Worin besteht denn nun eigentlich diese Stetigkeit? [Das ist genau die Frage des Aristoteles!] … Mit vagen Reden über den ununterbrochenen Zusammenhang in den kleinsten Teilen ist natürlich nichts erreicht; es kommt darauf an, ein präzises Merkmal der Stetigkeit anzugeben, welches als Basis für wirkliche Deduktionen gebraucht werden kann. Lange Zeit habe ich vergeblich darüber nachgedacht, aber endlich fand ich, was ich suchte. Dieser Fund wird von verschiedenen Personen vielleicht verschieden beurteilt werden, doch glaube ich, dass die meisten seinen Inhalt sehr trivial finden werden. Er besteht im Folgenden. Im vorigen Paragraphen ist darauf aufmerksam gemacht worden, dass jeder Punkt p der Geraden eine Zerlegung derselben in zwei Stücke von der Art hervorbringt, dass jeder Punkt des einen Stückes links von jedem Punkte des anderen liegt. Ich finde nun das Wesen der Stetigkeit in der Umkehrung, also in dem folgenden Prinzip: „Zerfallen die Punkte der Geraden in zwei Klassen von der Art, dass jeder Punkt der einen Klasse links von jedem Punkt der zweiten Klasse liegt, so existiert ein

und nur ein Punkt, welcher diese Einteilung aller Punkte in zwei Klassen, diese Zerschneidung der Geraden in zwei Stücke hervorbringt." [Diese Zerschneidung wird man später einen „Dedekindschen Schnitt" nennen.]

Wie schon gesagt, glaube ich nicht zu irren, wenn ich annehme, dass jedermann die Wahrheit dieser Behauptung sofort zugeben wird; die meisten meiner Leser werden sehr enttäuscht sein, zu vernehmen, dass durch diese Trivialität das Geheimnis der Stetigkeit enthüllt sein soll. Dazu bemerke ich Folgendes: Es ist mir sehr lieb, wenn jedermann das obige Prinzip so einleuchtend findet und so übereinstimmend mit seinen Vorstellungen von einer Linie, denn ich bin außerstande, irgendeinen Beweis für seine Richtigkeit beizubringen, und niemand ist dazu imstande. Die Annahme dieser Eigenschaft der Linie ist nichts als ein Axiom, durch welches wir erst der Linie ihre Stetigkeit zuerkennen, durch welche wir die Stetigkeit in der Linie hineindenken.[61]

Den Gedanken des „Schnitts" hat Dedekind dazu benutzt, um das System der rationalen Zahlen durch die Schaffung der irrationalen Zahlen zu dem System der „reellen Zahlen" (Gesamtheit aller Dezimalbrüche) zu vervollständigen. Mit irrationalen Zahlen hatten die Mathematiker zwar schon seit Jahrhunderten gearbeitet, aber nur wie im Traum, ohne zu wissen, was diese Zahlen eigentlich seien. Dedekind machte durch das vollständige System der reellen Zahlen erst die geometrische Gerade zur arithmetischen „Zahlengeraden". Jetzt endlich galt das pythagoreische Credo „Alles ist Zahl" (jedenfalls im Bereich der Geraden).

Das Werk des neuen Pythagoras hatte eine überraschende und zunächst bestürzende Folge in jenem Unendlichen, das der alte Pythagoras nicht wenig gefürchtet hatte. Wenige Jahre nach Dedekinds Schrift *Stetigkeit und irrationale Zahlen* konnte Cantor zeigen, dass es in einem präzisierbaren Sinne „viel mehr" irrationale Zahlen als rationale gibt, dass also die Unendlichkeit der irrationalen Zahlen „größer" ist als die der rationalen – alles in allem: dass es in dem bisher so einförmigen, ungegliederten Unendlichen *Abstufungen* gibt. Es war eine Sensation, und mit ihr, die letztlich auf dem von Hippasos gedüngten Boden gewachsen war, begann die moderne Theorie des Unendlichen. Man schrieb das Jahr 1874. Und ausgerechnet der neue Pythagoras in Braunschweig war es, der von seinen Überzeugungen in früheren Lebensgestalten abweichend die erste präzise Definition der mathematischen Unendlichkeit gab, die bisher nur eine „gefühlte Unendlichkeit" gewesen war. Von all dem später mehr. Hier will ich nur noch erwähnen, dass Dedekind im Jahre 1888 eine Schrift verfertigte, die ganz dem pythagoreischen Urmaterial, den „natürlichen Zahlen", gewidmet war. Sie hieß: *Was sind und was sollen die Zahlen?* und baute die „natürlichen Zahlen" mittels der Prinzipien der Cantorschen Mengenlehre auf. Pythagoras hätte sie mit Genuss gelesen.

Nicht weniger bedrückt von den inneren Schwierigkeiten der atomaren Geometrie als Dedekind war der geniale Pythagoreer Archytas von Tarent (1. Hälfte 4. Jh. v. Chr.) gewesen. Der Freund Platons und Lehrer des Eudoxos glaubte, einen völlig neuen Weg zur Erzeugung geometrischer Gebilde einschlagen zu müssen, einen Weg, den man als sensationell empfand und den Platon bei aller Freundschaft als entwürdigendes Abgleiten ins bloß Sinnliche verwarf:[62] Archytas „führte als erster mechanische Bewegung in die Geometrie ein".[63] Wir wissen, dass er zur Lösung des

Problems der Würfelverdoppelung Flächen durch Bewegung von Kurven erzeugte;[64] erst recht wird er Kurven durch Bewegung von Punkten erzeugt haben.[65] Diese Erzeugungsarten waren auch dem Aristoteles vertraut,[66] und Archimedes hat sie benutzt, um seine berühmte Spirale zu gewinnen.[67] Knapp zweitausend Jahre später griff Isaac Newton (1642-1727) sie wieder auf, um den Atomlinien trotz der Empfehlungen seines Lehrers Barrow zu entgehen. Was Newton sagt, wird auch Archytas gesagt haben:

> Ich betrachte hier die mathematischen Größen [wegen des Phänomens der Inkommensurabilität] *nicht als aus äußerst kleinen Teilen bestehend*, sondern als durch stetige Bewegung beschrieben. Linien werden beschrieben und im Beschreiben erzeugt nicht durch Aneinandersetzung von Teilen, sondern durch stetige Bewegung von Punkten; Flächen durch Bewegung von Linien; Körper durch Bewegung von Flächen; Winkel durch Rotation von Seiten; Zeiten durch stetiges Fließen; und ebenso ist es in anderen Fällen. Diese Erzeugungen finden in der Natur tatsächlich statt, und man kann sie täglich bei der Bewegung der Körper beobachten.[68]

„Alles ist Zahl." In ihrer Allmacht drückt die Zahl, die *endliche* Zahl, allem den Stempel der *Endlichkeit* auf, sie ist *endlichkeitsstiftend*. Den korrespondierenden spätbiblischen Satz „Du, Herr, hast alles geordnet nach Maß, Zahl und Gewicht"[69] hat man denn auch immer, noch in den Tagen Cantors, als einen Bürgen durchgängiger Endlichkeit angesehen. Die Krise des Unendlichen durch das Auftreten der Inkommensurabilität hat ein Übriges getan, um dem Infinitum im Denken und Empfinden der Pythagoreer einen glanzlosen Abgang zu bereiten. Es geht zu Ende mit Anaximanders *apeiron*, zu Ende mit den *unendlich* vielen Atomen Demokrits und mit seinen *unendlich* vielen Welten in einem *unendlichen* Raum in einer *unendlichen* Zeit. Es beginnt die pythagoreische „Verendlichung der Welt". Ausdrücklich heißt es, bei Ekphantos sei die Menge der Atome „begrenzt und *nicht* unendlich".[70] Ebenso ausdrücklich heißt es, Pythagoras und Ekphantos lehrten „nur *eine* Welt".[71] Sogar der rebellische Hippasos hat nur *eine* Welt gekannt, und ungewohnt kleinmütig hat er auch noch gemeint, sie sei „begrenzt".[72] Nur wenig großzügiger war der Pythagoreer Petron aus dem sizilischen Himera (6./5. Jh. v. Chr.). Nach ihm gab es zwar mehrere Welten, aber sie beliefen sich doch nur auf 183 Stück, und seine Begründung für diese Zahl enthüllt aufs frappierendste den nahezu wahnhaften – und doch unvorhersehbar zukunftsmächtigen – pythagoreischen Glauben an die weltgestaltende Kraft des Mathematischen: Auf jeder Seite eines gleichseitigen Dreiecks, so der Mann aus der Nähe des heutigen Palermo, seien jeweils 60 Welten aufgereiht (60 ist die Grundzahl des babylonischen Sexagesimalsystems!). Dazu käme noch jeweils eine Welt an jedem der drei Eckpunkte, macht *in summa* 183 Welten. Welch ein Exzess der Symmetrie! Nicht weniger symmetrisch war der *eine* – der *einzige* und *endliche* – Kosmos des Pythagoreers Timaios. Ausdrücklich heißt es, wie in Abwehr der Unendlichkeitsorgien der frühen Kosmopoeten, der weltgestaltende Gott bildete nicht etwa „zwei und auch nicht unendlich viele Welten, sondern allein nur dieser Himmel da ist entstanden".[73] Diesem einen Kosmos gab der Weltkonstrukteur, der Demiurg, die Form einer Kugel („das ist von allen Gestalten die vollkommenste"[74]) und trug Sorge, ihre Außenfläche perfekt zu glätten.[75] Man weiß nicht recht, warum er sich bei dem Außenputz so viel Mühe gegeben hat, denn außerhalb der Weltkugel ist nichts, rein gar nichts.[76] Das All ist gerade mal die vom Demiurgen gedrechselte Kosmoskugel. Doppelt bemerkenswert ist nun der Grund, den Demokrit für die *Unendlichkeit* seines Alls angibt: „Weil es von niemandem geschaffen ist.“[77]

Wie steht es mit der griechischen Idee einer Zeit ohne Anfang und ohne Ende? Den Pythagoreern ist die Zeit auf eine bizarre Weise zugleich unendlich *und* endlich. Sie ist ohne Anfang und ohne Ende, also un-endlich – aber ohne Anfang und ohne Ende ist sie nur, weil sie sich gleichsam im Kreise dreht: Alles Geschehen wiederholt sich nämlich zyklisch in exakten Kopien, so dass „nichts wirklich Neues ist“.[78] Es gibt nur eine ewige Rotation des ewig Gleichen. Mit genialer Chuzpe biegt diese pythagoreische „Lehre der ewigen Wiederkehr“ das Unendliche der Zeit ins Endliche um, in ein paradoxes „endliches Unendliches“. (Wir haben die „ewige Wiederkehr“ schon in dem Kapitel *Gilgamesch sucht die Unsterblichkeit* ausführlich besprochen.) Der Pythagoreer Timaios geht nun einen sehr ungriechischen Schritt weiter. Er gibt der Zeit, der einstmals *ewigen* Zeit, tatsächlich einen Anfang – und fasst auch noch ihr mögliches Ende ins Auge: Die Zeit *entsteht* mit dem Kosmos und wird mit ihm *vergehen* (falls denn der Kosmos überhaupt vergeht). Platon lässt es den Timaios so sagen (und diese Sätze werden uns an einem Wendepunkt der frühchristlichen Theologie wieder begegnen):

> Während er [der göttliche Weltbaumeister] den Himmel einrichtete, schuf er gleichzeitig von der Ewigkeit, die in dem Einen verharrt, ein ewiges Bildwerk, das sich nach dem Gesetz der Zahlen bewegt, nämlich eben das, was wir die Zeit genannt haben. Denn Tage und Nächte, Monate und Jahre, die gab es nicht, bevor der Himmel entstanden war; aber nun setzte er gleichzeitig mit dessen Erschaffung auch ihre Entstehung ins Werk … Die Zeit ist also zusammen mit dem Himmel entstanden, damit die beiden, die zugleich geworden sind, auch miteinander vergehen, wenn einst ihr Untergang erfolgen sollte.[79]

Befremdet kommentiert Aristoteles, der kein Wort dieser Kanzelabkündigung glaubt: „Einzig Platon lässt sie [die Zeit] entstanden sein; er sagt, ihr Dasein sei an das Dasein des Weltalls gebunden und das Weltall sei einmal entstanden.“[80] Der Timaios-Text verrät aber auch, wie schwer es Platon (oder Timaios) gefallen sein muss, der anfangslosen Zeit der Griechen einen Anfang aufzuzwingen: Zwar ist die Zeit entstanden, ist also nicht ganz und gar ewig (nämlich nicht „rückwärts ewig“) – und dennoch soll sie ein „ewiges Bildwerk von der Ewigkeit“ sein.

„Die Zeit ist also zusammen mit dem Himmel entstanden.“ Kaum anders lesen wir es in diesen Tagen bei dem bekannten englischen Physiker Stephen Hawking: „Man kann sagen, dass die Zeit mit dem Urknall beginnt – in dem Sinne, dass frühere Zeiten einfach nicht definiert sind.“[81] Die Zeit entstand zusammen mit der Materie in dem unvorstellbar heißen Höllenfeuer des *Big Bang*.

„Alles ist Zahl“ – die Zahl aber stiftet *Endlichkeit*. Bei den Pythagoreern gerät denn auch das Unendliche in Verruf und schlechten Geruch. In der berühmten pythagoreischen Tafel der zehn Gegensatzpaare[82] tritt auch das Paar „Grenze – Unbegrenztes“ auf. Dabei steht „Grenze“ (*peras*) vielsagenderweise in der Spalte der *positiv* getönten Begriffe (wie „Licht“ und „Gutes“), „Unbegrenztes“ (*apeiron*, „Unendliches“) in der Spalte der *negativ* getönten (wie „Dunkel“ und

„Schlechtes"). Diese Tafel gewährt einen tiefen Blick in das Denken der Pythagoreer. Ich will sie deshalb vollständig angeben:

Grenze	Unbegrenztes (Unendliches, *apeiron*)
Ungerades	Gerades
Eines	Menge (Vielfalt)
Rechtes	Linkes
Männliches	Weibliches
Ruhendes	Bewegtes
Gerades	Gekrümmtes
Licht	Dunkel
Gutes	Schlechtes
Quadrat	(nichtquadratisches) Rechteck

Nicht nur das „Unendliche" ist hier negativ besetzt – bereits die bloße „Menge" oder „Vielfalt", selbst wenn sie endlich ist, steht wertmäßig hinter dem „Einen" zurück; ja, schon die „Zweiheit" (*dyas*) ist nicht ganz geheuer. Der Doxograph Aëtios berichtet nämlich: „Über die Prinzipien sagte Pythagoras, die Monade sei Gott und die gute, die wahre Natur des Einen, des Geistes selbst; aber die unbestimmte Dyade ist ein Dämon und böse, sie ist verstrickt in materielle Vielfalt."[83] Aristoteles hebt ausdrücklich hervor, die Pythagoreer hätten „das Eine" zu den „guten Dingen" gerechnet.[84] An anderer Stelle sagt er, sie hätten das Schlechte als eine Form des Unendlichen (*apeiron*) angesehen, das Gute als eine Form des Begrenzten.[85] Und von dem pythagoreisch geprägten Platon berichtet der Aristotelesschüler Aristoxenos (Mitte 4. Jh. v. Chr.), er habe „das Gute und das Eine" als Ausgestaltungen des Begrenzten, Endlichen (*peras*) betrachtet.[86] Das Unendliche gehörte nicht mehr in die Gute Stube des Geistes.

Cantor hat gewusst, dass eine tief eingeschliffene Wertempfindung seiner eigenen Hochschätzung des Unendlichen entgegen stand. Er erinnert selbst daran, „dass *peras* im Griechischen Ziel, Grenze und Vollendung zugleich bedeutet: Mit dem *apeiron* verbindet sich daher eigentlich der Begriff des Unbestimmten, Unvollkommenen."[87] Es sind die Pythagoreer, die den Kampf (einen fatal erfolgreichen Kampf) gegen das *apeiron* eröffnen. Geleitet waren sie dabei, wir wissen es schon, von dem Glauben an die endlichkeitsstiftende Macht der Zahl. Daneben mögen sie aber auch mit *horrified fascination* an das Ur-unendliche der griechischen Philosophie, an Anaximanders *apeiron*, gedacht haben, jenes in ewiger Unruhe ewig zeugende, ewig gebärende, ewig verschlingende Monster aus Milet.

---

[1] Bertrand Russell: History of Western Philosophy, London 1961, S. 49.
[2] Iamblichos: Vita Pyth. 18f.
[3] Iamblichos: Vita Pyth. 19.
[4] Platon: Staat 600b.
[5] Iamblichos: Vita Pyth. 30.

[6] Epinomis 977a-b. Die Epinomis steht stark unter dem Einfluss der babylonischen Astralreligion. Vgl. auch Platon: Timaios 39b-c.

[7] Moritz Cantor: Vorlesungen über Geschichte der Mathematik, erster Band, Nachdruck der dritten Auflage von 1907, Stuttgart 1965, S. 43.

[8] Sie finden sich auf den Tontäfelchen der Bibliothek von Ninive.

[9] C. Jan: Musici scriptores Graeci, Leipzig 1895, S. 116.

[10] In dieser populär gewordenen Form ist der Satz allerdings nicht überliefert.

[11] Platon: Der Staat 602d.

[12] Buch der Weisheit 11, 20.

[13] Jesaja 40, 26.

[14] Aristoteles: Metaphysik 985b-986a.

[15] Aristoteles: Metaphysik 986a; die Zahlen sind „Stoff für die Dinge".

[16] Aristoteles: Metaphysik 986a.

[17] Philolaos B 8.

[18] W. K. C. Guthrie: A History of Greek Philosophy, vol. I, paperb., Cambridge University Press 1988, S. 248.

[19] Aristoteles: Metaphysik 1092b.

[20] Aristoteles: Metaphysik 1080b.

[21] Aristoteles: Metaphysik 1083b.

[22] Plutarch: De comm. not. adv. Stoicos 41.

[23] Ekphantos 1. Vgl. auch Ekphantos 4: „Ekphantos behauptete, die Welt bestehe aus Atomen."

[24] Ekphantos 2.

[25] Proklus Diadochus: Kommentar zum ersten Buch von Euklids *Elementen,* hrsg. von Max Steck, Halle 1945, S. 238. Auf diese deutsche Ausgabe wird hinfort kurz mit „Proklus: Kommentar" verwiesen.

[26] W. K. C. Guthrie: A. a. O., S. 261f. Speusippos, Platons Neffe, sein Nachfolger in der Leitung der Akademie und Verfasser des Büchleins *Pythagoreische Zahlen,* hat den Punkt „das erste Prinzip der Größe" genannt (das zweite ist die Linie, das dritte die Fläche, das vierte der Körper); s. Philolaos A 13, Ende des ersten Auszugs aus Pseudo-Iamblichos.

[27] Die Atomlinien sind gleichlang, weil es keinen vernünftigen Grund für sie gibt, verschieden lang zu sein.

[28] Kurt von Fritz meint, die Inkommensurabilität sei nicht an der Diagonalen des Quadrats, sondern an der des regulären Fünfecks entdeckt worden (*Die Entdeckung der Inkommensurabilität durch Hippasos von Metapont,* abgedruckt in Kurt von Fritz: Grundprobleme der Geschichte der antiken Wissenschaft, Berlin-New York 1971, S. 545-575). S. dazu jedoch Bartel van der Waerden: Die Pythagoreer, Zürich-München 1979, S. 398f. Wegen des Problems der Quadratverdoppelung in Platons Menon 82b-85b und der Beweisandeutung in Aristoteles' An. Pr. 41a neige ich der Quadratdiagonalenversion zu. Für unsere Zwecke kommt es jedoch nicht darauf an; uns darf genügen, dass das Phänomen der Inkommensurabilität den Griechen des 5. Jahrhunderts v. Chr. beunruhigend ins Bewusstsein trat.

[29] Encyclop. Brit. 15th ed., Bd. 25, S. 737 2b.

[30] Iamblichos: Vita Pyth. 88 und 246f.

[31] Was ich jetzt schildere, ist eine Spekulation und kann nichts anderes sein; ich glaube aber, dass sie zutrifft.

[32] Entsprechendes gilt natürlich für jedes Quadrat.

[33] Am Ende des 10. Buches seiner *Elemente.*

[34] Wir nehmen die Seite des Quadrats als Maßeinheit, so dass sie die Länge 1 hat. Es mögen in ihr q Atomlinien aufgehen; jede Atomlinie hat also die Länge $1/q$. In der Quadratdiagonalen mögen p Atomlinien passen; die Diagonale hat also die Länge p/q. Nach dem Satz des Pythagoras ist das Quadrat über der Diagonalen gleich der Summe der Quadrate über den beiden anliegenden Seiten, also $(p/q)^2 = 1 + 1$. Für die nun folgende Rechnung dürfen wir annehmen, dass p und q keine gemeinsamen Teiler haben (andernfalls würden wir sie aus dem Bruch p/q einfach herauskürzen). Wir haben also $p^2/q^2 = 2$,

oder also $p^2 = 2q^2$. Das bedeutet, dass p^2 eine gerade Zahl ist. Nach den „gerade-ungerade"-Rechenregeln muss also auch p selbst gerade sein: $p = 2m$. Somit ist $(2m)^2 = 4m^2 = 2q^2$, also $2m^2 = q^2$. Man sieht, dass q^2 gerade ist, also muss auch q selbst gerade sein. Ergebnis: p und q sind beide gerade, enthalten also, entgegen unserer Annahme, einen gemeinsamen Teiler, nämlich den Teiler 2. An diesem Widerspruch scheitert die Annahme, Quadratseite und Quadratdiagonale seien kommensurabel (oder also: bestünden aus Atomlinien).

[35] Anaxagoras B 3.

[36] Aristoteles: Vom Entstehen und Vergehen 316a.

[37] Aristoteles: Vom Entstehen und Vergehen 316b.

[38] Aristoteles: Physik 239b.

[39] Aristoteles: Vom Entstehen und Vergehen 316a-b.

[40] Aristoteles: Physik 226b-227a; Metaphysik 1052a, 1016a.

[41] Aristoteles: Metaphysik 1023b.

[42] Aristoteles: Physik 227a.

[43] Aristoteles: Physik 231a.

[44] Aristoteles: Vom Himmel 268a.

[45] Aristoteles: Über Atomlinien 968a.

[46] Aristoteles: Metaphysik 992a. Vgl. auch Aristoteles: Vom Entstehen und Vergehen 316a; mit der Schule, die an „Atomgrößen" glaubt, meint Aristoteles wohl die Schule Platons.

[47] Platon: Gesetze 819d und 820c.

[48] Aristoteles: Topik 106b.

[49] Proklos Diadochos versteigt sich sogar zu der Behauptung, Xenokrates habe die Lehre von den unteilbaren Linien selbst aufgebracht. Vgl. Proklus: Kommentar, S. 360.

[50] Simplikios: In phys 142, 16.

[51] Aristoteles: Vom Entstehen und Vergehen 316a-b.

[52] Eine vollständige deutsche Übersetzung dieser wichtigen, textlich leider an manchen Stellen stark zerrütteten Schrift findet man in Otto Apelt: Beiträge zur Geschichte der griechischen Philosophie, Aalen 1975 (Neudruck der Ausgabe Leipzig 1891), S. 271-286. Auf S. 269f die Gründe zugunsten einer Verfasserschaft Theophrasts.

[53] Aristoteles: Über Atomlinien 969b-970a.

[54] Proklus: Kommentar, S. 360, Hervorhebungen von mir.

[55] Aristoteles: Über Atomlinien 969b.

[56] Proklus: Kommentar, S. 326.

[57] Archimedes: Werke, übers. von Arthur Czwalina, Darmstadt 1983, S. 383.

[58] Gottfried Wilhelm Leibniz: Theodizee, Vorwort.

[59] Brief an Guido Grandi vom 6. September 1713. Abgedruckt in G. W. Leibniz: Mathematische Schriften (Hrsg. G. L. Gerhardt), Neudruck Hildesheim/New York 1971, Bd. IV, S. 218. Hervorhebung von Leibniz.

[60] Alois Höfler hat eine Neuausgabe besorgt; sie ist erschienen in Hamburg 1955.

[61] Richard Dedekind: Stetigkeit und irrationale Zahlen, § 3. Abgedruckt in Oskar Becker (Hrsg.): Grundlagen der Mathematik in geschichtlicher Entwicklung. Suhrkamp Taschenbuch Wissenschaft 114, Frankfurt am Main 1975, S. 229f.

[62] Plutarch: Marcellus 14.

[63] Diogenes Laertios VIII, 83.

[64] Eine Darstellung der Archytas'schen Lösung in moderner Sprache bei Thomas Heath: A History of Greek Mathematics, Dover ed. New York 1981, Bd. I, S. 246-249.

[65] Sextus Empiricus führt diese Methode, ohne Archytas zu nennen, auf die späteren Pythagoreer zurück (adv. math. X, 281f).

[66] Aristoteles: Über die Seele 409a. Auch Eratosthenes (3. Jahrhundert v. Chr.) deutet Kurven als Bahnen bewegter Punkte; s. Sextus Empiricus: Adv. math. III, 28.

[67] Archimedes: Über Spiralen, Definition I. In Archimedes: Werke, übers. von Arthur Czwalina, Darmstadt 1983. Die fragliche Definition steht auf S. 26 und lautet: „Wenn sich ein Halbstrahl in einer Ebene um seinen Endpunkt mit gleichförmiger Geschwindigkeit dreht … und sich auf dem Halbstrahl ein Punkt mit gleichförmiger Geschwindigkeit, vom Endpunkt des Halbstrahls beginnend, bewegt, so beschreibt dieser Punkt eine ‚Spirale'."

[68] Isaac Newton: Abhandlung über die Quadratur der Kurven, § 1; Hervorhebung von mir.

[69] Buch der Weisheit 11, 20.

[70] Ekphantos 1; zur Lesart s. Wilhelm Capelle, a. a. O., S. 487; Fußnote 3.

[71] Ekphantos 3.

[72] Simplikios in Hippasos 7.

[73] Platon: Timaios 31b.

[74] Platon: Timaios 33b.

[75] Ebenso meisterlich gedrechselt ist Aristoteles' Kosmos; s. Aristoteles: Vom Himmel 287b.

[76] Aristoteles: Physik 203a; Platon: Timaios 34b.

[77] Pseudoplutarch in Demokrit A 39.

[78] Porphyrios: Vita Pyth. 19; in Pythagoras A 8a.

[79] Platon: Timaios 37d-e und 38b.

[80] Aristoteles: Physik 251b.

[81] Stephen W. Hawking: Eine kurze Geschichte der Zeit, Reinbek 1988, S. 23.

[82] Aristoteles: Metaphysik 986a.

[83] Aëtios 1, 7, 18, *Dox.* 302; zitiert nach Guthrie, a. a. O.; S. 248.

[84] Aristoteles: Nikomachische Ethik 1096b.

[85] Aristoteles: Nikomachische Ethik 1106b.

[86] Aristoxenos: Harmonische Anfangsgründe II, 30.

[87] Georg Cantor: Gesammelte Abhandlungen, hrsg. von Ernst Zermelo, Berlin 1932, S. 403.

7. Parmenides und Zenon: Philosophie als Mordkomplott

Lass dich die Macht der Gewohnheit auf falsche Wege nicht drängen,
Trau nicht dem irrenden Blick und dem töneversammelnden Ohre,
Auch nicht der Zunge: Allein der Verstand sei Prüfer und Richter.

PARMENIDES

Zenon, des Gegensatzredners und Tadlers gewaltige Stärke,
Die sich als unüberwindlich erwies im Streit …

TIMON (etwa 320-230 v. Chr., Dichter von Spottversen)

Das konstant tückische Schicksal hat dem Parmenides zugedacht, ein Weltbild zu zimmern, das so sehr aus der Art geschlagen ist, dass man den Mann entweder als schrulligen Sonderling belächeln oder als unauslotbar tiefen Meisterdenker stilisieren muss. Beides ist geschehen, geschieht immer noch und wird weiter geschehen bis an der Welt Ende. Parmenides verkörpert wie kein anderer Denker den unwiderstehlichen Zauber des Absurden.

Der Absurdissimus wurde um 540 v. Chr. in dem erst vor kurzem von Griechen gegründeten Elea in Süditalien (etwa vierzig Kilometer südlich von Paestum) geboren, sein Todesjahr ist nicht genau bekannt. Wir hören, er, der Sohn eines reichen und glänzenden Hauses, habe sich eng an den „armen Pythagoreer Ameinias" angeschlossen, sei durch ihn zu innerer Ruhe gekommen und habe ihm voller Dankbarkeit ein Heroenheiligtum errichtet.[1] Es geht denn auch die Rede, er selbst sei ursprünglich ein Pythagoreer gewesen.[2] Dass die stolze pythagoreische Sekte von Kroton aus auf das nahegelegene Elea kräftig einwirkte, braucht eigentlich nicht zu verwundern. Jedenfalls scheint Parmenides sich tief in den Pythagoreismus hineinstudiert zu haben. Wenn man auf die pythagoreische Tafel der Gegensatzpaare blickt, in der die „Grenze", das „Eine" und die „Ruhe" positiv, das „Unbegrenzte", die „Vielfalt" und die „Bewegung" negativ bewertet werden, gewinnt man den Eindruck, der Eleate habe kaum viel mehr getan, als die rechte Spalte dieser Tafel einfach zu löschen und in der linken den Ton auf „Grenze", „Eines" und „Ruhe" zu legen. Das Ganze hat er mit etwas garniert, was seine Verehrer voller Bewunderung „unerbittliche Logik" nennen. Was lehrt dieses Musterbild eines reinlich-reinen Denkers nun im Einzelnen?

Parmenides geht aus von einer Tautologie, gegen die man nichts sagen kann, außer dass sie nichtssagend ist. „Das Seiende ist, das Nichtseiende ist nicht".[3] Was er allerdings aus dieser Banalität macht, ist staunenswert: Es trägt Züge einer erhabenen Dreistigkeit und macht ihn zu einer singulären Kreuzung zwischen Heidegger und Cagliostro. Nach einigen rapiden Operationen „unerbittlicher Logik" trifft uns nämlich etwas, auf das wir nicht vorbereitet sind und nicht vorbereitet sein können: dass nämlich das Seiende eine „wohlgerundete Kugel" und als solche *endlich* ist.[4] Das Material der Seinskugel, so will es die stolperfreie Logik des Eleaten, ist perfekt homogen und erfüllt sie, die Kugel, mit überall gleicher Dichte. Insbesondere gibt es keine Löcher, nichts Leeres („Seiendes stößt an Seiendes"). Ferner ist die Seinsmaterie unzerschneidbar hart: „Das Seiende ist nicht teilbar." Diese unteilbare Seinssphäre ohne innere Differenzierung, dieses kugelige Riesenatom, ist nun das Parmenideische „Eine". Das alles ist verblüffend, und nicht weniger verblüffend ist die ungesäumte Abschaffung der Zeit. Das Seiende „ist", und mehr tut es nicht, es „istet" in einem zeit-losen Jetzt, das keine Vergangenheit hat und keine Zukunft. „Wie könnte das Seiende in der Zukunft sein? Wie könnte es jemals geworden sein? Denn wenn es einmal geworden ist, dann *ist* es nicht; es *ist* aber auch nicht, wenn es jemals in Zukunft sein sollte. So ist das Werden ausgelöscht und das Vergehen abgetan." „Zeit" ist eine Täuschung. Die Zeit-losigkeit des Parmenides erinnert an die Zeit-losigkeit der Mystiker aller Glaubensrichtungen. Zeit ist ja die Erzfeindin der Mystik. Schon die Pythagoreer hatten angefangen, die Zeit außer Kraft zu setzen, und zwar mit ihrer Lehre der ewigen Wiederkehr. (Nietzsche: „*Dass alles wiederkehrt,* ist die extremste *Annäherung einer Welt des Werdens an die des Seins.*"[5]) Worte wie „Entstehen" und „Vergehen", „Veränderung des Ortes" oder auch nur „Wechsel der leuchtenden Farbe" – Worte dieser Art, die irgendwie auf „Bewegung" hindeuten, sind für den Stillstandspropheten aus Elea nichts als Worte, nichts als Schall und Rauch.[6] Das Parmenideische „Seiende" ist ein Seiendes im Starrkrampf, ein Friedhof mit sorgfältig gehüteter Friedhofsruhe.

Dass eine solche Lehre nicht jedem einleuchten würde, wird Parmenides gewusst haben. Er wird auch gewusst haben, dass seine Widersacher sich maliziös daran delektierten, ausgerechnet ihn in seiner Welt ohne „Veränderung des Ortes" von Elea nach Athen zu einem Gelehrtentreffen reisen zu sehen. Der Philosoph machte seine anstößige Seins- und Zeitoffenbarung auf eine Art widerlegungsresistent, die oft imitiert, aber nie wieder erreicht wurde: Er gab sie als Offenbarung einer Göttin aus und denunzierte, um es an nichts fehlen zu lassen, die alltägliche Wahrnehmung von Vielheit und Bewegung kurz angebunden als simple Sinnestäuschung, als „Wahnvorstellung der Sterblichen".[7] Gibt es da drüben auf der anderen Straßenseite aber nicht eine Vielheit von Menschen, Häusern, Geschäften? Sinnestäuschung! Bewegt sich da drüben nicht eine alte Frau, ein Kind, eine Ziege? Sinnestäuschung! Die Sinne taugen nichts, einzig das Denken eröffnet den Zugang zum Sein. Bei Lichte besehen, meint der extravagante Seinsdenker, seien Sein und Denken sogar ein und dasselbe. Über die „Sterblichen", die sich nicht mit seinem solennen Diktum abfinden können, alle Sinneswahrnehmung sei nur Trug und Täuschung, über diese Klötze erfahren wir im Vorbeigehen, dass sie unwissend einherschwanken, blind und verblödet sind.[8] Vergeltungshalber hat sich das Weltkind Aristoteles gegen Parmenides eines ähnlichen Vokabulars bedient und die hoch über allem Irdischen hinwegfliegende Lehre des philosophischen Abenteurers „aberwitzig" und einen „Wahnsinn" (*mania*) genannt.[9] Der Seinskugeldenker bedurfte dringend der Unterstützung. Aber wie konnte Sukkurs für eine *mania* denn möglich sein?

Hier nun kommt Zenon ins Spiel. Auch er wurde in Elea geboren, um 490 v. Chr. Groß, schlank und anmutig soll er gewesen sein, ein „treuer Hörer des Parmenides" und dazu auch noch sein „Geliebter".[10] Schmähungen konnte der stolze Mann nicht gut ertragen.[11] Es heißt, er habe den Tyrannen Nearchos stürzen wollen, sei aber ergriffen worden, habe sich standhaft geweigert, seine Mitverschworenen zu verraten, und daraufhin habe man ihn zu Tode gefoltert. „Er war ein Mann, der die höchste Achtung verdient, sowohl als Philosoph wie als Staatsmann."[12] Aus anderer Quelle erfahren wir, er sei ein Mitglied der Pythagoreischen Schule gewesen.[13] (Das ist nicht unmöglich, aber wir wollen nicht darauf insistieren.) Platon berichtet, Zenon sei als etwa Vierzigjähriger (also um 450 v. Chr.) mit dem hochbetagten Parmenides in Athen gewesen und habe dort aus seiner Schrift vorgetragen.[14] Bei Plutarch lesen wir, auch Perikles, schon damals ein vielgefeierter und vielgeschmähter Staatsmann, habe Zenon „gehört".[15] Der freisinnige Perikles wird den „Erfinder der Dialektik"[16] als prickelnd subversiv empfunden haben; übrigens gehörte zu dieser Zeit auch der wenig orthodoxe Anaxagoras zu Perikles' intellektueller Entourage.[17] Man kann sich gut vorstellen, dass Zenon und Anaxagoras sich getroffen und ihre Gedanken (insbesondere über die damals zentralen Fragen der Teilbarkeit) ausgetauscht haben. Zenon, erzählt Platon, habe seine Schrift als eine „Hilfeleistung" für seinen Lehrer Parmenides deklariert. Viele nämlich, so Zenon, verspotteten dessen Kernthese, es gebe nicht Vieles, sondern nur Eines, und zögen sie ins Lächerliche. „Und darum wendet sich nun also meine Schrift gegen diejenigen, die behaupten, es gebe Vieles, und zahlt ihnen mit doppelter Münze zurück, indem sie zu beweisen sucht, dass ihre Hypothese, dass es Vieles gebe, noch mehr zum Lachen ist als die andere, dass es nur Eines gebe."[18] Auch mit dem jedermann vertrauten Phänomen der Bewegung legte Zenon sich an, wiederum als „Hilfeleistung" für seinen Lehrer und für dessen „Eines", in dem sich nichts regte und nichts rührte, in dem nichts zuckte und nichts zappelte – Bewegung nirgendwo, Koma überall. Zenon wollte nun einem konsternierten Publikum andemonstrieren, dass die Behauptung, es gäbe Bewegung, ebenso lächerlich war wie die Behauptung, es gäbe Vieles. Aristoteles bescheinigt den Zenonischen Antibewegungsbeweisen, dass sie „den Widerlegungsversuchen große Mühe machen";[19] überhaupt wussten die Alten, dass dem dialektisch versierten Zenon kaum beizukommen war, und dieses Wissen zog sich durch die Jahrhunderte. Noch 1903 nannte Bertrand Russell die Zenonischen Argumente gegen die Bewegung *immeasurably subtle and profound*.[20] Die Literatur über sie ist Legion, denn man ist nie müde geworden und wird nie müde werden, sie ständig von neuem zu widerlegen. Wie Zombies sind sie immer unter uns.

Zenon brachte schweres Geschütz in Stellung, das „unfasslich Nebelgroße", das Unendliche, um seinem Meister aus der Klemme zu helfen – freilich ein fiktives Unendliches, denn das eigentlich Unendliche, das aktual Unendliche gab es in Zenons eigener Welt und Wirklichkeit ja nicht. Der ausgefuchste Dialektiker verehrte in pythagoreischer Manier die endliche Zahl als endlichkeitsstiftende Weltagentur. Er trieb den unendlichkeitsfeindlichen „Arithmetismus" der Pythagoreer auf die Spitze: Das Unendliche ist ihm nicht nur anstößig, nicht nur unheimlich, es ist ihm schlechterdings unmöglich. Nicht weniger unmöglich wird dann auch alles sein, das vom Unendlichen infiziert und kontaminiert ist. Sehen wir uns sein Argument gegen das Alltäglichste an: den Raum. Wer hätte je gedacht, dass man gegen ihn, in dem wir leben und weben, zu Felde ziehen könnte? Zenon aber lässt ihn binnen Sekunden an einer Überdosis Unendlichkeit sterben. Der Raum würde nämlich, wenn er denn existierte, ein absurdes *Fortschreiten ins Unendliche* auslösen:

> Wenn es den Raum gibt, dann wird er in etwas sein. Alles, was existiert, ist nämlich an irgendeinem Ort. Das aber, was an irgendeinem Ort ist, ist auch im Raum. Der Raum wird mithin im Raum sein, und so weiter ins Unendliche. [Ein Fortschreiten „ins Unendliche" aber ist unmöglich.] Also gibt es keinen Raum.[21]

Zenon scheint etwas erfunden zu haben, was wir heute „Iterationsverfahren" nennen und vielfältig benutzen: die endlose Wiederholung des unverändert gleichen Schrittes, eigentlich eine Form der „ewigen Wiederkehr". „Der Raum wird mithin im Raum sein, *und so weiter ins Unendliche.*" Vollendet schnörkellos kristallisiert er den Iterationsgedanken in dem folgenden Satz heraus: „Es ist dasselbe, dieses einmal zu sagen und es immer wieder zu sagen."[22] Die Iteration als maschinenhaftes Mittel zur Erzeugung destruktiver Unendlichkeiten spielt bei Zenon eine verheerend effiziente Rolle. In Anlehnung an den berüchtigten *circulus vitiosus,* den „Teufelskreis", könnte man bei ihm von einem *progressus perniciosus,* einem perniziösen Fortschreiten sprechen.

Wir kommen nun zur ersten „Hilfeleistung" Zenons für Parmenides, zu seinem Kampf gegen die „Vielheit" mit dem erklärten Ziel, die eine kompakte Seinskugel zu retten. Diesen Kampf kämpft er wieder mittels eines *progressus perniciosus,* eines destruierenden Fortschreitens ins Unendliche. Zunächst sein bündigstes Argument gegen „das Viele": Aus der Annahme, es existiere Vieles, ergibt sich ihm die Antinomie, dass die „vielen Dinge" der Zahl nach sowohl *endlich* als auch *unendlich* sein müssen – und an diesem Widersinn zerbricht die Hypothese der Vielheit. Wie bringt der eleatische Taschenspieler sein Kunststück zustande? Die *Endlichkeit* der Dinge (unter der un-wirklichen Vielheitsannahme) gewinnt er aus seiner Grundüberzeugung, dass alles Seiende der Zahl unterworfen, diese aber nun einmal *endlich* ist. Die *Unendlichkeit* der „vielen Dinge" hingegen beschafft er sich durch eine Erschleichung: Stillschweigend setzt er das Seiende als jenes noch zu erweisende Seiende des Parmenides voraus, das keine Löcher hat, so dass also zwischen Seiendem immer Seiendes liegt. Zwischen zwei Dingen A und B liegt also gewiss ein drittes Ding C; zwischen A und C wiederum ein viertes Ding D – und so geht es weiter in endloser Iteration. Jeder Schritt liefert ein neues „Ding", und so findet Zenon tatsächlich unendlich viele „Dinge" zwischen A und B. Simplikios hat uns Zenons Beweis wortgetreu überliefert. So etwas liest sich so:

> Wenn Vieles ist, so muss es notwendigerweise genauso vieles sein wie es ist, weder mehr davon noch weniger. Wenn es aber genauso vieles ist wie es ist, muss es endlich sein.
> Wenn Vieles ist, sind die seienden Dinge unendlich. Denn es ist immer wieder anderes zwischen den seienden Dingen und wieder anderes zwischen diesem Anderen. In dieser Weise sind die seienden Dinge also unendlich.[23]

Im Anfang dieses Beweises hören wir erstmals die Behauptung, die dann durch Jahrtausende hindurch von den besten Köpfen nachgesprochen werden wird: *Unendliche Mengen gibt es nicht.* Bei Zenon gibt es sie nicht, weil alle seine Zahlen *endlich* sind (wohlgemerkt: *seine* Zahlen, Cantor hingegen, sein schärfster Konkurrent, kennt auch *unendliche* Zahlen). „Wenn Vieles ist", ich wiederhole Zenons Worte mit einem erläuternden Zusatz, „wenn Vieles ist, so muss es notwendigerweise genauso vieles sein wie es ist, weder mehr davon noch weniger. Wenn es aber genauso vieles ist wie es ist, muss es endlich [*durch eine* e n d l i c h e *Zahl angebbar*] sein."

Es ist noch ein weiteres Argument Zenons gegen die Vielheit überliefert.[24] Der Text ist jedoch so dunkel, dass er eine Fülle von Deutungen hat entstehen lassen. Eine Vielheit, scheint Zenon gedacht zu haben, besteht ihrem Begriff nach aus Einheiten. Und nun versucht er, die Idee der

Einheit *ad absurdum* zu führen – womit natürlich die Vorstellung einer „Vielheit aus Einheiten"
von selbst zusammenbrechen würde. (Merkt er eigentlich nicht, dass er mit der Aufhebung der
Einheit die ganze Parmenideische Philosophie aufhebt, die wie keine andere eine Philosophie der
Einheit ist?) Dazu zeigt er als erstes, dass *alles Seiende ausgedehnt sein muss*, weil es andernfalls beim Hinzufügen oder Wegnehmen keine Vergrößerung bzw. keine Verkleinerung bewirken
würde, also ein Nichts wäre.[25] Bis hierhin ist sein Gedankengang noch nachvollziehbar, aber
nun beginnen die Dunkelheiten eines schlecht überlieferten Textes, der schließlich in eine grelle
Antinomie gehetzt wird: „So müssen, wenn es viele Seiende [Einheiten einer Vielheit] gibt, diese
notwendigerweise klein und groß sein: Klein, bis sie keine Größe mehr haben, groß, bis sie unendlich sind."[26] Dass die Einheiten klein sein müssen, „bis sie keine Größe mehr haben", lässt sich
vielleicht durch eine von Zenon erwähnte „Teilung ins Grenzenlose" verstehen;[27] dass sie gleichzeitig aber auch groß sein müssen, „bis sie unendlich sind" – dieser Gedanke bleibt obskur.[28]

Wir kommen nun zu Zenons „Beweisen gegen die Bewegung", einem festen Bestandteil abend-
ländischer Kultur. (Zur Erinnerung: In der Parmenideischen Seinskugel herrscht perfekte Bewe-
gungslosigkeit, nichts rührt sich in dieser stillen Nacht des Seins.) „Vier Bewegungstheoreme",
schreibt Aristoteles, „hat Zenon aufgestellt, die den Widerlegungsversuchen große Mühe
machen."[29] Als der Sokratesjünger Antisthenes, ein naturbelassener Geselle, der leicht ohne
Logik und Körperpflege auskam, mit der Widerlegung kein Glück hatte, versuchte er es mit einer
sensualistischen Überrumpelung: Er demonstrierte „Bewegung", indem er einfach nur *ging* – hin
und her, her und hin, auf und ab;[30] es muss sehr beeindruckend gewesen sein. Parmenides aber
hätte sich vor Lachen nicht halten können, vor Lachen über diesen „Verblödeten" der vom Trug
der Sinne offenbar so wenig gehört hatte wie von geregelten Waschungen.

Die vier Zenonischen Bewegungstheoreme (besser: *Anti*bewegungstheoreme) hat uns
Aristoteles überliefert – freilich nur in knappen, manchmal sehr deutungsbedürftigen Sätzen.[31]
Das erste Theorem, die „Dichotomie", haben wir schon im vorigen Kapitel kennengelernt, ich
wiederhole es noch einmal in Aristoteles' eigenen Worten, um dann einige Bemerkungen daran
zu knüpfen:

> Das erste Theorem wendet sich gegen die Möglichkeit von Bewegung mit dem
> Argument, ein Gegenstand, der in Bewegung sollte sein können, müsste, bevor er an
> das Ende seiner Bahn kommen könnte, doch erst einmal an den Halbierungspunkt
> gelangt sein.[32]

Dieser Text lässt sich auf zwei Arten deuten. (1) Man halbiert zuerst den ganzen Weg, dann die
erste Hälfte, nun das erste Viertel, anschließend das erste Achtel usw. Es entstehen unendlich
viele Halbierungspunkte, sie liegen alle in der ersten Hälfte des Gesamtweges und drängen zum
Anfangspunkt hin. (2) Man halbiert den ganzen Weg, dann die zweite Hälfte, nun das letzte Viertel,
anschließend das letzte Achtel usw. Wieder entstehen unendlich viele Halbierungspunkte, aber
diesmal liegen sie in der zweiten Hälfte des Gesamtweges und drängen zum Endpunkt hin. Die
antiken Kommentatoren halbieren (wie auch wir im vorigen Kapitel) nach dem ersten Verfahren.[33]
Der bedeutende Altphilologe Hermann Fränkel meint, Zenon sei gemäß (2) vorgegangen.[34] Bei
der Unterteilung (1) kommt der Läufer gar nicht aus den Startlöchern heraus, bei der Unterteilung

(2) bleibt er im Gestrüpp der unaufhörlich vor ihm aufschießenden Halbierungspunkte hängen. Es macht freilich keinen großen Unterschied, welche der Halbierungsmethoden man verwendet, denn die „Dichotomie" zeugt allein schon deshalb Unheil, weil es *unendlich viele* Teilungspunkte gibt (gleichgültig, wo sie liegen) und der Läufer jeden hinter sich bringen muss, obwohl das Unendliche doch „unbeendbar", ist – mehr noch: Diese *unendlich* vielen Punkte muss er sogar in *endlicher* Zeit „berühren". Das alles hält Zenon für unmöglich. So jedenfalls berichtet Simplikios, der noch Zenonische Texte in Händen gehabt hat,[35] und er fügt einen sehr gewichtigen Satz hinzu: „[Zenon] sagte, es sei unmöglich, jedes Element einer unendlichen Menge zu berühren, weil die berührende Person die Elemente [durch das Berühren] gewissermaßen zählen würde – *und es ist unmöglich, unendliche Mengen zu zählen.*"[36] Auch dieser Satz wird durch die Jahrtausende gehen. Zenon ist ein Strudel im Denken über das Unendliche. Er ist es, der das „unfasslich Nebelgroße" zu einem Medium der Destruktion macht.

Die pseudoaristotelische Schrift *Über Atomlinien* gibt unter den Gründen, die zur Annahme einer unteilbaren Minimalstrecke führen, auch die „Dichotomie" an. Wir kennen diesen Hinweis schon, es lohnt sich aber im jetzigen Zusammenhang, den vollen Text zu lesen:

> Ferner nötigt Zenons „Dichotomie" zur Annahme einer unteilbaren Größe. Denn es ist unmöglich, in endlicher Zeit unendlich viele Raumteile, und zwar jeden einzelnen für sich zu berühren; ein bewegter Gegenstand aber muss notwendig immer erst (ehe er die ganze Strecke durchläuft) die halbe durchlaufen haben; was nicht unteilbar ist, hat immer wieder eine Hälfte (und so ins Unendliche fort). Indes man setze einmal den Fall, es könne etwas, was linienförmig sich bewegt, in begrenzter Zeit unendlich viele Teile berühren. Dann würde, wenn das Schnelle in der gleichen Zeit mehr fertig bringt (als das Langsamere), am schnellsten aber die Bewegung des Gedankens ist, der Gedanke die einzelnen unendlich vielen Teile in endlicher Zeit berühren. Mithin, wenn die Berührung jedes einzelnen Teiles durch das Denken nichts anderes als Zählen ist, so wäre es möglich, das Unendliche in endlicher Zeit zu zählen. Ist dies aber unmöglich, so muss es eine unteilbare Linie geben.[37]

Das berühmteste Antibewegungstheorem Zenons läuft unter dem Namen „Achill". Es beschreibt ein frustrierendes Wettrennen zwischen dem „schnellen Läufer Achill" (so Homers stehende Formel) und einer langsam dahinkriechenden Schildkröte, der Achill fairerweise einen Vorsprung gewährt hat. Aristoteles gibt den surrealistischen Wettlauf so wieder:[38]

> Das Langsamste [die Schildkröte] kann in seinem Lauf vom Schnellsten [Achill] niemals eingeholt werden. Denn der Verfolger muss, bevor es zum Überholen kommen soll, erst einmal den Punkt erreicht haben, an dem der Verfolgte gestartet war (ein Verhältnis, das sich dauernd fortsetzt), so dass das Langsamere dauernd einen gewissen Vorsprung behalten muss.

Aristoteles sagt zu Recht, dass der „Achill" sich in seinem logischen Kern nicht von der „Dichotomie" unterscheidet, denn „in beiden Argumenten ergibt sich, dass das Ziel nicht erreicht wird, wenn die ausgedehnte Strecke in einer bestimmten Weise geteilt wird".

Der „Achill" hat noch einen der bedeutendsten Mathematiker des 20. Jahrhunderts, Hermann Weyl (1885-1955), umgetrieben. In seiner *Philosophie der Mathematik und Naturwissenschaft* schreibt er:

Die Unmöglichkeit, das Kontinuum als ein starres Sein zu fassen, kann nicht prägnanter formuliert werden als durch das bekannte Paradoxon des *Zenon* von dem Wettlauf zwischen Achilleus und der Schildkröte. [Für das Verständnis des folgenden Textes halte der Leser sich jedoch besser die „Dichotomie" in der Deutung (2) mit einem Gesamtweg der Länge 1 vor Augen.] Der Hinweis darauf, dass die sukzessiven Summen der Wegstücke, also die Zahlen

$$\frac{1}{2} + \frac{1}{2^2} + \frac{1}{2^3} + \ldots + \frac{1}{2^n} = 1 - \frac{1}{2^n} \qquad (n = 1, 2, 3, \ldots)$$

nicht über alle Grenzen wachsen, sondern gegen 1 konvergieren, durch den man heute das Paradoxon zu erledigen meint, ist gewiss eine wichtige, zur Sache gehörige und aufklärende Bemerkung. Wenn aber die Strecke von der Länge 1 wirklich aus unendlich vielen Teilstrecken von der Länge 1/2, 1/4, 1/8, … als „abgehackten" Ganzen besteht, so widerstreitet es dem Wesen des Unendlichen, des „Unvollendbaren", dass Achilleus sie alle schließlich durchlaufen hat. Gibt man diese Möglichkeit zu, so wäre nicht einzusehen, warum nicht eine Maschine auch eine unendliche Folge distinkter Entscheidungsakte in endlicher Zeit zum Abschluss bringen könnte, indem sie etwa das erste Resultat nach 1/2 Minute lieferte, das zweite 1/4 Minute darauf, das dritte 1/8 Minute später als das zweite usf.; und so könnte man, wenn auch das auffassende Gehirn analog funktionierte, die Durchlaufung aller natürlichen Zahlen und die sichere Entscheidung der an sie gerichteten Existentialfragen mit Ja oder Nein zuwege bringen![39]

Man muss die Bedenken Weyls sehr ernst nehmen. Das Zerhacken des Kontinuums tut dem „Zusammenhängenden" Gewalt an und lässt seine wahre Natur gar nicht zur Geltung kommen. Zenon hat ganz richtig gesehen, dass „Bewegung" – Veränderung des *Ortes* im Medium der *Zeit* – ein unendlich subtiler, fast mystischer Begriff ist. Das große Mysterium der „Bewegung", sagen Parmenides und Zenon und dann alle Mystiker, kann nur durch eine Erstarrung des Seins, durch die Vernichtung der Zeit aus der Welt geschafft werden.

Die dritte Bewegungsparadoxie Zenons ist schon in ihrer brillanten Formulierung mehr als paradox: „Der fliegende Pfeil ruht." Denn in einem unausgedehnten *Zeitpunkt* kann er sich nicht bewegen, weil jede Bewegung nun einmal Zeit benötigt. Und wenn er in jedem Zeitpunkt ruht und die Zeit sich aus Zeitpunkten zusammensetzt, ruht er eben ständig. Dem Aristoteles beweist dieses Paradoxon, dass die Zeit gerade nicht aus *Zeitpunkten* besteht: „Zenons Argument ist fehlerhaft … Denn die Zeit baut sich nicht aus den bloßen unteilbaren Zeitpunkten auf, ebenso wenig wie sonst irgendeine Ausdehnungsgröße."[40]

Weder Zenon noch Aristoteles verfügen über einen präzisen Begriff der *Momentangeschwindigkeit*, der Geschwindigkeit *in einem Augenblick*. Das ist kein Wunder. Dieser subtile Begriff, ein Grenzwertbegriff, hat erst im 19. Jahrhundert festen Boden unter die Füße bekommen. Wenn ein Körper in dem Zeitintervall $\Delta t = t - t_0$ den Weg $\Delta s = s - s_0$ zurücklegt (der griechische Buchstabe Δ, gesprochen *Delta*, soll auf „*Differenz*" hinweisen), dann wird seine *Durchschnitts*geschwindigkeit in dem Zeitintervall Δt gegeben durch den Quotienten (das „Verhältnis") $\Delta s/\Delta t$; das weiß jeder Autofahrer, und so weit waren auch schon Zenon und Aristoteles. Die Sache wird erst brisant, wenn man nach der *Momentan*geschwindigkeit im Zeitpunkt t_0 fragt. Hier stößt man auf die Zenonische Banalität und Fatalität, dass ein Körper sich in einem Zeit*punkt* gar nicht bewegen kann, zu einem $\Delta t = 0$ also ein $\Delta s = 0$ und somit eine „Geschwindigkeit" gehören würde, die durch den sinnlosen Quotienten 0/0 „gegeben" wird. So also kann es nicht gehen. Man muss vielmehr – und das ist eine überraschend späte Erkenntnis – die Verhältnisse $\Delta s/\Delta t$ mit Zeitintervallen Δt bilden, die *echte* Intervalle sind (d. h. Δt darf nicht „verschwinden", darf nicht $= 0$ sein) und muss dann mit Δt „gegen 0 gehen", ohne dass Δt jemals zu 0 wird. Die Weglänge Δs wird dann auch „gegen 0 gehen" und das Verhältnis $\Delta s/\Delta t$ dieser beiden immer näher an 0 heranrückender Größen Δs und Δt wird dann wohl einem „Grenzwert" zustreben, den man mit definitorischer Souveränität die „Momentangeschwindigkeit" des Körpers im Zeitpunkt t_0 nennen wird. Der Autotachometer versucht, diesen Grenzprozess ein wenig nachzubilden, indem er den in einer sehr kurzen Zeitspanne zurückgelegten Weg feststellt und ihn durch diese Zeitspanne dividiert; das Resultat gibt er (nicht ganz und gar unredlich) als Momentangeschwindigkeit aus. Die Momentangeschwindigkeit ist ein Gehirnprodukt, das es in der Wirklichkeit nicht gibt. Zenon („unüberwindlich im Streit") würde sagen: „Um zum Begriff der Momentangeschwindigkeit zu gelangen, braucht ihr Tölpel die Durchschnittsgeschwindigkeit, ihr braucht also die Bewegung von einem Ort zum anderen in einem gewissen Zeitintervall – und gerade dieses Phänomen leugne ich."

Der Begriff der Momentangeschwindigkeit ist diffizil. Das zeigt sich schon in dem zähen, frustrierenden Ringen eines geistigen Titanen wie Newton um ihn. In seinem Hauptwerk *Mathematische Prinzipien der Naturphilosophie* (1687) wendet sich der Mann, den Einstein wie keinen anderen verehrt hat, ausdrücklich gegen die „Methode der unteilbaren Größen". Sie sei „etwas anstößig" und werde denn auch für „weniger mathematisch" gehalten. An ihre Stelle setzt er in Geschwindigkeitsfragen seine „Methode der letzten Verhältnisse verschwindender Größen". Mit ihr verrät Newton, dass er eine Vorahnung, ein Vorgefühl von dem „Grenzwert" des „Verhältnisses" $\Delta s/\Delta t$ hat, wenn Δt (und damit auch Δs) gegen 0 strebt. Seine gewundenen, gedrechselten Sätze hören sich so an, dass man glaubt, der Geburt eines Grenzwert*balgs*, nicht eines Grenzwert*begriffs*, beizuwohnen:

> Man kann [gegen die Methode der letzten Verhältnisse verschwindender Größen] den Einwurf machen, dass es kein letztes Verhältnis verschwindender Größen gebe, indem dasselbe *vor* dem Verschwinden nicht das letzte sei, *nach* dem Verschwinden aber überhaupt kein Verhältnis mehr stattfinde. Aus demselben Grunde könnte man aber auch behaupten, dass ein nach einem bestimmten Ort strebender Körper keine letzte Geschwindigkeit habe; diese sei, *bevor* er den bestimmten Ort erreicht hat, nicht die letzte, *nachdem* er ihn erreicht hat, existiere sie gar nicht mehr. Die Antwort ist leicht. Unter der *letzten* Geschwindigkeit versteht man diejenige, mit welcher der Körper sich weder bewegt, ehe er den letzten Ort erreicht und die Bewegung aufhört, noch die *nachher* stattfindende, sondern in dem Augenblick, wo er den Ort erreicht, ist es die *letzte* Geschwindigkeit selbst,

mit welcher der Körper den Ort berührt und mit welcher die Bewegung endigt. Auf gleiche Weise hat man unter dem letzten Verhältnis verschwindender Größen dasjenige zu verstehen, mit welchem sie verschwinden, nicht aber das *vor* oder *nach* dem Verschwunden stattfindende.

Newton scheint gespürt zu haben, dass er mit diesen Sätzen nicht die letzte Klarheit erreicht hat. Er nimmt deshalb sofort einen neuen Anlauf, der in der Tat ein besseres, wenn auch immer noch nicht befriedigendes Resultat bringt:

> Es kann auch behauptet werden, wenn die letzten Verhältnisse verschwindender Größen gegeben sind, werde auch ihre letzte Größe gegeben und es bestehe so jede Größe aus unteilbaren Stücken, wovon Euklid im 10. Buch seiner *Elemente* das Gegenteil erwiesen hat. [In diesem Buch behandelt Euklid Kommensurabilität und Inkommensurabilität.] Dieser Einwurf stützt sich jedoch auf eine falsche Voraussetzung. Jene letzten Verhältnisse, mit denen die Größen verschwinden, sind in der Wirklichkeit nicht die Verhältnisse der letzten Größen, sondern die Grenzen, denen die Verhältnisse fortwährend abnehmender Größen sich beständig nähern und denen sie näher kommen, als jeder angebbare Unterschied beträgt, welche sie jedoch niemals überschreiten und nicht früher erreichen können, als bis die Größen ins Unendliche verkleinert sind.

Eine Klärung der hier obwaltenden Verhältnisse wurde erst zwei Jahrhunderte später erreicht, als man das pythagoreische Credo „Alles ist Zahl" endlich ernst nahm und sich anschickte, auch die Mathematik – nicht nur das Werkeln des Schreiners und Kaufmanns – zu arithmetisieren. Dieser Prozess ist dem bislang nur „gefühlten" Grenzwertbegriff vortrefflich bekommen.

Das vierte Zenonische Bewegungsparadox – „die halbe Zeit kann gleich der ganzen Zeit sein" – lasse ich auf sich beruhen; es ist sehr unbefriedigend überliefert und hat denkgeschichtlich einen minderen Rang als die drei anderen Antibewegungstheoreme.[41] Ich möchte keine erschöpfende Darstellung der Zenonischen Argumente geben, sondern nur zeigen, wie unter den Händen des gewandten Dialektikers das Unendliche zu einem Faktor der Destruktion geworden ist. Keinen Denker hat dies so nachhaltig beeindruckt wie Aristoteles, der seinerseits die Unendlichkeitsspekulationen bis tief in das 19. Jahrhundert hinein maßgeblich bestimmen sollte. Diesem Mann, der für das Denken des Abendlandes in seiner ganzen Breite – von der Metaphysik und Logik über Ethik, Politik und Kosmologie bis hin zur Poetik und Zoologie – zentral ist, diesem *maître penseur* wollen wir jetzt zuhören.

---

[1] Diogenes Laertios IX, 21.

[2] Proklos Diadochos in Parmenides A 4.

[3] Parmenides B 4, B 6, B 7.

[4] Parmenides' Schüler Melissos nimmt sich gegen die „unerbittliche Logik" des Meisters heraus, dem Seienden Unendlichkeit zuzuschreiben. Vgl. Melissos B 3.

[5] Friedrich Nietzsche: Werke, hrsg. von Karl Schlechta, 8. Aufl. 1977, Bd. III, S. 895.

[6] Alle diese Thesen des Parmenides finden sich in dem zentralen Fragment B 8.

[7] Parmenides B 1.

[8] Parmenides B 6.

[9] Aristoteles: Physik 187a; Vom Entstehen und Vergehen 325a. In Physik I, 3 lässt Aristoteles an der Philosophie des Parmenides kein gutes Haar.

[10] Diogenes Laertios IX, 25; s. auch Platon: Parmenides 127b.

[11] Diogenes Laertios IX, 29.

[12] Diogenes Laertios IX, 25.

[13] Proklos Diadochos in Parmenides A 4.

[14] Platon: Parmenides 127b-c.

[15] Plutarch: Perikles 4.

[16] So Aristoteles nach Diogenes Laertios IX, 25.

[17] Anaxagoras ist um 460 v. Chr. nach Athen gekommen und Freund des Perikles geworden.

[18] Platon: Parmenides 128c-d.

[19] Aristoteles: Physik 239b.

[20] Bertrand Russell: The Principles of Mathematics, paperback ed. London 1992, S. 347.

[21] Simplikios: Physik 562, 1, zitiert nach der umfangreichen Sammlung von Testimonien und Fragmenten von H. D. P. Lee: Zenon of Elea. A Text with Translation and Notes. Cambridge 1936. S. dort Nr. 15. Ich zitiere diese Sammlung hinfort kurz mit „Lee", dazu Angabe der Nummer. Die angeführte Nr. 15, die ein echtes Fragment sein dürfte, ist bei Diels-Kranz nicht aufgenommen (vgl. Zenon A 24). S. dazu Guido Calogero: Studien über den Eleatismus, übers. von Wolfgang Raible, Hildesheim/New York 1970, S. 102, insbes. Fußnote 10.

[22] Zenon B 1.

[23] Zenon B 3.

[24] In den Zenon-Fragmenten B 1 und B 2, wobei man B 2 *vor* B 1 lesen sollte.

[25] Zenon B 2: „Denn wenn ein [unausgedehntes Seiende] einem anderen Ding hinzugefügt würde, würde es dieses überhaupt nicht größer machen. Denn wenn eine Größe, die = Null ist, einem anderen Ding hinzugefügt wird, kann dies dadurch überhaupt nicht vergrößert werden. Und so wäre denn schon hiernach das Hinzugefügte = Null. Wenn aber das andere Ding, wenn jenes von ihm abgezogen wird, um nichts kleiner wird, und andererseits, wenn jenes ihm hinzugefügt würde, um nichts größer wird, so ist klar, dass das Hinzugefügte = Null war, und ebenso das von ihm Abgezogene." Vgl. die Worte des hl. Augustinus in seinen *Bekenntnissen* VII, 1: „Mir schien ja ein Nichts, was ich [der] räumlichen Ausdehnung entkleidete."

[26] Zenon B 1, übers. von Calogero.

[27] S. dazu auch Lee, Nr. 2 und die dortige Anmerkung auf S. 22f. Vgl. aber auch den nicht leicht verständlichen Schlusssatz von B 2: „Dies legt er dar, nachdem er zuvor gezeigt, dass nichts Größe besitzt, weil jedes der vielen Dinge [hier werden die konstituierenden Einheiten gemeint sein] mit sich selbst identisch und eines ist."

[28] Er ist so obskur, dass viele Interpreten auf die Deutung ausweichen, die „Vielheit" selbst sei als Kompositum unendlich vieler ausgedehnter Einheiten unendlich groß. Diese Deutung steht aber nicht im Einklang mit der Grammatik des Textes. Zu den wenigen, die den Zenonischen Text (in der Fassung des Simplikios) ernst nehmen, gehört Hermann Fränkel. Auf vielen Seiten müht er sich zu verstehen, dass nach Zenon die Einheiten selbst unendlich groß sind, aber ich glaube nicht, dass es ihm gelungen ist. S. zu dem Komplex der Zenonischen Fragmente B 1 und B 2 und ihrer sehr verschiedenen Deutungen: 1. Hermann Fränkel: Zenon von Elea im Kampf gegen die Idee der Vielheit. Abgedruckt in: Um die Begriffswelt der Vorsokratiker, hrsg. von Hans-Georg Gadamer, Darmstadt 1968; dort S. 441-467. Ursprünglich erschienen in Hermann Fränkel: Wege und Formen frühgriechischen Denkens, 2. Aufl., München 1960.

2. Helmut Hasse und Heinrich Scholz: Die Grundlagenkrisis der Griechischen Mathematik, Charlottenburg 1928; dort S. 10-12.

3. Bartel L. van der Waerden: Zenon und die Grundlagenkrise der griechischen Mathematik. Math. Annalen 117 (1940); dort S. 148-151.

4. Guido Calogero: Studien über den Eleatismus, übers. von Wolfgang Raible, Hildesheim-New York 1970; dort S. 107-119.

4. H. D. P. Lee: Zeno of Elea, Cambridge 1936; dort die Nummern 9 und 10 auf den Seiten 29-31.

5. Wolfgang Breidert: Das aristotelische Kontinuum in der Scholastik. Beiträge zur Geschichte der Philosophie und Theologie des Mittelalters, Neue Folge, Band 1, 2. verb. Auflage, Münster 1979; dort S. 2-6.

[29] Aristoteles: Physik 239b.

[30] Zenon A 15 (Bericht des Elias).

[31] Aristoteles: Physik 239b-240a, dazu 233a und 263a.

[32] Aristoteles: Physik 239b.

[33] S. etwa Simplikios in Lee, Nr. 20.

[34] Hermann Fränkel, a. a. O., S. 432, Fußnote 23.

[35] Lee, Nr. 20.

[36] Lee, Nr. 20; Hervorhebung von mir. S. dazu auch Aristoteles: Physik 263a.

[37] Aristoteles: Über Atomlinien 968a-b.

[38] Aristoteles: Physik 239b.

[39] Hermann Weyl: Philosophie der Mathematik und Naturwissenschaft, 6. Aufl., München 1990, S. 61.

[40] Aristoteles: Physik 239b.

[41] Aristoteles. Physik 239b. Ich verweise den Leser auf John Burnet: Die Anfänge der griechischen Philosophie, 2. Aufl., übers. von Else Schenkel, Leipzig 1913, S. 291. Vgl. auch Lee, Nr. 28-36 und Bertrand Russell: Our knowledge of the external world, reprinted 1993 by Routledge Inc. London/New York, S. 178-183.

8. Aristoteles: Die fast finale Grablegung des Unendlichen

> Die Theorie des Unendlichen hat ihre Schwierigkeiten; mag
> man die Existenz eines Unendlichen annehmen oder nicht,
> sofort drohen viele unannehmbare Konsequenzen.
>
> ARISTOTELES

> Zwei Dinge sind unendlich: Das Universum und die mensch-
> liche Dummheit. Beim Universum bin ich mir allerdings
> nicht ganz sicher.
>
> ALBERT EINSTEIN

Aristoteles ist für uns eine zentrale Figur. Denn anders als Thales und Anaximander, anders als Anaxagoras und Demokrit ist er ein Gegner des Infiniten, ein entschiedener, entschlossener und scharfsinniger Gegner, der mit seiner Erfindung des „Potential-Unendlichen" die Axt an die Wurzel des wahren und eigentlichen Unendlichen, des „Aktual-Unendlichen", gelegt hat. Nach dem hellenischen Rausch des Unendlichen beginnt mit ihm der europäische Katzenjammer. Man darf nie den übermächtigen Einfluss dieses Mannes durch ganz Europa und durch alle Jahrhunderte hindurch vergessen. Er war der Hauptantagonist Galileis und der Fundamentalantagonist Cantors. An keinem Philosophen hat Cantor sich so abgearbeitet wie an diesem einen Griechen.

Aristoteles ist das Muster eines Forschers und Gelehrten. Von ihm heißt es: „Was die Naturwissenschaften anlangt, so ließ er an Forschungseifer für Ergründung der Ursachen alle anderen weit hinter sich zurück. Sogar für die geringfügigsten Erscheinungen suchte er die Gründe anzugeben."[1] Er selbst schreibt an einer Stelle, wo er enthusiastisch das Studium der Tiere – auch der einfachsten – preist:

> Gewiss gibt es Tiere, die keinerlei Reiz für die Sinne haben, und doch gewährt die
> Natur, die sie hervorbrachte, dem Auge der Wissenschaft und dem philosophisch
> veranlagten Forscher … unermessliche Freuden.[2]

Nicht minder schön ist sein entschiedenes Bekenntnis zur Wahrheit und Wahrhaftigkeit:

> Es ist notwendig, zur Rettung der Wahrheit sogar das zu beseitigen, was uns ans
> Herz gewachsen ist, zudem wir Philosophen sind. Beides ist uns lieb – und doch
> ist es heilige Pflicht, der Wahrheit den Vorzug zu geben.[3]

Dem Aristoteles wurde die Liebe zur Natur und ihrer Erforschung gewissermaßen in die Wiege gelegt: Er war der Sohn des renommierten Arztes Nikomachos, der die Kette seiner medizinischen Vorfahren auf den Heilgott Asklepios zurückführte und es selbst zum Leibarzt des makedonischen Königs Amyntas brachte (Amyntas war der Vater des berühmten Philipps II. und somit Großvater des noch berühmteren Welteroberers Alexander). Spätestens seit Hippokrates, dem „Vater der Medizin", hatten die griechischen Ärzte das spektakuläre Schamanenwesen abgelegt und waren empirisch verfahrende Naturexperten geworden. Der junge Aristoteles wird von seinem Vater die Kunst der Beobachtung gelernt haben, die er später meisterhaft (wenn auch nicht immer fehlerfrei) zu handhaben wusste. Schon antike Autoren haben die auffallende Neigung des reifen Philosophen zu den Naturwissenschaften auf das medizinische Ambiente seiner Jugend zurückgeführt. Er selbst hat eine enge Verbindung zwischen Naturwissenschaft und Medizin gesehen: Seriöse Naturwissenschaftler, meint er, studieren am Ende Medizin, seriöse Mediziner stützen sich auf die Naturwissenschaft.[4] Geboren wurde er im Jahre 384 v. Chr. in Stageira, einem Städtchen an der Ostküste der Halbinsel Chalkidike im thrakisch-makedonischen Grenzgebiet. Man nennt ihn deshalb häufig auch den „Stagiriten". Die Stagiriten waren Ionier, und der ionische Stamm war der aufgeweckteste und unternehmungslustigste aller griechischen Stämme; es waren Ionier wie Homer, Thales und Anaximander, denen Europa seinen ersten geistigen, weit in die Zukunft weisenden Umsturz verdankt. Als Siebzehnjährigen schickte man ihn nach Athen, er sollte dort in Platons Akademie studieren. Er wurde ein Langzeitstudent, wie er im Buche steht: Zwanzig lange Jahre verbrachte er in jenem Etablissement, über dessen Eingang gestanden haben soll: „Hier möge nur der Geometriekundige eintreten." Das hätte Aristoteles eigentlich abschrecken müssen, denn dieser Mann, der alles Wissbare heißhungrig in sich hineinschlang, hatte ausgerechnet zu Platons Leib-und-Magen-Wissenschaft, der Mathematik, keine Beziehung. Sie schien ihm gerade ihrer Präzision und Reinheit wegen kein geeignetes Instrument zur Erforschung der grobkörnigen Natur zu sein. Nach dem Tod Platons (347 v. Chr.) ging der gründlich ausgebildete Stagirit nach Assos (auf dem Festland gegenüber der Insel Lesbos) an den Hof des makedonenfreundlichen Hermeias, der sich in einer Tellerwäscherkarriere vom Sklaven zum Monarchen emporgearbeitet hatte und nun den Philosophenkönig im Sinne Platons geben wollte. Aristoteles half ihm bis 345 v. Chr. nach Kräften bei diesem ehrgeizigen Unterfangen. Anschließend trieb er zwei Jahre lang auf Lesbos biologische Studien und folgte dann der Aufforderung des makedonischen Königs Philipp II, die Erziehung seines dreizehnjährigen Sohnes Alexander zu übernehmen, der bald „der Große" heißen sollte. Drei Jahre lang, bis 340 v. Chr., war der Philosoph nun Prinzenerzieher, dann kam ihm sein Zögling abhanden, den Philipp schon früh zum Regieren und Kommandieren heranzog. Den Aristoteles zog es zunächst in seine Heimatstadt Stageira zurück. Die Verhältnisse zwischen Makedonen und Athenern waren damals angespannt. Athen sah in dem aggressiven Philipp eine Bedrohung seiner Unabhängigkeit. Demosthenes, der größte Rhetor des Altertums, wetterte auf der Agora von Athen in fulminanten Reden gegen Philipp. (Noch heute nennt man eine aufwühlende Brandrede oft eine „Philippika".) Im Jahre 338 v. Chr. besiegte Philipp in der Schlacht von Chaironeia die Heere von Athen und Theben; Demosthenes kämpfte ein Weilchen mit und gab dann Fersengeld. Zwei Jahre später wurde Philipp ausgerechnet auf einer Hochzeitsfeier ermordet. Alexander bestieg den Thron und begann, seinen Feldzug gegen Persien vorzubereiten, den er als makedonisch-hellenisches Gemeinschaftsunternehmen zur Zivilisierung der Welt ausgab. Aristoteles kehrte 335 v. Chr. nach Athen zurück und gründete eine eigene Schule in einem Garten des Gymnasiums (= Sportanlage) Lykeion. Zwei Jahre später demütigte Alexander das weit überlegene Heer der Perser bei Issos und zog zehn Jahre lang in einem atemlosen Eroberungs- und Hellenisierungszug kreuz und quer durch den ganzen Orient, bis er 323 v. Chr. in Babylon einer fiebrigen Krankheit erlag; er war ganze dreiunddreißig Jahre alt. Einen Vulkan dieser Sorte hat die Welt nie wieder gesehen. In Athen brachen antimakedonische Unruhen aus. Der eng mit Makedonien verbundene Aristoteles, der nicht einmal das athenische Bürgerrecht besaß, sondern nur „Metöke" (ein gegen Zahlung von Schutzgeld geduldeter „Mitwohner") war, wurde von dem Oberpriester Eurymedon der Gottlosigkeit angeklagt und setzte sich rasch nach Chalkis auf Euboia ab, um, wie er ironisch sagte, die Athener an einer zweiten Sünde gegen die Philosophie zu hindern. (Die erste war die Hinrichtung des Sokrates vor knapp siebzig Jahren gewesen.) Ein Jahr nach Alexanders Tod starb auch Aristoteles. Er lebte nur dreiundsechzig Jahre. Während dieser Zeit hat er es ständig mit dem „heißen Atem der Geschichte" zu tun gehabt und hat dennoch – „unvergleichlich arbeitsam"[5] – ein riesiges Werk geschaffen, das ein Prägestock des abendländischen Denkens geworden ist.

Es ist seltsam, es ist mehr als seltsam, dass Alexanders blitzartige Weltüberwältigung, dieses rauschhafte Abenteuer, das die Phantasie aller Völker nicht weniger erregt hat als die der Künstler aller Generationen und Sparten, ein Kolossalunternehmen, aus dem man immerfort Märchen, Legenden, Gedichte und Romane, Opern, Dramen und Gemälde gemacht hat – es ist mehr als seltsam, dass dieser rasante Alexanderzug durch Weltstädte und Wüsten bis hinein in das geheimnisvolle Indien in den Schriften des Aristoteles nicht den geringsten Widerhall gefunden hat. Der Philosoph erwähnt den Eroberer mit keinem Wort; der größte Politologe Europas setzt sich noch nicht einmal beiläufig mit dem größten politischen Gedanken seiner Zeit auseinander, dem Gedanken Alexanders, Griechen und „Barbaren" in einem einzigen Reich zu einem gemeinsamen Leben zu vereinen. Diese Vision eines riesigen Weltstaats für einen riesigen Menschenbrei, muss dem Mann aus dem kleinen Stageira gründlich zuwider gewesen sein. Aristoteles kennt nur (und *will* nur kennen) den Stadtstaat (*polis*) der Griechen, dessen Aktivbürgerschaft klein genug ist, um auf der Agora beratschlagen und entscheiden und in diesen Prozessen ihre Identität finden zu können. Die Wahl zwischen der überschaubaren Polis seiner hellenischen Heimat und der maßlosen Kosmopolis seines Zöglings Alexander ist für ihn keine Wahl; die Kosmopolis kommt für ihn noch nicht einmal theoretisch in Betracht. Das Endlichkeitspathos des Aristoteles stammt aus der freudig bejahten Enge der griechischen Polis; sie ist ihm ein Humanum ersten Ranges, aus ihr speist sich seine *emotionale* – und damit *fundamentale* – Ablehnung des Unendlichen.

Ein leises Echo des Alexanderzuges mag man allenfalls in Aristoteles' zoologischen Werken finden, wo er von Elefanten und anderen exotischen Tieren handelt. Es scheint, dass seine biologischen Forschungen von Alexander kräftig unterstützt worden sind, der ganze Scharen von Jägern, Fischern, Vogelfängern und Hirten in den Dienst der Aristotelischen Wissenschaft gestellt haben soll. Auch von erheblichen Forschungsgeldern ist die Rede – man glaubt, einen Blick in die Anfänge der heutigen *big science* zu werfen.

Zwölf Jahre wirkte Aristoteles als Schulhaupt in Athen. Er pflegte zu dozieren, während er in einem überdachten Wandelgang, einem *peripatos*, auf und ab ging. Die Schüler folgten ihm wie eine Herde Schafe, drehten sich am Ende des Ganges mit ihm um und gingen an seiner Seite wieder mit ihm zurück. Es muss ein erheiternder Anblick gewesen sein, so erheiternd, dass man die Schüler des Wandelphilosophen mit leichtem Spott „Peripatetiker" (Umherwandelnde) nannte. Noch Galilei gab den Aristotelesanhängern seiner Zeit durchweg diesen Namen.

In der Schule des Aristoteles wurde aber nicht nur doziert. Man muss sich dieses Etablissement vielmehr als eine Art Max-Planck-Institut für Lebenswissenschaften vorstellen, reich ausgestattet mit Sammlungen von Tieren und Pflanzen, versehen mit einer leistungsfähigen Bibliothek, geleitet von einem erstklassigen Wissenschaftsorganisator mit profunden Kenntnissen, allumfassenden Interessen und einem ruhelosem Forschungsdrang. Aristoteles war kein staubbedeckter Buchgelehrter; dieser Faust *de luxe* war primär Naturwissenschaftler. Es ging ihm nicht um Texte, sondern um Sachen. Noch seine *Ethik* und *Politik* sind vom Geiste der naturwissenschaftlichen Beobachtung und Analyse durchzogen. Anders als die tonangebenden Moraldarsteller seiner Tage (wie etwa der publikumswirksam in einem Fass domizilierende Askese-Popstar Diogenes), anders also als die Tugendbolde auf dem Hochseil der Tugendshow betonte unser Empiriker, „die Tugend für sich sei nicht hinreichend zur Glückseligkeit, sie bedürfe auch der körperlichen und äußeren Vorzüge".[6] Ferner meinte er, wohl abgestoßen von der fiebrigen athenischen Gesetzesmacherei, die Achtung vor einem Gesetz wachse auf natürliche Weise mit dessen Alter. Die menschliche Seele war dem Arztsohn so unauflöslich mit dem Körper verbunden, dass sie ihn nicht überdauern konnte.[7] Platons mathematisch-metaphysische „Beweise" für die Unsterblichkeit der Seele verfingen nicht bei ihm. Das Mittelalter hat in den Schriften des Stagiriten den Königsweg zur Erkenntnis der *natürlichen* Natur gesehen.

Dieser Pfadfinder zur *natura naturalis* gefiel sich allerdings darin, etwas stutzerhaft aufzutreten: „Er kleidete sich stattlich und ließ es an Fingerringen und Haarpflege nicht fehlen"; ein bissiges Epigramm wirft ihm sogar vor, er sei „dem Dienste des Bauches" ergeben gewesen.[8] Für weibliche Reize war er nicht unempfänglich: Die Schönheit, urteilte er kennerisch, sei eine bessere Empfehlung als jeder Brief.[9] Der Stadtklatsch wusste mancherlei Delikates über sein Leben mit Konkubinen zu berichten. „Der Weise", erläuterte der Weise ungerührt, „der Weise ist nicht aller Leidenschaft unzugänglich, er wird sich aber nicht zur Maßlosigkeit fortreißen lassen."[10] Seine Schüler müssen von ihm begeistert gewesen sein, jedenfalls zollten sie ihm das Lob der Lobe: die Imitation. Er stieß beim Sprechen mit der Zunge ein wenig an, und sie machten es ihm nach.

Weniger zufrieden als mit seinen Schülern war er mit der Priesterschaft von Delphi, die dem politisch Abgestürzten noch rasch einen Fußtritt versetzte. Vor Jahren hatte sie ihn mit einer Stele geehrt, die ein Dank für seine mühevolle Zusammenstellung aller Sieger bei den Pythischen (Delphischen) Spielen sein sollte.[11] (Die Stele hat man 1895 bei Ausgrabungen wiedergefunden.) Der Affront hat den Philosophen nicht unberührt gelassen.[12] Er war das Gegenstück zur Entziehung der Ehrendoktorwürde in späteren Jahrhunderten, wie sie etwa Thomas Mann widerfahren ist.

Aristoteles ist, ich habe es schon gesagt, der Fundamentalantagonist Cantors. Cantor hat das selbst so gesehen und hat auch die Hauptstationen gekannt, über die der mächtige Einfluss des Untoten aus Stageira seinen Lauf genommen hat: Der *princeps philosophorum* („König der Philosophen") Thomas von Aquin (1225-1274), der *princeps mathematicorum* („König der Mathematiker") Carl Friedrich Gauß (1777-1855) und – in seinen eigenen Tagen – der brillante Berliner Mathematiker Leopold Kronecker (1823-1891). Wir wollen nun sehen, was der griechische Meisterdenker dem Unendlichen angetan hat.

Er analysiert es destruktiv im 3. Buch seiner *Physik*. Wie sehr ihn der Inkommensurabilitäts-schock und die Zenonischen Paradoxien auf seine Dekonstruktion gebracht haben, zeigt schon ein Satz ganz zu Anfang dieses Buches: „Der Begriff des Unendlichen tritt ursprünglich am Begriff des Kontinuierlichen [*syneches* = Zusammenhängendes, Ununterbrochenes] auf. Das Unendliche wird nämlich häufig in der Definition des Kontinuierlichen verwendet, etwa wenn wir sagen, das Kontinuierliche sei das, was unendlich oft unterteilt werden könne."[13] Erinnern wir uns noch einmal daran, dass die Entdeckung der Inkommensurabilität dazu gezwungen hatte, die altpythagoreische Vorstellung zu verwerfen, Strecken seien aus unteilbaren Minimalstücken zusammengeklebt. Vielmehr musste man nun zugeben, dass jede Strecke beliebig unterteilt wer-den kann. Erinnern wir uns ferner daran, wie Zenon die paradoxesten seiner Paradoxien aus unendlichen Unterteilungen herausdestilliert hatte. Erinnern wir uns aber auch daran, welche Probleme und Schwierigkeiten dieses Teilen ohne Ende aufgeworfen hatte. Führte es denn nicht dazu, dass Ausgedehntes aus lauter Nichtsen zusammengesetzt war und dass der Läufer nie das Ende der Rennbahn erreichen konnte? Und so stellt ein hinreichend verunsicherter Aristoteles die zentrale Frage des 3. Buches seiner *Physik*: „Gibt es das Unendliche? Und wenn ja, was ist sein Begriff?"[14] Und mit Blick auf die bisher gesammelten Denkerfahrungen sagt er mit einem Hauch von Melancholie: „Die Theorie des Unendlichen hat ihre Schwierigkeiten; mag man die Existenz eines Unendlichen annehmen oder nicht, sofort drohen viele unannehmbare Konsequenzen."[15]

Dass Aristoteles sich das Unendliche ausgerechnet in seiner *Physik* vornimmt, hat einen ein-fachen Grund: „Alle nennenswerten Naturphilosophen", sagt er, „haben über das Unendliche gehandelt, alle sahen in ihm irgendwie ein Prinzip des Seienden."[16] Dem Milesier Thales galt der Urstoff Wasser als unendlich, sein „Gefährte" Anaximander machte sogar das Unendliche selbst, das pure *apeiron*, zum Primärmaterial der Welt. Für Demokrit bestand das All aus unendlich vie-len Atomen, für Anaxagoras aus unendlich vielen „Samen". „Diese gesamte Sachlage macht es also evident, dass die Untersuchung (über das Unendliche) zu den Aufgaben der Naturforscher gehört."[17] Und in einem feierlichen Ton, den er nur selten anschlägt, fügt Aristoteles hinzu: „Und so gilt [das Unendliche den Naturforschern] denn auch als das Göttliche. Denn es sei unsterblich und unvergänglich, wie es die ausdrückliche Meinung des Anaximander und der meisten *physi-ologoi* [‚Physiologen', Naturwissenschaftler] ist."[18] Aristoteles beteiligt sich freilich nicht an der Vergottung des Unendlichen. Im Gegenteil: Er bereitet ihm ein ruhmloses Ende.

Der landläufige Glaube an die Existenz eines Unendlichen stützt sich, so Aristoteles, haupt-sächlich auf fünf Argumente. In seinen Worten lauten sie so:[19]

(1) Die Zeit (diese sei ja ein Unendliches);
(2) die Teilbarkeit der Ausdehnungsgrößen (die von den Mathematikern als unbegrenzt angese-hen wird);
(3) der Gedanke, aus der endlosen Fortdauer von Entstehen und Vergehen folge notwendiger-weise, dass der Urvorrat, aus dem alles Entstehende hervorgeht, unendlich ist;
(4) der Begriff des Endlichen, das immer nur an einem Weiteren seine Grenze haben (und dadurch allererst endlich sein) könne; wenn aber jegliches nur an einem anderen seine Grenze habe, dann ergebe sich die Unmöglichkeit einer (definitiven) Grenze;
(5) das häufigste und hauptsächlichste Argument, mit dem keiner bisher fertig geworden ist: Die Zahlenreihe, die mathematische Ausdehnungsgröße und der Raum jenseits des Himmels müssten unendlich sein, da sie dem Denken keinen Abschluss erlaubten. Und wenn der Raum

jenseits des Himmels unendlich sei, dann gebe es auch einen unendlich großen Weltkörper und unendlich viele Welten. Denn warum sollte an irgendeiner Stelle mehr Leere existieren als an einer anderen?

Aristoteles beweist nun auf vielen Seiten und mit vielen Gründen (begrifflichen und empirischen, begreiflichen und unbegreiflichen), dass es in der Natur keinen unendlich großen Körper geben kann; der begriffliche Beweis, sagt er, gilt nicht nur für „sinnliche", sondern auch für „ideelle" Körper.[20] Die *Nichtexistenz eines unendlich großen Körpers* ist für ihn ein Fundamentaltheorem. Mit ihm schafft er sich als erstes die Argumente (3) und (4) und dazu auch noch das Argument in (5) zugunsten einer unendlichen mathematischen Ausdehnungsgröße und eines „unendlich großen Weltkörpers" vom Halse.[21] Stillschweigend zieht er daraus einen Schluss von größter Tragweite: *Dass das Weltall endlich ist.*[22] Übrigens diskutiert er die für ihn so wichtige Frage, „ob es einen unendlich großen Körper gibt, wie die meisten der alten Philosophen meinten", noch einmal in seiner Schrift *Vom Himmel.*[23] Die Untersuchung endet dort mit dem kategorischen Satz: „Aus dem Gesagten ist klar, dass der Körper des Alls nicht unendlich ist." In der *Physik* geht er nicht auf das Argument in (5) ein, der „Raum jenseits des Himmels" (also jenseits der Fixsternsphäre, die als Kugelschale die Fixsterne trägt und unsere endliche Welt umschließt) müsse unendlich sein und unendlich viele Welten enthalten. In *Vom Himmel* hingegen sagt er aufs deutlichste: Jenseits des Himmels gibt es nichts, rein gar nichts, keinen Körper, keinen Raum, keine Zeit. Und daraus folgt: „Es existiert keine Mehrzahl von Himmeln, noch gab es sie oder kann sie entstehen. Sondern dieser Himmel ist einer und einzig und vollkommen."[24] Leider diskutiert Aristoteles nicht die abgefeimte Frage des Archytas von Tarent: „Wenn ich mich am Rande der Welt, an der Fixsternsphäre befände, könnte ich dann meine Hand oder einen Stock herausstrecken?"[25] Die Frage hört nicht auf, in irgendeiner Form immer von neuem gefragt zu werden. In unseren Tagen fragte ein elfjähriges Mädchen am Ende einer Vorlesung an der „Kinder-Uni" Tübingen den Professor: „Was kommt, wenn der Weltraum zu Ende ist?"[26] Mehr als zweihundert Jahre nach dem Tod des Aristoteles hat der römische Dichter Lukrez (etwa 96-55 v. Chr.) in seinem großen Gedicht *Von der Natur* die Stöckchenfrage des Archytas variiert, um Aristoteles zu konterkarieren und den Leser von der Unendlichkeit des Universums zu überzeugen:

> Denkst du nun aber begrenzt den ganzen vorhandenen Weltraum
> Und du vermöchtest zum letzten und äußersten Ende des Weltalls
> Vorzudringen und dort die beflügelte Lanze zu schleudern,
> Willst du da lieber behaupten, mit kräftigem Schwunge geschleudert
> Fliege sie weiter nun fort nach dem einmal gegebenen Zielpunkt,
> Oder vermeinst du, dass irgendein Halt sie zu hemmen vermöge?
> Denn eins oder das andre verbleibt dir nur zuzugestehen.
> Jedes von beiden verschließt dir den Ausweg. Also das All muss
> (Dies ist der zwingende Schluss) ohn' Ende sich weiter erstrecken.[27]

Von den fünf Argumenten zugunsten der Existenz des Unendlichen bleiben also nur noch drei übrig: die Unendlichkeit der Zeit, die unendliche Teilbarkeit der Ausdehnungsgrößen und die

Unendlichkeit der Zahlenreihe 1, 2, 3 … Die Unendlichkeit der Zeit macht dem sonst so unendlichkeitsscheuen Aristoteles nicht viel zu schaffen. Als ob sich die Sache von selbst verstünde, sagt er am Ende seiner Analyse des Unendlichen eher beiläufig: „Die Zeit freilich … [ist] unendlich."[28] Erst viele Seiten später macht er sich daran, in einigen wenigen Zeilen zu beweisen, dass „es notgedrungen immer Zeit geben muss".[29] Einzig Platon, merkt er dabei an, habe die Zeit entstanden sein lassen; „er sagt, ihr Dasein sei an das Dasein des Weltalls gebunden und das Weltall sei einmal entstanden". Über die Entstehung des Weltalls hat Aristoteles allerdings eine ganz andere Meinung als sein großer Lehrer. Für ihn ist das All unentstanden und unvergänglich, es ist ewig.[30] Letztlich ist dies eine Frucht des griechischen Credos, dass ein Entstehen aus dem Nichts und ein Vergehen in das Nichts unmöglich ist.[31]

Die Unendlichkeit der Zeit ist dem sonst so unendlichkeitsscheuen Aristoteles unproblematisch, auf geradezu un-heimlich Weise unproblematisch: Er scheint gar nicht zu spüren, dass er sie nicht unbesehen hinnehmen dürfte, dass sie ihn eigentlich quälen müsste. Sehr viel anders steht es mit den beiden noch verbleibenden Unendlichkeiten: der unendlichen Teilbarkeit der Ausdehnungsgrößen und der Unendlichkeit der Zahlenreihe. Und hier gelangen wir nun endlich ins Herz der Aristotelischen Unendlichkeitslehre: zu der raffinierten Unterscheidung des ausgebufften Begriffsvirtuosen zwischen dem „aktual (oder aktuell) Unendlichen" und dem „potential (oder potentiell) Unendlichen". Diese Distinktion sollte Geschichte machen.

Die Zahlenreihe 1, 2, 3, …, sagt Aristoteles, ist gewiss unendlich, denn man kann ja unbegrenzt weiterzählen. Aber er stellt sich diese Reihe nicht als ein Ganzes, nicht als ein Totum, nicht als eine gewissermaßen fertige Gesamtheit vor, sondern als eine ständig wachsende Folge der endlichen Anfangsstücke 1, 2, …, n ($n = 1, 2,…$). Die Unendlichkeit dieser Reihe ist ihm also keine reale, keine „aktuale" Unendlichkeit – sie ist keine Unendlichkeit „im Modus der Wirklichkeit", sondern nur eine Unendlichkeit „im Modus der Möglichkeit", eine „potentiale Unendlichkeit".[32] Dieses „Potential-Unendliche" aber ist eigentlich gar kein Unendliches, sondern nur ein *Endliches, das unbegrenzt zunehmen kann*: ein Zwerg mit Wachstumsphantasien. Andere Denker haben in der unendlichen Zahlenreihe durchaus ein Totum, ein Aktual-Unendliches sehen können, Aristoteles aber lässt sie nur als etwas Potential-Unendliches gelten – ja, er geht noch weit darüber hinaus und gesteht *jedem* Unendlichen Existenz nur in der Form des potentialen Unendlichen zu, das aktual Unendliche hingegen schafft er ersatzlos ab.[33] Warnend sagt er, „potential" dürfe hier allerdings nicht so verstanden werden wie in dem Satz, eine Statue sei potential im Marmor enthalten. Denn der Bildhauer könne die potentiale Statue mit Hammer und Meißel leicht in eine aktuale verwandeln, niemals aber könne ein potential Unendliches zu einem aktual Unendlichen werden.[34] Wachsendes mag noch so sehr wachsen – ins Unendliche schlägt es nie um. Eher beiläufig merkt er an, eine „unendliche Zahl" sei unmöglich.[35]

Cantor wird Aristoteles' vehemente Ablehnung des Unendlichen wie folgt kommentieren:

> Wenn man aber die Gründe betrachtet, welche Aristoteles gegen die reale Existenz des Unendlichen vorführt (vgl. z. B. seine „Metaphysik", Buch XI, Kap. 10), so lassen sie sich der Hauptsache nach auf eine Voraussetzung zurückführen, die eine *petitio principii* involviert, auf die Voraussetzung nämlich, dass es nur *endliche* Zahlen gebe, was er daraus schloss, dass ihm nur Zählungen an endlichen

> Mengen bekannt waren. Ich glaube aber oben bewiesen zu haben …, dass ebenso bestimmte Zählungen wie an endlichen auch an unendlichen Mengen vorgenommen werden können.[36]

Auf Cantors „Zählungen an unendlichen Mengen" werden wir noch zu sprechen kommen; sie sind ein Kernstück dieses Buches und der nie erwartete Sieg über das Unendliche als das angeblich „unfasslich Nebelgroße" (Goethe).

Freilich bleibt Aristoteles' Endlichkeitspathos in seiner *Physik* im Wesentlichen ohne Begründung. Woher eigentlich sein Soupçon gegen das Unendliche? Hier spielt die „unbegrenzte Teilbarkeit der Ausdehnungsgrößen" eine entscheidende Rolle. Aristoteles schließt sich der Meinung der Mathematiker an, Ausgedehntes sei tatsächlich unbegrenzt teilbar, „denn", sagt er, „das Theorem von den Atomlinien [den unzerlegbaren Minimalstrecken] ist leicht zu widerlegen".[37] In der Tat: Es war die erschütternde Entdeckung der Inkommensurabilität gewesen, die den Atomlinien den Garaus gemacht und zur Einsicht genötigt hatte, jede noch so kleine Strecke sei immer noch teilbar. Die „unbegrenzte Teilbarkeit" aber, meint Aristoteles, dürfe nur in dem Sinne verstanden werden, dass zu je endlich vielen schon markierten Teilpunkten schrittweise stets noch weitere Teilpunkte hinzugefügt werden können. Eine *simultane*, also schlagartig erfolgende Zerschneidung einer Größe an jeder Stelle, eine rest-lose Zerschneidung, die nichts Ausgedehntes unzerteilt lässt, stürzt uns hingegen in das aberwitzige Dilemma, eine ausgedehnte Größe als eine Summe von unausgedehnten Punkten – von lauter Nichtsen – und so denn selbst als ein Nichts zu sehen.[38] Diese Überlegung nimmt Aristoteles als Beleg dafür, dass es *aktual* unendliche Unterteilungen nicht geben könne – mehr noch: Es lässt ihn das Aktual-Unendliche als solches preisgeben. Letztlich ist es also die Entdeckung der Inkommensurabilität, die dem scharfsinnigen Mann diesen weit in die Zukunft wirkenden Verzicht abgenötigt hat. Mit der naheliegenden Frage, warum eigentlich die nie endende Zahlenreihe nicht *aktual* unendlich ist, beschäftigt er sich gar nicht mehr. Hier ist ihm wohl keine logische Katastrophe eingefallen, die einen heilsamen Schrecken hätte einjagen können. Und doch hätte sie ihm leicht einfallen können. Der Begriff der „geraden" und „ungeraden" Zahl war den Griechen vertraut (für Platon ist die Arithmetik konstant die „Wissenschaft vom Geraden und Ungeraden"), und der Stagirit hätte bemerken können, dass es perverserweise „ebenso viele" gerade Zahlen wie Zahlen überhaupt gibt. Er hatte ja gewiss von der schlagzeilenträchtigen Massenhochzeit in Susa gehört, auf der Alexander der Große ganze Scharen makedonischer Offiziere mit vornehmen persischen Damen verheiratet hatte, um Orient und Okzident tüchtig durcheinander zu mischen. Aristoteles konnte *a priori* wissen, dass an dieser Hochzeit eben so viele persische Bräute wie makedonische Bräutigame teilgenommen hatten (denn die Ehen waren monogam). Eine „Monogamie-Beziehung" besteht nun aber auch zwischen *allen* Zahlen und den scheinbar dünner gesäten *geraden* Zahlen; das nachstehende Diagramm spricht für sich:

1 2 3 4 usw.

2 4 6 8 usw.

Eine Teilmenge kann also „ebenso viele" Bestandteile haben wie die Gesamtmenge – *falls letztere unendlich ist*. Aristoteles hat sich diese scharf gewürzte Delikatesse entgehen lassen, die man später zu den „Paradoxien des Unendlichen" gerechnet hat. „Paradoxien" dieses Schlages waren bis tief ins 19. Jahrhundert hinein der stärkste Einwand gegen das Aktual-Unendliche.

Hat Aristoteles seine Unendlichkeitsscheu nicht doch ein wenig übertrieben? Darf man denn von der Unmöglichkeit aktual-unendlicher *Unterteilungen* – und sei man noch so sehr von ihr überzeugt – *direttissime* auf die Unmöglichkeit des Aktual-Unendlichen *an sich* schließen? Einen derartigen Schritt tut man wohl nur, wenn man in der Nichtexistenz aktual-unendlicher Unterteilungen mehr sieht als nur diese wenig erregende Nichtexistenz – nämlich die rationale Rechtfertigung einer emotionalen Vorliebe für das Endliche. Diese Vorliebe hatten die Pythagoreer dank ihrer abgöttischen Verehrung der kosmosgestaltenden, endlichen und endlichkeitsstiftenden Zahl in die Welt gebracht; Zenon hatte den Verdacht gegen das Unendliche kräftig geschürt, indem er es zum wichtigsten Konstruktionselement seiner provokanten Paradoxien machte; bei Aristoteles schließlich kulminiert dies alles in einer Lust am Endlichen, die gleichzeitig eine prononcierte Abneigung gegen alles Unendliche ist. In voller Bewusstheit trifft Aristoteles eine *Grundentscheidung zugunsten des Endlichen*, die tief einschneidende, lang andauernde Folgen haben sollte, besonders einschneidende für das Weltall: Es ist endlich, eine Kugel, begrenzt durch eine kristalline, unzerbrechliche Sphäre, an der die Fixsterne befestigt sind. (Diese Sphäre ist unser „Firmament"; *firmamentum* bedeutet eigentlich „Befestigungsmittel", „Stütze".) Außerhalb der Fixsternsphäre, wir wissen es schon, ist das reine Nichts. Innerhalb der Weltkugel gibt es, wie in jeder Kugel, einen und nur einen geometrisch ausgezeichneten Punkt: den Mittelpunkt. Für Aristoteles ist dieser Mittelpunkt so essentiell, dass ihm wie von selbst eine physikalische Rolle zuwächst, die ihm als bloß geometrische Größe eigentlich nicht zukommt: Zum Weltmittelpunkt nämlich streben in einer „natürlichen Bewegung" die schweren Elemente Erde und Wasser und ballen sich um ihn herum zu unserer „Erde" zusammen, während die leichten Elemente Luft und Feuer in ihrer eigenen „natürlichen Bewegung" von ihm weg in Richtung Himmel steigen. (In der unendlichen Welt Demokrits können sich derartige Vorstellungen gar nicht einstellen, weil es in ihr weder einen Mittelpunkt noch ausgezeichnete Richtungen gibt.) Dass die Erde im Mittelpunkt der Welt liegt, hat also eine rein physikalische Ursache und bedeutet keineswegs eine theologische oder metaphysische Vorzugsstellung unseres Planeten. Von ihr ist bei Aristoteles auch nie die Rede. Im Gegenteil: Die Müllkippe des Kosmos, die Erde, kann den reinen Sternen am Firmament den Rang nicht ablaufen. Der Aristotelesverehrer Dante lässt im Mittelpunkt der Erde, also im wahren Mittelpunkt der Welt, den Satan hausen. Dem Tieferblickenden ist das Universum nicht geozentrisch, sondern satanozentrisch. So viel zur „besonderen Würde" des Menschen als Bewohner des Kosmosmittelpunktes.

In Aristoteles' Welt gibt es „das Leere" nicht. Denn da nach seiner kinetischen Theorie ein Körper sich um so schneller durch ein Medium bewegt, je „unkörperlicher, widerstandsärmer und leichter durchteilbar" es ist, müsste er im Leeren eine *unendliche* Geschwindigkeit besitzen. Die aber ist für Aristoteles undenkbar. Und so, sagt er mit einem Wortspiel, „erweist sich die Annahme eines Leeren als eine wahrhaft leere Annahme".[39] Die Welt ist allüberall mit Materie erfüllt; später wird man sagen, die Natur habe einen „Schrecken vor dem Leeren", einen *horror vacui*. Noch der radikalskeptische René Descartes (1596-1650) hat das Leere verworfen, und als Blaise

Pascal (1623-1662) durch seine Luftdruckmessungen auf den Gedanken kam, *le vide* (das Leere) sei keine unmögliche Sache, und die Natur fliehe es nicht mit jenem gewaltigen Schrecken, den man ihr andichte, meinte Descartes wegwerfend, das Leere gäbe es zwar, aber doch nur in Pascals Kopf. Erst Newtons überwältigend erfolgreiche Kosmologie mit ihren Sternen im leeren Raum unter der Herrschaft des Gravitationsgesetzes hat den *horror vacui* schließlich ausgetrieben und die Menschheit wieder auf das Niveau gehoben, das sie mit Demokrit schon einmal erreicht hatte: „Es gibt nur Atome und den leeren Raum."[40]

Die Endlichkeit des Aristotelischen Kosmos hatte die perniziöse *Folge*, dass die bloße Idee eines Beharrungs- oder Trägheitsgesetzes gar nicht aufkommen konnte. Diese „Magna Charta der Mechanik" hat Newton als *Lex prima* („erstes Gesetz") an die Spitze seines Hauptwerks gestellt:

> Jeder Körper beharrt in seinem Zustande der Ruhe oder der gleichförmigen geradlinigen Bewegung, wenn er nicht durch einwirkende Kräfte gezwungen wird, seinen Zustand zu ändern.

Welten liegen zwischen diesem Text und dem folgenden des Aristoteles:

> Es gibt [in einer endlichen Welt] überhaupt keine unendliche Gerade. Und selbst wenn es eine solche gäbe, könnte doch kein Gegenstand eine solche Bewegung ausführen; denn was unmöglich ist, kommt nicht vor; eine unendliche Gerade [vollständig] zu durchlaufen, wäre aber unmöglich.[41]

Ganz knapp konstatiert er an anderer Stelle: „Dass nun aber die Bewegung auf einer geraden und endlich langen Bahn nicht ununterbrochen fortgehen kann, liegt auf der Hand."[42] Damit hatte der „Meister aller Wissenden" dem Beharrungsgesetz, ohne es zu kennen, ein pränatales Ende bereitet. Die Folgen sollten sich in seiner erkünstelten Theorie des Wurfs ebenso zeigen wie in seiner Leugnung der von den Pythagoreern bereits ausgesprochenen Erdrotation. Sie sollten sich noch bei Ptolemaios, Kopernikus und Galilei aufs peinlichste und lächerlichste bemerkbar machen.

Ein ununterbrochenes Fortgehen der Bewegung scheint dem Stagiriten einzig bei der Kreisbewegung, dem „Urtyp aller Bewegungsarten" möglich zu sein.[43] Sie preist er denn auch überschwänglich:

> Die kreisförmige Bewegung muss notwendigerweise auch die ursprünglichste sein. Denn das Vollkommene ist von Natur ursprünglicher als das Unvollkommene und der Kreis gehört zu den vollkommenen Dingen, von den geraden Linien aber keine einzige: weder die unbegrenzte (denn sie müsste eine Vollendung und eine Grenze besitzen[44]) noch irgendeine von den begrenzten (denn bei allen diesen gibt es etwas, was außerhalb von ihnen ist, da man jede beliebig vergrößern kann).[45]

Die Kreisbewegung, die ewig dauern kann, versöhnt gewissermaßen die Endlichkeit des Raumes mit der Unendlichkeit der Zeit. Aristoteles hat nicht unser „lineares Trägheitsgesetz", besitzt aber ein „zirkuläres Trägheitsgesetz", das zu einem endlichen Weltall passt: „Die Kreisbewegung muss notwendigerweise gleichmäßig ewig sein."[46] Diesem Gesetz, meint er, folgen die Himmelskörper. Dann aber können sie nicht aus einem der vier Elemente Erde, Wasser, Luft und Feuer bestehen, denn jedes von ihnen hat eine „natürliche Bewegung" geradlinig nach unten (Richtung Weltmittelpunkt) bzw. nach oben (Richtung Himmel). Der Baustoff der Sterne muss also ein anderes, ein fünftes Element sein, dessen „natürliche Bewegung" die Kreisbewegung ist.[47] Dieses selbsterfundene Element nennt Aristoteles *aither* (Äther[48]) und stattet es mit bestechenden Ewigkeitseigenschaften aus, die sich ihm wohl aus den Ewigkeitseigenschaften der Kreisbewegung ergeben haben.[49] So also wirkt die bloße *Endlichkeit* der Welt bis in die Weltchemie hinein.

Vielleicht hat kein wissenschaftlicher Mythos das Denken so sehr in Fesseln geschlagen, wie der Aristotelische Mythos der Kreisbewegung. Noch Kepler und Galilei haben mit ihm kämpfen müssen: Galilei, der so gerne den Befreier vom peripatetischen Joch gab, hat sich nie vollständig von ihm lösen können. Kepler ist mit den Bewegungen der Planeten auf Ellipsen, also auf deformierten Kreisen, nie recht glücklich geworden

Auf ganz andere Weise tritt Aristoteles' Endlichkeitspathos dort auf, wo er die Kette der Ursachen ins Auge fasst. Für Demokrit reichte sie unendlich weit zurück,[50] für Aristoteles ist sie endlich:

> Es ist offenbar, dass es ein erstes Prinzip gibt und die Ursachen der Dinge weder in fortlaufender Reihe noch der Art nach unendlich sind. Denn die materielle Entstehung eines Dinges aus einem anderen *kann nicht in einem unendlichen Rückschreiten erfolgen* (wie etwa Fleisch aus Erde, Erde aus Luft, Luft aus Feuer usw. ohne Ende), noch können die Bewegungsursachen eine *unendliche Reihe* ausmachen (als würde beispielsweise der Mensch von der Luft bewegt, diese aber von der Sonne, die Sonne wieder vom „Streit"[51] usw. ohne Grenze).[52]

Und hier nun mündet das Endlichkeitsdenken des Aristoteles wie von selbst ins Theologische ein. Die endliche Kette der Bewegungsursachen muss ein *erstes* Glied, eine *erste* Bewegungsursache haben, es muss einen kosmischen Motor geben, der alles antreibt, aber selbst nicht angetrieben wird: Das ist Aristoteles' „unbewegter Beweger", eine der berühmtesten Figuren der Denkgeschichte. Er bewegt den „ersten Himmel" (die Fixsternsphäre),[53] und die Bewegung dieser äußersten Sphäre teilt sich dann den anderen Sternsphären und schließlich den Dingen auf der Erde mit. So sehr Aristoteles das Unendliche auch verabscheut und vermeidet – dem unbewegten Beweger, der durch die ganze unendliche Zeit hindurch unablässig und unermüdlich bewegt, ihm schreibt er eine *unendliche* Bewegungskraft zu. (Nach Aristoteles, der kein Trägheitsgesetz kennt, erfordert bereits die bloße *Aufrechterhaltung* einer Bewegung eine ständige Kraftzufuhr; für diese Zufuhr sorgt tagaus, tagein der „unbewegte Beweger".) Gewiss kann etwas so unendlich Kraftvolles keine endliche Größe haben, andererseits gibt es, wie Aristoteles ausführlich dargelegt hat, keinen unendlich großen Körper. Es bleibt also nur der Schluss, dass die Kategorie der „Größe" auf den unbewegten Beweger gar nicht passt: „Er hat keine Größe, sondern ist ohne Teile und unzerlegbar."[54] Aristoteles sagt uns, dass diese unkörperliche Ersturssache aller Bewegung Gott ist, und fügt ausschmückend hinzu, dass man sich einen solchen Gott als ein rundum zufriedenes Wesen denken muss:

> Von einem derartigen Prinzip [einem unbewegten Beweger] also hängt der Himmel
> ab und die Natur. Sein Leben aber verläuft so, wie es in seiner besten Form uns
> nur kurze Zeit zuteil wird. Bei ihm herrscht immerwährend dieser Zustand (bei
> uns wäre das unmöglich), da die Verwirklichung ihm Freude bedeutet … Wenn
> sich aber der Gott immer so wohl befindet, wie wir uns nur zuweilen, so ist dies
> bewundernswert. Wenn er sich aber in noch höherem Maße wohlbefindet, so ist
> dies noch bewundernswerter … Wir sagen also, dass der Gott ein lebendes, ewiges
> und bestes Wesen sei. Dem Gott kommt demnach ununterbrochenes, fortdauern-
> des und ewiges Leben zu; denn das ist eben der Gott.[55]

Was hier am Horizont heraufsteigt, ist die christliche Idee eines „unendlichen Gottes" und dazu
auch noch der von christlichen Theologen so hoch geschätzte „kosmologische Gottesbeweis", ein
Beweis, der ganz und gar von der Verbannung des *regressus in infinitum* (des „Zurückschreitens
ins Unendliche") lebt. Thomas von Aquin (1225-1274) stellt ihn so dar (und zwar ausdrücklich
als einen Beweis des Aristoteles):

> Alles, was bewegt ist, ist von einem anderen bewegt. Durch die Sinne aber ist klar,
> dass etwas bewegt ist, etwa die Sonne. Also ist es dadurch bewegt, dass ein anderes
> es bewegt. – Entweder ist nun dieses Bewegende bewegt oder nicht. Wenn es nicht
> bewegt ist, dann haben wir bereits unseren Satz, dass es notwendig ist, ein unbewegtes
> Bewegendes anzunehmen. Dieses aber nennen wir Gott. – Wenn es aber bewegt ist,
> dann ist es also von einem anderen Bewegenden bewegt. Entweder muss man also
> ins Unendliche fortschreiten oder zu einem unbewegten Bewegenden kommen. *Man
> kann aber nicht ins Unendliche fortschreiten.* Also muss man ein erstes unbewegtes
> Bewegendes annehmen.[56]

Wie bei den physikalischen *Ursachen* lehnt Aristoteles auch bei den logischen *Begründungen* den
regressus in infinitum, das end-lose Begründen ab. Scharf weist er diejenigen zurecht, die so etwas
versuchen; er sieht sie als Schwachköpfe mit „mangelhafter philosophischer Ausbildung" an:

> Es ist ein Ding der Unmöglichkeit, dass es überhaupt für alles einen Beweis gebe
> – denn man würde ins Unendliche fortschreiten, so dass auf diese Art und Weise
> gar kein Beweis zustande käme.[57]

In diesem Satz finden wir übrigens mit vollendeter Klarheit die mathematische Beweismethode
beschrieben, die von nicht mehr begründeten „Grund-Sätzen" (Axiomen) ausgeht und ihr ganzes Theoriengebäude nun auf diesem Fundament errichtet. Für Aristoteles waren die Axiome
noch unmittelbar einleuchtende Aussagen über die Wirklichkeit, Aussagen, an deren Wahrheit
kein gesunder Kopf zweifeln konnte.[58] Seit der Entdeckung der nichteuklidischen Geometrie zu
Anfang des 19. Jahrhunderts sehen wir in ihnen nur noch freie Setzungen des Geistes, die sich auf
keine „Wirklichkeit" beziehen und keine „Wahrheit" beanspruchen; wir fordern von ihnen lediglich, dass zwischen ihnen keine Widersprüche bestehen. An der Aristotelischen Hauptaussage,
dass Beweise letztlich von etwas Unbewiesenem ausgehen müssen, ändert dies natürlich nichts.
Übrigens wird man annehmen dürfen, dass Aristoteles seine Beweistheorie an der Praxis der

griechischen Mathematiker abgelesen hat. Hier ist vor allem an Eudoxos von Knidos (408-355 v. Chr.) zu denken, den größten antiken Mathematiker neben Archimedes. Denn in Eudoxos ist die axiomatische Methode zum Bewusstsein ihrer selbst gekommen, und Aristoteles hat das Denken dieses Mannes gekannt.[59]

Ausgefuchste Skeptiker wie der berühmte und gefürchtete Karneades (etwa 214-129 v. Chr.) bestritten, dass man im Begründen irgendwo innehalten dürfe. Innehalten sei Willkür; das „Begründen" sei seiner Natur nach ein unendlicher Regressus – und gerade deshalb liefere es auch nie einen zwingenden Beweis und führe nirgendwo zur Wahrheit. Hierzu passt, dass Karneades während einer Philosophengesandtschaft in Rom (156/55 v. Chr.) an einem Tag für, am nächsten gegen die Gerechtigkeit sprach. Die vornehme Jugend Roms war entzückt; vornehme Jugend ist immer entzückt, wenn die Fundamente wanken.

Auch die Ziele und Zwecke des Handelns (die „Finalursachen" oder „Güter") unterwirft Aristoteles dem Endlichkeitsgebot. Dort, wo er die Endlichkeit der Ursachenkette konstatiert, fügt er hinzu:

> In gleicher Weise aber ist es auch unmöglich, dass das „Weswegen" [die Finalursache, der Zweck] ins Unendliche fortläuft – dass etwa das Gehen der Gesundheit wegen wäre, diese aber wegen der Glückseligkeit, die Glückseligkeit wegen eines anderen und so fort, das eine immer wegen eines anderen.[60]

In seiner *Nikomachischen Ethik* sagt er noch deutlicher, dass die Kette der Zwecke mit einem *letzten* Zweck, einem *höchsten* Gut enden muss:

> Wenn es nun ein Ziel des Handelns gibt, das wir um seiner selbst willen wollen und alles andere um seinetwillen; wenn wir also nicht alles um eines anderen willen erstreben (*denn so ginge es ins Unendliche, und das Streben wäre leer und sinnlos*), dann ist es klar, dass jenes das Gute und das Beste ist.[61]

„Das Beste" des Aristoteles hat die Scholastik das *summum bonum* („höchstes Gut") genannt und mit Gott gleichgesetzt. Bei Thomas von Aquin lesen sich die Aristotelischen Meditationen über „das Beste" wie folgt (und auch bei Thomas gibt die Undenkbarkeit des Unendlichen den Ausschlag):

> Jedes Gute, das nicht sein Gutsein ist, wird durch Teilhabe gut genannt. Was aber durch Teilhabe gut genannt wird, setzt etwas vor ihm Liegendes voraus, von dem es den Charakter des Gutseins empfängt. *Dies aber kann unmöglich ins Unendliche zurückgehen, da sich ja bei den Finalursachen nicht ins Unendliche fortschreiten lässt; das Unendliche widerspricht nämlich dem Ziel, das Gute hat aber den Charakter des Zieles.* Man muss also zu einem ersten Guten gelangen, das nicht gut ist in der Weise der Teilhabe durch Hinordnung auf etwas anderes, sondern gut ist durch sein Wesen. Dies aber ist Gott. Gott ist also sein Gutsein.[62]

Wir kommen nun zur tiefsten Schicht, aus der sich das Unbehagen des Aristoteles am Unendlichen speist. Niemand hat höher von dem Wert wissenschaftlicher Erkenntnis gedacht als er. Ihm war die *theoria,* die begreifende Kontemplation, der Wert der Werte. „Die *theoria* ist das Angenehmste und Beste", schreibt er,[63] und dichtet einen tief ins Religiöse reichenden Hymnus auf Denken und Erkennen:

> Wenn zwar unter allen Handlungen hoher Tüchtigkeit diejenigen, die sich um Staat und Krieg drehen, an Schönheit und Größe obenan stehen und sie trotzdem … auf ein außer ihnen liegendes Ziel gerichtet sind und also nicht ihrer selbst wegen begehrt werden, und wenn dagegen die betrachtende Tätigkeit des Geistes an ernstem Wert hervorragt, und keinen anderen Zweck hat als sich selbst, auch eine eigentümliche Lust in sich schließt, welche die Tätigkeit steigert, so sieht man klar, dass in dieser Tätigkeit, soweit es menschenmöglich ist, die Selbständigkeit, die Muße, die Freiheit von Ermüdung und alles, was man sonst noch dem Glückseligen beilegt, sich finden muss. Und somit wäre dies die vollendete Glückseligkeit des Menschen, wenn sie auch die volle Länge eines Lebens dauert. Denn nichts, was zur Glückseligkeit gehört, darf unvollkommen sein.
>
> Aber ein solches Leben ist höher als es dem Menschen als Menschen zukommt. Denn so kann er nicht leben, sofern er Mensch ist, sondern nur sofern er etwas Göttliches in sich hat. So groß aber der Unterschied ist zwischen diesem Göttlichen selbst und dem aus Leib und Seele zusammengesetzten Wesen, so groß ist auch der Unterschied zwischen der Tätigkeit, die von diesem Göttlichen ausgeht, und allem sonstigen tüchtigen Tun. Ist nun der Geist im Vergleich mit dem Menschen etwas Göttliches, so muss auch das Leben nach dem Geist im Vergleich mit dem menschlichen Leben göttlich sein … Also ist dieses Leben auch das glückseligste.[64]

Was nun dem Erkennen am sperrigsten widersteht, ist das Unendliche. So jedenfalls sieht es Aristoteles. Es ist mehr als eine Feststellung, es ist eine Klage, wenn er schreibt: „Das Unendliche ist nämlich als solches unerkennbar."[65] Und daraus zieht dieser „theoretische Mensch" *par excellence,* um seiner Erkenntnislust ungehindert frönen zu können, nun die radikale Konsequenz: „Ausgeschlossen ist auch eine unendliche Mannigfaltigkeit von Prinzipien der Natur, *weil sie die Begreifbarkeit des Seienden vernichten würde."*[66] Ihm liegt einzig am Begreifen, und so beseitigt er ohne Federlesen, was er als das große Hindernis des Begreifens ansieht: das Unendliche.[67] Anders gesagt: Das Endliche wird ihm zur *Fundamentalkategorie.* Die Aversion des Aristoteles gegen das Unendliche ist eine tiefsitzende Abneigung gegen Unbegreifliches. Das Unendliche ist ihm (in Goethes Worten) das „unfasslich Nebelgroße".

Nun aber geschieht etwas Unerwartetes, Unerwartbares: In das emphatisch endliche Universum des Aristoteles bricht das Unendliche in Form der *Ewigkeit* ein, hereingelassen und angeführt von Aristoteles selbst. Nirgendwo in der Geistesgeschichte zeigt sich so genierlich, dass auf die Konsistenz und Konsequenz menschlichen Denkens kein Verlass ist. Wir kennen den Text schon, aber er verträgt eine Wiederholung, nicht zuletzt deshalb, weil er in den erbitterten Kämpfen um die Naturphilosophie des Aristoteles an der Pariser Sorbonne des 13. Jahrhunderts eine sinistre Rolle gespielt hat:

> Aus dem Gesagten kann man sich überzeugen, dass der gesamte Himmel weder entstanden ist noch untergehen kann, wie einige meinen, sondern dass er einer ist und ewig und in seiner ganzen Dauer weder Anfang noch Ende hat und in sich selbst die unendliche Zeit fasst und umgreift.[68]

Ewigkeit der Welt (auch nach rückwärts!), Unendlichkeit der Zeit (auch einer abgelaufenen) – hier blickt Aristoteles dem sonst so vehement bekämpften Aktual-Unendlichen ohne mit der Wimper zu zucken ins widrige Medusenauge. Was ihm dabei den Rücken stärkt, ist seine „kosmische Religiosität" – das elementarische Gefühl, dass etwas so Erhabenes wie der Kosmos ewiglich existiert: ungeschaffen, unzerstörbar, getragen von seinen eigenen Gesetzen. Es ist dasselbe Gefühl der Erhabenheit, das zweitausend Jahre später Kant ergriff, als er den „bestirnten Himmel über mir" mit der gleichen Inbrunst verehrte wie das „moralische Gesetz in mir". Es ist ein Gefühl, das sogar die stocknüchternen Römer kannten, als sie den Himmel andächtig das *firmamentum* nannten, „das Feste", „das Unerschütterliche".

Die „kosmische Religiosität" des Aristoteles gründet in seiner „Seinsfrömmigkeit", in dem festen Glauben, dass nichts aus dem Nichts entsteht und nichts in das Nichts vergeht.[69] Das Sein ist von Ewigkeit zu Ewigkeit. Bezeichnenderweise konstatiert er in einem naturwissenschaftlichen Werk, dass „die Zeit nicht aufhört und das All immerwährend ist".[70] Zweitausend Jahre später wird Goethe die Seinsfrömmigkeit und kosmische Religiosität so in Verse fassen:

> Kein Wesen kann zu nichts zerfallen!
> Das Ewge regt sich fort in allen,
> Am Sein erhalte dich beglückt!
> Das Sein ist ewig; denn Gesetze
> Bewahren die lebendgen Schätze,
> Aus denen sich das All geschmückt.[71]

Die Schriften des Aristoteles waren gegen Ende des 12. Jahrhunderts nach Westeuropa eingedrungen, zum großen Teil durch Übersetzungen aus dem Arabischen, begleitet von Kommentaren bedeutender arabischer Philosophen wie Avicenna (980-1037) und Averroës (1126-1198). Die „Avicenna-Goldmedaille" ist heute die höchste Auszeichnung der Unesco. An der Pariser Universität, dem Zentrum theologischer und philosophischer Studien, entfachte der diesseitige Empirismus des Aristoteles, sein leidenschaftliches Interesse an Pflanzen, Tieren und Sternen, an einer Forschung im Freien zwischen Bächen und Bäumen, etwas wie einen Aufruhr gegen das windige Spintisieren und Spekulieren der Graubärte auf wurmstichigen Kathedern. Aristoteles, der uns heute als die fleischgewordene – dörrfleischgewordene! – Trockenheit vorkommt, war damals in Paris wie einstmals in Athen ein sprudelnder Jungbrunnen. Er stand für die Devise „Weg von den Worten, hin zu den Sachen!" Nur schwer kann man sich die Auferweckungserregung vorstellen, die um 1200 an der Pariser Universität dieses einen Mannes wegen ausgebrochen war. Aus allen Ecken und Enden des *Quartier latin* tönte das Feldgeschrei: „Aristoteles an die Uni!"

Es tönte lauter und drängender als 1968 das Geschrei unzulänglich proletarisierter Bürgerkinder „Marx an die Uni!".

Freilich teilte nicht jeder diese Euphorie. Der erzkonservativen Theologischen Fakultät der Universität war sie schlechterdings unheimlich. Diese Fakultät, die einflussreichste in Europa, hatte sich ganz und gar dem Jenseitigen verschrieben; einen wie Aristoteles mit seinen Fischen, Fröschen und Vögeln konnte sie nicht verwenden. Und so machte sie sich daran, ihn aus einer Welt zu schaffen, in der er nie hätte auftauchen dürfen. Im Jahre 1210 war es soweit: Unter der Leitung des Erzbischofs von Sens belegte das Konzil von Paris die naturwissenschaftlichen Bücher des Aristoteles mit dem Bann. Bei Strafe der Exkommunikation durften sie im Universitätsunterricht nicht mehr verwendet werden. Als besonders heilsschädlichen Irrtum des Philosophen prangerte man seine Lehre von der *Ewigkeit der Welt* an. Der alte Streit über den „Anfang der irdischen Dinge" (Augustinus[72]) flammte von neuem auf und wurde so heftig, dass kein Geringerer als Kaiser Friedrich II., der freigeistige Hohenstaufe in Sizilien, diese Fragen 1240 von islamischen Gelehrten an seinem Hof in Palermo diskutieren ließ. Dass die Welt einmal unversehens angefangen hatte, wusste die Christenheit aus dem Schöpfungsbericht. Um die Mitte des 17. Jahrhunderts erfuhr sie sogar Genaueres. Damals nämlich berechnete der anglo-irische Erzbischof James Ussher, ein Großmeister der biblischen Chronologie, dass Gott das Universum am 23. Oktober 4004 v. Chr. geschaffen hatte. Das Ende der Welt hatte Jesus selbst in Aussicht gestellt: „Sonne und Mond werden den Schein verlieren und die Sterne vom Himmel fallen und die Kräfte des Himmels werden ins Wanken kommen."[73] Die Katastrophe ließ sich leicht auf den 23. Oktober 1996 terminieren. Man brauchte nur zu Usshers Weltanfangsdatum die 6000 Jahre zu addieren, die dem Kosmos als Lebensspanne zugedacht waren. Eine Zusatzrechnung des Bischofs Joseph Barber Lightfoot im 19. Jahrhundert ergab noch die genaue Uhrzeit: neun Uhr morgens, kurz nach dem Frühstück. Nein, die Welt war nicht ewig, weder nach hinten noch nach vorne. Und Aristoteles konnte in der Sorbonne denn auch nicht zu Ehren kommen.

1215 wurde das Bücherverbot erneuert und auf Aristoteles' *Metaphysik* ausgedehnt. Es galt allerdings zunächst nur in Paris; die junge und aufstrebende Universität Toulouse war denn auch impertinent genug, 1229 eine Broschüre herauszugeben, in der sie Studenten und Professoren ausgerechnet mit der Aussicht lockte, in Toulouse die verbotenen Bücher des Aristoteles benutzen zu dürfen. 1245 tränkte es Papst Innozenz IV. der vorwitzigen Hohen Schule ein und untersagte ihr den werbewirksamen Griff ins heidnische Schrifttum. Die Kirche meinte es ernst mit ihrem Kampf gegen Aristoteles und seine vermaledeite Lehre von der Ewigkeit der Welt. Die Philosophen ihrerseits meinten es ernst mit ihrem Widerstand gegen die Vormundschaftskirche: Im März 1255 veröffentlichte die Pariser „Artistenfakultät" (die Fakultät also, in der die *artes liberales*, die „freien Künste"[74] unterrichtet wurden) ihr neues Statut, in dem sie widerständig *alle* damals bekannten Werke des Aristoteles zum Lehr- und Prüfungsstoff machte. 1263 verbot Papst Urban IV. der Pariser Universität erneut, die *libri naturales* des gefährlichen Hellenen zu benutzen. 1270 verurteilte Bischof Tempier von Paris, ein feuerspeiender Eiferer vor dem Herrn, bei Strafe der Exkommunikation dreizehn „philosophische Irrtümer", unter ihnen als ein Hauptirrtum wieder einmal die blasphemische Lehre des Aristoteles von der Ewigkeit der Welt. Die Radikalphilosophen ließen sich nicht einschüchtern. Papst Johannes XXI. ermahnte den hitzigen Tempier (den niemand ermahnen musste) am 18. Januar 1277 zum Einschreiten, und schon am 7. März 1277 (drei Jahre nach dem Tod des Thomas von Aquin) kam es zu jenem berüchtigten Rundumschlag, mit dem der beißfertige Bischof haufenweise die Lehrsätze gewisser Professoren der Artistenfakultät verdammte (insgesamt waren es 219 assortierte Theoreme, darunter auch die eher zahme Behauptung, der Beweis des Aristoteles für die Ewigkeit der Welt lasse sich nicht widerlegen). Die amtliche Tendenz war überdeutlich: Es sollte ein für allemal Schluss sein mit dem Vormarsch der heidnischen Philosophie in einer Universität, deren Theologische Fakultät die angesehenste der Christenheit war. Das Unternehmen scheiterte. Der Siegeszug des Aristoteles im christlichen Abendland war nicht aufzuhalten. Ausgerechnet für Thomas von Aquin, noch heute der maßgebende „Lehrer der Kirche", ausgerechnet für diesen Chefdirigenten der katholischen Theologie war der alte Heide schon um 1260 ohne Namensnennung einfach „der Philosoph" (*Philosophus*[75]); der angehende Heilige war seinen Kirchenfürsten weit voraus. Nicht lange nach Thomas' Tod geschah etwas, das Tempier den Atem verschlagen hätte: Die Statuten der Universität Oxford sahen eine Strafe von fünf Schilling für jede Abweichung von den Lehren des Aristoteles vor, die sich Magister der Artistenfakultät zuschulden kommen ließen. Für Dante war um 1312 Aristoteles der „Meister aller Wissenden": „Ihn ehren alle, ihn bewundern alle."[76] Henri Poincaré (1854-1912), einer der führenden Mathematiker Europas, hat ihn verehrungsvoll den „wissenschaftlichsten Geist des Altertums" genannt.[77] Der Magister Blasius („der unter den Philosophen wie die Sonne unter den Planeten ist"), dieser gefeierte Professor für Philosophie, Mathematik und Astronomie ließ 1385 ahnen, wie sehr die *causa aristotelica* inzwischen aus dem Ruder gelaufen war. Ungeniert gab er den Radikalperipatetiker: Mitten in der Christenheit leugnete er (wie Aristoteles!) kaltblütig die Unsterblichkeit der Seele, weil es andernfalls wegen der Ewigkeit der Welt (Aristoteles!) eine aktuale Unendlichkeit von Seelen geben müsse, Aktual-Unendliches aber (wieder Aristoteles!) nicht möglich sei.[78] Man sieht, wie tief – und wie direkt – die Verbannung des Aktual-Unendlichen ins theologische Argumentieren hineinwirkt.

Eine Karriere wie die des Aristoteles – erst Leiter eines florierenden Bildungs- und Forschungszentrums im klassischen Athen, dann Vordenker muselmanischer Philosophen, Greuel der Päpste und schließlich etwas, was es gar nicht geben konnte: ein „heidnischer Kirchenvater" – von einer solchen Karriere hat man nie wieder gehört. Sie ist der Alexanderzug des Alexanderlehrers.

---

[1] Diogenes Laertios V, 23.

[2] Aristoteles: Von den Teilen der Tiere 645a.

[3] Aristoteles: Nikomachische Ethik 1096a.

[4] Aristoteles: De sensu 436a.

[5] Diogenes Laertios V, 34.

[6] Diogenes Laertios V, 30.

[7] Aristoteles: Über die Seele 412b.

[8] Diogenes Laertios V, 1 und 11.

[9] Diogenes Laertios V, 18f.

[10] Diogenes Laertios V, 31.

[11] Diese sportlichen Wettkämpfe wurden von der delphischen Priesterschaft geleitet.

[12] Brief an Antipater, s. I. Düring: Aristotle in the Ancient Biographical Tradition, Göteborg 1957, S. 339.

51 Gemeint ist der „Streit", der bei Empedokles ein Bewegungsprinzip ist; das andere Bewegungsprinzip ist die „Liebe".

52 Aristoteles: Metaphysik 994a; Hervorhebungen von mir.

53 Das steht freilich nicht ganz im Einklang damit, dass die aus dem *aither* bestehende Fixsternsphäre die kreisförmige Bewegung als die ihr „natürliche" Bewegung von sich aus exekutiert.

54 S. zu alledem Aristoteles: Physik 267b, Metaphysik 1073a.

55 Aristoteles: Metaphysik 1072b.

56 Thomas von Aquin: Summe gegen die Heiden, erster Band, Buch I, 13, übers. von Karl Albert und Paulus Engelhardt, 2. Aufl., Darmstadt 1987, S. 43, Hervorhebung von mir. Thomas beweist nun noch ausführlich die zwei Sätze: „Alles Bewegte ist von einem anderen bewegt" und „In der Reihe der Bewegenden und Bewegten kann man nicht ins Unendliche fortschreiten".

57 Aristoteles: Metaphysik 1006a.

58 S. dazu auch Aristoteles: Analytica post. I, 10.

59 Er erwähnt ihn mehrfach in seiner *Metaphysik.*

60 Aristoteles: Metaphysik 994a.

61 Aristoteles: Nik. Ethik 1094a; Hervorhebung von mir.

62 Thomas von Aquin: Summe gegen die Heiden I, 38; in der o. a. Übers. S. 147; Hervorhebung von mir.

63 Aristoteles: Metaphysik 1072b.

64 Aristoteles: Nik. Ethik 1177b-1178a.

65 Mit diesen wenigen Worten gibt Thomas von Aquin (Summe gegen die Heiden I, 64; in der o. a. Übers. S. 235) einige Sätze wieder, die sich in Aristoteles' Physik 187b finden.

66 Aristoteles: Physik 189a; Hervorhebung von mir.

67 Vgl. auch Aristoteles: Metaphysik 999a.

68 Aristoteles: Vom Himmel 283b (erster Satz des zweiten Buches). Die Sache ist ihm wichtig: In der Physik (208a) konstatiert er ausdrücklich: „Die Zeit freilich ist unendlich"; so auch in der Meteorologie 353a.

69 Aristoteles: Metaphysik 999b: „Aus dem Nichtseienden ist ein Entstehen unmöglich."

70 Aristoteles: Meteorologie 353a.

71 Goethe: Gott und Welt/Vermächtnis, Artemis-Gedenkausgabe 1. S. 514.

72 Gottesstaat XII, 13.

73 Mt 24, 29.

74 Es waren dies die drei Fächer des *Trivium*: Grammatik, Dialektik, Rhetorik, ferner die vier Fächer des *Quadrivium*: Arithmetik, Geometrie, Musik, Astronomie.

75 So schon im zweiten Satz der *Summa contra gentiles* (1261-1264).

76 Dante: Inferno, 4. Gesang.

77 Henri Poincaré: Der Wert der Wissenschaft, übers. von E. Weber, Leipzig 1906, S. 123.

78 Anneliese Maier: Die Vorläufer Galileis im 14. Jahrhundert, Roma 1949, S. 287.

[13] Vgl. auch seinen lapidaren Satz in der *Physik*, 232b: „Kontinuität heißt uneingeschränkte Teilbarkeit". In *Vom Himmel*, 268a sagt er: „Kontinuierlich ist nun dasjenige, was in ein immer wieder Teilbares geteilt werden kann." Die moderne Mathematik schließt sich diesem Kontinuitätsbegriff nicht mehr an.

[14] Aristoteles: Physik 202b.

[15] Aristoteles: Physik 203b.

[16] Aristoteles: Physik 203a.

[17] Aristoteles: Physik 203b.

[18] Aristoteles: Physik 203b.

[19] Aristoteles: Physik 203b.

[20] Aristoteles: Physik 204b-206a.

[21] Auf (3) und (4) geht er noch einmal am Ende des Buches III (208a) ein. (3) erledigt er dort mit einem nahe liegenden Recycling-Argument.

[22] Aristoteles: Physik 207b.

[23] Aristoteles: Vom Himmel 271b-276a (Kapitel 5-7 des ersten Buches).

[24] Aristoteles: Vom Himmel 279a.

[25] Archytas A 24 (Kommentar des Simplikios zur *Physik* des Aristoteles).

[26] FAZ vom 4. Juni 2007.

[27] Lukrez: Von der Natur I, 968-976, übers. von Hermann Diels; s. auch II, 1048-1051.

[28] Aristoteles: Physik 208a. Wenige Seiten (206a) vorher hat er es ohne Gedankenaufwand als widersinnig empfunden, der Zeit einen Anfang und ein Ende anzudichten.

[29] Aristoteles: Physik 251b; vgl. auch die knappe Bemerkung in seiner Meteorologie 353a, dass „die Zeit nicht aufhört und das All immerwährend ist".

[30] Aristoteles: Vom Himmel 283b (erster Satz des zweiten Buches); Meteorologie 352a.

[31] Aristoteles: Metaphysik 999b.

[32] Aristoteles: Physik 207b.

[33] Aristoteles: Physik 206b.

[34] Aristoteles: Physik 206a; s. auch Metaphysik 1048b.

[35] Aristoteles: Physik 204b. In seiner *Metaphysik* 1084a bringt er hierfür das Argument, eine unendliche Zahl sei weder ungerade noch gerade; „die Entstehung der Zahlen aber geht immer auf eine ungerade oder gerade Zahl zurück."

[36] Georg Cantor: Abhandlungen, S. 174. Die von Cantor angegebene Stelle der *Metaphysik* ist übrigens ein Auszug aus dem 3. Buch der *Physik*.

[37] Aristoteles: Physik 206a.

[38] Aristoteles: Vom Entstehen und Vergehen 316a-b.

[39] Aristoteles: Physik 215b-216a.

[40] Demokrit A 49.

[41] Aristoteles: Physik 265a.

[42] Aristoteles: Physik 261b.

[43] Aristoteles: Physik 265a.

[44] Hier sollte Aristoteles lieber sagen, was er in der *Physik* (207b) sagt: Dass es unbegrenzte (unendliche) Geraden gar nicht gibt.

[45] Aristoteles: Vom Himmel 269a; s. auch 288a.

[46] Aristoteles: Vom Himmel 277b.

[47] Aristoteles: Vom Himmel 269a-b.

[48] Dieser „Äther" ist nicht etwa gasförmig, sondern kristallin und unüberbietbar hart.

[49] Aristoteles: Vom Himmel I, 3.

[50] Demokrit A 39 (Pseudoplutarch).

9. Der *horror infiniti* („Schrecken vor dem Unendlichen")

> Das Unendliche … kann von uns nicht gedacht wer-
> den. Wir können nur Dinge denken, die entweder
> beschränkt sind oder die sich unsre Seele beschränkt.
>
> JOHANN WOLFGANG VON GOETHE

> Aber es kommen Stunden, wo du erkennen wirst, dass
> der Ozean unendlich ist, und dass es nichts Furcht-
> bareres gibt als Unendlichkeit.
>
> FRIEDRICH NIETZSCHE

Nach unserer Beschäftigung mit Philosophen ist es an der Zeit, einen Blick auf den *horror infiniti* zu werfen, der schließlich auch bei den hellenischen Mathematikern ausbrach wie bei uns das Grauen vor King Kong.

Die Entdeckung der Inkommensurabilität stürzte die antike „Maßtheorie", also die Theorie der Ausmessung von Längen, Flächen und Volumina, in eine lebensbedrohliche Krise. Was eigentlich sollte der Satz des berühmten Hippokrates von Chios (2. Hälfte des 5. Jh. v. Chr.) überhaupt noch bedeuten: „Zwei Kreise verhalten sich zueinander wie die Quadrate über ihren Durchmessern"? Nach der Entdeckung der Inkommensurabilität wusste man ja nicht mehr, was unter dem „Verhältnis" zweier Kreise und unter dem „Verhältnis" ihrer Durchmesser zu ver- stehen war. Ein solches „Verhältnis" sollte doch wohl als ein Verhältnis zwischen „natürlichen Zahlen" 1, 2, 3, … ausgesprochen werden[1] (etwa: Die Strecke A verhält sich zur Strecke B wie 5 zu 3). Das aber war nur dann ausnahmslos möglich, wenn die Strecken aus Atomlinien bestanden (zwei Strecken verhielten sich dann einfach wie die Anzahlen ihrer Atomlinien) – aus Atomlinien aber, das hatten die meisten inzwischen zähneknirschend verinnerlicht, aus Atomlinien bestan- den Strecken eben nicht. Ausgerechnet Demokrit, der Übervater der Atomistik, soll auf eine andere, nicht weniger irritierende Weise mit dem „Atomaren" zusammengestoßen sein, als er sich anschickte, das Volumen des (geraden) Kreiskegels zu bestimmen. Er wollte den Kegel aus dünnen Kreisplatten parallel zum Grundkreis aufbauen, geriet dabei aber sofort in peinliche Schwierigkeiten: Sind die Kreisplatten ungleich, so ergeben sie einen „Kegel", der keiner ist, nämlich einen mit stufenartigen Absätzen (s. Fig. 1). Sind sie aber gleich, so ergeben sie über- haupt keinen Kegel, sondern einen Zylinder.[2]

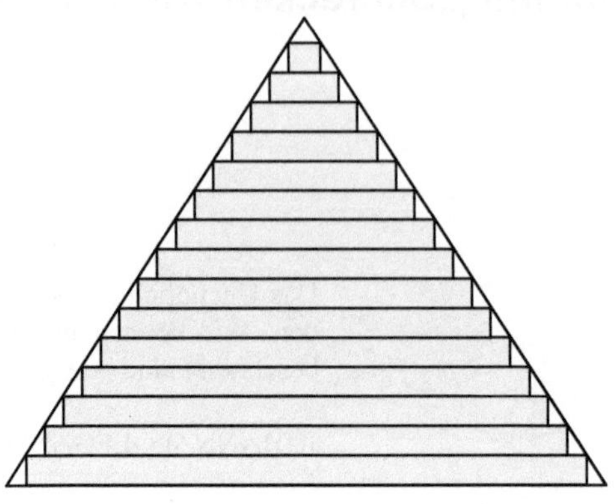

Fig. 1

Archimedes berichtet, erst Eudoxos von Knidos (etwa 400-347 v. Chr.) habe streng bewiesen, dass das gesuchte Volumen ein Drittel des Produkts Grundfläche × Höhe sei.[3] Damit ist nun der Mann genannt, der als größter griechischer Mathematiker neben Archimedes gilt und der die Maßtheorie aus dem Elend befreite, in das sie durch die Entdeckung der Inkommensurabilität geraten war. Er brachte die Wende durch seine ingeniöse, vom „Atomaren" völlig freie Proportionenlehre, die man „die Krone der griechischen Mathematik" genannt hat: Euklid stellt sie im 5. Buch seiner *Elemente* dar. Sie bringt in geometrischer Einkleidung etwas, das die moderne Mathematik in arithmetischer Form nach wirren Schleifen und Mäandern erst im 19. Jahrhundert geschaffen hat: den Begriff der „irrationalen Zahl". („Irrational" ist beispielsweise die Quadratwurzel aus 2, also die Länge der Diagonale in einem Quadrat mit der Seitenlänge 1.) Der entscheidende Durchbruch im Geiste des Eudoxos gelang dem Braunschweiger Mathematikprofessor Richard Dedekind (1831-1916) in seiner Schrift *Stetigkeit und irrationale Zahlen* (1872). Dedekind war ein effizienter Mitstreiter Cantors, und er ist es, dem wir die erste mathematische, nicht nur „gefühlte" Definition der *Unendlichkeit* einer Menge verdanken. Mit seiner brillanten Proportionenlehre ist Eudoxos an der konfusen Wissenschaftsentwicklung von mehr als zwei Jahrtausenden wie in einem Boliden vorbeigerast. Ein Satz wie „Zwei Kreise verhalten sich zueinander wie die Quadrate über ihren Durchmessern", dieser Satz des Hippokrates war nun endlich *begrifflich* sinnvoll, und Eudoxos schuf darüber hinaus eine Methode, ihn streng zu beweisen (mit einer Strenge, die auch heutigen Ansprüchen genügt, was die „Strenge" von Newton und Leibniz nicht im entferntesten tut). Zwei Jahrtausende nach Eudoxos hat man ihr ohne Verständnis für ihren Urheber den verantwortungslos irreführenden Namen „Exhaustionsmethode" („Ausschöpfungsmethode") angehängt, als ob etwa der Kreis „ausgeschöpft" würde durch die Polygone (Vielecke), die Eudoxos ihm einbeschreibt. Das Eigentümliche der Ausschöpfungsmethode besteht aber darin, dass sie ganz und gar nicht „ausschöpft", dass sie *nicht* unendlich viele geradlinig begrenzte Polygone einsetzt, die den krummlinigen Kreis „schließlich" (?) irgendwie „ausfüllen" (?), gelehrter gesagt: die in irgendeinem Sinne gegen ihn „konvergieren". Die Methode bleibt bewusst und entschlossen ganz im *Endlichen*: Sie betrachtet nicht *unendlich* viele Polygone innerhalb des Kreises, sondern nur *endlich viele*, und zwar nicht mehr als sie gerade benötigt, um den für diese Methode typischen *doppelten Widerspruchsbeweis* gelingen zu lassen. Es ist dieser Widerspruchsbeweis, der an die Stelle eines modernen Konvergenzargumentes tritt. Ich will mich hier nicht in den technischen Einzelheiten verlieren,[4] sondern nur noch sagen, dass die Exhaustionsmethode letztlich auf dem sogenannten *Axiom des Eudoxos* beruht: „Wenn man eine Größe hinreichend oft zu sich selbst hinzufügt, kann man jede vorgegebene Größe übertreffen."[5] (Welch eine Helle kritischen Bewusstseins ist nötig, um eine solche „Selbstverständlichkeit" ausdrücklich zu konstatieren!) Für eine geistige Verbindung zwischen Eudoxos und Aristoteles spricht, dass sich dieses Axiom auch in der *Physik* des Stagiriten findet: „Durch fortgesetztes Hinzufügen zu einer endlichen Größe komme ich über jedwede bestimmte Größe hinaus."[6] Das Axiom zeigt aufs deutlichste, wie beharrlich Eudoxos und Aristoteles im Endlichen verbleiben: Genau in dem Augenblick hören sie mit dem „Hinzufügen" auf, in dem sie die vorgegebene Größe gerade übertroffen haben. Sie gehen nicht *in infinitum* weiter. Durch die ganze Exhaustionsmethode weht der Geist des Anti-Infinitismus.

Ganz anders verfuhr vor Eudoxos der Sophist Antiphon (spätes 5. Jahrhundert v. Chr.). Er war auf den Gedanken geraten, den Kreis durch einbeschriebene Polygone „auszuschöpfen" – wirklich und tatsächlich *auszuschöpfen*, also durch unendliche Vermehrung der Polygonseiten schließlich beim Kreis selbst zu enden, bei einem Kreis, den Antiphon offenbar als ein „Polygon mit unendlich vielen Ecken" ansah.[7] Der Antiphonsche Eckenkreis lebt noch heute, er ist unsterblich, weil er den *sex appeal* des ewig Unverständlichen hat.

Der Genius von der kleinen Halbinsel Knidos hat ein bewegtes Leben geführt. Er war Mathematiker von höchsten Graden und Astronom von höchsten Graden, ein kenntnisreicher Geograph und geschätzter Gesetzgeber, ein freigeistiger Philosoph und Theologe, schließlich noch ein Arzt, von dessen Heilerfolgen die Geschichte freilich nichts weiß. Obwohl arm, ist auch er wie viele hellenische Geistmenschen weit in der Welt herumgekommen: Er studierte Mathematik bei dem Pythagoreer Archytas im süditalienischen Tarent; dann finden wir den Dreiundzwanzigjährigen in Athen, wo er Platon hörte; anschließend reiste er nach Ägypten und trieb dort an einem Observatorium nahe Heliopolis unter der Leitung sternkundiger Priester sechzehn Monate lang astronomische Studien. Einem Hauptartikel der gelehrten Priesterschaft, der zukunftserkundenden Sterndeuterei, scheint er freilich nichts abgewonnen zu haben.[8] Nach solchen Vorbereitungen fühlte sich der junge Mann reif genug, um in Kyzikos am Marmara-Meer eine eigene philosophisch-naturwissenschaftliche Schule zu gründen. Sie wurde ein glänzender Erfolg. Der hellenophile karische Satrap Mausolos (der sich das berühmte Mausoleum, eines der Sieben Weltwunder, bauen ließ) berief den aufsteigenden Stern an seinen Hof in Halikarnassos. Um 368 v. Chr. ging Eudoxos wieder nach Athen und gründete dort eine florierende Schule. („Absichtlich zum Leidwesen Platons".[9] Platon hatte wohl eine Aversion gegen Eudoxos, weil dieser aufs unplatonischste die Lust als höchstes Gut erklärt hatte und die rein-reine Mathematik entehrte, indem er sie auf Schmuddel-Irdisches anwandte. Das wollte Eudoxos dem gnadenlos vergeistigten Platon denn doch heimzahlen.) Bei diesem zweiten Athen-Aufenthalt hat der Knidier wohl auch den Stagiriten getroffen, der damals in Platons Akademie studierte und von Eudoxos offenbar viele Anregungen erhalten hat. Beide hatten den gleichen glühenden Forschungsdrang: Eudoxos soll gesagt haben, er hätte nichts dagegen, vom Blitz des Zeus erschlagen zu werden, wenn dies der Preis dafür wäre, der Sonne nahe kommen und ihre Natur erkennen zu können. Dieser faustische Mann hat aber nicht nur die Erkenntnis geliebt, sondern auch die Tiere; jedenfalls wird berichtet, er habe neben seinen tiefgründigen wissenschaftlichen

Werken auch noch lockere „Hundedialoge" geschrieben. Nach Knidos zurückgekehrt, hat er ein Observatorium eingerichtet und astronomische Instrumente konstruiert. In dieser Zeit hat er wohl auch jenes Weltsystem entworfen, das eine unabsehbare Wirkung haben sollte. Es war schon immer eine der größten Herausforderungen für die antiken Astronomen gewesen, die abstrusen Bewegungen der sieben Planeten (das griechische Wort *planetes* bedeutet auch „Landstreicher") zu erklären. Diese sieben waren Merkur, Venus, Mars, Jupiter, Saturn. Dazu kamen nach damaligem Planetenverständnis noch Sonne und Mond. Die Sonne schob ihre Bahn zwischen den Wendekreisen hin und her, der Mond wanderte so seltsam durch den Himmel, dass er noch einen Newton zur Verzweiflung bringen sollte. Vollendet ausgefallen benahmen sich die fünf erstgenannten „Landstreicher", lateinisch *errantes* („Irrsterne"). Sie bewegten sich (immer von der Erde aus gesehen) in mysteriösen *Schleifen*, gingen vor, hielten an, gingen zurück, dann wieder vor, und durchquerten so den Himmel in einer Art Echternacher Springprozession. (Fig. 2. Der Leser sollte unbedingt die nächste Gelegenheit ergreifen, dieses kosmische Torkeln in einem Planetarium auf sich wirken und so ganze Jahrhunderte einer abenteuernden Kulturgeschichte an sich vorüberziehen zu lassen.) Eudoxos war nun der Erste, der ein präzises Modell konstruierte, um „die Erscheinungen zu retten", d. h. mathematisch zu beschreiben. Er entwarf dazu in seinem (nicht erhaltenen) Buch *Über die Geschwindigkeiten* ein raffiniertes System von Kugelschalen, die sich in verschiedenen Richtungen mit verschiedenen Geschwindigkeiten um den gemeinsamen Mittelpunkt Erde drehen und an denen die Sterne befestigt sind. Die äußerste Kugelschale – die Sphäre der Fixsterne – rotiert von sich aus und setzt alle anderen Sphären in Bewegung. In scharfem Gegensatz zur überwältigend unendlichen Welt Demokrits ist die des Eudoxos entschieden *endlich* – eine Kugel, abgeschlossen von der Fixsternsphäre. Auch für Archimedes, den genialen Nachfolger des Eudoxos *in mathematicis*, ist der Kosmos eine *endliche Kugel*.[10] Aristoteles hat das System des Eudoxos unter ausdrücklicher Berufung auf den Urheber in seiner *Metaphysik* dargestellt und durch Hinzufügung weiterer Sphären noch ein wenig verfeinert.[11] Die Tragesphären hat er aus einem selbsterfundenen fünften Element, dem kristallinen, undurchdringlichen „Äther" bestehen lassen. Wir wissen nicht, ob auch Eudoxos seine Sphären als *materielle* Träger gesehen oder sie nur als *geometrische* Entitäten imaginiert hat. Das eudoxisch-aristotelische Weltsystem rotierender Kugelschalen hat in einem Siegeszug ohnegleichen bis tief in die Renaissance hinein das Denken beherrscht; es ist erst von Kopernikus, Kepler und Newton abgeschafft worden. Das Mittelalter hat nur eine einzige Änderung an ihm vorgenommen: Es hat geglaubt, die Drehung der Sphären nicht der irrlichternden Natur, sondern zuverlässigen Engeln anvertrauen zu sollen.[12]

Eudoxos hat neben seiner intensiven astronomischen Arbeit noch Zeit gefunden, den Knidiern eine neue Verfassung zu geben; sie hatten ihn darum gebeten. Hochgeehrt ist er im Alter von dreiundfünfzig Jahren gestorben. Seine Zeitgenossen nannten ihn statt Eudoxos gerne Endoxos, „den Berühmten", „wegen seines Namens Glanz".[13] Eine andere Berühmtheit, die „Aphrodite von Knidos" des Praxiteles, kam etwa zwanzig Jahre nach dem Tod des Gelehrten per Schiff in Knidos an. Eudoxos von Knidos und die Aphrodite von Knidos haben den Namen dieses kleinen Landvorsprungs tief in das kulturelle Gedächtnis der Menschheit eingegraben.

Aus dem Axiom des Eudoxos gewinnen wir heutzutage in einer halben Zeile die fundamentale Aussage, dass die Folge der Zahlen 1, 1/2, 1/3, 1/4 usw. „gegen 0 konvergiert" (s. unten). Die

Griechen standen also einem tragenden Begriff der modernen Mathematik, dem Konvergenzbegriff, Auge in Auge gegenüber – *aber sie erkannten ihn nicht.* Dieses Nicht-Erkennen ist vielleicht das dramatischste Nicht-Ereignis in der Geschichte der Mathematik, ja sogar weit über sie hinaus. Die heutige Differential- und Integralrechnung ist nichts anderes als eine voll orchestrierte Variation über das Thema „Konvergenz". Und wer auch nur ein klein wenig die Rolle dieser Rechnungsart in allen Natur- und Technikwissenschaften, bis tief in die Medizin hinein kennt, mag ahnen, dass die Entwicklung unserer wissenschaftlichen und materiellen Kultur sehr viel anders verlaufen wäre, wenn Forscher wie Eudoxos und Archimedes nach dem gegriffen hätten, was greifbar vor ihren Augen lag: nach dem Konvergenzbegriff. In dem ungeschriebenen Buch „Verpasste Chancen der Wissenschaft" ist dies eines der dramatischsten Kapitel.

Sehen wir uns nun genauer an, was es mit dem hellenischen Konvergenzversagen auf sich hat! Aus dem Axiom des Eudoxos folgt sofort, dass man jede (noch so große) Zahl G durch eine Summe von Einsen – also durch eine hinreichend große natürliche Zahl m – übertreffen kann. Man braucht jetzt nur noch zu den Reziproken $1/G$ und $1/m$ überzugehen, um die „reziproke Aussage" zu erhalten, dass man jede (noch so kleine) positive Zahl ε (= $1/G$) durch eine Zahl der Form $1/m$ mit einer hinreichend großen natürlichen Zahl m unterbieten kann. Kürzer: *Zu jeder positiven Zahl ε gibt es eine natürliche Zahl m, so dass $1/m$ kleiner ist als ε.* Erst recht gilt dann aber: *Zu jeder positiven Zahl ε gibt es eine natürliche Zahl m, so dass für* a l l e *Zahlen n, die* g r ö ß e r *als m sind, die Zahlen $1/n$ kleiner ausfallen als ε.* Der erste dieser kursiv gesetzten Sätze ist „reiner Eudoxos", der zweite – eine triviale Folgerung aus ihm – ist die heutige Aussage, dass die unendliche Folge der Zahlen 1, $1/2$, $1/3$, $1/4$, … „gegen 0 konvergiert". Was also fehlte Eudoxos, um vom ersten Satz zum zweiten zu gelangen und so die „Konvergenz" zu entdecken? Es fehlte ihm nur die Bereitschaft, „a l l e *n, die größer als m sind*" ins Auge zu fassen, es fehlte also nur die Bereitschaft, eine *aktual-unendliche* Menge von Zahlen zu akzeptieren. Dasselbe lässt sich von dem Syrakusaner Archimedes (287-212 v. Chr.) sagen, der in der Antike als „göttlich" galt und in der Moderne mit Newton und Gauß das „Dreigestirn der Mathematik" bildet. Man liest manchmal, Archimedes habe die unendliche geometrische Reihe summiert. Das hat er nicht getan, und zwar schon deshalb nicht, weil er „unendliche Reihen" gar nicht ins Auge fasste. Lieber hat er die ganz *im Endlichen* verbleibende Exhaustionsmethode mit ihren kunstvollen Widerspruchsbeweisen aufs höchste verfeinert. Die Mathematiker des 17. Jahrhunderts verzweifelten schier daran, die Exhaustionsvirtuosität des übermenschlichen Archimedes jemals erreichen zu können und griffen gewissenlos zu anderen Mittelchen, um „auf die Schnelle" zu dem einen oder anderen Resultat zu kommen, das freilich nicht selten einen strengen Geruch verströmte und das sie dann beschönigend ein *paradoxon non inelegans* („ein nicht unelegantes Paradoxon") nannten. Die griechische Strenge blieb dabei auf der Strecke, aber, so jedenfalls tröstete Galileis Freund Bonaventura Cavalieri (etwa 1598-1647) sich und diejenigen, die sich als Tieferdenkende ausgaben, Strenge sei ohnehin Sache der Philosophie, nicht der Mathematik.[14] Cavalieri fabrizierte und praktizierte eine Methode der „indivisiblen (unteilbaren) Größen", also eine neue atomare Geometrie, die aber weitaus anrüchiger war als die alte, weil die „Indivisiblen" nicht einfach „unteilbar", sondern auch noch „unendlich klein" waren (wobei Cavalieri partout nicht preisgab, was „unendlich klein" eigentlich bedeuten sollte; er hat es wohl selbst nicht gewusst). Die Indivisiblen waren also „unendlich klein" – aber sie waren doch mit der magischen Kraft begabt, Ausgedehntes hervorbringen zu können, wie dünne Fäden ein Gewebe und dünne Papierseiten ein Buch hervorbringen. Gegen derartige Taschenspielereien

hatte schon Aristoteles aufbegehrt: „Es ist absurd, dass eine Größe aus Dingen ohne Größe bestehen sollte."[15] Galilei aber – ausgerechnet er, der glühende Verehrer des Archimedes – war sehr
angetan von den un-antiken Luftsprüngen Cavalieris. Es war schließlich Newton, der das mathematische Dilemma seiner Zeit – hier die schwierige Kunst des Archimedes, dort das zuchtlose
Treiben der Hyperatomisten – mit etwas Neuem, mit einer Konvergenz- und Grenzwerttheorie
aus der Welt schaffen wollte. Diese „Methode der ersten Verhältnisse entstehender und letzten
Verhältnisse verschwindender Größen" setzt er in seinem Hauptwerk *Principia mathematica
philosophiae naturalis* (1687) in einer Reihe von Hilfssätzen auseinander und lässt uns dabei
einen Blick in das Elend der Mathematik seiner Zeit tun:

> Diese Lemmata wurden vorausgeschickt, um die Mühsal der verwickelten Wider-
> spruchsbeweise nach der Art der alten Geometer [vor allem des Archimedes] zu
> vermeiden. Die Beweise mittels der Indivisiblenmethode sind zwar kürzer; aber da
> die Hypothese der Indivisiblen etwas anstößig ist und deshalb diese Methode als
> weniger geometrisch [mathematisch] angesehen wird, habe ich es vorgezogen, die
> Beweise der folgenden Sätze auf die ersten und letzten Summen und Verhältnisse
> entstehender und verschwindender Größen zurückzuführen.[16]

Wenige Zeilen später merkt er erläuternd an, Euklid habe im 10. Buch seiner *Elemente* mittels
der Theorie der Inkommensurabilität bewiesen, dass eine Größe nicht aus unteilbaren Stücken
bestehen könne. (Euklid zeigt am Ende des 10. Buches, dass Seite und Diagonale eines Quadrats
inkommensurabel sind.) Man glaubt, in Newtons Worten noch einmal den Verfasser der pseudoaristotelischen Schrift *Über Atomlinien* zu hören. Das Phänomen der Inkommensurabilität, diese
tiefe Erschütterung des Denkens, steht auch an der Wiege des modernen Konvergenzbegriffes.

Nicht als habe Newton ihn schon geschaffen. Er erahnt ihn, er streckt seine Hände nach ihm
aus – und doch kann auch er ihn nicht fassen.[17] Noch anderthalb Jahrhunderte sollte es dauern, bis
dieser Begriff durch Karl Weierstraß (1815-1897) endgültig erobert wurde. Dies zu sagen heißt
auch, besser zu verstehen, warum selbst Eudoxos und Archimedes, Geister ersten Ranges, nicht
bis zu ihm vorgedrungen sind, obwohl er doch vor ihren Augen lag. Der Konvergenzbegriff ist
auf abgefeimte Weise gleichzeitig subtil *und* simpel. Er ist so subtil, dass der Mathematikstudent
im ersten Semester ihn kaum versteht, und er ist so simpel, dass derselbe Student in seinem zweiten Semester nicht mehr versteht, warum er ihn im ersten Semester nicht verstanden hat.

Man kann nicht genug rühmen, dass Eudoxos und Archimedes nicht, wie zahllose mindere
Köpfe, nach palliativischen Pseudogrenzprozessen gegriffen haben, als deren abschreckendes
Muster der Antiphonsche Eckenkreis gelten darf. Bei diesen dubiosen Prozessen drängt sich
das Aktual-Unendliche auf eine dreiste Art in den Vordergrund, und dies wird – neben der fatalen Inkommensurabilität und den lähmenden Zenonischen Paradoxien – einiges dazu beige-
tragen haben, die seriösen griechischen Mathematikern auf einen bohrenden Argwohn gegen
das Unendliche einzustimmen. Genau wissen wir das nicht, weil sie selbst nichts dazu gesagt
haben; Archimedes etwa hält sich in seinen überlieferten Schriften ganz frei von Spekulationen
über das Unendliche. Aber die langen Schleifspuren der Unendlichkeitsscheu sind überall zu
sehen – besonders deutlich in der Exhaustionsmethode, die dem naheliegenden Grenzprozess
mittels artistischer Widerspruchskonstruktionen aus dem Wege geht. Wir sehen diese Spuren
ferner, wenn Euklid nicht unbefangen sagt, es gäbe *unendlich viele* Primzahlen, sondern gestelzt

deklamiert: „Es gibt mehr Primzahlen als jede vorgelegte Anzahl von Primzahlen."[18] Wir sehen sie, wenn demselben Euklid die Geraden immer *endlich*, aber *beliebig verlängerbar* sind. Es ist, als habe er Aristoteles' Trostsprüchlein im Ohr, der Mathematiker könne gut und gern auf Unendliches verzichten; was er brauche, sei ja nur „die Berechtigung, die endliche Gerade so groß anzusetzen, wie er sie jeweils haben will".[19] Die Definition der Parallelität lautet bei Euklid denn auch nicht: „Zwei (unendliche) Geraden, die in ein und derselben Ebene liegen, heißen parallel, wenn sie sich nicht schneiden." Sie lautet: „Parallel sind zwei Linien, die in derselben Ebene liegen und dabei, wenn man sie nach beiden Seiten ins Unendliche [*apeiron*, hier: ständig] verlängert, nicht einander treffen."[20] Dass *apeiron* hier nicht „unendlich" im eigentlichen Sinne bedeutet, wird noch deutlicher bei Euklids gekünstelter Formulierung des sogenannten „Parallelenaxioms", in der von „Parallelen" gar nicht die Rede ist:

> Wenn eine gerade Linie beim Schnitt mit zwei geraden Linien bewirkt, dass innen auf derselben Seite entstehende Winkel zusammen kleiner als zwei Rechte werden, dann treffen sich die zwei geraden Linien bei Verlängerung ins Unendliche [*apeiron*] auf der Seite, auf der die Winkel liegen, die zusammen kleiner als zwei Rechte sind.[21]

Hier treffen sich also in einem verqueren Wortspiel zwei Geraden im *Endlichen* „bei Verlängerung ins *Unendliche*". Ganz im Sinne des Aristoteles ist das Unendliche ausgedünnt zum beliebig vergrößerbaren Endlichen.

Euklids Parallelenaxiom ist so verwickelt und verzwickt, dass viele Mathematiker es gar nicht für ein „Axiom" (evidente Grundaussage) halten wollten, sondern versuchten, es aus den anderen vier Axiomen der *Elemente* zu beweisen. Die Versuche scheiterten alle, und dieses konstante Scheitern brachte den jungen Gauß schließlich auf den Gedanken, eine „nicht-euklidische" Geometrie, eine Geometrie mit einem anderen als dem tradierten Parallelenaxiom aufzubauen. Dieser Versuch gelang und feierte seine eindrucksvollsten Triumphe in Einsteins Allgemeiner Relativitätstheorie. In gewissem Sinne verdanken wir die nichteuklidische Geometrie dem aristotelisch-euklidischen Ressentiment gegen das Unendliche.

---

[1] Andere Zahlen benutzten die griechischen Mathematiker nicht.

[2] Demokrit B 155.

[3] Archimedes: Kugel und Zylinder, Anfang des Buches I.

[4] Ich verweise den Leser auf mein *Lehrbuch der Analysis, Teil 2*, 13. Aufl. Wiesbaden 2004, S. 636-640.

[5] S. dazu Archimedes: Quadratur der Parabel (Vorwort); Kugel und Zylinder (Postulat 5).

[6] Aristoteles: Physik 266b.

[7] Antiphon B 13 (Simplikios und Themistios).

[8] Cicero: De divinatione II, 87.

[9] Diogenes Laertios VIII, 87.

[10] Archimedes: Die Sandzahl. In Archimedes: Werke. Darmstadt 1983, S. 349.

[11] Aristoteles: Metaphysik 1073b – 1074a.

[12] Das Ptolemäische System war ein fiktives mathematisches Modell, das die Astronomen und Astrologen für ihre Berechnungen benutzten.

[13] Diogenes Laertios VIII, 91.

[14] Bonaventura Cavalieri: Exercitationes geometricae sex, S. 241.

[15] Aristoteles: Vom Entstehen und Vergehen 316b.

[16] Isaac Newton: Mathematische Prinzipien der Naturlehre, hrsg. von J. Ph. Wolfers, Neuausgabe Darmstadt 1963, S. 53; die Übersetzung wurde leicht geändert. Auf diese Ausgabe wird hinfort kurz verwiesen mit „Newton: Prinzipien".

[17] S. dazu mein *Lehrbuch der Analysis, Teil 2,* 9. Aufl. Stuttgart 1995, S. 663-667.

[18] Euklid: Elemente IX, Satz 20.

[19] Aristoteles: Physik 207b.

[20] Euklid: Elemente I, Definition 23.

[21] Euklid: Elemente I, Postulat 5.

10. Die *resurrectio infiniti* („Wiederauferstehung des Unendlichen") unter der Leitung des heiligen Augustinus

Kennt also Gott nicht alle Zahlen, weil sie unendlich sind, und reicht sein Wissen nur bis zu einer gewissen Summe? Ist ihm, was darüber hinausgeht, verborgen? Welcher Narr möchte das behaupten?

AUGUSTINUS

Energischer, als dies hier von S[ankt] Augustin geschieht, kann das *Transfinitum* nicht verlangt, vollkommener nicht begründet und verteidigt werden

GEORG CANTOR

Seit der Entdeckung des desaströsen Phänomens der Inkommensurabilität, seit dem Auftauchen der ebenso desaströsen Paradoxien Zenons und seit Aristoteles' ausgeklügelter Argumentation gegen das Aktual-Unendliche scheint das Misstrauen gegen Unendliches epidemisch geworden zu sein. Noch Jahrtausende nach dem Stagiriten klagte Georg Cantor, dass der *horror infiniti* in den Kreisen namhafter Naturforscher und Ärzte „ein tief eingewurzeltes Übel" sei.[1] Aber ungleich dramatischer zeigt sich die Ablehnung des Unendlichen in gewissen Zeugnissen der frühchristlichen Theologie: In ihnen wird selbst dem „allmächtigen" Gott nicht mehr zugetraut, mit dem Unendlichen fertig zu werden. Es ist der tiefsinnige Origenes, der die Axt an das christliche Vertrauen in Gottes Omnipotenz legt. Gott, sagt Origenes geradeheraus und unerschrocken, Gott hat nur eine *begrenzte* Macht, und dafür gibt es einen guten philosophischen Grund: Eine unbegrenzte Macht kann sich nämlich noch nicht einmal selbst denken, denn das Unbegrenzte ist seinem Wesen nach nicht „umfassbar", d. h. nicht erkennbar. Diese „Verendlichung", diese „Entmächtigung" Gottes bringt den Radikaltheologen auf die verwegene Idee, selbst Gottes Vorherwissen könne eine unendliche Kette zukünftiger Ereignisse nicht erfassen (deshalb könne die Welt auch nicht ewig dauern).[2] Da nun niemand seine Grenzen besser kennt als Gott, hat der Schöpfer aller Dinge im Schöpfungsakt aus freien Stücken nur eine solche (endliche) Zahl von Vernunftwesen ins Dasein gerufen, die er „durchwalten" – überblicken, umsorgen, regieren – konnte.[3] Das sind Sätze, die den Gläubigen entweder in Zittern oder in Empörung versetzen.

Origenes war vertraut mit Platon und mit den „Schriften der berühmten Männer aus der pythagoreischen Schule".[4] Es ist der Pythagoreer in ihm, der ihn im „Unendlichen" etwas „Schlechtes" sehen lässt[5] und dem der biblische Satz zusagt: „Du [Gott] hast alles geordnet nach Maß, Zahl und Gewicht".[6] Er zitiert ihn mehrfach in der Variante, Gott habe alles geschaffen „mit Zahl und Maß", und kommentiert ihn mit den Worten: „Denn für Gott ist nichts ohne Grenze und ohne Maß."[7] Die Zahl ist dem Origenes, wie jedem Pythagoreer, der Bürge der Endlichkeit, und so glaubt er denn auch, aus dem Zahl-und-Maß-Satz schließen zu dürfen, dass Gott nur endlich viele Vernunftwesen geschaffen habe: „Diese sollen so viele sein, dass Gottes Vorsehung [gerade noch] für sie sorgen kann."[8] Mit pythagoreischem Endlichkeitspathos hütet sich Origenes davor, Gott allzu viel zuzumuten und zuzutrauen. Auch der Himmelsherr wird unter das Joch des Endlichen gezwungen. Bei Origenes feiert der Finitismus, ein Tropfen Heidentum im christlichen Blut, seinen nicht mehr überbietbaren Triumph.

Der alttestamentliche Satz „Du aber hast alles geordnet nach Maß, Zahl und Gewicht" wird sich durch zwei Jahrtausende hindurch als ein Schlüsselsatz in der Diskussion um das Unendliche erweisen.[9]

Cantor führt die oben zitierten Sätze des Origenes als „eine entschiedene Stellungnahme gegen das Aktual-Unendliche" wörtlich an. Stark von dem griechischen Unruhestifter beunruhigt und sprachlich entsprechend verquast meint der gläubige deutsche Mathematiker: „Er [Origenes] geht hierin so weit, dass es fast scheinen möchte, er wolle selbst die Unendlichkeit Gottes nicht behauptet wissen." Es ist genau in diesem Zusammenhang, dass Cantor dem Origenes gewissermaßen philologisch zu Hilfe eilt. Er gibt nämlich zu bedenken, dass das griechische Wort für „Grenze" – *peras* – auch Ziel und Vollendung bedeutet: „Mit dem *apeiron* [Unendlichen] verbindet sich daher eigentlich der Begriff des Unbestimmten, Unvollkommenen." Origenes wird wohl gemeint haben, man sollte es Gott nicht antun, in ihm ein *apeiron* zu sehen. In der „*tiefsinnigen* Betrachtung des Origenes" sieht Cantor „den *Ursprung* für die … *bedeutendsten* und *inhaltvollsten* Argumente …, welche gegen das Transfinitum zur Geltung gebracht worden sind"; ihre reifste Form freilich hätten sie erst bei Thomas von Aquin gefunden.[10] (Davon später mehr.) Zunächst aber, und in krachender Konfrontation mit Origenes, müssen wir uns einem anderen Kirchenlehrer zuwenden, dem Feuerkopf und Flammenwerfer Augustinus (354-430). Der Heilige reagiert empört und wortmächtig auf die blasphemische „Verendlichung", die Origenes dem unendlichen Gott angedeihen lässt. Schonungslos greift er die gotteslästerliche These des Häretikers an, „kein Wissen könne Grenzenloses umfassen", selbst Gottes Wissen nicht – obwohl doch (so Augustinus) der Gottesgeist „jegliche Unendlichkeit fasst".[11] Augustinus unterwirft auch das Unendliche der Herrschaft Gottes. Und nun holt der vulkanische Heilige zu einem arithmetischen – *arithmetischen!* – Schlag gegen die Origenesanhänger aus, den er für tödlich hält:

> Wenn sie aber weiter sagen, selbst Gottes Wissen könne das Unendliche nicht fassen, wird ihnen nichts anderes übrig bleiben, als auch die dreiste Behauptung aufzustellen und damit in den Abgrund tiefer Gottlosigkeit zu stürzen, Gott wisse auch nicht alle Zahlen. Denn dass diese unendlich sind, ist unbestreitbar.[12] Kann man doch jede Zahl, bei der man zu zählen aufhören möchte, nicht nur um eins vermehren, sondern auch, so groß sie ist und welch ungeheure Summen sie auch in sich schließt, nach dem Gesetz und der Wissenschaft der Zahlen nicht nur verdoppeln, sondern auch mit sich multiplizieren … Kennt also Gott nicht alle Zahlen, weil sie unendlich sind, und reicht sein Wissen nur bis zu einer gewissen Summe? Ist ihm, was darüber hinausgeht, verborgen? Welcher Narr [*dementissimus*, Spitzentrottel] möchte das behaupten? Man wird doch auch nicht wagen,

die Zahlen zu verachten und zu sagen, Gottes Wissen habe damit nichts zu schaffen, lehrt doch ihr Plato[13] mit seinem großen Ansehen, Gott habe die Welt nach Zahlen gebildet.[14] Und bei uns liest man von Gott: „Alles hast du nach Maß, Zahl und Gewicht geordnet."[15]… Lassen wir also jeden Zweifel fahren, als wären ihm nicht alle Zahlen bekannt, ihm, von dem der Psalm singt: „An seine Erkenntnis reicht keine Zahl." *So ist ihm die Unendlichkeit der Zahlen, obwohl sie unzählbar ist, nicht unfasslich,* da an seine Erkenntnis keine Zahl heranreicht. Wenn also alles, was man wissend erfasst, durch des Wissenden Erfassen begrenzt wird, *ist für Gott unfraglich auch alles Unendliche [omnis infinitas] auf unbeschreibliche Weise endlich,* weil es seinem Wissen nicht unfasslich ist.[16]

Dieser Text hat Epoche gemacht; er ist der vielleicht letzte gehaltvolle Beitrag der Theologie zur Förderung einer „exakten Wissenschaft". Denn kein Geringerer als Cantor hat sich geradezu enthusiastisch auf ihn berufen. Ihm, dem Pfadfinder in den Schluchten des Unendlichen, musste ja in erster Linie daran gelegen sein, gegen den übergewaltigen Aristoteles und die riesige Heerschar seiner Anhänger zunächst einmal die bloße Existenz – nur die *Existenz!* – des Aktual-Unendlichen glaubhaft zu machen. In Augustinus sah er dabei seinen mächtigsten Verbündeten. Das ganze Kapitel des *Gottesstaates,* in dem die gerade zitierten Sätze stehen, das ganze Kapitel setzt er Wort für Wort im lateinischen Urtext seinen Lesern vor[17] und gibt dazu einen rundum emphatischen Kommentar:

Energischer als dies hier von S[ankt] Augustin geschieht, kann das *Transfinitum* nicht verlangt, vollkommener nicht begründet und verteidigt werden … Indem [er Gottes] totale, intuitive [Augustinus sagt treffender „kontuitive", „zusammenschauende"[18]] Perzeption der Menge [der unendlich vielen Zahlen 1, 2, 3, …] behauptet, erkennt er zugleich diese Menge *formaliter* als ein aktual-unendliches Ganzes, als ein *Transfinitum* an, und wir sind gezwungen, ihm darin zu folgen.[19]

Es ist Gottes *All*wissen, das die Existenz des Aktual-Unendlichen verbürgt. Wir Menschen können das Unendliche nicht „durchlaufen" (das war ja die tückisch ausgetüftelte Schwierigkeit bei Zenons „Dichotomie"), und doch ist das Unendliche ein fertiges, abgeschlossenes Totum – denn, wie Augustinus unter Cantors lebhaftem Beifall sagt, „für Gott [ist] unfraglich auch alles Unendliche auf unbeschreibliche Weise endlich". Gott kann das Unendliche in der Totale überblicken, ganz so, als sei es ein Endliches. Es ist ihm, was unserem olympischen Goethe in einem paradoxen Wort der „ungeheure überwölbte" Marktplatz von Padua war: ein „abgeschlossenes Unendliches".[20] Cantor stellt sich mit Augustinus gegen einen Origenes, der Gott entmächtigen will.[21] Gott ist dem Unendlichen gewachsen, Gott findet sich in ihm zurecht.

Die Unendlichkeitsmeditationen des Augustinus mögen manchem mystisch erscheinen. Aber Immanuel Kant (1724-1804), die tragende Säule der deutschen Aufklärung, hat kaum anders gedacht, als er sich an die Gegner einer „angeblichen Unmöglichkeit einer Menge ohne Zahl und Grenzen" wandte und sie fragte, „ob die künftige Folge der Ewigkeit nicht eine wahre Unendlichkeit von Mannigfaltigkeiten und Veränderungen in sich fassen wird und ob diese unendliche Reihe nicht auf einmal schon jetzo dem göttlichen Verstande gänzlich gegenwärtig sei".[22]

Durch seine Verwurzelung in Gott bekommt das Wort „unendlich" bei den Kirchenvätern von neuem – gegen Pythagoras und Aristoteles – den Charakter des Werthaltigen und Erhabenen, den es in den Anfängen des griechischen Denkens schon einmal gehabt hatte. (Aristoteles: „Und so gilt es [das *apeiron,* das Unendliche] auch als das Göttliche. Denn es sei unsterblich und unvergänglich, wie es die ausdrückliche Meinung des Anaximander und der meisten Naturforscher ist."[23]) Um 700 schreibt Johannes Damascenus (den Papst Leo XIII im Jahre 1890 unter die *Doctores ecclesiae* aufnahm): „Unendlich ist das Göttliche und unbegreiflich, und das einzige, was von ihm zu begreifen ist, ist seine Unendlichkeit und Unbegreiflichkeit."[24] Das ganze Mittelalter nennt Gott einfach den „Unendlichen" (so wie die heutigen Gläubigen Gott einfach den „Allmächtigen" nennen). Der Konnex zwischen Gott und Unendlichkeit hat sich als haltbar erwiesen; noch in unserem Jahrhundert hat Romain Rolland gemeint, die eigentliche Quelle der Religiosität sei ein Gefühl, das er die Empfindung der „Ewigkeit" nennen möchte, ein Gefühl wie von etwas Unbegrenztem, Schrankenlosem, gleichsam „Ozeanischem".[25] Es ist als käme das Urwasser des Thales und das *apeiron* des Anaximander zusammen, um in Rollands Seele die" Quelle der Religiosität" zu bilden.

---

[1] Georg Cantor: Ges. Abh., S. 400.

[2] Origenes: Comment. in Matthaeum T. VIII ed. J.-P. Migne: Patrologia Graeca, Bd. 13, S. 1089C. Zitiert nach Jonas Cohn: Geschichte des Unendlichkeitsproblems im abendländischen Denken bis Kant, Leipzig 1896; zweiter unveränderter Nachdruck Hildesheim/Zürich/New York 1983, S. 63.

[3] Origenes: Vier Bücher von den Prinzipien (II, 9, 1), hrsg. und übers. von Herwig Görgemanns und Heinrich Karpp, 2. Aufl. Darmstadt 1985, S. 401.

[4] Diese Aussage des Porphyrios wird zitiert von Eusebios: Kirchengeschichte VI, 19, 7-8.

[5] Origenes: Contra Celsum IV, 63.

[6] Buch der Weisheit 11, 20.

[7] Origenes: Vier Bücher von den Prinzipien IV, 4, 8; in der o. a. Übers. auf S. 809.

[8] Origenes: Vier Bücher von den Prinzipien, II, 9, 1; in der o. a. Übers. auf S. 403.

[9] Zeitlich gehört dieser Satz der Spätantike an, und man wird hier pythagoreische Einflüsse vermuten dürfen.

[10] Georg Cantor: Abhandlungen, S. 403.

[11] Augustinus: Vom Gottesstaat XII, 18.

[12] *Eos [numeros] quippe infinitos esse certissimum est.*

[13] Ich habe schon erwähnt, dass Origenes Platoniker und Pythagoreer war.

[14] S. insbesondere Platon: Timaios, Kap. 7. Der Hauptredner dieses Dialogs ist ein Pythagoreer.

[15] Der Satz ist Augustinus wichtig; er bringt ihn noch einmal im *Gottesstaat* XI, 30.

[16] Augustinus: Vom Gottesstaat XII, 19; Hervorhebung von mir.

[17] Georg Cantor: Ges. Abh., Fußnote 3 auf S. 401f.

[18] Augustinus: Vom Gottesstaat XI, 21.

[19] Georg Cantor: Ges. Abh., S. 402.

[20] Johann Wolfgang von Goethe: Italienische Reise I, 27. 9. 1786.

[21] Cantor: Ges, Abh., S, 403.

[22] Immanuel Kant: Allgemeine Naturgeschichte und Theorie des Himmels (1755), Zweiter Teil. Siebentes Hauptstück, Anmerkung.

[23] Aristoteles: Physik 203b.

[24] Zitiert nach Jonas Cohn: Geschichte des Unendlichkeitsproblems im abendländischen Denken bis Kant, Leipzig 1896, zweiter Nachdruck Hildesheim/Zürich/New York 1983, S. 66f.

[25] So berichtet Sigmund Freud auf der ersten Seite seines Büchleins *Das Unbehagen in der Kultur.*

11. Der getaufte Aristoteles: Thomas von Aquin

S[ankt] Thomas hat den Argumenten des Origenes gegen das Transfinitum die vollendetste Form gegeben.

GEORG CANTOR

Aristoteles „liegt" der abendländischen Christenheit um 1200 auf unheimliche Weise; er bedeutet für sie geradezu die Möglichkeit, sich über sich selbst klar zu werden.

JOSEPH PIEPER

Für Thomas von Aquin (1225-1274) war Aristoteles einfach der *Philosophus, „der* Philosoph", die Nennung des Namens erübrigte sich bei einem so singulären Mann. Thomas seinerseits stieg im Mittelalter zum *princeps philosophorum* („König der Philosophen") auf; auch bei ihm war eine Namensnennung überflüssig. Die beiden Meisterdenker hingen in ihrem geistigen Wurzelgeflecht unterirdisch eng miteinander zusammen. Dante, der sich tief in das Werk des Aquinaten hinein-studiert hatte, drückt dies sehr sinnfällig dadurch aus, dass er im 10. Gesang des *Paradieses* dem *princeps philosophorum* ausgerechnet den Vormann der „heterodoxen Aristoteliker", Siger von Brabant (etwa 1240-1284), zugesellt, einen verwegenen Mann, der sich nicht scheute, die ganz und gar widerchristliche Lehre des Aristoteles von der Ewigkeit der Welt zu vertreten: Thomas sitzt genau zwischen Albertus Magnus (1200-1280) und Siger und rühmt den letzteren ausdrück-lich als einen Geist „ernsten Denkens", der „mit scharfer Logik harte Wahrheiten vorbrachte". Dieses kompromisslose Denken, das unsere Kunst des Wegschweigens verschmähte, trug dem Professor an der Pariser Artistenfakultät 1270 denn auch eine kirchenamtliche Anklage wegen Häresie ein. Das Schicksal liebt Koinzidenzen und hat es so gefügt, dass Aristoteles mit nur dreiundfünfzig, Thomas mit nur fünfzig Jahren gestorben ist.

Am 7. März 1277, drei Jahre nach Thomas' Tod, kam es an der Pariser Universität zu jenem berüchtigten Rundumschlag, mit dem der eifernde Bischof Tempier 219 Lehrsätze gewisser Professoren der Artistenfakultät verdammte (darunter auch Sigers Behauptung, der Beweis des Aristoteles für die Ewigkeit der Welt lasse sich nicht widerlegen). Die Verdammung war übrigens handwerklich miserabel; wegen fehlender Zeit und theologischer Hitze ging es in ihr drunter und drüber, die Tendenz aber war klar: Das christliche Abendland, vertreten durch die Sorbonne, sollte die heidnische Wissenschaft, vertreten durch Aristoteles, in die Schranken weisen. Heute kommt es uns wie ein schlechter – nein, wie ein sehr guter – Witz vor, dass den theologischen Wild- und Abwässern Tempiers auch etliche Lehren des Aquinaten zum Opfer fielen, der schon sechsundvierzig Jahre später (1323) heiliggesprochen wurde, heute als der maßgebende Kirchenlehrer gilt und den Ehrennamen *Doctor angelicus* trägt, während den vulkanischen Tempier selbst der *Große Brockhaus* nicht mehr kennt.

Thomas, der dem Dominikanerorden angehörte, studierte sieben Jahre lang unter Albertus Magnus, zuerst in Paris, dann in Köln. 1252 kehrte er an die Seine zurück, um seine theologischen Studien zu beenden, und lehrte anschließend dort von 1256 bis 1259. Dann zog es ihn in seine italienische Heimat. 1269 war er wieder in Paris, um seine Auffassung über das Verhältnis von Glauben und Vernunft sowohl gegen die Progressiven als auch gegen die Traditionalisten zu verteidigen. 1272 setzte er sich in Neapel für die aristotelische Denkrichtung gegen den platonisch-augustinisch orientierten Franziskaner Bonaventura (1217-1274) ein, der einen merklichen Einschlag ins Mystische hatte, 1482 heiliggesprochen und 1588 zum Kirchenlehrer erklärt wurde. 1274 starb Thomas auf der Reise zum Zweiten Konzil von Lyon; Bonaventura starb im gleichen Jahr in Lyon selbst.

Als der Student Thomas 1252 nach Paris zurückkehrte, war dort der Kampf um Aristoteles voll entbrannt. Erinnern wir uns: 1255 nahm die Artistenfakultät trotz der Verbote von 1210 und 1215 den *ganzen* Aristoteles in ihren Lehrplan auf. Als Folge begann sich bereits um 1260 der „heterodoxe Aristotelismus" zu regen (Thomas war schon 1259 nach Italien abgereist); 1263 versuchte der Papst von neuem, die naturwissenschaftlichen Werke des Aristoteles aus der Universität zu vertreiben. In diesem Durcheinander, entschied sich der junge Thomas für die rationale und empirische Philosophie des Griechen und damit gegen wabernde Mystik und knallige Privatoffenbarungen. Hinreißend ist sein Vertrauen in Vernunft und Natur: „Es ist unmöglich, dass den Prinzipien, die die Vernunft von Natur aus erkennt, die Wahrheit des Glaubens entgegengesetzt ist"[1], und „Römer 1, 20 versichert: ‚Das Unsichtbare an Gott kann man in den geschaffenen Dingen verstehend anschauen'."[2] An dem Problem aber, das in Paris so hitzig diskutiert wurde – ob die Welt ewig sei oder nicht –, an diesem Problem hätte sein Glaube an Bibel *und* Vernunft leicht zerbrechen können, denn die *Genesis* verkündete mit göttlicher Autorität: „Die Welt hat einen Anfang." Der *Philosophus* aber lehrte mit der Autorität der Vernunft: „Die Welt hat keinen Anfang." Diese Nuss war selbst für einen Mann mit dem Biss des Aquinaten zu hart. Es ist faszinierend *und* rührend zu sehen, wie seine verstörte Ratio nicht Ja und nicht Nein sagt, und wie der Mann, der überall die schöne Harmonie zwischen Vernunft und Glauben sucht, hier schließlich einzig auf den Glauben zurückgeworfen wird. Noch nicht einmal an ein *eigenes* Argumentieren wagt er sich heran: Er trägt nur die Argumente *anderer* vor – und widerlegt sie. Wohlgemerkt: Er widerlegt nicht die Thesen sondern nur die „Beweise"; die Richtigkeit oder Falschheit der Thesen selbst bleibt dabei in der Schwebe. Seine Diskussion der Ewigkeitsfrage beginnt mit dem behutsamen Satz: „Weil aber viele [nämlich alle Peripatetiker] die These vertreten, die Welt sei immer und aus Notwendigkeit gewesen, und dies zu beweisen versuchten, sind nun noch ihre Argumente vorzutragen, um darzulegen, dass diese nicht notwendig auf die Ewigkeit der Welt schließen lassen."[3] In drei aufeinander folgenden Kapiteln seiner *Summe gegen die Heiden* führt er nun die Vernunftargumente an, die für die Ewigkeit der Welt sprechen; in den drei anschließenden Kapiteln lässt er sie alle in Rauch aufgehen.[4] Dann beginnt das Spiel von neuem, nur gegenläufig: Thomas trägt die Vernunftargumente [*rationes*] vor, „mit denen manche zu beweisen [und so die biblische Offenbarung zu unterstützen] versuchen, die Welt sei *nicht* ewig".[5] Und wieder zeigt er, dass es auch in diesem Fall mit den *rationes* nicht weit her ist, dass auch sie „nicht mit hinreichender Notwendigkeit schließen".[6]

Mit raffinierter Dramaturgie lässt er die *rationes* zugunsten der Offenbarung ausgerechnet von den Gegnern der Offenbarung zerstören. Das alles läuft auf die peinigende Einsicht hinaus: Die Vernunft kann weder beweisen, dass die Welt anfangslos ist, noch dass sie einen Anfang hatte. Dasselbe wird später Kant in dem berühmten Kapitel seines Hauptwerks über die Antinomien der reinen Vernunft sagen. Die Ratio lässt uns im Stich, es bleibt uns (so Thomas) nur die Glaubenswahrheit: „Im Anfang schuf Gott Himmel und Erde."[7]

Die „Beweise" für die Ewigkeit der Welt sind natürlich von dem Geiste des Aristoteles durchzogen, insbesondere von seiner Idee einer ewigen Zeit[8] und von seiner entschiedenen Ablehnung des unendlichen Regresses. In dem Kapitel *Argumente zum Nachweis der Ewigkeit der Welt von der Entstehung aus*[9] trägt Thomas z. B. die folgende Schlusskette vor (die er wenig später in einem *High Noon* der Philosophie gründlich zerstören wird):

> Was von allen gemeinsam gesagt wird, von dem ist es unmöglich, dass es gänzlich falsch sei[10]... „Es ist aber die gemeinsame Ansicht aller Philosophen, dass aus nichts nichts entsteht." [Aristoteles[11]] Also muss es wahr sein. Wenn nun etwas entstanden ist, muss es aus etwas entstanden sein. Wenn auch dieses entstanden ist, muss auch dieses aus anderem entstehen. *Das kann jedoch nicht ins Unendliche weitergehen, da dann kein Entstehen zustande käme. Es ist nämlich nicht möglich, das Unendliche zu durchmessen* [*infinita transire*]. Man muss also zu einem Ersten gelangen, das nicht entstanden ist. Alles Seiende aber, das nicht immer gewesen ist, muss entstanden sein. Also muss das, aus dem zuerst alles entsteht, immerwährend sein. Das aber ist nicht Gott, weil er nicht die Materie eines Dinges sein kann, wie im ersten Buch [I, 17] nachgewiesen wurde. Also ergibt sich, dass etwas außerhalb von Gott ewig ist, nämlich die Erstmaterie [*prima materia*].

In demselben Kapitel bringt Thomas noch drei weitere Beweise für die Ewigkeit der Welt, „Beweise", die er alle einreißen wird. Und in jedem von ihnen ist, genau wie im ersten, das tragende Argument die Aristotelische Ablehnung des unendlichen Regresses. In jedem lesen wir: „Da dies aber nicht ins Unendliche weitergehen kann …" Bei dem unendlichen Zurückschreiten verlieren wir den Boden unter den Füßen.

Von den sechs Beweisen gegen die Ewigkeit der Welt gehen uns die letzten vier besonders an, weil sie von einem tiefen Misstrauen gegen das Unendliche getragen werden:[12]

> [3.] [Die Welt ist nicht ewig.] Denn man kann das Unendliche nicht durchmessen. Wenn aber die Welt *immer* gewesen wäre, wäre schon Unendliches durchmessen, weil ja, was vergangen ist, schon durchmessen ist. Es wären aber unendliche Tage oder Sonnenumläufe vergangen, wenn die Welt immer gewesen wäre.[13]

> [4.] [Angenommen, die Welt wäre ewig.] Dann würde folgen, dass dem Unendlichen etwas hinzugefügt würde [was unmöglich ist]. Denn zu den vergangenen Tagen oder Umläufen würde täglich etwas von neuem hinzugefügt.[14]

[5.] Wenn das Entstehen immer gewesen wäre, was man unter der Voraussetzung, dass die Welt immer bestand, sagen muss, würde folgen, dass es bei den Wirkursachen ein Fortschreiten ins Unendliche gäbe [was aber unmöglich ist]. Denn die Ursache des Sohnes ist der Vater, und dessen Ursache ein anderer, und so ins Unendliche.

[6.] Wiederum würde [unter der Annahme einer ewigen Welt] folgen, dass es Unendliches gäbe [was nach Aristoteles aber nicht der Fall ist], z. B. die unsterblichen Seelen unendlich vieler vergangener Menschen.

Diese Beweise fertigt Thomas mit leichter Hand ab. Nur den letzten hält er für „schwieriger". Es ist der Beweis des islamischen Theologen, Mystikers und Philosophenfressers Algazel (1059-1111). Und nun referiert der *princeps philosophorum* Einwände, die er mit keinem Wort kritisch kommentiert, so sehr sie ihm zuwider gewesen sein müssen. Der erste Einwand lästert via Aristoteles den Glauben: Nach dem Stagiriten sind nämlich die Seelen sterblich. Selbst nach Ablauf einer unendlichen Zeit gibt es also nicht unendlich viele von ihnen. Der letzte Einwand lästert den Aristoteles: Vielleicht irrt der sonst so unfehlbare *Philosophus*, und es gibt eben doch Aktual-Unendliches. Damit tritt nun mit aller Schärfe das Problem in den Vordergrund, das schon die ganze Zeit hindurch den Hintergrund gebildet hat: das Problem, ob Aktual-Unendliches überhaupt existiert.

Bevor ich darauf eingehe, wie Thomas dieses Problem sieht, möchte ich zuerst in einem kurzen Exkurs berichten, wie Cantor zum „Anfang der irdischen Dinge" stand. Es ist dies ein geeigneter Ort, weil Cantor sich hier auch mit Thomas auseinandersetzt, den er aufs höchste bewundert, ohne doch mit ihm übereinzustimmen.

Cantor glaubt mit der *Genesis*, die Welt habe einen Anfang in der Zeit gehabt. Er glaubt sogar mit Platon und Augustinus, die Zeit selbst habe einen Anfang gehabt. In einem Brief an Hochwürden Aloys v. Schmid vom 5. August 1887 versichert er, dass er mit ihm – gegen „das Dogma der heutigen Naturwissenschaft" – in der Annahme eines zeitlichen Weltanfangs übereinstimme, und spricht mit starken Worten von dem „monströsen Ungedanken einer unendlichen verflossenen Zeit". In einem polemischen Ausbruch merkt er noch an, dass „unzählig viele krankhafte Erscheinungen der neueren Zeit und ihrer Wissenschaft [mit diesem Ungedanken] zusammenhängen".[15] Das hieß aber nicht, dass ihm jedes Argument zugunsten eines zeitlichen Anfangs der Welt gefiel. 1885 war ihm ein Büchlein des Abbé Moigno in die Hände gefallen, in dem der Verfasser „mathematisch" darlegt, die Welt müsse einen Anfang gehabt haben, weil es nämlich *keine unendlich große Zahl* geben könne.[16] Ganz ähnlich hatte schon der Philosoph und spätere Kardinal Giacinto Gerdil (1718-1802) versucht, aus der „bewiesenen Unmöglichkeit" einer aktual unendlichen Folge von Gliedern einen „mathematischen Beweis" gegen die ewige Existenz der Materie herzustellen.[17] Einer der größten (und gottesfürchtigsten) Mathematiker des 19. Jahrhunderts, Augustin-Louis Cauchy (1789-1857), hatte sich von diesem Gedanken Gerdils anstecken lassen und war so, wie Cantor missbilligend anmerkt, „zu dieser für einen Mathematiker höchst seltsamen Spekulation" geführt worden, und zwar in seinen *Sept leçons de physique générale*.[18] Einem Mann wie Cantor, der eigenhändig unendlich große Zahlen konstruiert hatte, konnte es unmöglich gefallen, dass man die (sehr plötzliche) Erschaffung der Welt ausgerechnet mit der Diskreditierung des Aktual-Unendlichen beweisen wollte. Das hört sich in Cantors Worten so an:

Ich stehe durchaus nicht in prinzipiellem Gegensatz zu diesen [oben genannten] Autoren, sofern sie eine Harmonie zwischen Glauben und Wissen erstreben, halte aber das Mittel, dessen sie sich hier dazu bedienen, für ein gänzlich verfehltes. Wenn die Glaubenssätze zu ihrer Stütze eines so *grundfalschen* Satzes, wie derjenige von der Unmöglichkeit aktual unendlicher Zahlen … bedürften, so wäre es mit ihnen sehr schlecht bestellt und es scheint mir höchst bemerkenswert, dass der heil. Thomas von Aquino in I p, q. 2, a. 3 seiner „Summa theologica", wo er mit fünf Argumenten die Existenz Gottes beweist, von diesem fehlerhaften Satze *keinen* Gebrauch macht, obwohl er im Übrigen kein Gegner desselben ist; jedenfalls erschien er ihm für diesen Zweck doch zu unsicher … So hoch ich Cauchy als Mathematiker und Physiker schätze, so sympathisch mir seine Frömmigkeit ist und so sehr mir im Besonderen auch jene „Sept Leçons de physique générale", abgesehen von dem in Rede stehenden Irrtum, gefallen, muss ich doch entschieden gegen seine Autorität protestieren, da, wo er gefehlt hat.[19]

Cantor meint fast herausfordernd, die Sache verhalte sich gewissermaßen umgekehrt: Gerade mit Hilfe seiner Theorie des Unendlichen könne man einen Beweis (wenn auch nicht einen rein mathematischen) für den zeitlichen Anfang der Welt führen. 1887 sagt er in der Nachschrift eines Briefes an Dr. Kerry:

Wenn hier gesagt wird, dass ein *mathematischer* Beweis für den zeitlichen Weltanfang nicht geführt werden könne, so liegt der Nachdruck auf dem Wort „mathematischer", und so weit stimmt meine Ansicht mit der von St. Thomas überein. Dagegen dürfte gerade *auf Grund der wahren Lehre vom Transfiniten* [die „wahre Lehre" ist natürlich seine eigene] ein gemischter, *mathematisch-metaphysischer* Beweis des Satzes wohl zu erbringen sein und insofern weiche ich allerdings von St. Thomas ab, der die Ansicht vertritt (Summa th. q 46, a. 2 concl.): *Mundum non semper fuisse, sola fide tenetur, et demonstrative probari non potest.* [Dass die Welt nicht immer gewesen sei, erfassen wir allein durch den Glauben, rational kann es nicht bewiesen werden.][20]

Wie schwer wird dem Rationalissimus Thomas dieser Satz gefallen sein? Wir erleben hier einen der dramatischsten Augenblicke in der bewegten Geschichte des Verhältnisses von Glauben und Vernunft, von *fides et ratio*. Die Geschichte ist endlos: Noch 1998, mehr als 700 Jahre nach Thomas' Tod, hat Papst Johannes Paul II. die Enzyklika IDES ET RATIO in die Welt ausgehen lassen, und 2006 hat Papst Benedikt XVI. in der Regensburger Universität seine Vorlesung über „Glaube und Vernunft" gehalten, die dann hohe Wellen geschlagen hat.

Cantor hat einen „mathematisch-metaphysischen Beweis" für den zeitlichen Anfang der Welt nie erbringen können. Vielleicht ist die Urknalltheorie ein *physikalischer* Beweis, so weit die immer schwankende Physik überhaupt zwingende „Beweise" erbringen kann.

Wir kommen nun zur Kernfrage: Was hält Thomas vom Aktual-Unendlichen? Die Antwort ist von äußerster Kürze: Nichts! Etwas ausführlicher: Rein gar nichts! Thomas ist hier der wiederauferstandene Aristoteles. Ohne Kommentar übernimmt er den Fundamentalsatz des *Philosophus*, dass es keinen unendlichen Körper gibt, ohne Kommentar seinen Fundamentalsatz, dass in dieser Welt das Unendliche nur potential (*in potentia*, der Möglichkeit nach), nicht aktual (*actu*, der Wirklichkeit nach) existiert.[21] Wie von selbst schlägt die verheerende pythagoreische Denkweise bei ihm durch, „unendlich" bedeute einen *Mangel*, eine *Unvollkommenheit*.[22] Und als Krönung lesen wir einen rabiaten Satz, der den Affekt gegen das Unendliche schließlich noch theologisch unterbaut: „Das Unendliche ist nicht wirklich, war nicht wirklich und wird nicht wirklich sein. Denn nach katholischem Glauben ist das Werden nach keiner Seite hin unendlich." Und wenige Zeilen später heißt es kompromisslos: „Es gibt nicht unendlich viele Einzeldinge." [*Non ens singularia sunt infinita.*][23] Anders gesagt: Es gibt sie gar nicht, die unendlichen Mengen. Cantors Forschungsobjekte sind gar nicht vorhanden; Untersuchungen des Unendlichen sind Untersuchungen im Leeren. Cantor selbst zitiert Thomas' Satz aus der *Summa theologiae,* der hart und präzise, genau gegen den kommenden Cantor gerichtet, die Unmöglichkeit des Aktual-Unendlichen statuiert: „*Multitudinem actu infinitam dari, impossibile est.*"[24] Die Begründung für dieses Verdikt werden wir weiter unten lesen.

Aber nun gerät der *Doctor angelicus* in stürmische Gewässer, weil sein Gott doch irgendwie „unendlich" ist. Ausdrücklich zitiert er den Satz des einflussreichen Theologen Johannes von Damaskus (etwa 650-750): „Gott ist unendlich und ewig und nicht einzugrenzen."[25] Was aber bedeutet „unendlich" in göttlichen Zusammenhängen? „Unendlich", meint Thomas, ist Gott in Bezug auf sein Können und Vermögen, gipfelnd in seiner Allmacht, „unendlich" auch in Bezug auf das Gutsein. Gottes Unendlichkeit ist seine unbegrenzte Vollkommenheit.[26] Einem derart unendlichen Gott steht es denn auch gut an, Unendliches zu erkennen. Aber wie um alles in der Welt soll Gott es anstellen, *ein Unendliches zu erkennen, das es doch gar nicht gibt*? Selbst ein Allmächtiger gerät hier in Bedrängnisse. Thomas weiß das, weiß aber nicht, wie er seinem Gott Sukkurs leisten soll und begnügt sich vorderhand mit schäumenden Wortkaskaden, mit Sätzen wie: „Gott selbst ist die Ursache von Unendlichem, wenn [*wenn!*] es unendlich viel Seiendes gibt [was aber gerade nach Thomas nicht der Fall ist]. Er ist nämlich Ursache von allem, was ist. Er ist also [*also!*] imstande, Unendliches zu erkennen."[27] Wenige Zeilen später wird die Logik erneut theologisch zur Räson gebracht: Nähme man unendlich viel Seiendes in der Natur an (nach Thomas eigentlich eine leere Annahme), so wäre die Gesamtheit dieser Seienden „von geringerer Unendlichkeit als Gott" (die rein geistige Unendlichkeit Gottes lässt sich freilich gar nicht in Beziehung setzen zur materiellen Unendlichkeit der „Seienden in der Natur"). „Da nun Gott sich selbst vollkommen erkennt, so hindert nichts, dass er auch die Gesamtheit des Unendlichen erkennt."[28]

Spätestens jetzt wird Thomas an den Satz des tiefsinnigen Origenes gedacht haben: „Wenn Gottes Macht unbegrenzt ist, so folgt, dass sie sich nicht einmal selbst denken kann; denn das Unbegrenzte ist seinem Wesen nach nicht umfassbar [nicht erkennbar]."[29] Und spätestens jetzt muss er geahnt haben, dass es so nicht geht. Da aber fällt ihm jener Ausweg des Augustinus ein, den wir schon kennen:[30] Es gibt zwar nicht unendlich viele *Natur*dinge, aber doch unendlich viele *Geistes*dinge, nämlich die unendlich vielen Zahlen, und da der Verstand Gottes schlechthin vollkommen ist, „erkennt er [sagt Thomas] alles Unendliche dieser Art".[31] Wieder einmal gewinnt, wie bei Pythagoras und Platon, die Arithmetik eine tiefe theologische Bedeutung. Ganz wohl aber ist dem *princeps philosophorum* immer noch nicht. Hatte denn Aristoteles nicht gelehrt, dass auch die Zahlen nur eine *potentielle* Unendlichkeit haben, dass man also nicht von einer *aktual* unendlichen Gesamtheit *aller* Zahlen reden dürfe? (Augustinus brauchte sich um diesen Einwand nicht zu kümmern: Er hielt nicht viel von den Finessen der weltlichen Wissenschaft und war nicht aristotelessüchtig.) So setzt Thomas denn von neuem an, um das wenig gipfelstürmerische Potenz-Schema des Stagiriten, das auf die endliche Erkenntniskraft des Menschen so freundlich zugeschnitten ist, säuberlich mit der Augustinischen Vision eines Gottes zu verfügen, „der jegliche Unendlichkeit fasst und ohne Wandlung seines Denkens alles Zahllose zählt".[32] Das hört sich so an:

> Da unser Verstand fähig ist, das Potential-Unendliche [*infinita in potentia*] zu erkennen – er vermag nämlich die Arten der Zahlen ins Unendliche zu vervielfachen –, so würde, wenn der Verstand Gottes nicht auch das Aktual-Unendliche [*infinita actu*] erkennen würde, entweder folgen, dass der menschliche Verstand mehr zu erkennen fähig sei als der göttliche, oder aber, dass der göttliche Verstand nicht alles aktual [*actu*] erkennen würde, was er potentiell [*in potentia*] erkennen kann. Beides davon ist unmöglich, wie aus dem oben [I, 16.29] Gesagten hervorgeht.

> Zudem: *Das Unendliche leistet der Erkenntnis Widerstand, insofern es der Zählung Widerstand leistet.* Denn es ist an sich unmöglich, die Teile des Unendlichen zu zählen, da dies einen Widerspruch in sich birgt.[33] Etwas aber durch Zählung seiner Teile zu erkennen, ist Sache eines Verstandes, der *nacheinander* Teil für Teil erkennt, nicht aber eines Verstandes, der die verschiedenen Teile *zugleich* erfasst. Da nun der Verstand Gottes *ohne ein Nacheinander* alles *zugleich* erkennt [Augustinus: „Gottes Kontuition hält alles zugleich wissend umfasst"[34]], steht also seiner Erkenntnis des Unendlichen genauso wenig im Wege als seiner Erkenntnis des Endlichen.[35]

Thomas fährt nun mit dem Gedanken fort, dass Gott dank seiner Kontuition (dieses Wort benutzt er freilich nicht) „mehreres als eines" erkennt; „daher macht in der Erkenntnis Gottes die Vielheit [*pluralitas*] keinen Unterschied, also auch nicht das Unendliche, welches aus der Größe folgt. Für den Verstand Gottes besteht also in der Erkenntnis von Unendlichem und Endlichem kein Unterschied." Thomas lässt es sich nicht nehmen, die Sache noch paradox zuzuspitzen: „Gott erkennt sozusagen das Unendliche nicht, sofern es unendlich ist, sondern sofern es sich zu seinem Wissen verhält, als wäre es endlich."[36] Ganz ähnlich hatte schon Augustinus gesagt: „Für Gott ist unfraglich auch alles Unendliche auf unbeschreibliche Weise endlich, weil es seinem Wissen nicht unfasslich ist."[37] Gerade diesen Satz hatte Cantor als Beleg dafür genommen, dass Augustinus die Menge der Zahlen 1, 2, 3, … „als ein aktual-unendliches Ganzes, als ein *Transfinitum* an[erkennt]".[38] Er hätte sich hier auch auf Thomas berufen können. Vielleicht hat er die *Summe gegen die Heiden* nicht gelesen (er zitiert immer nur die *Summe der Theologie*), vielleicht hat er aber auch gespürt, dass Thomas trotz dieser Worte seine Distanz zum Unendlichen, anders als Augustinus, niemals ganz aufgegeben hat. Es bleibt ein Restaffekt gegen das Unendliche, das seiner Unbegrenztheit wegen als ein Unvollkommenes, als ein Ungeheuerliches verschrien war. Niemals hat der Aquinate unzweideutig gesagt, dass es Aktual-Unendliches tatsächlich gibt, weil Gott Aktual-Unendliches erkennen kann. Im Gegenteil: Das lange Kapitel mit der Überschrift „Gott erkennt Unendliches", dem die obigen Gedanken entstammen, dieses

Kapitel schließt seltsam zwielichtig mit den schwankenden, sich Wort um Wort tiefer im Dunkeln verlierenden Sätzen:

> Dennoch muss man wissen, dass Gott das Unendliche – um die Worte anderer zu gebrauchen – nicht mit dem „Wissen in der Weise der Schau" [*scientia visionis*] erkennt, weil das Unendliche nicht wirklich ist, noch war, noch sein wird. Denn nach katholischem Glauben ist das Werden nach keiner Seite hin unendlich. Gott weiß jedoch das Unendliche mit dem „Wissen in der Weise des bloßen Denkens" [*scientia simplicis intelligentiae*]. Gott weiß nämlich das Unendliche, das weder ist, noch sein wird, noch war, das aber dennoch in der Potenz der Geschöpfe [*in potentia creaturae*] liegt, und er weiß auch das Unendliche, das in seiner eigenen Macht [*in sua potentia*] liegt und das nicht ist, noch sein wird, noch war.[39]

Es gibt in der europäischen Philosophie verworrenere Texte als diesen, es gibt aber auch klarere.

Ungleich bestimmter spricht Thomas sich über das Unendliche in jenem Werk aus, das sein letztes ist, das als sein Hauptwerk gilt, das aber nur als Handbuch für Studenten gedacht war: die *Summa Theologiae* (Summe der Theologie).[40] Die Geradlinigkeit der Argumentation erklärt sich vielleicht aus dem Lehrbuchcharakter des Werkes. Die Dinge, die uns angehen, stehen im Teil 1 der *Summa Theologiae*, und zwar in Artikel 3 und 4 der Untersuchung 7. Der Artikel 3 diskutiert – und verneint mit Aristoteles – die Frage, ob es in der Natur oder in der Mathematik einen unendlich großen Körper geben könne. Für uns interessanter ist Artikel 4 mit der Überschrift „Ob eine unendliche Vielheit (*multitudo infinita*) von Dingen existieren kann?". Thomas verneint auch diese Frage, aber diesmal muss er sein Basislager Aristoteles verlassen, weil dem *Philosophus* für seine Aversion gegen das Unendliche schon die bloße Aversion genügt hatte: Gründe brauchte und gab er nicht. Thomas muss sich also nach eigenen Argumenten umsehen. Zu seinem Fundament macht er den Bibelspruch, den wir schon gut kennen und den er zu Anfang seiner Beweisführung in vollem Wortlaut zitiert: „Du [Gott] hast alles geordnet nach Maß, Zahl und Gewicht."[41] Durch Thomas gewinnt dieses Wort eine geistesgeschichtliche Bedeutung, die man ihm nicht leicht zugetraut hätte. In dem „Maß-Zahl-Satz" lebt der alte pythagoreische Glaube, dass die *Zahl* die Welt gestaltet und so als durchweg *endliche* allüberall *Endlichkeit* erzwingt. Dieses Credo zieht sich durch Thomas' ganze Argumentation gegen die Möglichkeit einer aktual unendlichen Menge:

> [1.] Es ist unmöglich, dass eine aktual unendliche Vielheit gegeben ist [*multitudinem actu infinitam dari, impossibile est*], da jede Vielheit zu einer gewissen Spezies von Vielheit gehören muss. Die Spezies der Vielheit richten sich aber nach der Spezies der Zahlen. [*Spezies autem multitudinis sunt secundum species numerorum.*] Keine Spezies der Zahl aber ist unendlich, denn jede Zahl ist eine mittels Eins gemessene Vielheit. Es ist also unmöglich, dass es eine aktual unendliche Vielheit gibt.[42]

> [2.] Ebenso: Jede in der Natur existierende Vielheit ist erschaffen, und alles Erschaffene wird umfasst von einer gewissen Intention des Schöpfers; denn kein

Wirkendes wirkt ziellos. Alle erschaffenen Dinge müssen also notwendigerweise unter einer gewissen Zahl begriffen werden. Es ist also unmöglich, dass es eine aktual unendliche Vielheit gibt. [*Impossibile est ergo esse multitudinem infinitam in actu.*][43]

Ausdrücklich stellt Thomas noch fest, dass die Menge der Zahlen nicht aktual unendlich ist, auch nicht die Menge der geometrischen Figuren. Nirgendwo also eine Spur von *infinitum actu*. Thomas wendet sich endgültig von Augustinus ab und vielleicht auch von dem, was er selbst in der *Summe gegen die Heiden* verhalten – sehr verhalten – angedeutet hat. In der *Summe der Theologie* aber macht er reinen Tisch. Hier gilt kein Zögern und kein Zagen, und Cantor, dem Thomas' Destruktion des Unendlichen eigentlich nicht zusagen konnte, zitiert den obigen Text des Aquinaten in voller Länge und schreibt anerkennend (die vielen Hervorhebungen sind alle von ihm):

Dies sind die beiden gewichtigsten Gründe, welche im Laufe der Zeiten gegen das Transfinitum vorgeführt worden sind; alle anderen Argumente, die man ausgesprochen findet, lassen sich verhältnismäßig leicht *negativ* entkräften, indem man bemerkt, dass sie auf einem Fehler im Schließen beruhen. *Diese beiden Gründe* dagegen sind *sehr wohl* fundiert und konnten *nur positiv* gelöst und erledigt werden, *indem man bewies und zeigte, dass die transfiniten Zahlen und Ordnungstypen im Reiche des Möglichen ebenso wohl existieren, wie die endlichen Zahlen, und dass im Transfiniten sogar ein weitaus größerer Reichtum an Formen und an „species numerorum" vorhanden und gewissermaßen aufgespeichert ist, als in dem verhältnismäßig kleinen Felde des unbeschränkten Endlichen. Daher standen die transfiniten Spezies den Intentionen des Schöpfers und seiner absolut unermesslichen Willenskraft ganz ebenso verfügbar zu Gebote, wie die endlichen Zahlen.* Man möchte glauben, dass S. Thomas diesen Zusammenhang geahnt oder sogar gekannt und durchschaut und eben darum es verschmäht hat, die anderen *federleichten* Argumente gegen die aktual-unendlichen Größen und Zahlen, welche sich unter anderem auch in den Schriften seines Lehrers Albertus Magnus finden, zu reproduzieren. Er blieb und bestand *mit großem Recht* auf jenen *inhaltsvollen* und *gewichtigen zwei* Gründen, die *nur positiv* gelöst werden konnten; gab aber die übrigen Gründe durchaus gern auf in dem berühmten Ausruf gegen die Murmurantes: „*Praeterea adhuc non est demonstratum, quod Deus non possit facere ut sint infinita actu.*" [„Außerdem ist es bis jetzt noch nicht bewiesen, dass Gott nicht aktual Unendliches machen könnte."] (Opusc. de aeternitate mundi.)[44]

Das immer wieder – besonders energisch und effizient von Thomas – als Endlichkeitsbürge eingesetzte Bibelwort „Du aber hast alles geordnet nach Maß, Zahl und Gewicht" versucht Cantor, mit Eulenspiegeleien zu seinem Vorteil zu wenden. In einem Brief vom 1. Februar 1896 an Pater Thomas Esser (1850-1926) zitiert er es in Lateinisch und merkt mit einer Art höherer Bauernschläue an, in dem Satzteil „*in numero disposuisti*" („Du hast alles der Zahl nach geordnet") stünde ja nicht „*in numero finito*" („der *endlichen* Zahl nach"). „Wenn also", fährt er fort, „die transfiniten Kardinalzahlen und transfiniten Ordnungstypen sich als widerspruchsfrei erweisen, so sind *auch* sie in jener Schriftstelle *mitgemeint*, und sie darf daher nicht, wie es leider von vielen geschieht, als Argument gegen den *numerus infinitus* [unendliche Zahl] gebraucht werden."[45] Im Blitzlicht dieser Exegese brennen bei ihm die Sicherungen durch: Er bringt sich tatsächlich dazu, in großem Stil an eine „aktual-unendliche Zahl der geschaffenen Einzelwesen sowohl im Weltall wie auch schon auf unserer Erde" zu glauben,[46] verrät freilich nicht, wie diese unendlich vielen Wesen auf unserer beschränkten Erde Platz finden können. Ganz von selbst kommt einem jetzt die grandios-nüchterne Sandrechnung des Archimedes in den Sinn: Die ganze Kosmoskugel fasst nur *endlich* viele Sandkörner, und deren Zahl kann ein geschickter Rechner mit Hilfe des Archimedischen Zählsystems leicht angeben.

---

[1] Thomas von Aquin: Summe gegen die Heiden I, 7; in der o. a. Übers. S. 25.

[2] Thomas von Aquin: Summe gegen die Heiden I, 12; in der o. a. Übers. S. 41.

[3] Thomas von Aquin: Summe gegen die Heiden, zweiter Band, Buch II, 32, übers. von Karl Albert und Paulus Engelhardt, 2. Aufl. Darmstadt 1992, S. 107.

[4] Thomas von Aquin: Summe gegen die Heiden II, 32-37.

[5] Thomas von Aquin: Summe gegen die Heiden II, 38.

[6] Thomas von Aquin: Summe gegen die Heiden II, 38; in der o. a. Übers. S. 139.

[7] In seiner *Summa Theologiae* (p. 1, qu. 46, art. 2) sagt er es so: *Mundum non semper fuisse, sola fide tenetur, et demonstrative probari non potest.* Ich ziehe die *Summa Theologiae* hier nicht heran, weil sie kaum etwas anderes vorbringt und zu keinem anderen Resultat führt als die *Summa contra gentiles*. Der Leser findet eine leicht zugängliche deutsche Übersetzung des einschlägigen Textes aus der *Summa Theologiae* in: Die Philosophie des Thomas von Aquin, in Auszügen aus seinen Schriften hrsg. von Eugen Rolfes, 2. Aufl. Hamburg 1977, S. 165-177.

[8] S. etwa Thomas von Aquin: Summe gegen die Heiden II. 33; in der o. a. Übers. S. 117. Dort tritt auch die Aristotelische Vorstellung auf, Gott sei „unbewegt".

[9] Thomas von Aquin: Summe gegen die Heiden II, 34; in der o. a. Übers. S. 119ff., Hervorhebung von mir. Die Argumente werden im Kap. 37 widerlegt.

[10] Er führt hierfür eine durchaus beachtliche Begründung an.

[11] Hier zitiert Thomas in verkürzter Form einen Satz aus der *Physik* (187a) des Aristoteles.

[12] Thomas von Aquin: Summe gegen die Heiden II, 38; in der o. a. Übers. S. 137f.

[13] Dies ist übrigens Bonaventuras Beweis gegen die Ewigkeit der Welt; s. Jonas Cohn: A. a. O., S. 77.

[14] Dieser „Beweis" (Thomas nennt ihn zu Recht „schwach", *debile*) hätte leicht in die Richtung umgebogen werden können, die Roger Bacon (etwa 1214-1292) zum Beweis der *räumlichen Endlichkeit* der Welt eingeschlagen hat (s. oben). Bacon war eine Zeitlang (bis 1247) Professor für Philosophie in Paris gewesen; er hat dort als einer der ersten die *Physik* und die *Metaphysik* des Aristoteles kommentiert. 1257 kehrte er nach Paris zurück; ich erinnere daran, dass Thomas 1252 von Köln aus wieder nach Paris gekommen war und die Stadt erst 1259 verlassen hatte. Es ist sehr wahrscheinlich, dass Bacon und Thomas sich in Paris begegnet sind.

[15] Georg Cantor; Briefe, hrsg. von Herbert Menschkowski und Winfried Nilson, Berlin, Heidelberg, New York 1991, S. 298.

[16] Abbé Moigno: Impossibilité du nombre actuellement infini; la science dans ses rapports avec la foi. Paris 1884. S. dazu Georg Cantor: Ges. Abh., S. 370.

[17] Giacinto Gerdil: Essai d'une démonstration mathématique contre l'existence éternelle de la matière et du mouvement, déduite de l'impossibilité démontrée d'une suite actuellement infinie de termes, soi permanents, soi successifs. Opere edite ed inedite del cardinale Giacinto Sigismondo Gerdil, tome IV, p. 261, Roma 1806. S. dazu Georg Cantor: Ges. Abh., S. 370; dort findet man auch eine Minimalbiographie des Kardinals.

[18] Georg Cantor: Ges. Abh., S. 370.

[19] Georg Cantor: Ges. Abh., S. 371.

[20] Nachschrift zu einem Brief an Dr. Kerry in Straßburg vom 8. März 1887; zitiert nach Herbert Meschkowski: Georg Cantor, Mannheim/Wien/Zürich 1983, S. 125f. Der angeführte Satz aus der *Summa Theologiae* ist uns der Sache nach aus der *Summa contra gentiles* (Summe gegen die Heiden) vertraut.

[21] Aristoteles: Physik 204a und 206a; Thomas von Aquin: Summe gegen die Heiden I, 43 und I, 69; in der o. a. Übers. S. 173 und S. 259f.

[22] Thomas von Aquin: Summe gegen die Heiden I, 43; in der o. a. Übers. S. 167.

[23] Thomas von Aquin: Summe gegen die Heiden I, 69; in der o. a. Übers. S. 265.

[24] Thomas von Aquin: Summe der Theologie I, q. 7, a. 4. Vgl. Georg Cantor: Ges. Abh., S. 403.

[25] Thomas von Aquin: Summe der Theologie I, q. 7, a. 1.

[26] Thomas von Aquin: Summe gegen die Heiden I, 43; in der o. a, Übers. S. 165 und 167.

[27] Thomas von Aquin: Summe gegen die Heiden I, 69; in der o. a. Übers. S. 259.

[28] Thomas von Aquin: Summe gegen die Heiden I, 69; in der o. a. Übers. S. 261.

[29] Origenes: De principiis II, 9, 1.

[30] Augustinus: Vom Gottesstaat XII, 19.

[31] Thomas von Aquin: Summe gegen die Heiden I, 69: in der o. a. Übers. S. 263. Statt von „Zahlen" spricht Thomas lieber von „Erkenntnisbildern" (*species intelligibiles*) der Zahlen.

[32] Augustinus: Vom Gottesstaat XII, 18.

[33] Das hatte schon Simplikios bei der Diskussion der Zenonischen „Dichotomie" gesagt.

[34] Augustinus: Vom Gottesstaat XI, 21.

[35] Thomas von Aquin: Summe gegen die Heiden I, 69; in der o. a. Übers. S. 263. Hervorhebungen von mir.

[36] Thomas von Aquin: Summe gegen die Heiden I, 69; in der o. a. Übers. S. 263 und S. 265.

[37] Augustinus: Vom Gottesstaat XII, 19.

[38] Georg Cantor: Ges. Abh., S. 402.

[39] Thomas von Aquin: Summe gegen die Heiden I, 69; in der o. a. Übers. S. 265.

[40] Auch *Summa theologica* oder *Summa de Theologia* genannt.

[41] Buch der Weisheit 11, 20.

[42] Die beiden letztgenannten Termini stammen, wie Thomas erläutert, aus der Unendlichkeitstheorie Avicennas und Algazels; sie brauchen uns hier nicht zu interessieren.

[43] Thomas von Aquin: Summe der Theologie, Untersuchung 7, Artikel 4.

[44] Georg Cantor: Ges. Abh., S. 404.

[45] Zitiert nach Herbert Meschkowski (Hrsg.): Das Problem des Unendlichen, München 1974, S. 126; s. auch die ähnlich lautende Stelle in Georg Cantor: Ges. Abh., S. 399f.

[46] Georg Cantor: Ges. Abh., S. 399.

12. Die Schrumpfung eines „unendlichen Gottes"

> Unser Gott ist im Himmel; alles, was ihm gefällt, das vollbringt er.
>
> Psalm 115, 3
>
> Unergründlich ist Gottes Einsicht.
>
> JESAJA 40, 28
>
> Der Herr schenkt dir Gutes im Überfluss.
>
> Dtn 28, 11

Dem Mittelalter, war Gott ein „unendlicher Gott", will heißen: Er war *allmächtig, allwissend* und *allgütig*. Die Götter Homers konnten sich solcher Vortrefflichkeiten nicht rühmen. Ein tüchtiger Haudegen konnte durchaus daran denken, einem Olympier Paroli zu bieten, und Odysseus, der „vielgewandte", geriebene, durchtriebene Lieblingsheld der Hellenen, dieser Schlaukopf war „Zeus an Weisheit gewachsen". Eher beiläufig teilt uns Aristoteles mit, die Götter seien keineswegs allwissend.[1] Hatte nicht Zeus seine neugierige Gattin Hera mit den rüden Worten abgefertigt, sie brauche nicht alle seine Gedanken zu wissen? Die Defizite der Olympier zeigen sich säuberlich gebündelt in der pikanten Affäre des Kriegsgottes Ares mit der Liebesgöttin Aphrodite. Die „goldene Aphrodite", die Marylin Monroe des Olymp, ist – man möchte wissen, wie es dazu kommen konnte – die Gattin des hässlichen, hinkenden, von der Arbeit an Esse und Amboss geschwärzten und gekrümmten Schmiedegottes Hephaistos, der vorzugsweise fern vom Olymp im Ätna werkelt und dabei Haus und Weib ohne Aufsicht lässt. Der *he-man* Ares und das *she-girl* Aphrodite finden sich zu geregelten Zeiten auf einem schönen Lotterbett, um „der Liebe zu pflegen". Hephaistos bekommt eher zufällig (nicht etwa dank höheren göttlichen Wissens) Wind von den Turteleien, schmiedet mit kühler Professionalität ein kunstvolles Netz aus Metallfäden, in dem sich das Sünderpaar beim nächsten Küssen und Kosen elendiglich verfängt. (Hephaistos ist krumm, aber nicht dumm.) Gott und Göttin waren nicht wissend genug, um von Hephaistos' Machinationen etwas geahnt zu haben, noch sind sie mächtig genug, um sich aus dem Netz befreien zu können. Der gehörnte Gott ist von verständlichem Stolz auf sein Bravourstück erfüllt – *high tech* im Dienste der Ehemoral – und führt die beiden Ertappten genüsslich den anderen Olympiern vor, die weltläufig, wie sie nun einmal sind, ohne aufgesetztes Mitgefühl in ein „unauslöschliches Gelächter" ausbrechen. Und Hermes, der Gott der Kaufleute und Diebe, meint, er würde gerne „dreimal so viele, unendlich viele" (Vorform von

„*one, two, three – infinity*") Fesseln in Kauf nehmen, wenn er nur einmal bei der „goldenen Aphrodite" schlafen könnte.[2] Man kann Hermes gut verstehen. Aphrodite war ein ausnehmend erregendes Frauenzimmer. Als Praxiteles' Marmorstaue der Göttin – nur eine steinerne Statue! – per Schiff auf Knidos angekommen und aufgestellt worden war, sollen die knidischen Männer in eine rasende erotische Erregung geraten sein.

So viel zur Allmacht und zum Allwissen der Homerischen Götter. Auch auf die Allgüte dieser Himmlischen, die nur zu gerne auf Kosten anderer lachten, ist ein ausreichendes Licht gefallen.

Mit dem Auftritt Jahwes geraten göttliche Macht und göttliches Wissen in einen anderen Aggregatzustand. Der Gott der Israeliten, ursprünglich nur ein fahriger Wüstendämon, verfügt schon bald über zwei Ressourcen, zu denen Zeus keinen Zugang hatte: über *All*macht (Omnipotenz) und *All*wissen (Omniscienz). Schon bei seiner Premiere in *Genesis* 1, 1 liefert er sein Meisterstück der Allmacht ab: die Erschaffung von Himmel und Erde aus dem Nichts. Sein Gesellenstück kommt, anders als bei Menschen, erst ein wenig später: Auf Bitten des Generals Josua, des Moshe Dajan seiner Zeit, hält er die Sonne über Gibeon an, um dem Volk Israel mehr Tageslicht zum Abschlachten der Amoriter zu geben.[3] Von den kleineren Kunststücken – Sintflut, ägyptische Finsternis, Teilung des Roten Meeres –, von diesen Petitessen braucht man nach solchen Großtaten nicht mehr zu reden. Jahwe weiß, dass er omnipotent ist, und sagt es selbst, schon kurz nach dem grandiosen Kreationsspektakel: „Ich bin Gott, der Allmächtige."[4] Die Allmacht Gottes ist die erste und wichtigste der theologischen Unendlichkeiten: Sie ist es, die den Glauben trägt und vor allen Erschütterungen schützt. „Du bist Gott, der Allmächtige" – das ist das Ur-Credo. Keine Unendlichkeit ist so numinos wie die der Allmacht, keine Unendlichkeit wurzelt so tief im Humus der menschlichen Seele. Die *Septuaginta*, die Übertragung der fünf Bücher Mose ins Griechische, gibt das hebräische Wort für „Allmächtiger" mit *Pantokrator*, „Allesbeherrscher", wider. So hält es auch zwei Jahrtausende später der supreme Mathematiker und Physiker Isaac Newton (1642-1727), der von der Allmacht und dem Allwissen Gottes so hoch wie niemand sonst gedacht hat: „Gott ist ewig und unendlich, allmächtig und allwissend." Er sagt dies nicht gedankenlos wie eine eingeschliffene Formel oder Floskel auf. Er sagt es auch nicht an einer versteckten Stelle – er statuiert es in einem Haupt-Teil seines Haupt-Werkes: im *Scholium Generale* des dritten Buches der *Principia*, wo er auf den Spuren des Schöpfers, und tief ergriffen von seiner Weisheit das „System der Welt" darlegt. Die Allmacht Gottes, diese alles hinwegfegende, alles überwältigende Omnipotenz, lässt den Schöpfer der modernen Kosmologie gar nicht empfinden, wie abnorm der Sonnenstillstand über Gibeon gewesen ist. Anders als Galilei, verliert er kein Wort über dieses Ereignis. Warum sollte er? Der *Pantokrator* kann in den angeblich „natürlichen" Lauf der Dinge intervenieren, wann und wo und wie es ihm beliebt. Newton traut ihm ja auch zu, den Gang der Planeten wieder neu einzurichten, wenn sie durch wechselseitige Gravitationsstörungen aus ihren Bahnen zu torkeln drohen. Der Mathematikprofessor in Cambridge war ein Mann aus Gibeon; Gottes Allmacht war ihm eine bare Selbstverständlichkeit.

Das gegenwärtige Kapitel erzählt die Geschichte vom Zerfall der Allmacht. Die Geschichte ist desolat und fängt schon früh an: im frühen Christentum. Es ist ein erstaunliches Phänomen, dass im Neuen Testament von fulminanten Machttaten Gottes kaum die Rede ist. Zwar heißt es einmal, bei Gott seien alle Ding möglich, aber an dieser Stelle geht es nicht um *Natur-* sondern um

*Moral*prozesse, nämlich darum, dass Gott auch einmal das moralisch Unmögliche arrangieren kann: einen Reichen ins Himmelreich einzulassen.[5] Ein Wirken Gottes gegen den Lauf der Natur wird nur einmal erwähnt, dort, wo Jesus vorhersagt, dass am Tag des Weltendes der Kosmos mit großem Getöse aus den Fugen gehen werde.[6] Der christianisierte Jahwe hat sich aus der Mirakelmacherei ziemlich zurückgezogen. Bemerkenswert ist eigentlich nur das Sprachwunder am ersten Pfingstfest,[7] und hier hatten die schnöden Weltkinder in Jerusalem sofort die entzaubernde Erklärung parat, die Jesusjünger seien wohl „voll des süßen Weins". Gott wird zwar immer noch der „Allmächtige" genannt, aber doch nur in abgenützten Redewendungen. Die Verwandlung von Wasser in Wein auf der Hochzeit in Kana sollte man hier nicht vorbringen, derartiges gehörte zum Repertoire der Wundermänner, die damals in hellen Haufen durch die Lande zogen. Die Apostelgeschichte erwähnt selbst den Zauberer Simon: „Alle hörten auf ihn, jung und alt, und sie sagten: Das ist die Kraft Gottes, die man die Große nennt."[8] Noch ein gutes Stück wundermännischer war Apollonios von Tyana (1. Jh. n. Chr.): Er beriet fachmännisch in allen Lebensfragen, wahrsagte, dass es ein Staunen war, heilte Kranke, trieb Dämonen aus, versuchte sich mit Glück an einer Totenerweckung und stieg schließlich in voller Leiblichkeit zum Himmel auf. In den Kreisen gebildeter Heiden diskutierte man denn auch mit Feuer die Frage, wer eigentlich der virtuosere Wundertäter gewesen sei: Jesus oder Apollonios. Auch wir vergleichen ja gerne Spitzenmagier wie Houdini, Copperfield und „Sigi und Roy" miteinander und beleben so unsere Soirees aufs angenehmste.

Die Allmacht Gottes, des Schöpfers aller Dinge, tritt zwar in den großen Glaubensbekenntnissen der frühen Christen stets auf, spielt aber nicht mehr die dominante Rolle wie einst bei den Israeliten. Auch das Allwissen Gottes tritt in den Hintergrund. Was sich jetzt entschieden nach vorne schiebt, ist die Allgüte eines Himmelswesens, das als „Vater" gesehen wird. Das war im Alten Testament so nicht angelegt. Dort konnte man vielmehr lesen, dass Jahwe persönlich die mörderische Sintflut arrangiert und wie ein verfrühter Bomber-Harris Sodom nebst Gomorra in einem schrecklichen Feuersturm verbrannt hatte. Der neue Gott ist ein Gott der Liebe, nicht mehr der sattsam bekannte Gott der Vergeltung. Dieser neue Gott war in der Tat so neu, dass ihn der frühchristliche Theologe Markion (etwa 85-160) mit scheuer Verehrung den „fremden Gott" nannte. Markion wollte denn auch das Alte Testament gänzlich aus dem Kanon der Heiligen Schriften streichen und gründete zur wirksamen Verkündung seiner Jahwe-freien Lehre eine eigene Gemeinde, die zu bedeutender Größe anwuchs. Im Jahre 144 schlug dem Unruhestifter die Stunde: Er wurde als Häretiker aus der Großkirche ausgestoßen.[9]

Der allmächtige, umtriebige, dämonische *Schöpfer*gott des Alten Testaments war dem „erfolgreichsten Ketzer des 2. Jahrhunderts" ein durch und durch *böser* Gott, so böse, dass die Welt dringend eines Gegengiftes in Form eines *Erlöser*gottes bedurfte, den sie im Neuen Testament denn auch erhielt. Auf Jahwes Allmacht, Allwissen und Allgüte war ein tiefer Schatten gefallen. Die „Schrumpfung Gottes" deutet sich an.

In unseren Tagen verkündet der bekannte Oxforder Evolutionsbiologe Richard Dawkins („Das egoistische Gen") von neuem Markions Botschaft vom bösen Jahwe mit Sätzen wie: „Der alttestamentarische Gott ist einer der unangenehmsten Charaktere der Literaturgeschichte. Eifersüchtig und ungerecht, ein Rassist, Schwulenhasser und Kinderkiller, ein übler Korinthenkacker, Megalomane und ethnischer Säuberer."[10] Dawkins ist ein Führer der „Neuen Atheisten".

Auf dem Hintergrund eines die Wundertaten Gottes beschweigenden Evangeliums und einer einflussreichen markionitischen Anti-Jahwe-Theologie muss man die Worte des Origenes lesen, der sich tatsächlich erkühnt, eine „unbegrenzte Macht" Gottes in Zweifel zu ziehen, und zwar aus *erkenntnistheoretischen* Gründen:

> Man muss auch Gottes Macht für begrenzt erklären und nicht unter dem Vorwand frommer Scheu ihr die Umgrenzung nehmen. Denn wenn Gottes Macht unbegrenzt ist, so folgt, dass sie sich nicht einmal selbst denken kann; denn das Unbegrenzte ist seinem Wesen nach nicht umfassbar [d. h. nicht erkennbar].[11]

Ausdrücklich konstatiert Origenes, dass Gottes *All*wissen (Omniscienz), das sich besonders frappierend als *Voraus*wissen (Präscienz) zeigt, mit dem Unendlichen überfordert ist. Die Welt, sagt er, kann nicht ewig dauern. Denn wenn die Ereignisse ins Unendliche fortliefen. könne Gott sie nicht alle vorher wissen, da ja das Unbegrenzte sich geistig nicht erfassen lässt. An diesem Faktum scheitere auch alle Prophetie.[12]

Sogar bei einer bloß *endlichen* Folge von Ereignissen steht es mit Gottes *praescientia* nicht immer zum Besten. Die Bibel selbst stellt Jahwe ein schlechtes Zeugnis aus. Der Schöpfergott lobt sich nach jedem Schöpfungstag mit den Worten: „Und der Herr sah, dass es gut war." Am sechsten Tag erschafft er den Menschen, Mann und Frau, und jetzt kann er nicht mehr an sich halten und ruft begeistert aus, dass es „*sehr* gut" sei.[13] Schon wenig später erkennt er, dass der Mensch nicht sein Meisterstück geworden ist, empfindet heftige Reue über die Erschaffung dieses verdorbenen Wesens, das sein Abbild hatte sein sollen, sich aber ganz anders als geplant entwickelt hat, und ersinnt als Endlösung eine hydraulische Mega-Operation: die Sintflut.[14] Die Schwäche seines Vorauswissens macht sich nun von neuem aufs fatalste bemerkbar: Er gibt Noah und den Seinen die Chance, in der famosen Arche die Flut zu überstehen – und so kommt es schließlich nach zahllosen unvorhergesehenen Katastrophen zu dem schrecklichen Dreißigjährigen Krieg von 1618 bis 1648 und den noch schrecklicheren dreißig Jahren von 1915 bis 1945, den Jahren von Verdun, Weltwirtschaftskrise, Auschwitz und Hiroshima. Was sollen wir jetzt davon halten, dass Augustinus in Kenntnis von *Genesis* 6, 6 („da gereute es den Herrn, auf der Erde den Menschen gemacht zu haben") darauf beharrt, Gott hätte nichts erschaffen, dessen Zukunft er nicht schon *vor* der Erschaffung günstig beurteilt hätte?[15]

Gegen Augustinus aber muss die Frage gestellt werden: Hätte Gott nicht kraft seines Allwissens Evas fatales Apfelpflücken voraussehen und es kraft seiner Allmacht verhindern müssen? Was hat ihn dazu bewogen, Evas *peccatum originale* geschehen zu lassen, jene „Ursünde", die im Deutschen treffender „Erbsünde" genannt wird, denn sie hat die menschlichen Gene so zum Schlechten hin verändert, dass der Hang zur Sünde nun mit biologischer Zwangsläufigkeit „im Erbgang" von einer Generation an die nächste weitergegeben wird, und insbesondere die Vernunft, das Vorzeigestück des Menschen, ein für alle Mal verdorben ist. (So jedenfalls will es die Reformation wissen.) Aber gerade der „Fall Eva" taucht das Spannungsverhältnis zwischen Allwissen, Allmacht und Allgüte in ein fahles Licht. War Gottes Vorauswissen etwa nur die Kenntnis eines unabhängig von ihm ablaufenden Fatums, dem seine Allmacht nicht beikommen konnte (undenkbar!), oder war es ein *veranlassendes*, ein *gestaltendes* Vorauswissen mit *Umgestaltungspotential*, etwa im Sinne der Kernforderung des französischen Positivismus: *Savoir pour prévoir, prévoir pour prévenir* („Wissen, um vorauszuwissen, vorauswissen, um vorzubeugen").[16] Konnte Gott sich selbst in die Quere kommen, indem er das von ihm Vorausgewusste vermöge seiner Allmacht im letzten Augenblick noch änderte? War das „Vorhersehen" eine „Vorsehung", die in den Gang der Dinge eingriff (und die z. B. Hitler nach jedem der missglückten Attentate auf ihn als Schutz und Schirm an seiner Seite wusste)? Aber dann hätte Gottes Allgüte es nicht zur Urkatastrophe der Menschheit, zum Sündenbiss des Sünderpaars in den Sündenapfel, kommen lassen dürfen. Gewiss, es gab da eine Schlange, die Eva verführte. Aber mit einer Schlange hätte Jahwe eigentlich leicht fertig werden können. Warum hat er nichts getan? Der Fall Adam/Eva ist viel problembeladener, als die harmlos-hübschen Bilder der beiden Nackedeis vermuten lassen. Er ist das Nitroglyzerin der Philosophie.

Origenes hat sich von Augustinus' optimistischer Verblendung freigehalten. Die Geschichte vom Sündenfall und die dramatische Genesis-Stelle werden ihn darin bestärkt haben, Gott die Fähigkeit abzusprechen, in eine ferne Zukunft blicken zu können. Er hätte das brüchige Vorauswissen Gottes übrigens noch weiter unterminieren können. Er hätte nur an die Bemerkung Ciceros zu erinnern brauchen, göttliches Vorauswissen vernichte die menschliche Willensfreiheit,[17] jene Freiheit also, auf der die ganze sittliche Weltordnung, jegliche Zuteilung von Lohn und Strafe beruht. Wenn der Gott alles im Voraus weiß, so Cicero, ist alles im Voraus bestimmt, und der Mensch ist nur noch eine Marionette an den Fäden einer höheren Macht, welche die Stoiker *fatum*, „Schicksal", nannten. Die Freiheit einer Marionette ist nur die zweifelhafte Freiheit, dem *fatum* gehorchen zu dürfen. „Den Willigen *führt* das Schicksal, den Unwilligen *zieht* es", darin jedenfalls waren sich alle Stoiker einig. Cicero wendet sich gegen die Stoiker, gegen das Fatum und gegen ein Vorauswissen Gottes.[18]

Am 12. Oktober 1825 hat Goethe seinem Eckermann im Geiste Ciceros die Erkenntnis anvertraut: „Sobald wir dem Menschen die Freiheit zugestehen, ist es um die Allwissenheit Gottes getan; denn sobald die Gottheit weiß, was ich tun werde, bin ich gezwungen zu handeln, wie sie es weiß." Das Vorauswissen Gottes – falls vorhanden – ist in Goethes Augen mehr als ein passives Vorhersehen, es ist eine gestaltende „Vorsehung".

Augustinus denkt anders als Goethe. Mit seinem feinen Gespür für Desasträs-Dialektisches ahnt der Bischof von Hippo, dass mit menschlicher Willensfreiheit und göttlichem Vorauswissen zwei *christliche* – nicht nur *ciceronianische* – Fundamentalvorstellungen in Gefahr stehen, krachend zu kollidieren. Augustinus aber ist nicht der Mann, sich wie Goethe von den Vollkommenheiten Gottes – und zu ihnen gehört nun einmal das Allwissen und somit auch das Vorauswissen – irgendetwas abdingen zu lassen. Der Kirchenvater löst den Konflikt zwischen Willensfreiheit und *praescientia*, indem er ihn leugnet. Darauf war niemand vorbereitet. Er tut es in zwei Kapiteln seines *Gottesstaates*: in V, 9 („Gottes Vorherwissen und menschliche Willensfreiheit – gegen die Definition Ciceros") und in V, 10 („Ob die Notwendigkeit über den Willen des Menschen herrscht"). An Cicero lässt er kein gutes Haar. Hellster Wahnsinn (*apertissima insania*) sei es, was Cicero tue: Gott zu bekennen und zugleich sein Vorauswissen zu leugnen. Und nun versichert er mit starken Worten: „Wir Christen bekennen uns zu dem höchsten und wahren Gott und bejahen ebenso den Willen wie Gottes höchste Macht und Voraussicht. Wir fürchten nicht, was wir kraft unseres Willens tun, darum nicht freiwillig tun zu können, weil der es vorauswusste, wir würden es tun, dessen Vorauswissen sich nicht täuschen kann. Cicero freilich fürchtet es und bekämpft darum das Vorherwissen." Diese Widerlegung Ciceros verstärkt er dadurch, dass er sie mehrfach vorbringt („Beweis durch Wiederholung der Behauptung"). Ein „frommes Gemüt" hat diese Schwierigkeiten zum Glück nicht: „Es hält in kindlichem

Glauben beides fest", Willensfreiheit *und* Vorauswissen. Fazit: Augustinus sieht kein Problem. Das Problem schafft er sich selbst mit seiner Prädestinationslehre. Gott, sagt Augustinus, hat von Ewigkeit her aus der großen Sündermasse namens Menschheit die einen zum Heil, die anderen zur Verdammnis bestimmt – ohne Rücksicht auf Taten oder Untaten. Gott operiert wie ein Zufallsgenerator und gesteht das auch freimütig ein: „Ich gewähre Gnade, wem ich will, und ich schenke Erbarmen, wem ich will."[19] Als Luther seine bange Frage stellte „Wie kriege ich einen gnädigen Gott?", war es schon zu spät: Über ihn war bereits entschieden, bereits vor der Erschaffung der Welt. In einem solchen Rahmen ist Willensfreiheit ohne Belang, weil in Jahwes kafkaesker Lotteriewelt das Tun und Lassen keine Rolle spielt. Omas Moral wird ersetzt durch eine „Logik des Schreckens" (Kurt Flasch).[20]

Origenes hatte erkannt, dass Allmacht schon rein logisch ein dubioser Begriff ist. Augustinus ahnte, dass hemmungslos allmächtige Allmacht destruktiv sein kann; Jahwe hatte Proben einer Omnipotenz gegeben, die keinen Stein auf dem anderen ließ. Die christlichen Denker standen vor dem perversen Problem, dem Pantokrator seine Allmacht zu belassen und sie ihm doch zu entwinden. Die Möglichkeit dazu eröffnete der Psalmist mit seiner Feststellung, dass der allmächtige Gott alles vollbringt – alles, *was ihm gefällt*.[21] Dieses „was ihm gefällt" konnte darauf hinweisen, dass Gott erst dann seine Allmacht mobilisiert, wenn er vorher sorgfältig das Für und Wider abgewogen hat. Die Theologen legen ihrem Gott nahe, sich durch moralische und rationale Skrupel selbst an die Kandare zu nehmen. Er soll um Gottes willen kein Wildwasser sein. Und genau an dieser Stelle kommt Gottes Güte als Gottes Zügel ins Spiel. Seiner Güte wegen will Gott nur Gutes schaffen, sagt Augustinus.[22] Gott kann also seine formidable Macht gar nicht missbrauchen. Natürlich muss Augustinus dabei unterstellen, dass Gott sich selbst treu bleibt, was angesichts der Heiligen Schriften nicht sehr glaubwürdig ist. Der Kirchenvater nimmt jedoch auch diese Hürde bravourös mittels perennierender Wiederholung: Er behauptet konstant, Gott sei unwandelbar. Er redet von dem Jahwe, der den Menschen zuerst als sein Abbild schuf und ihm dann ein kolossales Ersäufnis bereitete. Unwandelbar?

Augustinus' Gott, der zivilisiert genug ist, nur das Gute zu wollen, wurde zur Leitfigur der Theologen. Boethius (etwa 480-524), dessen *Trost der Philosophie* eines der beliebtesten Bücher des Mittelalters war und heute noch gerne gelesen wird, Boethius, der auf Befehl Theoderichs des Großen wegen angeblichen Hochverrats hingerichtet wurde, glaubte bis zu seiner letzten Stunde im Kerker, dass Gott die Welt durch das Gute lenke. Und der *princeps philosophorum*, Thomas von Aquin, schrieb den lapidaren Satz nieder: „Gott will nur, was gut ist oder gut sein kann."[23] Jahwe war eingezäunt. Das hätte der Gott aus den Weiten der Wüste sich nie träumen lassen.

Es war ferner von früh an Konsens, dass Gott auch das an sich Unmögliche nicht wollen kann, und dass seine Ablehnung des Impossiblen keine Beschränkung seiner Allmacht sei. Schon Augustinus meinte, die Macht Gottes werde nicht durch Sätze beeinträchtigt wie „Gott kann nicht sterben" oder „Gott kann nicht irren".[24] Thomas von Aquin schrieb, Gottes Wille richte sich nicht auf das „an sich Unmögliche",[25] und später erläuterte er: „Da Gott alles bewirken kann, was sein kann, nicht aber das, was einen Widerspruch in sich birgt, so heißt er gebührendermaßen allmächtig."[26] Gott kann nicht – nein, Gott *will* nicht aus dem logischen Identitätssatz $A = A$ die unsinnige Formel $A \neq A$ machen; er will keinen Kreis als Quadrat zeichnen, und er will nicht hinschreiben

$2 \times 2 = 5$. Gott ist der Logik unterworfen, nein, er verwirklicht sie. Als Logiker von Geblüt kann er auch „nicht machen, dass Vergangenes nicht gewesen ist" (Thomas von Aquin[27]).

Und doch waren schon früh nagende und unterminierende Zweifel an der Allmacht Gottes aufgekommen. Noch bevor Origenes seine erkenntnistheoretischen Bedenken gegen die Omnipotenz vorgebracht hatte (und dafür abgestraft worden war), hatte Tertullian (etwa 160-220), einer der scharfsinnigsten und vulkanischsten Denker des frühen Christentums, Gott nicht zugetraut, mit seiner unendlichen Fülle in die Endlichkeit eingehen zu können.[28] Dem konnte man nicht einfach mit dem bequemen Argument begegnen, die Omnipotenz Gottes leide nicht dadurch Schaden, dass der Pantokrator nicht gegen seine eigene Vollkommenheit handeln könne, denn Tertullians These hatte die tief einschneidende Konsequenz, dass es eine echte Trinität gar nicht geben konnte: Der im Endlichen existierende Sohn konnte ja die Fülle des unendlichen Vaters nicht fassen. Das Konzil von Nizäa sollte im Jahre 325 das genaue Gegenteil auf dem Verordnungsweg durchsetzen. Tertullian fiel 205 (etwa zehn Jahre nach seiner Bekehrung zum Christentum) von der Großkirche ab und schloss sich der Sekte der Montanisten an. Dieser zuge-spitzte und zustoßende Geist hat das Verdienst, den provokantesten Satz des mit Provokantem gut ausgestatteten Christentums formuliert zu haben: „Gottes Sohn ist gestorben … und aufer-standen, das ist gewiss, weil es unmöglich ist."[29]

Eine gefährliche Beeinträchtigung der göttlichen Allmacht schien auch von der Astralkausalität auszugehen, von jener schicksalsbestimmenden Macht der Sterne, die den Astrologen so man-chen hübschen Batzen eintrug. Schon Augustinus hat bei allen Gelegenheiten gegen sie gewettert, Konzilien haben immer wieder schweres Geschütz gegen sie aufgefahren. Es hat nichts genützt. Der Sieg der Sterndeuter war in dem Augenblick besiegelt, als in der sterngläubigen Renaissance der Vatikan einen Lehrstuhl für Astrologie einrichtete. Hinfort versuchten auch Kardinäle, am heidnischen Himmel die Zukunft zu lesen. Heute ist die Astrologie die Zweitreligion des welt-läufigen Europäers.

Der französische Gottesgelehrte Petrus Abaelard (1079-1142) ist in der ganzen Welt bekannt als glühender Liebhaber der schönen Héloise, so glühend, dass der Vater dieser *beauté*, ein Kanonikus, ihn zwecks Dämpfung seiner Begierde im Niederen kurzerhand entmannen ließ. Der feurige Franzose hat in eisigen Worten von Gottes Allmacht gesprochen, ohne sie gera-dewegs zu leugnen. Die Synode von Sens (1140) hat auf Betreiben Bernhards von Clairvaux (der zu dieser Zeit auch zum 2. Kreuzzug aufwiegelte) 19 „Irrtümer" Abaelards verurteilt. (Wir kennen ähnlich Persekutorisches aus dem „Historikerstreit" des Jahres 1986; unser Bernhard hieß Habermas.) Der sechste „Irrtum" statuierte ironisch-tautologisch: „Gott kann lediglich das tun, was er tut, oder zulassen, was er zulässt, oder nur auf die Weise oder zu der Zeit und nicht anders."[30] Abaelard endete als Mönch im Kloster Saint-Denis.

Etwa 130 Jahre nach Abaelards kühler Distanzierung von dem Begriff der Allmacht berichtet Thomas von Aquin, dass einige seiner Zunftgenossen „auf sieben Wegen" Gott die „Erkenntnis der Einzeldinge" absprechen.[31] Dieses „Absprechen" hört sich an wie ein fernes theologisches Donnergrollen: Hier wurde die Allmacht Gottes subtil, aber wirkungsvoll beschnitten

Thomas hatte zu Cantors Befriedigung tatsächlich ausgerufen: „Außerdem ist es bis jetzt noch nicht bewiesen, dass Gott nicht Aktual-Unendliches machen könnte."[32] Freilich war es Thomas selbst, der schließlich den Beweis für Gottes Ohnmacht in Sachen Unendlichkeit erbrachte, indem er das *infinitum actu* als einen *in sich widersprüchlichen* Begriff denunzierte, als einen Begriff also, den selbst Gott nicht ins Sein bringen kann.[33] Der *princeps philosophorum* lavierte unsicher zwischen gefährlichen Klippen: zwischen der Logik des Aristoteles und der Allmacht Jahwe. Die Allmacht kam dabei in die Defensive und litt Schaden.

Nach Thomas' Tod drängte sich nun gerade die *Allmacht Gottes* immer stärker in die Unendlichkeitsspekulationen hinein, immer lauter wurde die Frage, ob der omnipotente Gott denn nicht aktuale Unendlichkeiten machen könne. Ist denn der Gedanke eigentlich nicht lächerlich und lästerlich, der Allmächtige könne keine unendliche Gerade zeichnen und könne beim fortlaufenden Halbieren einer Strecke nie ans Ende dieses Prozesses kommen, könne die unendliche Teilbarkeit nicht in eine unendliche Geteiltheit verwandeln? Die Scholastiker schwanken zwischen einem „*can-do*"-Gott und einem „*can't-do*"-Gott unentschieden hin und her, kühne Infinitisten und behutsam prozedierende Finitisten liegen sich in gut ausgebauten Stellungen gegenüber. Die verwegensten Infinitisten sehen im Unendlichkeitsproblem schließlich nur noch ein Generationenproblem: Es sei einfach altmodisch, das Aktual-Unendliche auszugrenzen; die „modernen Philosophen" (*moderni philosophi*) hätten gegen die *infinitas actualis* keinerlei logischen Einwände.[34] Man glaubt, aus einer fernen Zukunft schon die Stimme Cantors zu vernehmen.

Der entschiedenste Infinitist ist (das war zu erwarten) ein Augustiner: Gregorius von Rimini (geb. im späten 13. Jh., gest. 1358; seit 1357 Ordensgeneral). Gregorius „beweist" mit einem Gedankenexperiment, dass aktual unendliche Mengen tatsächlich möglich sind – und zwar deshalb, weil Gott sie kraft seiner Allmacht hervorbringen kann. Gott kann z. B. in einer Stunde unendlich viele Engel erschaffen: Er braucht dazu nur die Stunde durch unendlich viele Halbierungspunkte in eine erste Hälfte, ein darauf folgendes Viertel, ein anschließendes Achtel usw. zu teilen (also so, wie Zenon die Rennbahn unterteilt hatte) und in jedem der unendlich vielen Zeitintervalle einen einzigen Engel hervorzubringen. Natürlich müsse er sich mit dem Erschaffen immer mehr sputen, weil ihm nach jedem Engel immer weniger Erschaffungszeit zur Verfügung stehe, aber seiner Omnipotenz mache diese Beschleunigung keine Beschwer.[35] Die Prozedur war Zenons „Dichotomie" nachgebildet, und man kann sich leicht denken, was der sardonische Streitkünstler dazu gesagt hätte. Noch Baruch de Spinoza (1623-1677), dieser von dem philosophiefernen Goethe so sehr verehrte jüdische Philosoph, hat Zenons Dichotomie viel ernster genommen als Gregorius von Rimini. In einem Brief schreibt er, es sei unmöglich zu verstehen, wie eine Stunde vorübergehen könne. Denn damit dies geschehe, sei es notwendig, dass zuerst die erste Hälfte vorübergehe, dann die Hälfte des Restes, anschießend die Hälfte des neuen Restes – und so immer die Reste halbierend, könne man nie an das Ende der Stunde gelangen.[36] Hier hätte Zenon beifällig gelächelt. Gregorius von Rimini hat sich das Leben mit Hilfe der göttlichen Allmacht leicht gemacht: Sie hat aus der unendlichen Teilbarkeit der Stunde eine unendliche Geteiltheit gemacht, womit eigentlich schon alles erledigt war. Spinoza konnte sich nicht von einem Gott helfen lassen, denn er hatte keinen. Seine Gemeinde hat ihn schließlich als Atheisten ausgestoßen.

Für Gregorius war klar, dass Gott kraft seiner Allmacht auch einen unendlichen Körper und eine unendlich lange abgelaufene Zeit erschaffen und Qualitäten wie Hitze oder Nächstenliebe ins Unendliche steigern kann: Restlos *alles* kann unter den Händen des unendlichen Gottes unendlich werden. Dabei hat Gregorius allerdings übersehen, dass selbst der Allmächtige in dem *endlichen* Kosmos des Mittelalters keinen *unendlichen* Körper unterbringen kann.

Auch das leidige Problem des Kontinuums ließ sich via Omnipotenz aufs gefälligste lösen. Dank seiner Allmacht kann Gott alle unendlich vielen Punkte des Kontinuums gleichzeitig („kontuitiv") als deutlich unterschiedene Einzeldinge überblicken; er konstituiert sie so als eine *aktual-unendliche* Menge, wie schon der Gott des Augustinus die Zahlen 1, 2, 3, … als eine aktual-unendliche Gesamtheit vor seinem kontuitiven Auge gehabt hatte.[37] Mehr noch: Der Allmächtige sieht auch, wie sich die ausdehnungslosen Punkte zu Ausgedehntem zusammenschließen, wie aus Nichtsen ein Etwas entsteht.[38] Man darf hier nicht vergessen, dass die *creatio ex nihilo* zu Jahwes auffälligsten Fertigkeiten gehört.

Gegen die Infinitisten gab es den energischen Finitismus des Richard Fitzralph von Oxford. Fitzralph glaubte, dass jede Menge ein *letztes* Element haben und deshalb *endlich* sein müsse. Dahinter steht wieder einmal der Pythagoreische Gedanke von der endlichkeitsstiftenden Macht der Zahl – der Gedanke, jede Menge habe „eine gewisse Zahl", einen *certus numerus*. Gregorius lastet dies dem Engländer vorwurfsvoll an, obwohl doch die Bibel selbst sagt: „Du, Gott, hast alles geordnet nach Maß, Zahl und Gewicht."[39] Zenon von Elea hatte das Credo der Endlichkeit verzwickter als die Bibel, aber doch in ihrem Geist formuliert.[40] Fitzralph konnte also eine starke Truppe unter der Fahne des Finitismus versammeln.

Langsam, fast unmerklich wird der immer wieder beschworene Glaube an Gottes Allmacht jedoch mürbe. Die Scholastik klopft sie ab, diese Allmacht, und testet sie aus mit der stehenden Frage, „ob Gott dies oder jenes machen könnte" („*utrum deus possit facere*"). Wer so fragt, hat den Glauben an die Omnipotenz schon halb verloren. Kann Gott den (endlichen) Kosmos aus seinem Platz verrücken? Nein, sagten die Peripatetiker (und sie waren die Mehrheit), das kann er nicht, denn dann entstünde hinter der Weltkugel ein Vakuum, und ein Vakuum, das hatte der unfehlbare Aristoteles gelehrt, ist unmöglich. Nur die kleine Schar um den hartgesottenen Antiperipatetiker Tempier traute dem Pantokrator diesen Verschiebe-Kraftakt zu, denn er war doch der Allmächtige, der in seinen besten Tagen doch die Sonne über Gibeon hatte anhalten können. In den Köpfen der meisten hatte Jahwe sich dem Aristoteles zu beugen: nicht nur der Logik des *Philosophus*, sondern auch seiner Naturwissenschaft. Wir blicken hier tief in eine der großen – und unbesungenen – Revolutionen des Denkens hinein: in die Ent-mächtigung Gottes. Die Scholastik ist dank ihrer unbändigen Lust an logisch geregelter *disputatio*, an logisch fundierter *demonstratio* und an rationaler griechischer Philosophie sehr viel mehr ein Aufbruch zu neuen Ufern als die Reformation, der die Vernunft als Hure galt. Sehr viel mehr auch als die „Revolution der Großväter gegen ihre Söhne mittels ihrer Enkel", als die Ionescu, Spitzenautor des „Absurden Theaters", die 68er-Ereignisse beschrieben hat. 1968 verkam die Vernunft zum wuchernden „Diskurs", die Logik zur wabernden „Stringenz". Und niemand hat gelacht!

Eine der tückischsten Fragen, in der die Unendlichkeitselemente *Allmacht* und *Allwissen* mit verheerenden Folgen kollidierten, war die *quaestio*: „Kann Gott einen Kasten derart machen, dass er, Gott, nicht weiß, was dieser enthält?" Kann er ihn machen, ist es aus mit seinem Allwissen, kann er ihn nicht machen, ist es aus mit seiner Allmacht. Am tückischsten aber und ein genau gezielter Schlag gegen die Allmacht allein war die Frage: „Kann Gott einen Stein machen, der so schwer ist, dass er ihn nicht heben kann?" Kann er ihn machen, fehlt es ihm an Hebemacht; kann er ihn nicht machen, fehlt es ihm an Schöpfungsmacht. Es befällt einen die beklemmende Ahnung, dass dem unscheinbaren Wörtchen „all" eine ungeheuerliche Sprengkraft innewohnt. Und so ist es tatsächlich. Sie ist mit furchtbarer Gewalt um 1900 in den sogenannten „Antinomien" der Cantorschen Unendlichkeitstheorie virulent geworden und hat die Fundamente der Mathematik heftiger erschüttert, als man es je für möglich gehalten hätte. Die gefährlichste dieser Antinomien wurde von Bertrand Russell konstruiert. Sie ist die zweite große Katastrophe der Mathematik nach dem Desaster der Inkommensurabilität. Sie ist „untechnisch" und kann von jedem ohne Vorbereitung genossen werden. Ihrem Geist und ihren Voraussetzungen nach gehört sie in die Zeit Zenons.

Nun zur Russellschen Antinomie selbst. Eine Gesamtheit oder Menge besteht aus Dingen, die man gewöhnlich ihre „Elemente" nennt. Für eine Menge gibt es genau zwei Alternativen: 1. Sie enthält sich selbst als Element; 2. Sie enthält sich nicht selbst als Element. Mengen der ersten Sorte kommen einem etwas „pathologisch" vor. Mengen der zweiten Sorte hingegen empfinden wir als völlig normal, und wir wollen sie auch kurz „normal" nennen. „Normal" ist etwa die Menge aller Stühle in einem Zimmer, denn sie ist nicht selbst ein Stuhl; „normal" ist auch die Menge aller Planeten des Sonnensystems, denn sie ist selbst kein Planet. Jetzt kommt das desaströse Wörtchen „all" ins Spiel: Wir betrachten die Menge N *aller* normalen Mengen. N ist entweder normal oder nicht normal. Angenommen, N sei normal, dann enthält (definitionsgemäß) N sich nicht selbst als Element, *gehört also zu N* (= Menge aller Mengen, die sich nicht selbst als Element enthalten). Das heillose Fazit: Enthält N sich nicht selbst als Element, so enthält N sich selbst als Element. Nun die zweite Möglichkeit: N ist nicht normal, d. h. N enthält sich selbst als Element. Als Element von N ist nun aber N normal, enthält sich also nicht selbst als Element. Das heillose Fazit: Enthält N sich selbst als Element, so enthält N sich nicht selbst als Element. Gesamtresultat: Aus jeder der beiden Alternativen folgt ihr genaues Gegenteil. Die Menge aller normalen Mengen ist *antinomisch*, in sich selbst widersprüchlich. Schlimmer kann es nicht kommen.

Das theologische Unendlichkeitsproblem *par excellence* – das Allmachtsproblem in der Form „Kann Gott dies oder jenes machen?" – wollte lange nicht sterben. Noch in der berühmten *Logik von Port-Royal* (1662) wird gefragt: „Kann Gott einen unendlich großen Körper, eine unendlich schnelle Bewegung, eine der Zahl nach unendliche Menge hervorbringen?"[41] Das alles sind Aktionen, die dem allmächtigen Jahwe verwehrt sind, wenn es mit rechten Aristotelischen Dingen zugeht. Port-Royal, ein Kloster bei Versailles, war eine Hochburg des Jansenismus, einer von Augustinus inspirierten katholischen Reformbewegung strengster Observanz. Es wundert nicht, dass die *Logik von Port-Royal* dringend davon abrät, Fragen, welche die Macht Gottes betreffen, auch nur aufzuwerfen. Auch andere Fragen, etwa über Unendliches, über Inkommensurabilität, Teilbarkeit der Strecken oder Materien und ähnlich Subtiles sollte man besser auf sich beruhen lassen:

> Die Nützlichkeit dieser Spekulationen liegt … darin, die Schranken unseres Geistes kennenzulernen und ihn zu dem Eingeständnis zu zwingen, dass er auf Schranken stößt: dass es Dinge gibt, die sind, obgleich er sie nicht verstehen kann. Aus diesem Grund ist es gut, ihn durch diese Feinheiten zu ermüden, um seinen Eigendünkel zu zähmen und ihm die Kühnheit zu verwehren, seine schwachen Verstandeskräfte jemals den Wahrheiten, welche die Kirche ihm vorträgt, entgegenzustemmen, unter dem Vorwand, dass er sie nicht verstehen kann. Denn da die

Kraft des menschlichen Geistes gezwungen ist, sich dem kleinsten Materieatom zu unterwerfen, und dieser zugeben muss, dass er klar sieht, dass es unendlich teilbar ist, ohne begreifen zu können, wie das geschehen kann, ist es nicht eine offensichtliche Sünde gegen die Vernunft, den Glauben an die wunderbaren Wirkungen der Allmacht, die an sich unverständlich ist, zu verweigern, mit der Begründung, dass unser Geist sie nicht begreifen kann?[42]

Bevor nun ein Vorwitziger auf die Schnelle den Stab über Port-Royal bricht, sollte er daran denken, dass ein so glänzender Geist wie Blaise Pascal (1623-1662) – ein wissenschaftliches Wunderkind, ein genialer Mathematiker und Physiker (nach dem heute die Einheit des Drucks benannt ist), einer unserer abgründigsten Gottesdenker und brillantesten Schriftsteller –, der zum Stabbrechen aufgelegte Vorwitzige also sollte daran denken, dass dieser singuläre Mann die letzten acht Jahre seines kurzen Lebens in Port-Royal verbracht und dabei Umgang mit Antoine Arnauld, einem der beiden Verfasser der *Logik von Port-Royal* und damals Hauptsprecher des Jansenismus, gehabt hat. Die *Logik* ist in Pascals Todesjahr erschienen. In der Stille des Klosters hat der große Grübler, der in seinen Jugendtagen ein Dandy und Lebemann gewesen ist, seine *Gedanken über die Religion* geschrieben, in denen er auch seinen tief verstörenden Zusammenstoß mit dem Unendlichen darlegt:

> Die ganze sichtbare Welt ist nur eine unmerkliche Fallt in dem weiten Gewand des Alls. Keinerlei Begreifen kommt ihm nah. Wir können unsere Gedanken aufblähen über die letzten denkbaren Räume hinaus, was wir zeugen, sind, verglichen mit der Wirklichkeit der Dinge, Winzigkeiten. Es ist eine unendliche Kugel, ihr Mittelpunkt ist überall und ihre Oberfläche nirgends. Das ist endlich das gewaltigste sinnlich fassbare Merkzeichen der Allmacht Gottes. Unsere Einbildungskraft verliert sich in diesem Gedanken.
> Zurückgekehrt zu sich selbst, bedenke der Mensch, was er ist, verglichen mit dem, was ist, er betrachte sich als verirrt in diesem versprengten Winkel der Welt und durch dieses enge Verließ, in dem er sich befindet, ich meine damit das Universum, lerne er die Erde, die Königreiche, die Städte und sich selbst nach ihrem wahren Wert einzuschätzen.
> Was ist ein Mensch in der Unendlichkeit?[43]

Die Allmacht Gottes ist nicht an logischen Analysen und naturwissenschaftlichen Befunden gestorben. Die Frage, ob Jahwes Omnipotenz daran zerbricht – oder auch nicht zerbricht –, dass er aus Fünf keine gerade Zahl machen kann, ist von der Lebenswirklichkeit so weit entfernt, dass nur der „denkende Mensch", der nach Rousseau „ein heruntergekommenes Tier" (*un animal dépravé*) ist, sich ernstlich damit abgeben und daran aufreiben wird. Ganz anders aber steht es mit der Frage, wie der allmächtige, allwissende und allgütige Gott das physische und moralische Übel in der Welt zulassen – oder gar veranlassen? – kann. Das ist eine uralte, aufwühlende Frage. Sofern der Mensch von mächtigen Göttern weiß – sie müssen noch nicht einmal allmächtig sein –, wird er dazu neigen, ihnen die Schuld an seinen Leiden zuzuschreiben. Schon in Homers Odyssee klagt Zeus:

> Seltsam, wie halten die Menschen doch nur die Götter für schuldig!
> Sagen sie doch, von uns käm alles Übel, doch tragen
> Leiden sie selbst wider das Schicksal durch eigene Frevel;
> Wie nun Aigisthos auch wider das Schicksal die eheliche Gattin
> Agamemnons gefreit und ihn bei der Heimkehr erschlagen.
> Wusste er doch sein jähes Verderben; wir hatten ja vorher
> Ihm den leuchtenden Boten Hermeias zur Warnung gesendet,
> Jenen nicht zu töten, noch seine Gattin zu freien.
> Käme doch einst Orestes, den Mord des Atriden zu rächen.[44]

Aigisthos wird von Orestes erschlagen. Sein Tod ist „der Sünde Sold". Die Götter tragen keine Schuld, sie hatten Aigisthos sogar ausdrücklich vor seiner Freveltat gewarnt. Und doch lässt Zeus durchblicken, dass irgendwie an den Göttern „etwas hängen bleibt". Hätten diese Mächtigen Aigisthos nicht kräftiger warnen, nicht wirksamer hindern können? Die Griechen fangen früh an, mit ihren Göttern zu rechten.

Überraschender ist, dass auch die Juden mit Jahwe rechten. Denn er tut, was er nicht tun sollte: Er sorgt gut für die Schlechten und schlecht für die Guten. Der Prophet Jeremia macht aus seinem Herzen keine Mördergrube:

> Herr, wenn ich gleich mit dir rechten wollte, so behältst du doch recht; dennoch
> muss ich vom Recht mit dir reden. Warum geht's doch den Gottlosen so wohl,
> warum können alle Frevler sorglos sein?
> Du pflanzest sie, dass sie wurzeln und wachsen und Frucht bringen. Nahe bist du
> in ihrem Munde, aber ferne von ihrem Herzen;
> Mich aber, Herr, kennst du und siehst mich und prüfst mein Herz vor dir. Reiße
> sie weg wie Schafe, dass sie geschlachtet werden und sondere sie aus, dass sie
> gewürgt werden.
> Wie lange noch soll das Land vertrocknen, das Grün auf allen Feldern verdorren,
> um der Einwohner Bosheit willen, dass beide, Vieh und Vögel, nimmer da sind?
> Denn sie denken: Er sieht unsre Zukunft nicht.[45]

Das physische Übel ist hier der trostlose Zustand des verdorrenden Landes; er entspringt in eingeschliffener Sündenkausalität einem moralischen Übel: der Bosheit seiner Bewohner. Der Herr wird aufgefordert, endlich seine Macht zu zeigen und durch ein zünftiges Ausmorden endlich Remedur zu schaffen.

Ein un-heimlicher Text, in dem Gottes Macht eine verrätselte Rolle spielt, ist das Buch Hiob. Der Satan schlägt dem Herrn wie ein verfrühter Gottschalk ein „Wetten, dass …" vor: Der notorisch reiche und notorisch gottesfürchtige Hiob, so der Satan, wird von Gott abfallen, wenn er, der Satan, ihm seinen Wohlstand zerstören und ihn mit Leiden, Krankheiten und Unglücksfällen heimsuchen darf. Jahwe geht in Spielerlaune auf die Wette ein. Der Satan schreitet sofort zur Tat und macht in kurzer Zeit aus Hiob den klassischen Schmerzensmann, als den wir ihn kennen. Und doch fällt Hiob nicht von Gott ab. Aber auf einem besteht er stolz und hartnäckig: darauf, dass er schuldlos ist. Er ist sogar kühn genug, in offenem Gottestrotz Jahwe zu einem Rechtsstreit herauszufordern: Der Allmächtig soll ihm endlich erklären, warum so viele Frevler fröhlich in den Tag hinein leben, während er, der gottesfürchtige Hiob, tief ins Elend geraten ist. Gott soll sich rechtfertigen! Und der erhebt tatsächlich seine Stimme („aus dem Wettersturm"), redet aber nicht zur Sache. Stattdessen stellt er mit Selbstgefühl seine kolossale Macht zur Schau und malt mit Fleiß die Nichtigkeit des geschundenen Hiob aus: „Wo warst du, als ich die Erde gegründet? … Wer setzte ihre Maße? … Wer verschloss das Meer mit Toren? … Haben dir sich die Tore des Todes geöffnet? … Bist du zu den Kammern des Schnees gekommen, hast du die Kammern des Hagels gesehen? … Wer grub der Regenflut eine Rinne, einen Weg für das Donnergewölk? … Knüpftest du die Bande des Siebengestirns? … Kennst du die Gesetze des Himmels?" Jahwe verliert sich nun im Zoologischen und schildert dabei stolz zwei besonders massige Produkte seiner Kunst: die Untiere Behemot und Leviatan. Nach all diesen irrelevanten Einlassungen knickt Hiob ein und redet, als habe er mit Gewinn die *Logik von Port-Royal* gelesen: „Ich habe erkannt, dass du alles vermagst, kein Vorhaben ist dir verwehrt … So habe ich denn im Unverstand geredet über Dinge, die für mich zu wunderbar und unbegreiflich sind … Darum widerrufe ich und atme auf, in Staub und Asche."[46] Ende eines Widerständigen, der einmal von Gott Rechtfertigung forderte. Allmacht macht mundtot.

Die moralische Situation, die Jeremia und Hiob geschildert haben, hat Heinrich Heine in seinem Lazarus-Gedicht bitter-ironisch in Vers und Reim gebracht:

> Warum schleppt sich blutend, elend,
> Unter Kreuzlast der Gerechte,
> Während glücklich als ein Sieger
> Trabt auf hohem Ross der Schlechte.
>
> Woran liegt die Schuld? Ist etwa
> Unser Herr nicht ganz allmächtig?
> Oder treibt er selbst den Unfug?
> Ach, das wäre niederträchtig.

Gottes Allmacht ist im Reich des Moralischen tatsächlich ein zentrales – und hochproblematisches! – Datum. Ein allmächtiger Gott kann dem Übel wehren, wenn er will – aber wollen muss er doch, weil er allgütig ist; er ist kein bösartiger Dämon, der „selbst den Unfug treibt", diesen Unfug, den wir beschönigend den „Weltlauf" nennen. Er ist auch kein Tölpel, der nicht so recht begreift, was um ihn herum vorgeht; sein Allwissen ist unbestritten. Als Manövriermasse bleibt nur noch seine Allmacht, die schon früh suspekt geworden war. Als im Jahre 597 v. Chr. Nebukadnezzar Jerusalem eroberte und die jüdische Oberschicht in die „babylonische Gefangenschaft" verschleppte, spotteten die Nachbarvölker, Jahwes Allmacht sei gewiss grandios, aber wohl doch nicht allmächtig genug, um die jammervolle Deportation verhindern zu können. Die Juden retteten damals die Allmacht ihres Herrn, indem sie das Exil als gottverhängte Strafe für ihre Sünden deuteten.

Diese Sündenkausalität entlastete Gott zunächst sehr wirkungsvoll, nutzte sich aber schließlich ab wie ein ständig wiederholter Werbeslogan oder ein ständig eingesetztes Antibiotikum. Die Verantwortung Gottes ließ sich nicht auf Dauer umbiegen in eine Schuld der Menschen. Was

war denn die Schuld eines „Gerechten" wie Hiob? Das *Buch Hiob* ist das Grollen eines Rechtfe
rtigungsgewitters, so wie auch der Jeremiatext: „Herr, wenn ich gleich mit dir rechten wollte, so
behältst du doch recht; *dennoch muss ich vom Recht mit dir reden.*"[47] Ein sehr lautes Grollen aus
sehr dunklen Wolken ist das Wort des Zeus, das unverblümter als die Bibel es je wagen würde
eine *Schuld* der Götter anspricht (um sie dann rasch vom Tisch zu wischen):

> Seltsam, wie halten die Menschen doch nur die Götter für schuldig!
> Sagen sie doch, von uns käm alles Übel …[48]

Es galt jetzt zu verstehen, worin die göttliche „Schuld" eigentlich bestand und ob man in der
jüdisch-christlichen Denkarena einen Dressurakt „Schuld Gottes" überhaupt vorführen konnte.
Man konnte nicht, natürlich nicht! Der allgütige Gott konnte nicht als Bewirker, nicht einmal als Arrangeur des physischen und moralischen Übels angeprangert werden. Dem gütigen
Gott wollte man kein *Verschulden* anlasten, allenfalls ein *Versagen*. Und nun ging es nur noch
darum, dieses *Versagen* zu verstehen. Vor den Augen einer verblüfften Welt wird ein *spec-
taculum* auf die Bühne gebracht, das seinesgleichen sucht: Es trägt den Namen „Theodizee"
(= „Rechtfertigung Gottes") und führt vor, wie der Mensch die Defizite Gottes inspiziert, analysiert, den Vollkommenen als Mängelwesen dekuvriert und ihn schließlich großmütig absolviert,
weil der Himmelsherr es halt nicht besser konnte. Eine Theodizee ist ein Arbeitszeugnis, wie
man es heute nicht mehr ausstellen darf: „Gott hat sich sehr bemüht und war immer pünktlich."
Der „Allmächtige" aber konnte nur versagen, weil er nicht ganz allmächtig war.

Die ausgreifendste und zuchtloseste Theodizee hat einer unserer größten Geister, Gottfried
Wilhelm Leibniz (1646-1716) geschrieben. Sie ist 1710 in der Gebildetensprache Französisch
erschienen unter dem Titel *Essais de théodicée sur la bonté de dieu, la libertté de l'homme et
l'origine du mal* („Die Theodizee: Abhandlung über die Güte Gottes, die Freiheit des Menschen
und den Ursprung des Übels"). Man darf den historischen Hintergrund dieses Erbauungstraktats
nicht vergessen: Der Dreißigjährige Krieg, ein diabolisches Gebräu aus religiösem Fanatismus
und politischem Kalkül, diese Hölle für Deutschland war erst 1648, zwei Jahre nach Leibnizens
Geburt zu Ende gegangen und hatte unsagbar viel Höllisches zurückgelassen, das noch in
Leibnizens besten Jahren jedermann vor Augen stand. Er war ein brutaler Beweis für Voltaires
Wort, die Geschichte sei eine Abfolge von Dummheiten und Verbrechen. Er war eine brutale
Widerlegung des Popeschen Satzes *Whatever is, is right* („Was auch immer ist: Es ist gut und
richtig so"). Alexander Pope (1688-1744) hat dieses Aperçu in einer versifizierten Theodizee *An
essay on man* 1734 der Welt zur Kenntnis gebracht.

Nach Leibniz gibt es eine unendliche Menge *möglicher, denkbarer* Welten. Möglich ist eine
Welt, wenn in ihr ein widerspruchsfreies Zusammenstimmen der Dinge herrscht: Es müssen
in ihr die Gesetze der Logik, der Mathematik und der mathematischen Physik gelten. In einer
denkbaren Welt mag es vorkommen, dass für den freien Fall nicht das Galileische Geschwin-
digkeitsgesetz gilt. *Wenn* es aber gilt, dann muss auch das Galileische Weg-Zeitgesetz gelten,
weil es aus ihm rein mathematisch folgt. In einer möglichen Welt gibt es auch moralische
Zwangsläufigkeiten: Die Menschen in ihr brauchen keinen freien Willen zu haben, sie können
„Automaten" sein (der Automat war damals als Bild und Gleichnis sehr beliebt). *Wenn* sie aber
tatsächlich die Freiheit des Willens besitzen, dann haben sie auch die Freiheit zur Sünde. Gott
kann diese Zwangsläufigkeiten nicht außer Kraft setzen. Seine „Allmacht" reicht dazu nicht aus:

Er ist, in der Sprache der Staatslehre, kein „absoluter", sondern ein „konstitutionell beschränkter" Herrscher. Die Konstitution, die ihn bindet, ist die *harmonia rerum*, die „Harmonie der Dinge". Das griechische Wort *harmonia* kommt nicht aus der Musik, sondern aus dem Handwerk des Zimmermanns und bedeutet „Verfugung" (wie bei Nut und Feder). „Harmonie der Dinge" besagt, dass alles mit allem fest verfugt ist, alles mit allem säuberlich zusammenhängt.

Wir leben in der „besten aller denkbaren Welten", in der optimalen Welt. Das ist der Leibnizsche „Optimismus". Leibnizens „Beweis" für ihn ist atemberaubend kunstlos: Gäbe es eine bessere Welt für uns, hätte Gott sie für uns ausgewählt, denn Gott ist allgütig. Das war er schon, der Beweis. In seiner *Theodizee* tritt der große Philosoph das alte Kirchenlied breit (und mehr tut er nicht): „Was Gott tut, das ist wohlgetan."

Im „Optimismus" des Philosophen wird der Geist der sogenannten „Variationsrechnung", die damals von Leibniz und dem mathematischen Kreis um ihn geschaffen wurde, theologisch fruchtbar. Die Variationsrechnung löst physikalische Probleme durch Optimierungsprozesse. Zu ihrem fulminantesten Prinzip gedieh das *Prinzip der kleinsten Aktion* des französischen Biologen, Geographen und Mathematikers Pierre Louis Moreau de Maupertuis (1698-1759), der die glorreiche Lappland-Expedition zur Vermessung der Polabplattung geleitet hatte und 1746 Präsident der Berliner Akademie der Wissenschaften wurde. Zwei Jahre vorher war er auf sein „des Allerhöchsten würdig[en]" *Principe de la moindre action* geraten, das er so formulierte: „Tritt in der Natur irgendeine Änderung ein, so ist die für diese Änderung notwendige Aktionsmenge die kleinstmögliche."[49] (Der Begriff der „Aktion" stammte von Leibniz.) Die Natur ist sparsam, Gott trägt einen Schottenrock. Maupertuis war wie berauscht von seinem Prinzip, es schien ihm das Prinzip aller Prinzipien, die Formel aller Formeln, die *Weltformel* schlechthin zu sein und sogar die Existenz Gottes zu beweisen. Nur bei Pythagoras waren Mathematik und Theologie so eng verbunden gewesen wie bei diesem Franzosen des *Siècle des Lumières*. Kein Wunder, dass ihn 1751 die Nachricht zutiefst verstörte, Leibniz habe das kostbare Prinzip der kleinsten Aktion schon vor ihm gekannt.

Die optimale Welt muss nicht unbedingt eine gute Welt sein. Aber nun gerät der alte Fahrensmann Leibniz selbst in ein bäurisches „Optimieren", das die massenhaft auftretenden Übel nicht als Begleiterscheinungen einer „Weltkonstruktion unter Nebenbedingungen" ansieht, sondern sie in Anfällen eines höheren Masochismus schön- und gutredet, hochlobt und emporpreist, als hätte es den Dreißigjährigen Krieg nie gegeben. Leibniz billigt sich selbst Gottes Blick für das Universale zu (der uns kleineren Geistern versagt ist), und glaubt, familiär mit Gott plaudernd, klar zu erkennen, dass die Unvollkommenheit eines Teils notwendig sein kann zur höheren Vollkommenheit des Ganzen. (Das Ganze hat schon immer dem Partikularen den Rang abgelaufen: *„Salus publica suprema lex est"*[50], „Der Gebrauch des Privateigentums soll zugleich dem Wohle der Allgemeinheit dienen", „Du bist nichts, dein Volk ist alles".) Die Leiden der Menschen tragen – mit der Logik des Perversen – zur Vermehrung des Guten in denen bei, die leiden. Die Sünden der Menschen sind hinzunehmen, denn sie entspringen einem unsagbar hohen Gut: der Freiheit des Willens. Sogar die Ursünde Adams und Evas mit ihren depravierenden Auswirkungen auf alle kommenden Geschlechter wird zu einer *felix culpa*, einer „glücklichen Schuld", denn sie führt zum Auftreten des Christus. Eine Ausgefallenheit jagt die andere. Die Erbaulichkeiten drehen sich in einem schwindelerregenden Ringelreihen. Und doch wurde die *Theodizee* unbegreiflicherweise das „Grundbuch der deutschen Aufklärung" (was war das für eine „Aufklärung"?) und das deutsche 18. Jahrhundert wurde unbegreiflicherweise das „Jahrhundert der *Theodizee*".[51]

Am Allerheiligentag 1755, nur fünfundvierzig Jahre nach Leibnizens und einundzwanzig Jahre nach Popes Theodizee, ereignete sich das furchtbare Erdbeben von Lissabon. In kürzester Zeit vernichtete es sechzigtausend Menschenleben. Aufs furchtbarste zeigte sich die Vernichtungskraft einer Natur, die Gott so gefällig „nach Maß, Zahl und Gewicht" geordnet hatte. Es war das vollendet „Sinn-lose", das absolut „Vernunft-widrige" dieses Desasters, das den Frömmlern und den Vernünftlern gleichermaßen zu schaffen machte. Noch als Sechzigjähriger erinnerte sich Goethe daran, wie verstörend die Megakatastrophe – ein „Weltereignis" – auf den Sechsjährigen gewirkt hatte:

> Durch ein außerordentliches Weltereignis wurde … die Gemütsruhe des Knaben [Goethe] zum ersten Mal im Tiefsten erschüttert. Am 1. November 1755 ereignete sich das Erdbeben von Lissabon und verbreitete über die in Frieden und Ruhe schon eingewohnte Welt einen ungeheuren Schrecken. Eine große prächtige Residenz, zugleich Handels- und Hafenstadt, wird ungewarnt von dem furchtbarsten Unglück betroffen. Die Erde bebt und schwankt, das Meer braust auf, die Schiffe schlagen zusammen, die Häuser stürzen ein, Kirchen und Türme darüber her, der königliche Palast zum Teil wird vom Meer verschlungen, die geborstene Erde scheint Flammen zu speien: Denn überall meldet sich Rauch und Brand in den Ruinen. Sechzigtausend Menschen, einen Augenblick zuvor noch ruhig und behaglich, gehen miteinander zugrunde, und der glücklichste darunter ist der zu nennen, dem keine Empfindung, keine Besinnung über das Unglück mehr gestattet ist. Die Flammen wüten fort, und mit ihnen wütet eine Schar sonst verborgener, oder durch dieses Ereignis in Freiheit gesetzter Verbrecher. Die unglücklichen Übriggebliebenen sind dem Raube, dem Morde, allen Misshandlungen bloßgestellt; und so behauptet von allen Seiten die Natur ihre schrankenlose Willkür.[52]

Die geistigen Schockwellen des Erdbebens liefen durch ganz Europa; die Katastrophe zerriss das *Siècle des Lumières* in eine Epoche „vor" und in eine „nach" Lissabon.[53] Die „Aufklärung" ging dabei *peu à peu* über Bord; das Jahrhundert verlor seine Heiterkeit; der Popesche „Optimismus" des *Whatever is, is right*, der Leibnizsche „Optimismus" der *besten aller denkbaren Welten*, diese erkünstelten Optimismen wurden schal. Voltaire schrieb sofort sein *Gedicht von Lissabon oder Prüfung des Axioms „Alles ist gut"*.[54] Vier Jahre später lässt er den Helden seines ironischen Romans *Candide oder Der Optimismus* schon im fünften Kapitel das Erdbeben von Lissabon erleben und ausrufen „Das ist das Ende der Welt". Goethe fügte seinen Erinnerungen an das geologische Tremendum die theologische Reflexion hinzu:

> Der Knabe, der [die Schilderung des Lissaboner Unglücks] wiederholt vernehmen musste, war nicht wenig betroffen. Gott, der Schöpfer und Erhalter Himmels und der Erden, den ihm die Erklärung des ersten Glaubensartikels so weise und

gnädig vorgestellt, hatte sich, indem er die Gerechten mit den Ungerechten gleichem Verderben preisgab, keineswegs väterlich bewiesen. Vergebens suchte das junge Gemüt sich gegen diese Eindrücke herzustellen, welches überhaupt um so weniger möglich war, als die Weisen und Schriftgelehrten selbst sich über die Art, wie man ein solches Phänomen anzusehen habe, sich nicht vereinigen konnten.[55]

Für den Naturapostel Jean-Jacques Rousseau war es nicht leicht, die gütige Natur mit dem zerstörerischen Lissaboner Beben zur Deckung zu bringen. Nach seiner Lehre verursachten allein die Menschen alles Unheil, Mutter Natur war so schuldlos, wie es früher der himmlische Vater gewesen war. Auch diesmal, versicherte er mit eiserner Stirn, liefe alle Schuld auf die Menschen zu. Die Gesamtanlage von Lissabon und der Bau der Einzelhäuser seien nicht erdbebengerecht gewesen, ferner hätten sich die Menschen, um in korrupter Gier ihre Habe zu retten, viel zu lange in der Stadt aufgehalten; bei einem großen Unglück aber müsse man rasch ausreißen. Und schließlich solle man auch bedenken, dass ein früher Tod vor vielen späteren Übeln bewahre.[56]

Die meisten sahen in der Katastrophe einen belehrenden Wink des Höchsten. Es bedeutete doch wohl etwas, dass sie sich ausgerechnet am Allerheiligentag und dann auch noch zur Stunde des Kirchgangs ereignet hatte! Die genaueren Analysen der Sündenkausalität gingen freilich je nach Konfession weit auseinander: Den Protestanten galt die Saus-und-Braus-Stadt mit ihren lockeren katholischen Einwohnern als die neue Hure Babylon, und von irgendwoher war ihnen bekannt, dass auch Gott es so sah, also ein heilsames Erdbeben schicken musste. Die Katholiken hingegen deuteten mit ausgestreckten Fingern auf die zahlreichen Hamburger Kaufleute in Lissabon: Diese Pfeffersäcke seien doch durchweg Protestanten, ausgemachte Gotteslästerer in Satans Sold! – den Rest könne jeder sich selbst denken. Ein Naturforscher hohen Ranges, Carl von Linné, offenbarte in seiner *Nemesis Divina*, Gott habe mit dem großen Feuer von Lissabon die vielen kleinen Feuer der Inquisition ausbrennen wollen; diese schändliche Institution habe ihre Opfer ja immer am Allerheiligentag – am Tag des Erdbebens also! – auf den Scheiterhaufen getrieben. Es ehrt den jungen Kant, dass er, anders als Linné, nicht vorgab, in Gottes Pläne eingeweiht zu sein; der Philosoph suchte die Ursache des Bebens denn auch nicht, wie der Naturwissenschaftler, in überirdischen Ratschlüssen, sondern in unterirdischen Explosionen.[57]

Im Unterschied zum Erdbeben von Lissabon am Allerheiligentag 1755 hat der ungleich schrecklichere südasiatische Tsunami am zweiten Weihnachtsfeiertag 2004 kaum geistige Auswirkungen gehabt. Gott blieb außen vor, die Kirchen hatten ihn abgeschrieben. Niemand sprach von einem „Allmächtigen", der hätte intervenieren müssen. Das war so, weil Gott seine Allmacht in Auschwitz verloren hatte.

Alles Nötige hierzu erfahren wir von dem bedeutenden jüdischen Philosophen Hans Jonas in seinem Essay *Der Gottesbegriff nach Auschwitz. Eine jüdische Stimme.*[58] Jonas betont zunächst (was wir schon wissen), „dass Allmacht ein sich selbst widersprechender, selbstaufhebender, ja, sinnloser Begriff" ist. Dann zählt er die drei Elemente der überlieferten jüdischen Gottesvorstellung auf: Allmacht, Allgüte und Verständlichkeit des göttlichen Handelns. (Es berührt den denkenden Menschen tief, dass das dritte Element der jüdischen Gottesidee nicht das *Allwissen* Gottes, wie in der christlichen Theologie, sondern Gottes *Verstehbarkeit* ist.) „Nur von einem gänzlich unverständlichen Gott kann gesagt werden, dass er zugleich absolut gut und absolut allmächtig ist und doch die Welt duldet, wie sie ist", mit all dem Übel und all dem Bösen in ihr. Gott aber – und das ist eine Kernaussage –, Gott ist nicht unverständlich, er ist nicht rätselhaft, er ist kein *deus absconditus* („verborgener Gott"), denn er hat sich den Menschen mitgeteilt in Offenbarungen, durch seine Gesetze und durch die Reden der Propheten. Es bleibt also übrig, dass Allmacht und Allgüte nicht miteinander verträglich sind. Eine dieser traditionellen Eigenschaften Gottes muss das Feld räumen, und in dem grellen Licht von Auschwitz ist dies, wenn man an Gottes Güte festhalten und nicht zu den bösartigen Dämonen zurückkehren will, notwendigerweise die logisch ohnehin brüchige Allmacht: Eine verstehbare und gütige Gottheit kann nicht allmächtig sein. Die Frage „Wo war Gott, als Auschwitz war?" hat eine niederschmetternd einfache Antwort: Er war ferne und hat weggeschaut, weil er in der Nähe nichts tun konnte. In Jonas' Worten:

> Nach Auschwitz können wir mit größerer Entschiedenheit als je zuvor behaupten, dass eine allmächtige Gottheit entweder nicht allgütig oder … total unverständlich wäre. Wenn aber Gott auf gewisse Weise und in gewissem Grade verstehbar sein soll …, dann muss sein Gutsein vereinbar sein mit der Existenz des Übels, und das ist es nur, wenn er nicht *all*-mächtig ist … Und da wir sowieso den Begriff der Allmacht als zweifelhaft in sich selbst befanden, so ist es dieses Attribut [der Allmacht], das weichen muss.

Schon vor Jonas hat ein aus anderen Zusammenhängen kommender, von der Zeit tief gezeichneter Denker, Albert Camus (1913-1960), noch niedergeschlagener als der jüdische Philosoph gemeint, entweder sei Gott gut, dann aber sei er nicht allmächtig; oder er sei allmächtig, dann aber sei er nicht gut. Gottes unendliche Eigenschaften vertragen sich noch nicht einmal in dem unendlichen Gott: Er liegt mit sich selbst im Streit. Aber „jedes Reich, das in sich gespalten ist, wird veröden, und ein Haus nach dem anderen stürzt ein" (so Jesus in Lukas 11,17).

Es ist mehr als interessant, es ist erregend, Jonas' Essay mit der Rede zu vergleichen, die Papst Benedikt XVI. am 28. Mai 2006 in Auschwitz gehalten hat. Die FAZ berichtete am 29. Mai 2006, er habe dort einen „Gott der Vernunft" verkündet, der eins sei mit der Liebe und dem Guten, sei aber mit dem Problem der Theodizee nicht zurecht gekommen. Natürlich habe er gefragt: „Wo war Gott in jenen Tagen [von Auschwitz]? Warum hat er geschwiegen?" Er konnte aber, meinte die FAZ, nichts zur Klärung beitragen, sondern nur von einem „Geheimnis Gottes" reden, in das wir „nicht hineinblicken" können. Sein „Gott der Vernunft" sei der Vernunft nicht zugänglich. Er sei ein Gott des Mysteriums [ganz anders als Jonas' „Gott der Verständlichkeit"!]. Der Papst habe praktisch ein Theodizee-Verbot erlassen. Wenn wir uns zu Richtern über Gott und die Geschichte machten, dann würden wir „nicht den Menschen verteidigen, sondern zu seiner Zerstörung beitragen".

Nietzsche hat Gott schon gegen Ende des 19. Jahrhunderts für tot erklärt. Das war voreilig. Eine irreal existierende Restreligiosität hält den Himmelsherrn von ehedem noch immer am Leben. Ihr Beatmungsgerät ist der Religionskitsch, und der wird ständig neu produziert mit dem artifiziell archaisierenden *moving picture* der Juden im Gas von Auschwitz, die der Regisseur den 23. Psalm zu Rührungszwecken aufsagen lässt: „Der Herr ist mein Hirte; mir wird nichts mangeln … Und ob ich schon wanderte im finstern Tal, fürchte ich kein Unglück; denn du bist bei mir, dein Stecken und Stab trösten mich. Du bereitest vor mir einen Tisch im Angesicht meiner Feinde."

Der Herr hat keinen Tisch bereitet. Er konnte es nicht. In Auschwitz wurde der weiland Allmächtige und Unendliche ent-mächtigt, ver-endlicht, eingeschrumpft. 1997 berichtete das Wochenmagazin *Focus*, laut einer Umfrage werde die Allmacht Gottes inzwischen sogar von Pfarrern bezweifelt. Die Sache habe jedoch auch ihr Gutes: „Damit verschwinden die finsteren Züge des (vormaligen) ‚Herrn'; er wird nicht mehr für Leid, Krieg und Tod verantwortlich gemacht."[59] Ende der Unendlichkeit Gottes. Ende einer Dienstfahrt.

---

[1] Aristoteles: Rhetorik 1397 b.

[2] Homer: Odyssee 8, 266-342.

[3] Josua 10, 12f.

[4] Gen 17, 1.

[5] Mt 19, 26.

[6] Mt 24, 29.

[7] Apg 2, 1-13.

[8] Apg 8, 10.

[9] Adolf von Harnack: Marcion. Das Evangelium vom fremden Gott. Unver. Nachdruck der 2. Aufl. von 1924; Darmstadt 1985.

[10] DER SPIEGEL, 26. 5. 2007, S. 58.

[11] Origenes: Vier Bücher von den Prinzipien (II, 9, 1), hrsg. und übers. von Herwig Görgemanns und Heinrich Karpp, 2. Aufl. Darmstadt 1985, S. 401.

[12] Origenes: Comment. in Matthaeum T. VIII. Migne: Patrologia Graeca, Bd. 13, S. 1089C.

[13] Gen 1, 31.

[14] Gen 6, 5-7 und 17.

[15] Augustinus: Gottesstaat XI, 21.

[16] Dies war die Devise von Auguste Comte (1798-1857), des Vaters des „Positivismus.

[17] Cicero: Von der Weissagung II, 21.

[18] Cicero: Von der Weissagung II, 18.

[19] Ex 33. 19.

[20] Die furchtbaren Basistexte zur Prädestinationslehre stehen in Röm 8, 29-30 und 9, 9-29.

[21] Psalm 115, 3.

[22] Augustinus: Gottesstaat XI, 22.

[23] Thomas von Aquin: Summe gegen die Heiden I, 84, letzter Satz.

[24] Augustinus: Gottesstaat V, 10.

[25] Thomas von Aquin: Summe gegen die Heiden I, 84.

[26] Thomas von Aquin: Summe der Theologie I, 25. Untersuchung, Artikel 3.

[27] Thomas von Aquin: Summe der Theologie 1 25. Untersuchung, Artikel 4.

[28] Adolf von Harnack: Lehrbuch der Dogmengeschichte, Neuausgabe Darmstadt 1980, Band I, S. 580f.

[29] Tertullian: De carne Christi 4. In Nr. 5 steht das berühmte *Credo quia absurdum est* („Ich glaube es, weil es absurd ist").

[30] Heinrich Denzinger: Kompendium der Glaubensbekenntnisse und kirchlichen Lehrentscheidungen, hrsg. von Peter Hünermann, 37. Aufl., Freiburg, Basel, Rom, S. 325, Nr. 726.

[31] Thomas von Aquin: Summe gegen die Heiden I, 63.

[32] Thomas von Aquin: Opusc. De aeternitate mundi. Vgl. Cantor: Ges. Abh., S. 404, letzter Satz der Fußnote.

[33] Thomas von Aquin: Quodl. 9 a. 1. Zitiert nach Wolfgang Breidert: Das Aristotelische Kontinuum in der Scholastik, 2. Aufl. Münster 1970, S. 35.

[34] So z. B. Nikolaus Boneti, ein Schüler des berühmten Duns Scotus (1266-1308).

[35] Gregorius von Rimini: Sent. I d. XLII-XLIV q. 4. fol 171 Q-172A; s. dazu Wolfgang Breidert, a. a. O. S. 40.

[36] Spinoza: Brief an Louis Meyer vom 20. April 1663.

[37] Auch wir Menschen glauben in einer abgeschlossenen Strecke eine aktual-unendliche Menge von Punkten zu sehen. Im Unterschied zu Gott aber kann keine Rede davon sein, dass wir ausdehnungslose Punkte wirklich „sehen". Wir haben nur gelernt, uns so etwas einzubilden. Anders als für Gott ist für uns der Punkt eine enigmatische Entität.

[38] Historisches Wörterbuch der Philosophie, Darmstadt 1976, Bd. 4, S. 1050.

[39] Buch der Weisheit 11, 20.

[40] Zenon B 3.

[41] Antoine Arnauld und Pierre Nicole: Die Logik oder die Kunst des Denkens, übers. von Christos Axelos, 2. Aufl., Darmstadt 1994; Vierter Teil, Kapitel I (S. 286).

[42] Antoine Arnauld und Pierre Nicole: Die Logik, a. a. O., S. 290.

[43] Blaise Pascal: Über die Religion. Übers. und hrsg. von Ewald Wasmuth, Heidelberg 1946, S. 40f.

[44] Homer: Odyssee 1, 32-40.

[45] Jer 12, 1-4f.

[46] Hiob 38-42.

[47] Jer 12, 1; Hervorhebung von mir.

[48] Homer: Odyssee 1, 32f.

[49] Zitiert nach I. Szabó: Geschichte der mechanischen Prinzipien, 2. Aufl. Basel 1979, S. 93.

[50] „Das Allgemeinwohl ist das oberste Gesetz" (römischer, jederzeit missbrauchbar).

[51] Historisches Wörterbuch der Philosophie, Darmstadt 1998, Bd. 10 S. 1068.

[52] Goethe: Dichtung und Wahrheit, Artemis-Gedenkausgabe der Werke Goethes, Zürich 1951ff., Bd. 10, S. 36.

[53] Wolfgang Breidert (Hrsg.): Die Erschütterung der vollkommenen Welt, Darmstadt 1994.

[54] Französisches Original und deutsche Übersetzung in Wolfgang Breidert, a. a. O., S. 61-73.

[55] Goethe: Dichtung und Wahrheit, a. a. O., S. 37.

[56] Rousseaus Gedanken finden sich in seinem Brief an Voltaire vom 18. August 1756, in deutscher Übersetzung abgedruckt in Wolfgang Breidert a. a. O., S. 79ff. S. auch die zugehörige Einleitung, dort S. 77f.

[57] Wolfgang Breidert: A. a. O., S. 98.

[58] Abgedruckt in Hans Jonas: Philosophische Untersuchungen und metaphysische Vermutungen. Frankfurt am Main und Leipzig 1992, S. 190-208.

[59] Focus 24/1997.

13. Die Aufreger: Paradoxien des Unendlichen

Wer früher stirbt, ist länger tot.

Kinohit aus dem Jahre 2006

Das Problem des Unendlichen ist allen immer als sehr
schwierig und sogar als unentwirrbar erschienen.

BARUCH DE SPINOZA

„Paradox" ist dem Wortsinne nach etwas, das der gängigen Meinung (griech. *doxa* = Meinung),
dem angewöhnten Glauben zuwiderläuft; das Gegenteil ist „orthodox" („rechtgläubig"). Paradoxien kollidieren gleichermaßen mit angeblich gesunden Urteilen wie mit eingewurzelten
Vorurteilen. Sie werden deshalb gerne als blanker Unsinn ausgeschrien, können aber auch als
funkelnde oder abgründige Aperçus paradieren, z. B.: „Die wirklich notwendigen Dinge sind
die überflüssigen" (Oscar Wilde), „Mit dem Christentum ist die Sünde in die Welt gekommen"
(Sören Kierkegaard). Paradoxes findet sich überall, auch in den Wissenschaften. Die Medizin
kennt die „paradoxe Reaktion" (ein Beruhigungsmittel erzeugt rasendes Herzklopfen); Quanten-
und Relativitätstheorie sind wahre Fundgruben un-heimlicher Paradoxien (die Kausalität zerbröselt; Raum und Zeit verschmelzen zur Raumzeit). Die Theorie des Unendlichen ist besonders reich an Paradoxem. Bernhard Bolzano (1781-1848)[1] hat denn auch ein reizvolles Buch
geschrieben mit dem Titel *Paradoxien des Unendlichen*. Mit ihm ist er weniger ein Archivar des
Paradoxen als vielmehr ein Vorläufer Cantors geworden. Paradoxien regen auf und regen an.

Beginnen wir mit zwei populären und amüsanten Paradoxien des Unendlichen: mit *Hilberts
Hotel* und dem *Tristram Shandy*.

„Hilberts Hotel" ist ein ausgefallenes Hotel, eines mit unendlich vielen Zimmern. Die Zimmer
tragen die Nummern 1, 2, 3, … Das Hotel sei voll belegt, d. h. im Zimmer Nr. 1 wohne ein Gast
G_1, im Zimmer Nr. 2 ein Gast G_2, usw. (Fig. 1)

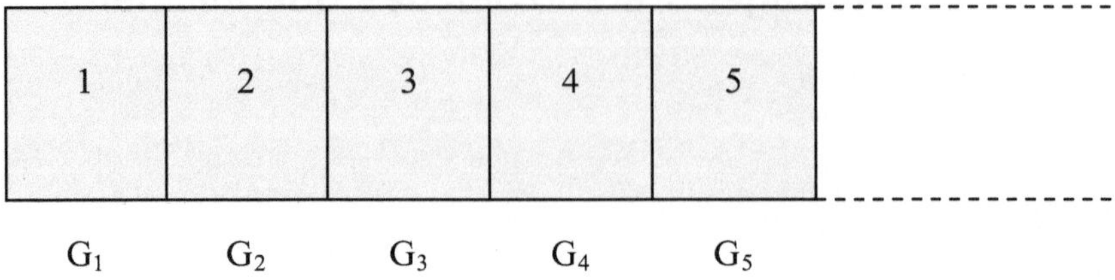

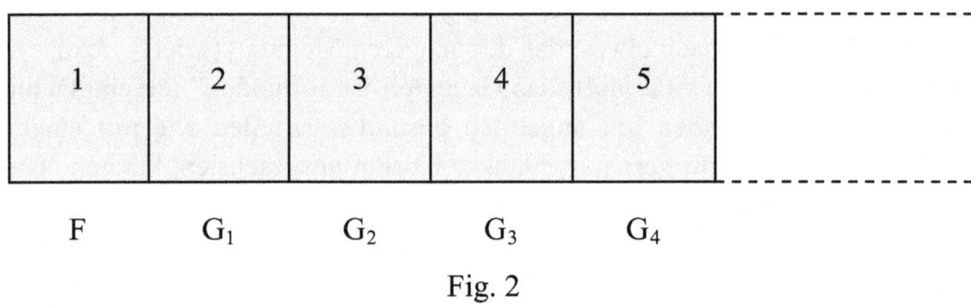

Fig. 1

Nun kommt ein Fremder F und bittet um ein Zimmer. Weist ihn der Geschäftsführer mit der Begründung ab, das Hotel sei voll? Keineswegs: Er legt F in das Zimmer Nr. 1, den dort wohnenden Gast G_1 in das Zimmer Nr. 2, den bisher dort untergebrachten Gast G_2 in das Zimmer Nr. 3 usw. (Fig. 2). Durch diese einfache, aber nur im Unendlichen reibungslos mögliche *Verschiebung* hat also der Geschäftsführer in dem *voll* belegten Hotel noch einen weiteren Gast untergebracht – und zwar nicht notdürftig, nicht in der Besenkammer.

Fig. 2

Nun sollen statt des *einen* Fremden *unendlich viele* Fremde F_1, F_2 usw. kommen und Aufnahme in dem vollbelegten Hotel begehren. Der Geschäftsführer, der um die wundersamen Kräfte des Unendlichen weiß, bringt sie ohne mit der Wimper zu zucken folgendermaßen unter: In das erste Zimmer legt er F_1, in das zweite G_1, in das dritte F_2, in das vierte G_2 usw. (Fig. 3). Er benutzt also diesmal ein *Wechselverfahren* nach dem Schema: neuer Gast, alter Gast, neuer Gast, alter Gast. Jeder Gast bekommt so in dem ursprünglich vollbelegten Hotel ein eigenes Zimmer; die „Verdoppelung" der Gäste geht an „Hilberts Hotel" spurlos vorüber.

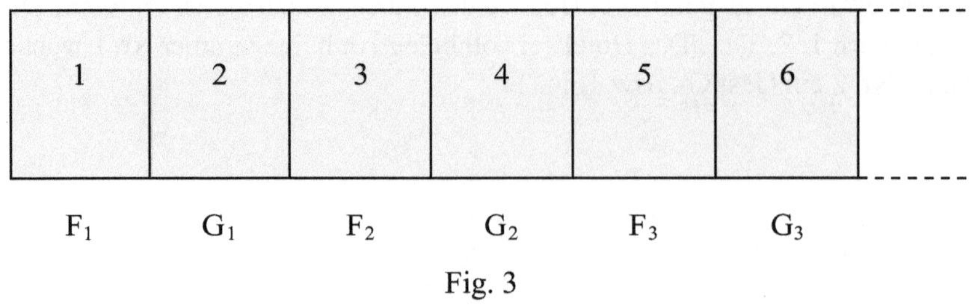

Fig. 3

1760 erschien in London der berühmte Roman von Sterne *Leben und Meinungen des Tristram Shandy*. In ihm erzählt Shandy seine Lebensgeschichte. Etwa in der Mitte des Buches bemerkt er entsetzt, dass er zur Schilderung nur des ersten *Tages* seines Lebens ein volles *Jahr* benötigt hat. Bei diesem Tempo – *ein* Jahr Schreiben für *einen* Tag Leben – wird er seine Biographie natürlich nie vollständig erzählen können, schlimmer noch: Es werden umso mehr Tage unerzählt bleiben, je *länger* er lebt. Wenn er aber außerordentlich lang, nämlich *unendlich* lange lebt, schlägt die Situation wie durch Magie ins Gegenteil um: Jetzt wird Shandy *jeden* Tag seines Lebens biographisch festhalten können. Den hundertsten Tag erzählt er im hundertsten Jahr, den tausendsten Tag im tausendsten Jahr usw. Fazit: In einem *unendlichen* Leben gibt es ebenso viele Tage wie Jahre. Es ist nicht so, wie einige mittelalterliche Denker geglaubt hatten, dass es in einer unendlich langen Zeit mehr *Tage* – erst recht mehr *Stunden* – als Jahre geben müsste und man deshalb kühn von verschieden großen Unendlichkeiten, von verschieden großen *numeri infiniti* reden dürfte. Es gibt sie zwar, die verschieden großen Unendlichkeiten, aber sie stellen sich erst in komplexeren Situationen ein. Das Phänomen abgestufter Unendlichkeiten hat Cantor fast beiläufig entdeckt; unter seinem Patronat ist es dann zum Ausgangspunkt der modernen Theorie des Unendlichen geworden.

Paradoxien des Unendlichen sind Jahrtausende vor *Hilberts Hotel* aufgetreten. Die „Mutter aller Paradoxien", ein Blitz aus heiterem Himmel, war das verwirrende Phänomen der Inkommensurabilität von Quadratseite und Quadratdiagonale. Über Nacht wusste man nicht mehr, was etwas so Einfaches wie eine Strecke eigentlich war, aus was sie „bestand", wenn sie überhaupt in irgendeinem gehaltvollen Sinne aus irgendetwas „bestand". Jedenfalls konnte sie nicht aus dem Aneinanderstückeln *ausgedehnter* „Atomlinien" hervorgehen; dessen durfte man gewiss sein. Aber wie um alles in der Welt sollte sie denn aus *unausgedehnten* „Punkten" bestehen können? Wir wissen, dass Aristoteles sich vehement gegen die Punkte-Ideologie gewandt hat, die Ausgedehntes aufs mysteriöseste aus Unausgedehntem erzeugte.[2] In seiner Not verfiel er auf einen Geniestreich: Er definierte das „Zusammenhängende" (Kontinuum) nicht als ein Etwas, das aus *Teilen* besteht, sondern als ein Etwas, das beliebig *geteilt* werden kann: „Kontinuierlich [*syneches* = zusammenhängend, ununterbrochen] ist dasjenige, das in immer wieder Teilbares geteilt werden kann."[3] Natürlich waren schon vor Aristoteles viele Denker (aber nicht alle!) davon überzeugt gewesen, dass eine Strecke ungehindert geteilt werden könne, und die erste grell in die Augen springende Paradoxie des Unendlichen, Zenons Dichotomie, beruhte ja gerade auf der unbeschränkten Teilbarkeit der Rennbahn. Aber es war ein ingeniöser Schachzug des Stagiriten, ausgerechnet das *Zusammenhängende* durch *Teilbarkeit* zu *definieren*. Diese paradoxe Umkehrung der gängigen Vorstellung sollte in der veredelten Form des „Dedekindschen Schnitts" eine große Zukunft haben (vgl. 6. Kapitel).

In der Antike galt Aristoteles noch nicht als unfehlbar. Der „Punkt", dieses tiefste Mysterium der Geometrie, war mit dem unwirschen Diktum noch nicht aus der Welt geschafft: „Es ist absurd, dass eine Größe aus Dingen ohne Größe bestehen sollte."[4] Gegen den Stagiriten konnte man ein Paradebeispiel anführen: die ideal runde Kugel, die auf einer ideal glatten Ebene rollt, wobei nun der Berührungspunkt eine Spurlinie beschreibt – und diese Linie „besteht" doch offensichtlich aus unausgedehnten Punkten, (den Berührungspunkten).[5] Das Argument überzeugte natürlich nur, wenn man schon im Vorhinein an die *Ausdehnungslosigkeit* – also an die *Nichtigkeit* – des

Berührungspunktes glaubte. Der Arzt und Radikalskeptiker Sextus Empiricus (2. Hälfte des 2. Jh. n. Chr.), einer unserer unentbehrlichen Denker, hat nicht daran geglaubt. Er hat behauptet, der Berührungs*punkt* müsse *ausgedehnt* sein, weil er andernfalls gar keine Linie erzeugen könne.[6] Es führt nun einmal kein Weg vom Nichts zum Etwas. Der Punkt, ausgerechnet der einfache Punkt, wurde zur Crux der Geometrie.

Auf den Spuren der Aristotelischen Kontinuumsanalyse hat das Problem des angeblich aus „Punkten" bestehenden „Zusammenhängenden" die Scholastik aufs intensivste beschäftigt.[7] Die Absurdität, dass „eine Größe aus Dingen ohne Größe" bestehen soll (Aristoteles[8]) mag den Augustinermönch Gregorius von Rimini (um 1300-1358) dazu gebracht haben, den größenlosen Punkten jegliche Realität abzusprechen (wie es auch der gleichaltrige, überaus scharfsinnige Wilhelm von Ockham tat) und durch ganz neuartige, höchst nebulose Entitäten zu ersetzen: durch „unendlich kleine", aber doch irgendwie ausgedehnte Größen. Mit ihnen hat der gelehrte Gottesmann der Mathematik einen gefährlichen Virus eingeimpft. Nach Gregorius besteht jedes Kontinuum aus unendlich vielen dieser unendlich kleinen *partes* („Teilen").[9] Wenn man nun aber tatsächlich annahm, dass diese *partes* eine (noch so kleine) Ausdehnung besaßen, dann mussten sie sich in einem Kontinuum, deren Bestandteile sie waren, wegen ihrer unendlichen Anzahl offenbar zu einem unendlich großen Gebilde aufaddieren, das in ihrem Ausgangskontinuum aber keinen Platz fand. Wahrscheinlich hat Gregorius inständig gehofft, was auch seine Nachfolger, die Mathematiker des 17. und 18. Jahrhunderts, gehofft haben, dass die „unendliche Kleinheit" der *partes* ihn irgendwie aus dieser Bredouille heraushelfen würde. Ich erinnere hier an einen abenteuerlichen Satz Johann Bernoullis (1667-1748), den dieser große Mathematiker ungeniert als ein fundamentales „Postulat" formuliert hat: „Eine Größe, die vermindert oder vermehrt wird um eine unendlich kleinere Größe, wird weder vermindert noch vermehrt."[10] Schließlich finden wir auch noch eine abgestandene Atomistik der Kontinua, die ausdrücklich an Demokrits Atomistik der Materie anknüpft. (Sich auf Demokrit zu berufen, erforderte Mut; der Mann war als Gottseibeiuns verschrien.) Besagter Atomistiker ist Nikolaus Boneti, ein Schüler des berühmten Duns Scotus (1266-1308).[11] Boneti lässt jedes Kontinuum aus *endlich* vielen ausgedehnten *indivisibilia* bestehen, so wie nach Demokrit jeder Körper aus *endlich* vielen ausgedehnten Atomen besteht. Es ist, als habe Boneti die Entdeckung der Inkommensurabilität verschlafen. Das Unendliche braucht ihn nicht zu beunruhigen, weil er es gar nicht auf der Rechnung hat. Freilich steht er mit seiner grobgeschnitzten Atomistik ganz isoliert da; vielleicht hat er sie nur aufgebracht, um recht landsknechtsmäßig gegen Aristoteles vom Leder zu ziehen. Man muss dazu wissen, dass sein Lehrer Duns Scotus ein gefürchteter Kritiker des Thomismus war, jener Philosophie also, die ihre Kraft in hohem Maß dem Aristoteles verdankte.

Die führenden Köpfe der Scholastik hielten es jedoch mit Aristoteles und sagten in seinem Geiste: Das Kontinuum besteht (wenn man hier von „bestehen" reden darf) aus *semper divisibilia*, aus „immer weiter Teilbarem" – keineswegs aus *indivisibilia*, aus unteilbaren Elementarpartikeln. Nikolaus von Oresme (1320-1382), Bischof von Lisieux und einer der Großväter der Analytischen Geometrie, statuierte 1377 peremptorisch:

> Alle Mathematiker nehmen an, dass jeder Körper und jede kontinuierliche Quantität ohne Ende teilbar ist und dass keine derartige Quantität aus unteilbaren Dingen [*choses indivisibles*] zusammengesetzt ist.[12]

Dass „alle Mathematiker" dieser Meinung waren, stimmt freilich nicht, und für die weitere Entwicklung sind zunächst sogar jene Denker besonders wichtig geworden, die einer *compositio* des Kontinuums *ex indivisibilibus* das Wort redeten. Die *indivisibilia* erscheinen dabei in allen Arten und Schattierungen: als ausdehnungslose Punkte, als „unendlich kleine Größen" (mit dem unwiderstehlichen Charme des ganz und gar Unverständlichen: ins Nichts geschrumpft und dennoch ausgedehnt); schließlich auch noch als die geometrischen „Atome", die Boneti trotzig auf den Markt warf. Das 14. Jahrhundert hatte eine bunte Palette von „Unteilbarkeiten". Jedes *indivisibilium* war mysteriös und musste so vorsichtig behandelt werden wie Nitroglyzerin oder die Hexe von Endor.

Das Kontinuum hat seit Aristoteles nicht aufgehört, den Mathematikern das Leben schwer zu machen. Wie wenig ihm beizukommen war, zeigt das ins Mystische reichende Aperçu von Hermann Weyl (1885-1955), der zu den bedeutendsten Mathematikern des 20. Jahrhunderts gehört, das Kontinuum sei kein Aggregat fester Elemente, sondern „ein Medium freien Werdens".[13]

Die Auffassung, Kontinua bestünden aus unendlich vielen *indivisibilia* hatte zwei einschneidende Konsequenzen.

1. Die *indivisibilia* etwa einer Strecke (Punkte, unendlich kleine Größen) bildeten eine aktual unendliche Menge, die in Gestalt ebendieser Strecke „fertig" vor Augen stand – anders als die Menge der Zahlen 1, 2, 3, …, die „nie aufhört", die man „nie durchlaufen kann". Das Aktual-Unendliche schien also jedenfalls im Reich der Geometrie vorhanden zu sein. Irritierend – sehr irritierend – war freilich, dass man sich „ausdehnungslose Punkte" oder „unendlich kleine Größen" partout nicht vorstellen konnte. Ein solches Kontinuum war auf Sand gebaut.

2. Eine größere Strecke musste wohl mehr *indivisibilia* enthalten als eine kleinere, folglich konnte eine Unendlichkeit *größer* sein als eine andere. Robert Grosseteste (1175-1253), Bischof von Lincoln und wohl der erste Denker des christlichen Abendlandes, der in der Mathematik eine tragende Säule der Naturwissenschaft sah, Grosseteste also vertrat vehement die Auffassung, es gebe verschieden große *infinita*, insbesondere enthielten größere Strecken mehr Punkte als kleinere.[14] Er hat wohl die „geometrischen Argumente" noch nicht gekannt, die wir uns weiter unten vornehmen wollen. Die eigentlich befremdliche Vorstellung verschieden großer Unendlichkeiten drängte sich auch auf, wenn man annahm (was der gute Christ freilich nicht annehmen durfte), die Welt bestünde *ab aeterno*, „seit Ewigkeit"; denn dann wären bis heute unendlich viele Tage und unendlich viele Jahre vergangen, aber offenbar doch viel mehr Tage als Jahre. Die Scholastiker werden in diesen Nebelschwaden gewiss auch an die „Verdoppelung des Unendlichen" gedacht haben, die sie in dem großen *Kommentar zum ersten Buch von Euklids „Elementen"* von Proklos Diadochos finden konnten: Proklos konstatiert die sehr triviale Tatsache, dass *ein* Kreisdurchmesser *zwei* Halbkreise entstehen lässt. Wenn man nun unendlich viele Durchmesser zieht, „wird es geschehen, dass [die Halbkreise] doppelt so viele als unendlich viele der Zahl nach sein werden". Diese „Aporie" (*aporia* ist wörtlich die „Weglosigkeit", im übertragenen Sinne die „Schwierigkeit", „Unmöglichkeit"), diese „Aporie" also klärt er in gut Aristotelischer Manier – durch Rückzug ins Endliche – so auf:

> Die Größen werden wohl bis ins Unendliche geteilt, aber nicht in unendlich viele
> Teile. Dieses nämlich lässt die unendlich vielen Teile aktual sein, jenes aber nur

potentiell; dieses gibt dem Unendlichen das (substantielle) Sein, jenes verleiht ihm nur ein Werden. Zugleich mit *einem* Durchmesser entstehen *zwei* Halbkreise und die Durchmesser werden niemals (aktual) unendlich viele sein, wenn sie auch ins Unbegrenzte „genommen" werden. So dass niemals doppelt so viele als unendlich viele existieren werden, sondern die (immerfort) entstehenden doppelt so vielen werden stets doppelt so viele sein als endlich viele. Denn immer sind die „genommenen" (d. h. aktual konstruierten) Durchmesser begrenzt der Zahl nach.[15]

Die Phantasmagorien der scholastischen Stürmer und Dränger von Abstufungen im Unendlichen brachen schließlich krachend in sich zusammen. Um das alles zu verstehen, sollten wir uns an die prunkvolle Massenhochzeit von Susa erinnern, auf der Alexander der Große eine beeindruckende Zahl seiner makedonischen Offiziere mit Damen der persischen *High Society* verheiratete, um Abend- und Morgenland auszusöhnen: das Ehebett als Globalisierungsvehikel. Wir wissen nicht, wie viel Makedonen und wie viel Perserinnen in Susa die Ehe geschlossen haben, dank der damals üblichen Monogamie wissen wir aber, dass die Menge der Bräute ebenso groß war wie die der Bräutigame. Das klingt trivial und ist trivial – ist aber unendlich wichtig. Es zeigt nämlich, dass man zwei Mengen der Größe nach vergleichen kann, *ohne zählen zu müssen, ja, ohne überhaupt zählen zu können*: Man braucht nur die Elemente der einen Menge mit denen der anderen „monogam zu koppeln". Wenn in keiner der Mengen ungekoppelte Elemente übrig bleiben, dann liegt die Susa-Situation vor, und wir können getrost behaupten, dass beide Mengen gleichviel Elemente haben. Der Vergleich von Mengen durch monogames Koppeln ist so „natürlich", dass ihn schon kleine Kinder und zahlenferne Völker „instinktiv" benutzen. Der zahlenunkundige Dreijährige weiß, dass auf dem Kaffeetisch ebenso viele Untertassen wie Tassen sind, wenn auf jeder Untertasse eine Tasse steht und keine weiteren Untertassen und Tassen sichtbar sind. Auf Ceylon lebten einst die Wedda, ein Stamm ohne Zahlworte. Aber auch ohne Zahlworte konnte ein Wedda-Hirt feststellen, ob seine Rinderherde am Abend genauso groß war wie am Morgen: Morgens legte er für jedes Rind ein Holzstäbchen zur Seite, und abends nahm er von diesem Stäbchenhaufen für jedes Rind ein Stäbchen an sich. Wurde dabei der Haufen aufgebraucht, so war die „Abendherde" so groß wie die „Morgenherde": Kein Rind war ihm abhanden gekommen. Es ist klar, dass die „Paarungsmethode" auch sofort erkennen lässt, ob die eine Menge *mehr* oder *weniger* Elemente besitzt als die andere. Agamemnon, der Führer der Griechen vor Troja, macht seinem Heer ohne Zahlenangaben klar, dass die Griechen den Trojanern weit überlegen sind: Selbst wenn die Griechen (lässt ihn Homer sagen) sich in Zehnergruppen formieren, gibt es immer noch nicht genug Trojaner, um jede dieser Gruppen mit einem Schenken versorgen zu können. Auch intelligente Tiere, etwa die notorisch klugen Krähen, können kleinere Mengen der Größe nach durch monogames Koppeln miteinander vergleichen. Dieses Koppeln gehört zu den elementarsten geistigen Akten der Kreatur; es ist wohl der Urakt des Denkens.

Statt von „monogamem Koppeln" reden die Mathematiker lieber unterkühlt von „umkehrbar eindeutiger Zuordnung" oder auch von „umkehrbar eindeutiger Abbildung". Sie liegt vor, wenn jedem Element einer *Menge A* durch irgendeine Vorschrift (auf die es hier nicht ankommt) genau ein Element einer Menge *B* zugeordnet wird und dabei *verschiedenen* Elementen von *A* auch *verschiedene* Elemente von *B* entsprechen. Kennt man also das „Bild" in *B*, so kennt man auch sein „Urbild" in *A*. Die Zuordnung, die jedem Deutschen als sein „Bild" einen Rufnamen gibt, ist „eindeutig" (denn niemand hat zwei Rufnamen), sie ist aber nicht „umkehrbar eindeutig" (denn verschiedene Deutsche können den gleichen Rufnamen tragen). Tritt jedes Element in *B* als „Bild" eines Elementes *in A* auf, so haben wir die Susa-Situation und können sagen, dass die Mengen *A* und *B* gleichviel Elemente haben.

Das bisher Gesagte bezog sich auf *endliche* Mengen. Sollten wir aber nicht auch im Falle von zwei *unendlichen* Mengen sagen, sie hätten „gleichviel" Elemente, wenn diese monogam gekoppelt werden können und in keiner Menge ein ungekoppelter Rest übrig bleibt? Sonderliche Kühnheit ist hierzu nicht erforderlich, denn wir treffen ja nur eine *Vereinbarung* über den Gebrauch des Wortes „gleichviel" in dem neuen Umfeld unendlicher Mengen. Niemand wird gezwungen mitzumachen. Jeder kann seinen Hut nehmen und sich mit der launigen Bemerkung zurückziehen: „Das macht mal unter euch aus."

Vielleicht wäre es sogar besser, *nicht* mitzumachen. Denn für den Mitmacher bricht etwas wie ein Pandämonium aus. Den Hexensabbat eröffnet ausgerechnet ein Mönch, der gelehrte Franziskaner Duns Scotus, der seines Scharfsinns wegen den Ehrennamen *Doctor subtilis* trug. Dieser Mann, der übrigens auch in Köln gelehrt hat und dort gestorben ist, entdeckte etwas, das ebenso banal wie aufregend war: dass die Peripherien zweier konzentrischer Kreise trotz ihrer verschiedenen Längen im Sinne unserer kecken Definition „gleichviel" Punkte enthalten, denn die Peripheriepunkte lassen sich mittels der Radien umkehrbar eindeutig einander zuordnen (Fig. 4). Analog kann man auch die Punkte der Diagonalen und der Seite eines Quadrats durch Lote „Punkt für Punkt" miteinander koppeln (Fig. 5), es gibt also in den beiden verschieden langen Strecken „gleichviel" Punkte.[16] Das gilt übrigens auch für beliebige Strecken AB und CD, wie die Punktekoppelung mittels Projektion von P aus in Fig. 6 zeigt. Eine ähnliche Projektion macht klar, dass man die Menge der Punkte in einer Geraden, die von A aus ins Unendliche läuft, nicht dadurch vergrößern kann, dass man ihr eine Strecke BA hinzufügt (Fig. 7). Damit wird der im ersten Motto dieses Kapitels angeführte Filmtitel *Wer früher stirbt, ist länger tot* zur Makulatur (freilich nur, wenn das Totsein ewig dauert und nicht durch eine Auferstehung vorzeitig beendet wird).

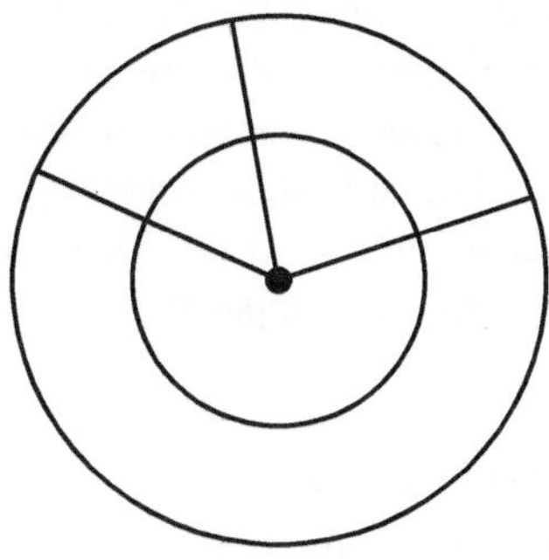

Fig. 4

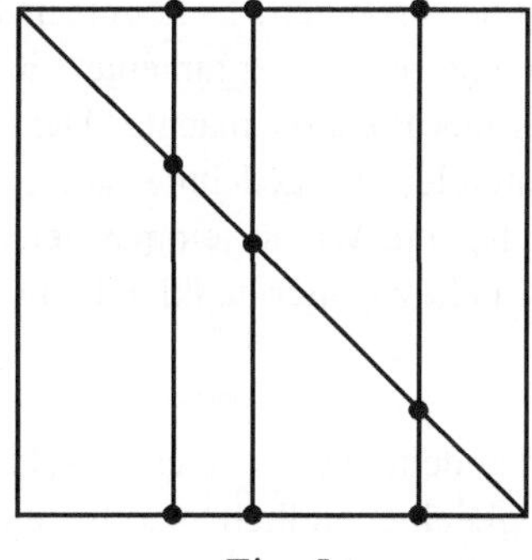

Fig. 5

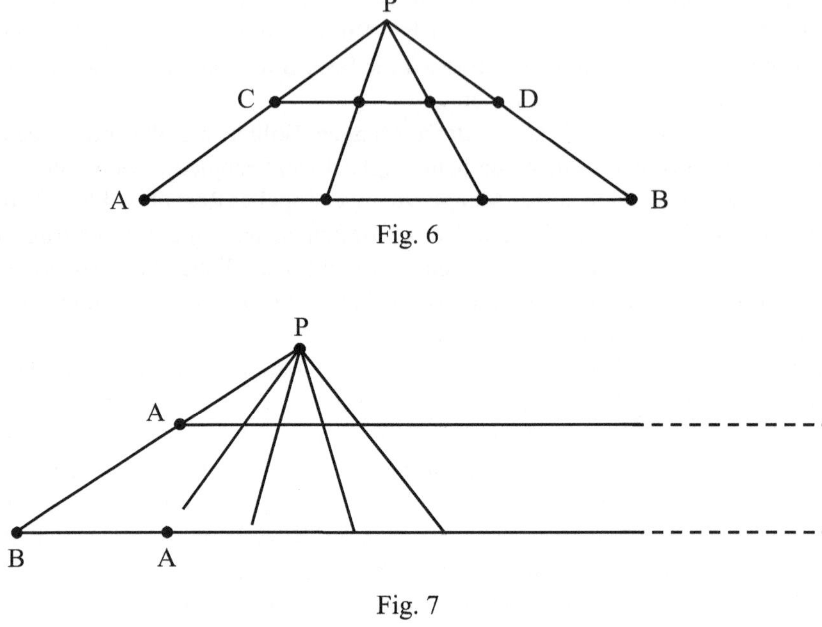

Fig. 6

Fig. 7

Diese sogenannten „geometrischen Argumente" hatten natürlich nur dann Biss, wenn man Kontinua tatsächlich aus *Punkten* bestehen ließ. Die Scholastik des 14. Jahrhunderts hat sich in einem verzweifelten Kampf und unter Aufbietung allen Scharfsinns, aller Spitzfindigkeiten und Sophismen mit den „geometrischen Argumenten" herumgeschlagen – und ist doch nicht zu einem guten Ende gekommen. Diese Argumente ließen den Aufbau der Kontinua aus Punkten – die *compositio ex punctis* – in einem immer fahleren Licht erscheinen. Wie rätselhaft war doch diese *compositio,* wenn es in verschieden großen Kontinua immer gleichviel Punkte gab! War denn nicht die Vorstellung lächerlich, man könne kleine, große und sogar riesige Gebäude aus immer gleichviel Backsteinen errichten? Es konnte nicht ausbleiben, dass man schließlich den Spieß umdrehte, und die „geometrischen Argumente" zu triftigen Einwänden gegen die Zusammensetzung des Kontinuums aus Punkten machte. Der „Gleichviel-Punkte-Einwand" war von anderer Art als der des Aristoteles, Ausgedehntes könne nicht aus Unausgedehntem bestehen, aber er war nicht weniger schlagend. Wieder einmal versank die Struktur der Kontinua im Dunklen – in einem neuen, aber nicht weniger dunklen Dunkel als dem aus den Tagen des Hippasos.

Die vielverhandelte Frage, ob es verschieden große Unendlichkeiten gebe oder ob nicht einfach „unendlich gleich unendlich" sei, fesselte nicht nur die Spintisierer (die es glücklicherweise zu allen Zeiten gibt, wo käme sonst die motorische Energie her für die Flucht aus dem Weltsumpf?), sondern war auch von fundamentaler Bedeutung für Kosmologie und Theologie. Der scharfsinnige Aristoteleskommentator und -kritiker Philoponos (= der „Müheliebende", frühes 6. Jh. n. Chr.) leugnete Größenunterschiede im Unendlichen, gestützt auf die Aristotelische These, Unendliches könne man nicht durchlaufen, also könne man im Unendlichen auch nicht differenzieren. Daraus ergab sich dem Philoponos, dass die Welt nicht *ab aeterno,* nicht seit ewigen Zeiten besteht. Andernfalls hätte sich die Sonne unendlich oft um die Erde gedreht, der Mond aber absurderweise etwa zwölfmal so oft.[17] Auf dieser Schiene lief auch der Einwand, die Welt könne es nicht seit unendlich vielen Jahren geben, weil sie sonst unbegreiflicherweise seit „365 × unendlich" vielen Tagen existiert haben müsste.

Auch die räumliche Endlichkeit der Welt ließ sich analog demonstrieren. Wenn nämlich, ganz allgemein gesprochen, das Unendliche aus zwei Komponenten zusammengesetzt ist, so gibt es nur die folgenden Möglichkeiten: 1. Beide Komponenten sind endlich, dann ist aber auch das Ganze entgegen der Voraussetzung endlich. 2. Beide Komponenten sind unendlich, dann ist das Unendliche verdoppelt, also absurderweise seinem Doppelten gleich. 3. Eine Komponente ist endlich, die andere unendlich. Dann wird das unvermehrbare Unendliche absurderweise durch das hinzutretende Endliche eben doch vermehrt. All diesen Absurditäten entrinnt man nur, wenn man die Welt als räumlich endlich anerkennt.[18]

Mehr als sechshundert Jahre nach Philoponos machte sich der *Doctor mirabilis* Roger Bacon (etwa 1214-1292), ein stimulierender Vorläufer des modernen naturwissenschaftlichen und technischen Denkens, u. a. ein Erfinder des Schießpulvers, erneut an einen mathematischen Beweis für die Endlichkeit der Welt; seine überbordende Hochschätzung der Mathematik als Schlüssel zu allen Rätseln und Mysterien mag dabei keine geringe Rolle gespielt haben. Der Beweis verläuft so: Angenommen, die Welt sei unendlich, dann könnte man (Fig. 8) eine Linie ABC ziehen, die in der Richtung nach C ins Unendliche läuft:

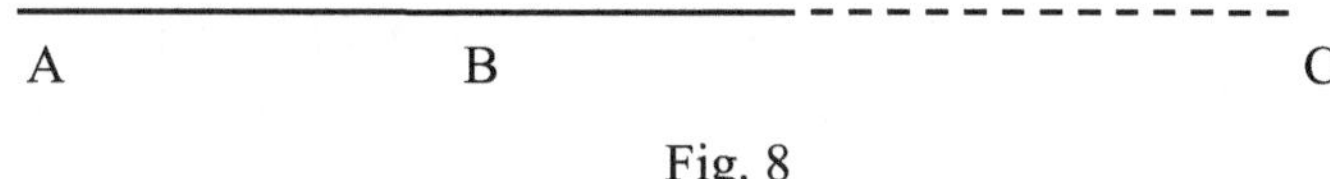

A   B   C

Fig. 8

Dann wäre (in moderner Symbolik) $AC = \infty$ und $BC = \infty$, also wäre (N.B. „unendlich = unendlich"!) $AC = BC$, im Widerspruch dazu, dass AC doch um das Stück AB länger ist als BC. Daher kann es eine solche unendliche Gerade gar nicht geben. Die Welt muss somit *endlich* sein.[19] Bacon hat übersehen, dass man im Fall unendlicher Geraden nicht von „länger" sprechen kann, weil solche Geraden keine Maßzahl haben; hingegen lehrt eine einfache Projektion, die wir schon kennen (s. Fig. 7), dass die „verschieden langen" Geraden AC und BC „gleichviel" Punkte haben.

Nun fanden sich aber verstörend paradoxe Zuordnungen auch jenseits der anrüchigen Kontinua, nämlich im Reich der Zahlen, die nie ins Gerede gekommen waren. Die Babylonier hatten die Zahlen sogar als Geschenk des Himmels angesehen, und noch viele tausend Jahre später hat der große Zahlentheoretiker (und bissige Cantor-Gegner) Leopold Kronecker im vollen Ton eines babylonischen Tempelpriesters uns Erdenklößen offenbart: „Die ganzen Zahlen hat der liebe Gott gemacht, alles andere ist Menschenwerk."[20] Die Zahlen waren sauber, auf sie war Verlass. Und doch hat mit Hilfe dieser unbescholtenen Zahlen Thomas Bradwardine (etwa 1295-1349), Erzbischof von Canterbury und Verfechter einer mathematikgetränkten Theologie, die folgenden beklemmenden Koppelungen hergestellt.[21] Bestände die Welt *ab aeterno,* so würde es bis heute unendlich viele Körper und unendlich viele Seelen gegeben haben. Der erste Körper kann mit der ersten Seele equipiert werden, der zweite mit der zweiten Seele, der dritte mit der dritten Seele usw. Man kann aber auch anders koppeln: Den ersten Körper mit der ersten Seele, den zweiten mit der zehnten Seele, den dritten mit der hundertsten Seele usw. nach fortschreitenden Zehnerpotenzen. Jeder Körper würde so, wie es sich im Christentum gehört, mit einer Seele ausgerüstet, aber der Seelenpool würde dabei nicht ausgeschöpft, es blieben ungenutzte Seelen übrig. Kann das, darf das sein? Wäre da nicht etwas faul im Reich der Zahlenunendlichkeit?

Albert von Sachsen (1316-1390, Rektor der Universitäten Paris und Wien, Bischof von Halberstadt) hat die natürlichen und die ungeraden Zahlen Glied für Glied miteinander gekoppelt. Das war eine Kleinigkeit, aber sie machte Sensation: Er brauchte nur die beiden Zahlenreihen untereinander zu schreiben:

$$1, 2, 3, 4, 5, \ldots$$

$$1, 3, 5, 7, 9, \ldots$$

Hier trat nun aufs anstößigste hervor, dass ein *Teil* einer unendlichen Menge „ebenso viele" Elemente haben konnte wie die Menge selbst – was den ersten Grundsatz des gesunden Menschenverstands und das achte Axiom Euklids verletzte: „Das Ganze ist größer als der Teil." Noch Bernhard Bolzano glaubt, dass seine Zeitgenossen (im 19. Jahrhundert) dies als hochgradig paradox empfinden werden.[22] Die Paradoxie lebt davon, dass man die natürlichen bzw. ungeraden Zahlen zu „fertigen", „aktual unendlichen" Mengen zusammenfasst; sie geht in Rauch auf, wenn man Aktual-Unendliches „vom Hofe jagt". Albert von Sachsen hat genau dieses Verjagen exekutiert und lapidar statuiert: *Impossibile est esse infinitum* („Es ist unmöglich, dass [Aktual-] Unendliches existiert"). Albert hatte sich das wichtigste Werkzeug zur Analyse unendlicher Mengen geschaffen: die umkehrbar eindeutige Zuordnung ihrer Elemente. Aber er benutzte es nicht, um das *infinitum* zu erhellen, sondern um es zu zerstören. Und dabei hatte er alle Mittel in der Hand, um schon sechshundert Jahre vor Bolzano dessen *Paradoxien des Unendlichen* zu schreiben. Es war nicht eine Frage der Erkenntnis, sondern eine der Blickrichtung.

Bolzano ist, ohne Namen zu nennen, gegen Albert in die Offensive gegangen. Noch energischer – und besser munitioniert – hat dies Cantor getan, und sein Mitstreiter Dedekind hat in einer atemberaubenden Wendung aus Alberts allgemein akzeptiertem Einwand gegen das Unendliche die allgemein akzeptierte Definition des Unendlichen gemacht. Auf derart krummen Pfaden läuft der Geist. Später mehr davon.

Aus all den Ungereimtheiten und Paradoxien schloss man, dass im Unendlichen Größenvergleiche nicht zulässig seien. Es verfestigte sich der Gedanke, dass die Kategorien „gleich" und „ungleich", „größer" und „kleiner" nur im Endlichen legitim sind.[23] Und so werden denn auch die oben beschriebenen „geometrischen Argumente" langsam brüchig und kraftlos. Diese Argumente zeigen nicht mehr, dass es „gleichviel" Punkte in verschieden großen Kontinua gibt, weil es nicht opportun ist, im Unendlichen von „gleichviel" zu reden.

Noch bei Galilei klingt dies alles nach, laut und lebhaft und recht verzweifelt. In seinem wichtigsten Werk, den *Discorsi* (1638), schreibt er die Zahlen und die Quadratzahlen untereinander, ganz so, wie Albert von Sachsen die Zahlen und die ungeraden Zahlen untereinander geschrieben hatte:

$$1,\ 2,\ 3,\ 4,\ \ldots$$

$$1^2, 2^2, 3^2, 4^2, \ldots$$

Galilei erkennt so, dass die „kleinere" Menge der Quadratzahlen 1, 4, 9, …, ebenso viele Elemente enthält wie die „größere" Menge der Zahlen 1, 2, 3, …: Beide Mengen sind „gleich groß", es gibt „ebenso viele" Quadratzahlen wie Zahlen selbst. Ob dieses monströsen Phänomens wird Galilei von Verzweiflung ergriffen und sieht keinen Ausweg. Wir werden diesen Seelenzustand des großen Mannes im 15. Kapitel darstellen.

Nicht ohne Bewegung sieht man, wie hilflos selbst ein Genie vom Range Galileis vor dem wabernden *infinitum* steht. Ähnlich wie Galilei hatte übrigens auch der sonst so unendlichkeitsbrünstige Giordano Bruno in seinem *Zwiegespräch vom unendlichen All und den Welten* (1584) geredet. Für diesen Feuerkopf ist wie für einen Erzscholastiker unendlich gleich unendlich: „Es ist der reinste Widersinn, zu behaupten, dass im Unendlichen ein Teil größer und ein anderer kleiner sei"; unstatthaft sei es, mehrere Unendlichkeiten anzunehmen.[24] Und er meint sehr nachdrücklich, dass „in der Ewigkeit nicht mehr Stunden als Jahrhunderte enthalten sind".[25] In diesem Fall ist seine Meinung zwar richtig, aber gute Gründe für sie führt er nicht an. Er hat das „Tristram-Shandy-Paradoxon" noch nicht gekannt.

Ein anderes wichtiges Beispiel ist nur eine kleine Variante des Albertschen: Es zeigt, wieder „durch Untereinanderschreiben", dass es „ebenso viele" gerade wie natürliche Zahlen gibt (Albert hatte die ungeraden Zahlen ins Auge gefasst):

$$1, 2, 3, 4, \ldots$$

$$2, 4, 6, 8, \ldots$$

Das Beispiel ist deshalb von Bedeutung, weil Leibniz aus ihm geschlossen hat, dass „die Zahl aller Zahlen" (allgemeiner: eine *unendliche* Zahl) ein unsinniger Begriff sei. Denn die Zahl *aller* Zahlen sei dank des obigen Schemas nicht größer als die Zahl der *geraden* Zahlen, und somit sei absurderweise das Ganze nicht größer als sein Teil.[26] Wie ein tadelnder Kommentar dazu (und zu früher angegebenen Paradoxien) lesen sich die folgenden Sätze Cantors:

> *Es liegt kein Widerspruch* vor, wenn, wie dies bei *unendlichen* Mengen häufig eintritt, zwei Mengen, von denen die eine ein *Teil* oder *Bestandteil* der anderen ist, *völlig gleiche* Kardinalzahl haben.[27] In dem *Verkennen dieser Tatsache* sehe ich das Haupthindernis, welches der Einführung unendlicher Zahlen von alters her entgegengebracht worden ist.[28]

Cantors Worte machen deutlich, welch eine retardierende Rolle die Paradoxien des Unendlichen in der Entwicklung einer konsistenten Theorie des Infiniten gespielt haben. Entweder nährten sie den Soupçon gegen das Unendliche und verwehrten ihm den Zutritt zur guten mathematisch-philosophischen Gesellschaft – oder aber sie führten zu der sterilen Auffassung „unendlich ist unendlich, und mehr lässt sich darüber nicht sagen". Der große Starrkrampf kam genau von dem Verfahren, das später die Entkrampfung bringen sollte: von dem Verfahren der elementweisen Zuordnung. Es hatte schon bei den „geometrischen Argumenten" und bei Alberts Zahlenmengen, dann bei dem sonst so husarenhaften Galilei eine entmutigende Rolle gespielt. In einer der erregendsten Peripatien der Denkgeschichte aber sollte unter Cantors Händen ausgerechnet dieses lähmende Gift zum Lebenselixier werden.

[1] Wir sind ihm schon im 6. Kapitel begegnet.

[2] Aristoteles: Physik 231a.

[3] Aristoteles: Vom Himmel 268a; vgl. auch Physik 231a.

[4] Aristoteles: Vom Entstehen und Vergehen 316b.

[5] Sie entspricht übrigens genau dem Erzeugungsprozess des Archytas und Newton durch „mechanische Bewegung" (Diogenes Laertios VIII, 83). Ich habe dies schon im 6. Kapitel beschrieben.

[6] Sextus Empiricus: Adv. math. III, 27. Sextus erwähnt dabei die abweichende Meinung des Eratosthenes.

[7] S, dazu Wolfgang Breidert: Das aristotelische Kontinuum in der Scholastik, 2. Aufl. Münster 1970.

[8] Aristoteles: Vom Entstehen und Vergehen 316b.

[9] Anneliese Maier: Die Vorläufer Galileis im 14. Jahrhundert, Roma 1949, S. 172f.

[10] Johann Bernoulli: Vorlesungen über Differentialrechnung (aus dem Jahre 1691/92), übers. von Paul Schafheitlin, Leipzig 1924, S. 11. Der angeführte Satz ist das „1. Postulat" der Vorlesungen.

[11] Die genauen Lebensdaten von Boneti sind mir nicht bekannt.

[12] Nikolaus von Oresme: Traité du ciel et du monde (livre III, chap. 2), ersch. 1377. Französischer Text bei Anneliese Maier: Die Vorläufer Galileis im 14. Jahrhundert, a. a. O., Fußnote 5 auf S. 159.

[13] Hermann Weyl: Philosophie der Mathematik und Naturwissenschaft, 6. Aufl., München-Oldenburg 1990, S. 73.

[14] *Unum infinitum est maius alio et ... sunt plura puncta in maiori magnitudine quam in minori.* Zitiert nach Anneliese Maier: Die Vorläufer Galileis im 14. Jahrhundert, a. a. O., S. 167. Fußnote 25.

[15] Text nach Oskar Becker: Grundlagen der Mathematik in geschichtlicher Entwicklung, suhrkamp taschenbuch wissenschaft 114, Frankfurt/Main 1975, S. 273. Dabei habe ich Beckers „aktuell" durch „aktual" ersetzt.

[16] Anneliese Maier: Die Vorläufer Galileis im 14. Jahrhundert, a. a. O., S. 164f. Diese „geometrischen Argumente" finden sich schon bei Algazel, sind aber erst durch Duns Scotus in das Bewusstsein des 14. Jahrhunderts eingedrungen.

[17] Philoponos: Über die Endlichkeit der Welt I, 3; Physik-Komm.

[18] Philoponos: Physik-Komm., ed. Vitelli, S. 440f.

[19] Roger Bacon: Opus tertium; in: Opera inedita, ed. Brewer, S. 140-142.

[20] Dieses berühmte Pronunziamento hat Kronecker 1886 auf der Berliner Naturforscher-Versammlung verkündet. Mit „ganzen Zahlen" meinte er die „natürlichen Zahlen" 1, 2, 3 usw.

[21] Bradwardine: De causa Dei contra Pelagium („Über die Sache Gottes gegen Pelagius", 1344).

[22] Bernhard Bolzano: Paradoxien des Unendlichen, Neuaufl. Hamburg 1955, § 20.

[23] Anneliese Maier: Die Vorläufer Galileis im 14. Jahrhundert, a. a. O., S. 170f.

[24] Giordano Bruno: Zwiegespräche vom unendlichen All und den Welten, übers. von Ludwig Kuhlenbeck, Neuauflage Darmstadt 1980, S. 76 und S. 84.

[25] Giordano Bruno: A. a. O., S. 77.

[26] Gottfried Wilhelm Leibniz: Philosophische Werke, hrsg. von C. I. Gerhardt, Bd. I, S. 338.

[27] Zwei Mengen haben im Sinne Cantors die gleiche Kardinalzahl, wenn die Elemente der einen Menge denen der anderen Menge umkehrbar eindeutig zugeordnet werden können, und zwar so, dass keine ungepaarten Elemente übrig bleiben, kurz: wenn die Susa-Situation vorliegt.

[28] Georg Cantor: Ges. Abh., S. 379.

14. Giordano Bruno
oder
Die Infinitisierung des Kosmos

Ja, es sind abgehauene Wurzeln, die von neuem ausschlagen, alte Sachen, die wiederkehren, verkannte Wahrheiten, die sich wieder zur Geltung bringen, es ist ein neues Licht, das nach langer Nacht am Horizont unserer Erkenntnis wieder aufgeht und sich allmählich der Mittagshöhe nähert.

GIORDANO BRUNO,
der Wiederverkünder Demoktrits

Ich habe mir erlaubt, [die Gedichte Giordano Brunos] mir zuzueignen, wie als ob ich sie gemacht hätte und für mich – und sie als stärkende Tropfen „einzunehmen".

FRIEDRICH NIETZSCHE

Am 17. Februar 1600 wurde in Rom einer der radikalsten Wortführer des Unendlichen. Giordano Bruno, als Ketzer bei lebendigem Leib verbrannt. Dieser barbarische Akt eröffnete ein Jahrhundert, das einmal als glorreiches „Jahrhundert der wissenschaftlichen Revolution" in die Geschichte eingehen sollte. Genau im Jahr des Brunoschen Feuertods erschien das Grund-Buch der modernen Experimentalphysik, das bahnbrechende Werk des Londoner Arztes William Gilbert *Über den Magneten*. Der Leibarzt der Königin Elisabeth I. wusste – und sagte es –, dass er mit diesem Weckruf einen „neuen Stil des Philosophierens"[1] und eine „neue Naturwissenschaft" auf den Weg gebracht hatte. Die tief beunruhigende *Gleichzeitigkeit des Ungleichzeitigen* hat sich nie so makaber manifestiert wie hier: archaischer Feuertod neben *physiologia nova*. Auf den ersten Neuerer Gilbert folgten im 17. Jahrhundert zahllose weitere wissenschaftliche Giganten, unter ihnen Huygens, Galilei, Newton und Leibniz – Menschen, die einen unvergänglichen Glanz über dieses Jahrhundert des Aufbruchs ausgegossen haben, das mit der Verbrennung Brunos so sinister begonnen hatte.

Brunos Wiederauferstehung verdanken wir großen Gestalten wie Leibniz (1646-1716), Pierre Bayle (1647-1706) der den *Dictionnaire historique et critique* geschrieben hat, und Denis Diderot (1713-1784), einem der brillantesten Köpfe der Aufklärung. Georg Cantor betont, seine eigenen Auffassungen hätten „Berührungspunkte" in der Philosophie Brunos.[2] („Berührungspunkte" ist eine starke Untertreibung.) Kein Wunder: Brunos Philosophie ist ein leidenschaftliches Ausgreifen ins Unendliche – bis hin zu dem Streben, sich mit ihm mystisch zu vereinen.

Giordano Bruno (1548-1600) ist ein Vulkan und wurde passenderweise nur dreißig Kilometer vom Vesuv entfernt geboren, in Nola; daher sein Beiname „der Nolaner". Dieser „Universalmensch" – Priester und Ketzer, Mathematiker und Okkultist, der auf Schleichwegen ins Innerste der Natur eindringen wollte, Philosoph und Dichter und schließlich auch noch Angeklagter in einem Mordprozess –, dieser *uomo universale* war der Sohn eines Berufssoldaten und wurde auf den Namen Filippo getauft. 1565 trat Filippo, gerade mal siebzehn Jahre alt, in den Dominikanerorden ein und nahm den Namen Giordano an. Es gehört zu den kuriosesten Widersprüchen seines widerspruchreichen Lebens, dass der spätere Erzketzer ausgerechnet unter seinem Mönchsnamen in der Geschichte des Geistes fortleben sollte. Der Eintritt in den Dominikanerorden (dem auch Thomas von Aquin angehört hatte) war wohl der schwerste Fehler seines Lebens. Niemand konnte die klösterliche Enge und Disziplin so wenig ertragen wie dieser innerlich grenzenlose, immer unruhige, immer unbändige Mann, der die Heiligenbilder aus seiner Zelle entfernte (das Kruzifix ließ er hängen), heimlich den liberalen Erasmus von Rotterdam (1466-1536) las – so heimlich, dass er die Bücher des eleganten Humanisten ausgerechnet im Klosterklosett versteckte – und sehr gefährliche, sehr gefährdende Gedanken über das Dogma der Trinität mit sich herumtrug, ein Dogma, das uns ansinnt, drei Personen – Gott Vater, Gott Sohn, Gott Heiliger Geist – ununterscheidbar zu einer einzigen Entität zu verschmelzen und nach der Verschmelzung doch säuberlich auseinanderzuhalten. Brunos Kloster San Domenico in Neapel eröffnete denn auch 1575 ein Verfahren gegen ihn wegen des Verdachts des „Arianismus" (Leugnung der Göttlichkeit Christi). Bruno floh 1576, nach elf Jahren ergebnisloser Klosterexistenz, und begann ein Wanderleben kreuz und quer durch Europa; die Hauptstationen waren Turin, Venedig, Lyon, Genf (das er, zunächst calvinistisch geworden, im Zorn gegen die Intoleranz der Calvinisten verließ), Toulouse, Paris und London. Die zwei Jahre an der Themse, von 1583 bis 1585, waren wohl die glücklichsten und fruchtbarsten seines Lebens. Hier überkam ihn die Vision eines *unendlichen* Gottes, der rastlos *Unendliches* erschaffen muss. Dann ging er wieder nach Paris, das er bereits 1586, natürlich im Zorn, verließ; es folgte Marburg (dessen Staub er auch im Zorn von seinen Füßen schüttelte), Wittenberg, Prag, Helmstedt und Frankfurt am Main. Er war in der Tat ein „fahrender Ritter in Sachen Philosophie" (Pierre Bayle); er selbst hat sich allerdings lieber mit dem abgerissenen, aber unüberbietbar selbstbewussten Diogenes in der Tonne verglichen, der Alexander den Großen nur um den einen Gefallen gebeten hatte, ihm doch endlich aus der wärmenden Sonne zu gehen.[3] Wo immer Bruno erschien, hat er Streit gesucht und hat ihn prompt gefunden. Er hielt es für eine gute Devise, hart und fest zuzuschlagen, denn man müsse bedenken, dass nur gemeingefährliche Stupidität jemanden daran hindern könne, ihm, dem erleuchteten Bruno, aus ganzem Herzen zuzustimmen.[4] In Frankfurt beging er den zweiten schweren – diesmal tödlichen – Fehler seines Lebens, nachdem der Senat der Stadt ihm die Verlängerung seines Aufenthalts versagt hatte: Im September 1591 nämlich folgte er der Einladung des reichen Patriziers Giovanni Mocenigo und reiste nach Venedig. Die Lagunenstadt galt als ein Ort geistiger Freiheit und Toleranz, überdies als eine kräftige Stadt, die sich auch des Papstes zu erwehren wusste. Mocenigo wollte von Bruno die *ars memorandi,* die Gedächtniskunst, lernen – eine unsäglich lederne Sache, auf die der vulkanische Nolaner in seltsamer Verkennung seiner Gaben viel Zeit verwendet hatte. Nur der Besitzer eines vorzüglichen Gedächtnisses konnte hoffen, diese verwickelte Kunst zur Verbesserung des Gedächtnisses überhaupt zu erlernen. Mocenigo war von Bruno enttäuscht, das ist verständlich, und denunzierte ihn, das ist nicht mehr verständlich, bei der venezianischen Inquisition, natürlich nicht wegen der spröden *ars memorandi,* sondern wegen schlimmer Ketzerei. Am 24. Mai 1592 wurde Bruno verhaftet. Zunächst nahm ihn sich die venezianische Inquisition vor; im Januar 1593 wurde er aber dem römischen *Sant' Uffizio* übergeben und in die Engelsburg verbracht. In Rom hat man ihn in der Manier des NKWD und der Gestapo pausenlos verhört und immer wieder gefoltert. Er sollte widerrufen, aber er entgegnete trotzig, er wisse gar nicht, was er widerrufen solle, seine Philosophie sei nun einmal nicht ketzerisch. Es half nichts. Der Inquisition ging es nicht um Brunos „Philosophie", nicht um seinen Kopernikanismus, nicht um seine Unendlichkeitsspekulationen – es ging ihr allein um seine theologischen „Verirrungen": Das Heilige Offizium sah in ihm abschließend und zusammenfassend einen „unbußfertigen und starrköpfigen Häretiker". In einem solchen Fall war die Verbrennung bei lebendigem Leib indiziert. Sie erfolgte in einer ironischen Volte der Geschichte am Tag nach Aschermittwoch des Jahres 1600. Ziemlich genau hundert Jahre früher hatte man in Florenz einen anderen rebellischen Dominikaner zu Tode gebracht: Girolamo Savonarola. Mit einer Art Feingefühl hatte man diesen Unruhestifter zuerst gehängt und erst dann verbrannt; Florenz wusste, was es seinem Ruf schuldig war, die zivilisierteste Stadt Italiens zu sein.

Vom 24. Mai 1592 bis zu seinem Tode am 17. Februar 1600 war Bruno ohne Unterbrechung in den Verliesen der Inquisition gewesen. Ohne die *ars memorandi*, die vergessenste seiner Bemühungen, wäre er nicht in diese Entsetzlichkeiten geraten.

Als Fracastorio in Brunos *Zwiegesprächen vom unendlichen All und den Welten* (1584) die Lehre von der unendlichen Zahl bewohnter Welten vertritt, explodiert der stockkonservative Burchio:

> Besäßest Du bessere Lebensart, so würdest Du einsehen, dass Du ein Esel bist, ein
> anmaßender Sophist, ein Feind guter Bildung, ein Mörder der Seele, ein Liebhaber
> der Neuerungen, ein Erzfeind der Wahrheit, *verdächtig der Ketzerei*![5]

Unter den Ketzereivorwürfen, die Mocenigo, getrieben von seinem zarten Gewissen (*per obligo della mia conscienzia*), unter diesen Ketzereivorwürfen befand sich denn auch tatsächlich Brunos Lehre von den unendlich vielen Welten, dazu noch, versteht sich, die altketzerische Lehre von der Ewigkeit der Welt.[6] Merkwürdigerweise scheinen jedoch in dem Prozess gegen Bruno die Naturphilosophie und die kopernikanischen Überzeugungen des Nolaners kaum eine Rolle gespielt zu haben. In den venezianisch-römischen Auslieferungsverhandlungen kommt Brunos Kopernikanismus überhaupt nicht vor; eher beiläufig wird später einmal die „Bewegung der Erde" erwähnt, eher beiläufig ermahnt die Inquisition ihren Gefangenen im März 1597, die ausgefallene Lehre von den unendlich vielen Welten doch endlich aufzugeben.[7] Selbst die Kernaussage Brunos, der unendliche Gott müsse notwendigerweise Unendliches erschaffen, scheint bei dem Heiligen Offizium kaum Bedenken erweckt zu haben (obwohl sie doch den souveränen Gott einem Zwang, einem „Schöpfungszwang", unterwirft). Wichtiger scheint den theologischen Kriminalisten gewesen zu sein, dass Bruno (so jedenfalls Mocenigo) Jesus einen „Betrüger" und „Magier" genannt und Probleme mit der Trinität und der Wandlung des Brotes beim Abendmahl gehabt haben soll,[8] dass er viel zu günstig von der ketzerischen Königin Elisabeth I. gesprochen hatte (eine „einzigartige und einmalige Frau" sei sie, allen weit überlegen durch „Enthaltsamkeit, Schamhaftigkeit, Verstand und Wissen"[9]) und dass der Prior des Frankfurter Karmeliterklosters ihm zwar schöne Gaben des Geistes attestiert, aber auch mit Unbehagen gesagt hatte, der Mann sei ständig auf Neuerungen aus und habe keine Religion, glaube sogar, mehr zu wissen als die

Apostel selbst.[10] Das also war der „Fall Bruno" in den Augen des *Sant' Uffizio*.[11] Bruno war ein Märtyrer. Aber ein Märtyrer der Wissenschaft war er nicht.

Die Dauer des Prozesses – acht Jahre! – wegen solcher Klagepunkte war von jener grausigen Lächerlichkeit, die nur der unentwirrbar in sich selbst verfangene Fanatismus hervorbringen kann. Anfangs hatte Bruno sich ernsthaft zu verteidigen versucht, schließlich aber scheint er nicht mehr mitgespielt zu haben; er ahnte wohl, dass ihm nun bevorstand, was er schon 1584 gegeißelt hatte: dass man „Glaubensfeinde" gewaltsam unterdrückt, dass man sie umbringt, dass man sie erschlägt.[12] Am 21. Dezember 1599 erklärte er, dass er nichts zu bereuen habe und zu einem Widerruf keinen Anlass sehe. Am 8. Februar 1600 wurde er der Ketzerei schuldig gesprochen und der weltlichen Gewalt mit der üblichen Bitte übergeben, sie möge glimpflich mit ihm verfahren. Die weltliche Gewalt verbrannte den Zweiundfünfzigjährigen am 17. Februar 1600 bei lebendigem Leib. Kein Hinrichtungsplatz hatte je einen so einladenden Namen: *Campo dei Fiori* hieß er, „Blumenfeld". Als die Flammen schon um Bruno züngelten, hielt das Tröstungskommando, das sich pikanterweise aus der „Bruderschaft von St. Johannes dem Enthaupteten" rekrutierte, dem verstockten Halbtoten noch einmal das Kruzifix vor das Gesicht. Sagen konnte Bruno nichts, denn seine Zunge war geknebelt. Aber „er wandte mit verachtender Miene sein Haupt". Das sind die Worte Kaspar Schoppes, eines Breslauers, der erst vor kurzem zum Katholizismus übergetreten war und vom Papst üppige Gunstbeweise erhalten hatte. „So", fährt der Schlesier zufrieden fort, „so pflegen wir mit solchen Leuten oder vielmehr mit solchen Monstern zu verfahren."[13] Am 9. Juni 1889 enthüllten die spätbereuenden Römer auf dem *Campo dei Fiori* ein kolossales, fast schon monströses Denkmal dieses Monsters.

Das philosophische Urerlebnis Brunos ist das Phänomen des Horizonts, oder besser: das Phänomen des *endlichen* Horizonts als *Sinnentrug*. Der Horizont scheint die Welt abzuschließen, zu verendlichen, aber wenn man auf ihn zugeht, weicht er zurück, öffnet sich, schließt nicht ab. Die „Abschließung", die „Verendlichung" ist eine Täuschung: In Wahrheit ist die Welt end-los, grenzen-los, in-finit. Leitmotivisch erscheint in Brunos Schriften immer wieder der Ausdruck „täuschender Horizont". In diesem Empfindungskreis wächst sogar der Vesuv in die Rolle eines „philosophischen Berges" hinein, denn Bruno erzählt, in seiner Kindheit habe es ihm immer geschienen, als gäbe es nichts mehr hinter dem Vesuv – was er dann aber als einen (stimulierenden) Irrtum erkannte.[14] Für Bruno hat mit paradoxer Schärfe der Satz gegolten, dass Grenzen keine Grenzen sind: Grenzen sind Aufforderungen, sie zu überschreiten. Seine Devise war die des Songs *Don't fence me in*.

Bruno war schon früh ein Anhänger des Kopernikus, aber nur in Maßen. Kopernikus stellte die Sonne in den Mittelpunkt der Welt, und diese Welt schloss er ab mit der Sphäre der Fixsterne, wie es auch Aristoteles getan hatte. Der Kosmos des Kopernikus war nicht unendlich, er war nur „unermesslich". Ein passionierter Ent-grenzer wie Bruno konnte die Kugelschale, welche die Fixsterne tragen sollte, nicht als Grenze der Welt gelten lassen. Diese Schale gab es gar nicht, die Fixsterne hatten durchaus verschiedene Abstände von dem angeblichen Weltmittelpunkt, den es auch nicht gab. Das Universum war ungleich gewaltiger, als die Alten (mit Ausnahme des singulären Demokrit) und die Neueren sich je vorgestellt hatten: Es war *unendlich*, und zwar als Produkt einer unsagbaren Allmacht Gottes, die Unendlichkeiten ganz anderen Zuschnitts produziert als die putzigen Unendlichkeiten der Scholastik, etwa die unendlich vielen Engel, die

Gregorius von Rimini seinen Gott in bloß einer Stunde herstellen ließ. Keiner außer Newton hat von Gottes Schöpfungskraft so groß gedacht, so ausufernd und unbeherrscht, wie Bruno, keiner hat seinen Gott denn auch so unerbittlich zum Schaffen und immer neuem Schaffen angetrieben wie dieser Feuerkopf. Bruno macht rücksichtslos Ernst mit jenem Gedanken, den Origenes abgelehnt, sein Ordensbruder Thomas von Aquin halb bejaht, halb verneint hatte: dass Gott „unendlich" und somit auch *unendlich mächtig* ist und dass eine *unendliche* Ursache notwendigerweise *unendliche* Wirkungen haben muss. Es ist, als habe Bruno seinem Gott aufmunternd zugerufen: „Allmacht muss sich ausleben, muss sich austoben!" Dieser Gott ist nicht mehr der Vatergott der Christen, er ist der wiederauferstandene Jahwe, dessen Profession nicht die Erlösung, sondern das Erschaffen ist, und der in seinem Schöpfungsrausch auch einmal ins Dämonische abrutschen kann. Was musste der Himmelsherr auf Drängen des antreiberischen Bruno nun nicht alles herstellen. Zuerst einen *unendlichen* Weltraum (an den im christlichen Abendland kaum jemand gedacht hatte) und dann, um ihn zu füllen, *unendlich viele* Welten jenseits des „eingebildeten Himmelsgewölbes",[15] wo nach Kenntnis der Kundigen nichts als das Nichts sein sollte, und schließlich auch noch *unendlich viele* Wesen, um die unendlich vielen Welten zu bevölkern.[16] Bruno exekutiert eine atemberaubende *Infinitisierung der Welt*. Es ist, als habe sein *Deus faber*, sein göttlicher Macher, Demokrits philosophische Träume in harte Wirklichkeit verwandeln müssen. Der Grieche, versteht sich, war Brunos Hausheiliger, und der Gott des Nolaners sieht denn auch aus wie eine Kreuzung zwischen dem gewaltig schaffenden Jahwe und dem gewaltig spekulierenden Demokrit. Das rastlose Produzieren ins Unendliche hinein macht Bruno zu einem *point d'honneur* seines Gottes; er fasst ihn beim Portepee der Allmacht und redet ihm mit starken Worten ins Gewissen: „Wenn überhaupt das unendliche Vermögen [Gott] ein körperliches und räumliches Sein schafft, so muss letzteres auch notwendig unendlich sein; andernfalls würde man der Natur und Würdigkeit dessen, der schaffen kann, … nicht gerecht werden." Unbegreiflich wäre es, „warum eine begrenzte Wirkung ihm genügen sollte", schlimmer noch: Wenn er keine unendliche Welt schüfe, wäre dies ein blamables Eingeständnis, „dass er sie gar nicht schaffen könnte". Und immerfort muss der Allmächtige sich rühren und regen und darf keine Müdigkeit vorschützen: „Die göttliche Schöpferkraft darf nicht müßig sein …, und sie wäre, wenn sie nur eine endliche Wirkung hervorbrächte, nicht minder müßig und neidisch, als wenn sie gar nichts schüfe."[17] Gott wusste nun Bescheid; er wusste, dass er dem Erschaffen kosmischer Unendlichkeiten gar nicht entrinnen konnte, denn dieses Erschaffen folgt schon, erklärt ihm Bruno, aus dem bloßen *Begriff* des Schöpfers und ist eine Implikation der Allmacht: Gott schafft nicht aus Willkür und Kaprice ein unendliches All mit unendlich vielen Welten und unendlich vielen Völkerschaften – er schafft das alles, weil er es schaffen *muss*. Er hat gar keine Wahl, er kommt nicht an gegen die schiere Logik der Allmacht, einer Allmacht, die nicht allmächtig ist, wenn sie nicht unaufhaltbar ins Unendliche wirkt.[18] Vor dem Inquisitionsgericht in Venedig erklärt Bruno denn auch: „Ich lehre ein unendliches Universum, die Wirkung der unendlichen göttlichen Allmacht."[19]

Seriöse Kosmologen unserer Zeit sind inzwischen unabhängig von Allmachtsspekulationen zu der Überzeugung gekommen, dass es nicht nur ein einziges Universum, das unsrige, sondern unendlich viele Universen gibt.[20] Wir erleben die Wiederauferstehung Demokrits und seines Hohenpriesters Bruno.

Das Brunosche Empfinden, das rasch und mühelos den mehr emotionalen als logischen Schluss von der Allmacht Gottes auf die Unendlichkeit der Schöpfung zieht, ist übrigens nicht selten: Es lebte sogar in dem aufklärerischen Kant, jedenfalls in dem jungen. 1755 schreibt der Dreißigjährige:

> Wo wird die Schöpfung selber aufhören? Man merket wohl, dass, um sie in einem Verhältnisse mit der Macht des unendlichen Wesens zu gedenken, sie gar keine Grenzen haben müsse. Man kommt der Unendlichkeit der Schöpfungskraft Gottes nicht näher, wenn man den Raum ihrer Offenbarung in einer Sphäre, mit dem Radius der Milchstraße beschrieben, einschließet, als wenn man ihn in eine Kugel beschränken will, die einen Zoll im Durchmesser hat. Alles, was endlich, was seine Schranken und ein bestimmtes Verhältnis zur Einheit hat, ist von dem Unendlichen gleich weit entfernt. Nun wäre es ungereimt, die Gottheit mit einem unendlich kleinen Teil ihres schöpferischen Vermögens in Wirksamkeit zu setzen und ihre unendliche Kraft, den Schatz einer wahren Unermesslichkeit von Naturen und Welten, untätig, und in einem ewigen Mangel der Ausübung verschlossen zu gedenken.[21]

Brunos unendlicher Weltraum erinnert an Anaximanders ewig hervorbringendes, ewig verschlingendes *apeiron* („Unendliches"). Der neue unendliche Raum ist mehr als ein Gefäß, so wie das *apeiron* mehr als ein nacktes Unendliches ist: Er ist „von Geist durchdrungen", er ist „ein Raum, der Ruhe und Bewegung in sich fasst, ein unermesslicher und unendlicher Schoß".[22] Die Bezeichnung „Schoß", die an Zeugen und Gebären und so an Anaximanders zeugendes und gebärendes *apeiron* erinnert, scheint Bruno gefallen zu haben; er bringt sie noch einmal in einem anderen Werk,[23] und dort schreibt er in der feierlichen Tonlage des Mannes aus Milet, dass „dieses Unendliche und Unermessliche ein lebendiges Sein ist, das jedoch keine bestimmte Gestalt und keine Empfindung hat, die sich auf Außendinge bezöge, da es selber die ganze Seele in sich hat und alles Beseelte umfasst und eben das All ist".[24] Zu diesem anaximandrischen Unendlichkeitsempfinden passt Brunos Glaube, den er für den Glauben der „wahren Philosophen" (wie Thales, Anaximander und Demokrit) hält, alles sei aus einer einzigen *Urmaterie* entstanden.[25] Es ist viel Altertümliches in dem avantgardistischen Bruno.

Die Lehre vom unendlichen All und den zahllosen Welten mit zahllosen Lebewesen brauchte Bruno nicht selbst zu erfinden; sie geht, wie schon erwähnt, auf Demokrit zurück. Bruno hat sie aus dem Gedicht des Lukrez *Von der Natur* kennengelernt, das er ständig bei sich trug. Wie eine alles Kleine und Enge, alles Eingeschränkte und Eingeschnürte zersprengende Offenbarung muss ihm die infinitistische Verkündung des Demokriteers Lukrez vorgekommen sein, deren leidenschaftlicher Prediger er von nun an sein sollte:

> Erstlich gibt es für uns nach allen beliebigen Seiten
> Weder nach rechts noch nach links noch nach oben hin oder nach unten
> Irgendein Ende. So hab' ich's gelehrt, wie die Sache auch selber
> Für sich spricht: So wird die Natur des Unendlichen deutlich.
> Also muss wohl auch dies ganz unwahrscheinlich erscheinen,
> Dass, da leer sich der Raum in das Unermessliche dehnt,
> Und unzählige Keime in endloser Tiefe des Weltraums

> Mannigfach schwirren umher, von der ew'gen Bewegung ergriffen,
> Dieser einzige Himmel entstünd' und ein einziger Erdkreis,
> Während so viele Atome des Urstoffs außerhalb feiern!
> ....
> Wenn zudem noch der Stoff in gewaltiger Menge sich findet,
> Wenn auch der Raum zureicht, kein Ding und kein Grund sich entgegen
> Stellt, dann muss doch entstehn ein Weben und Leben der Wesen.
> Wenn nun die Menge der Keime so groß ist, dass sie zu zählen
> All die Lebenszeit der lebenden Wesen nicht reichte,
> Und darin die Natur sich erhält, die in ähnlicher Weise
> Überallhin zu verbringen vermag die Keime der Dinge,
> Wie sie sie hierher brachte, so musst du wieder bekennen,
> Dass noch andere Erden in anderen Welten bestehen
> Mit verschiedenen Rassen von Menschen und Sippen der Tiere.[26]

Die Vorstellung von Bewohnern („ähnlich oder besser" als wir[27]) auf anderen Welten war in Brunos Tagen freilich theologisch anstößig: Sie konnte den Gläubigen beunruhigen, weil er nicht recht wusste, wie er sie mit dem einmaligen Kreuzestod Christi auf Erden zusammenbringen sollte. Auf dem gewaltigen Fresko unendlich vieler Welten nahm sich die singuläre Heilstat denn doch etwas verloren aus. Dass die Lehre vom unendlichen All ferner der Aristotelischen und so denn auch der kirchlichen Kosmologie widersprach, wusste Bruno nur zu gut. Und er wusste, dass er Aristoteles attackieren musste, wenn er und sein neuer Jahwe Fortüne haben sollten. Das tat er denn auch mit Bravour, mehr noch: Er ließ kein gutes Haar am „Meister aller Wissenden". Abschätzig schreibt dieser radikale Anti-Aristoteles: „Es gibt keinen großen oder kleinen Satz von allem, was dieser Philosoph, um die Unendlichkeit des Alls zu widerlegen, sowohl im I. Buch seiner Schrift *Vom Himmel* als auch im III. seiner *Physik* vorbringt, womit man nicht in offenen Widerspruch geraten müsste."[28] Die Gründe des Aristoteles gegen die „unzähligen Welten" werden von Bruno respektlos „in ihr Nichts aufgelöst", mehr noch: Es wird gezeigt, dass „alle seine Prinzipien den wahren Prinzipien der Natur geradezu entgegengesetzt sind". [29] Natürlich darf auch die ungeschminkte Schmähung nicht fehlen:

> Jeder, der nicht eignen Urteils bar ist, kann leicht einsehen, wie oberflächlich dieser Mensch in seiner Naturanschauung ist und wie er verrannt ist in seine eignen, nie zugegebenen und unzulässigen Unterschiebungen, die in seiner Naturphilosophie noch viel eitler sind, als man sie sich jemals in der Mathematik ausdenken könnte. Und man sehe nur, wie sehr er sich selbst dieser Nichtigkeiten dann noch rühmt und sich darin gefällt und in Hinsicht auf die Naturwissenschaft danach geizt, für besonders vernünftig oder, wie man zu sagen beliebt, logisch zu gelten, so dass er diejenigen, welche sich eifriger als er um die Natur, die Wirklichkeit und Wahrheit bemühen, mit blasierter Ironie die „Physiker" schilt.[30]

Beim Spötteln über die Nachbeter des „verdächtigen Gesellen"[31] kann Bruno sogar den ironisch bombastischen Ton seines sechzehn Jahre jüngeren Zeitgenossen Shakespeare anschlagen:

> Wollt Ihr zunichte machen die großen Arbeiten, Studien, Anstrengungen der Abhandlungen *de physico auditu,* der Bücher vom Himmel und den Welten, an denen sich so große Kommentatoren, Paraphrasten, Glossatoren, Kompendienschreiber, Summisten, Übersetzer, Fragesteller, Theorematiker die Gehirne destilliert haben? Worauf ihre Systeme so viele tiefsinnige Doktoren, subtile, große, unwiderlegliche, engelgleiche, seraphische, cherubische und göttliche Denker gegründet haben?[32]

Brunos Hohn wird den Peripatetikern nicht gefallen haben. Noch weniger wird ihnen gefallen haben, dass Bruno ihnen ankreidet, sie hätten sich mit der Sphärenkosmologie des Stagiriten den Verstand dermaßen „eingekerkert", dass sie einem vorkämen wie „Papageien in einem Käfig, wo sie von einer Stange zur andern hüpfen und sich in ihren Ringen schaukeln".[33] Am wenigsten aber wird ihnen gefallen haben, dass der Nolaner sie geradeheraus eine „stumpfsinnige Menge" nennt, „Toren, Dummköpfe und Unwissende".[34] (Brunos Sprache war so invektivenreich wie die Luthers.) Sehr gut gefallen hat das alles dem Chefaufklärer Denis Diderot. Bewundernd sagt er, Bruno sei als Erster dem Götzen der Scholastik entgegengetreten, als Erster habe er sich vom Despotismus des Aristoteles befreit.[35]

In einem theologisch sehr prekären Punkt allerdings folgt Bruno ohne Abstriche dem Aristoteles und muss es tun, wenn er seiner Lust am Unendlichen frönen will: Das All ist ihm nicht nur *räumlich,* sondern auch *zeitlich* unendlich. Es ist, sagt er 1586, „unerschaffen und unvergänglich". Er sagt es ausgerechnet in jenem Paris, in dem vor dreihundert Jahren Bischof Tempier ebendiese widerchristliche Lehre des Aristoteles mit aller Macht verfolgt hatte. Kurios ist nur, dass Bruno dieses erzaristotelische Pronunziamento in seinen *120 Thesen gegen die Peripatetiker über Natur und Welt* ausspricht.

Bruno versucht, die unendliche Ausdehnung des Alls, die sein Gemüt leidenschaftlich fordert, auch der Ratio schmackhaft zu machen. Es habe, meint er, „keinen Grund, keine Möglichkeit, keinen Sinn, den Weltraum begrenzt zu setzen".[36] Im Übrigen leide der Begriff „Grenze des Weltraums" an inneren Schwierigkeiten: „Von allen, welche die Endlichkeit der Welt behaupten, versteht es keiner, auf irgendeine Weise begreiflich zu machen, worin die Grenze derselben bestehen soll, und indem sie das Leere und Inhaltlose mit Worten verneinen, setzen sie es doch gleichzeitig dem Effekt und der Wirklichkeit nach als ein Etwas."[37] Bruno beutet geschickt die „Dialektik der Grenze" aus. Hingegen, fährt er fort, zwingt uns der alltägliche Begriff des Begrenztseins zur Anerkennung einer unendlichen Welt: „Aus den Wahrnehmungen unseres Gesichtssinns also müssen wir auf die Unendlichkeit schließen, da kein Ding vorkommt, das nicht an ein anderes grenzt und unsere Augen nichts wahrnehmen, was durch sich selbst begrenzt würde."[38] Sogar als einen Tranquilizer dient uns Bruno, den jede Grenze stört, die Unendlichkeit an: „Erst wenn man die Welt in unserem Sinne für unbegrenzt nimmt, stellt sich Ruhe für unseren Geist ein."[39] Wirklich durchschlagende Kraft aber traut er doch nur seinem Hauptgedanken zu, dass es die Allmacht Gottes ist, die mit Notwendigkeit kosmische Unendlichkeiten hervorbringt. In einem schneidenden Credo türmt er Unendlichkeiten auf Unendlichkeiten: „Wir wissen sicher, dass dieser Raum als Wirkung und Erzeugnis einer unendlichen Ursache und eines unendlichen Prinzips auf unendliche Weise unendlich sein muss."[40] Ein Donnerschlag; der Gesprächspartner „war verdutzt und sprachlos, als sähe er plötzlich ein Gespenst vor sich".[41] Und mit einer tüchtigen Prise theologischen Terrors schreibt das spätere Opfer der Inquisition: „Wer also behauptet, [Gottes] Schöpfung sei endlich, setzt eine nur endliche Schöpfertätigkeit und ein nur endliches Schöpfungsvermögen voraus."[42] Das aber, ja, das wäre entsetzliche *Gotteslästerung*.

Bruno ist fünf Jahre nach dem Erscheinen des Kopernikanischen Hauptwerks zur Welt gekommen und frühzeitig ein bekennender Kopernikaner geworden. Die Unendlichkeit des Alls freilich, die ihm so teuer war, konnte er bei Kopernikus nicht finden. Gewiss, Kopernikus benötigte einen riesigen Kosmos, der die bisherigen Grenzen sprengte, und zwar aus zwei Gründen, die beide mit den neuartigen Bewegungen der Erde – ihrem jährlichen Lauf um die Sonne und ihrer täglichen Rotation um die eigene Achse – zu tun hatten. Das jährliche Umrunden der Sonne war für den irdischen Beobachter eine Reise durch den Weltraum, und dabei mussten sich für ihn die relativen Positionen der Fixsterne verschieben (wie sich für den Waldwanderer beim Gehen die relativen Positionen der Bäume verschieben). Dieses Phänomen heißt Parallaxe. Nun war aber zu Kopernikus' Zeiten eine Fixsternparallaxe nicht feststellbar. Dies konnte man auf zwei Arten deuten: Erstens konnte man sagen, dass die Erde entgegen der Kopernikanischen Hypothese eben doch nicht um die Sonne wandert, sondern gemäß der geozentrischen Lehre unbeweglich in der Mitte der Kosmoskugel ruht. Zweitens aber konnte man sagen, dass die Fixsterne so unfasslich weit von der Erde entfernt sind, dass eine Parallaxe mit den gegenwärtig vorhandenen Instrumenten gar nicht festgestellt werden kann.[43] Kopernikus bevorzugte natürlich die zweite Lesart und kam so zu einem riesigen, einem „unermesslichen" Weltraum. Sie half ihm überdies, auch die tägliche Rotation der Erde um ihre eigene Achse akzeptabel zu machen. *Gegen* diese Rotation sprach die gesamte Physik der damaligen Zeit (Kopernikus wusste das, und es machte ihm arg zu schaffen); *für* die Rotation sprach eigentlich nur, dass das tägliche Kreisen der Fixsterne um die Erde sich auch deuten ließ durch ein Drehen der Erde um sich selbst bei unbeweglichen Sternen, und dass diese Deutung „ökonomischer" und „vernünftiger" war als die Rotation des ganzen großen Himmels mit seinen zahllosen Sternen um die winzige Erde, das „klimperkleine Pünktchen" (Galilei[44]). Sie war umso „ökonomischer" und „vernünftiger", je weiter die Fixsterne von der Erde entfernt waren, und wenn „der Himmel unermesslich ist im Vergleich zur Erde", dann (so Kopernikus) „müsste man viel mehr darüber verwundert sein, wenn eher solch riesige Welt-Weite im Zeitraum von 24 Stunden sich um sich selbst drehen sollte als ein winzig kleiner Teil davon, was die Erde eben ist".[45] Ein riesiges Weltall war also für die Kopernikanische Theorie von unschätzbarem Wert. *Unendlich* aber brauchte es nicht zu sein, und Kopernikus ist in diesem Punkte sogar betont zurückhaltend. Die Größe des Himmels, sagt er, ist *immensa*, „unermesslich", sie ist *indefinita*, „ohne Grenzen" – dass sie aber *infinita*, „unendlich" sei, behauptet er nicht. Vielmehr sagt er vorsichtig: „Wie weit sich diese Unermesslichkeit [*immensitas*] ausdehnt, ist noch gar nicht ausgemacht."[46] Und noch vorsichtiger: „Ob also die Welt begrenzt ist oder unbegrenzt [*finitus sive infinitus*], wollen wir dem Meinungsstreit der Naturphilosophen überlassen."[47] Für ihn selbst ist der Kosmos in Aristotelischer Manier eine Kugel, an deren begrenzender Schale die Fixsterne angenagelt sind.[48]

Für die Unendlichkeit der Welt also konnte man sich nicht auf Kopernikus berufen. Der erste uns bekannte Astronom der Neuzeit, der einem unendlichen Kosmos das Wort redete, war der Engländer Thomas Digges (gest. 1595). Er tat es 1576 (also acht Jahre vor Brunos *Zwiegespräche vom unendlichen All*) an entlegener Stelle und in konfuser Weise: in einem Zusatz zu einer

Neuauflage der *Prognostication Everlastinge* seines Vaters. Unsere Erde sei winzig, schreibt er dort, und niemals seien wir fähig, *to admire the immensity of the Rest. Especially of that fixed orbe garnished with lightes innumerable and reaching up in 'Sphaericall altitude' without ende.*[49] Digges zertrümmert hier die welteinschließende Fixsternsphäre des Kopernikus und zerstreut die *lightes innumerable* einem Raum *without ende*, wo sie sich von nun an ohne Stütze und Träger halten müssen. Der endlose Raum hat keinen Mittelpunkt, also geht der zentrale Satz des Kopernikus, ein Produkt der Sonnenmystik, zu Bruch: „Inmitten [der Welt] thront die Sonne."[50] Freilich scheint kaum jemand das Aperçu des Briten bemerkt zu haben. Die Unendlichkeit der Welt sollte denn auch dauerhaft mit dem Nolaner verbunden werden, den diese *infinitas* mit der Gewalt eines Damaskus-Erlebnisses überwältigt hatte, der sie zum Mittelpunkt seines Denkens machte und zum Infiniten ein geradezu erotisches Verhältnis unterhielt.

Für Bruno also ist Kopernikus keineswegs der Künder der Unendlichkeit; im Gegenteil: er gehört ihm zu denen, „die den Umfang der Welt für begrenzt halten"[51]. Und doch ist ihm der Frauenburger Domherr der nie genug zu preisende Mann, der durch eine kühne Erneuerung der „wahren alten [antiken] Philosophie" und eine schwindelerregende Erweiterung des Weltraums den Denkweg zurück zum unendlichen Kosmos Demokrits neu eröffnet hat. Bruno tadelt an ihm zwar, er sei mehr auf die Mathematik als auf die Natur bedacht gewesen und habe deshalb nicht genügend in die Tiefe dringen können, „um die abwegigen und leeren Prinzipien mit den Wurzeln auszurotten". (Er mag dabei an die Aristotelischen Gedankenfetzen in Kopernikus' Physik gedacht haben.) Seine Hymne auf Kopernikus ist auch eine Hymne auf die Antike, auf die starke Wurzel seiner Kraft:

> Wer vermöchte trotz alledem die Großmut dieses Deutschen in vollem Maße zu würdigen, welcher ohne Rücksicht auf die törichte Menge sich so fest gegen den Strom der gegenteiligen Überzeugung gestellt hat? Fast ohne neue Gründe zu besitzen, hat er jene missachteten und verrosteten Bruchstücke, deren er aus der Antike habhaft werden konnte, wieder aufgegriffen und durch seine mehr mathematische als naturphilosophische Betrachtungsweise so weit aufgeputzt, zusammengefügt und gefestigt, dass die schon lächerliche, verworfene und verachtete Sache wieder zu Ehren und Ansehen gelangte und wahrscheinlicher wurde als ihr Gegenteil … Wer könnte … die Bemühungen des Mannes missachten und all das vergessen, was er vollbracht hat, von den Göttern dazu bestimmt, wie die Morgenröte der aufgehenden Sonne der wahren alten Philosophie vorauszugehen, die so viele Jahrhunderte lang in den finsteren Höhlen der blinden, boshaften, dreisten und neidischen Unwissenheit verborgen lag??[52]

Allerdings hatte Kopernikus nicht vermocht, den Kosmos *unendlich* zu machen, obwohl ihn seine gewaltige Erweiterung des Weltraumes doch direkt an die Schwelle des infiniten Alls geführt hatte. Eben deshalb war der Kanonikus in dem hinterwäldlerischen Frauenburg nur der Täufer Johannes, der dem Herrn den Weg bereitet.[53] „Der Herr" war der Dominikanermönch aus dem verschlafenen Nola, der „nicht mit den Augen des Kopernikus, sondern mit seinen eigenen sieht".[54] Erst recht stellte er sich hoch über Kolumbus, „der in unseren Tagen verherrlicht wird"[55]. Bruno redet von dem „Nolaner" mit dem Selbstgefühl des Emanzipators, der die Menschen durch den rettenden Blick auf die Unendlichkeit aus ihrer elenden Enge befreit hat:

> Der Nolaner hat ... den menschlichen Geist und die Erkenntnis befreit, die in dem engen Kerker der irdischen Lufthülle eingeschlossen waren und aus dem sie nur wie durch schmale Schlitze die entferntesten Sterne erblicken konnten. Dem Geist waren die Flügel gestutzt, damit er sich nicht aufschwingen und den Wolkenschleier zerreißen könne, um das zu schauen, was sich dahinter in Wahrheit befindet, und sich von den Hirngespinsten derjenigen zu befreien, die, kaum dem Schlamm und den Erdhöhlen entkommen, ... durch vielfältige Täuschung die ganze Welt mit unendlichen Torheiten, Rohheiten und Lastern erfüllt haben, als seien es lauter Tugenden und göttliche Lehren. Sie haben dabei jenes Licht ausgelöscht, das die Geister unserer antiken Vorfahren göttlich und heroisch machte ... Da kam der Nolaner und hat die Lufthülle hinter sich gelassen, ist in den Himmel eingedrungen, hat die Sterne durchmessen, die Grenzen der Welt überschritten und die erdichteten Mauern der ersten, achten, neunten, zehnten und weiteren Sphären zerstört, die törichte Mathematiker und das blinde Sehen gemeiner Philosophen noch hätten hinzufügen wollen.[56] So hat er für jeden, der Sinn und Verstand besitzt, mit dem Schlüssel unermüdlicher Nachforschung diejenigen Hallen der Wahrheit geöffnet, die sich überhaupt von uns öffnen lassen. Er hat die bedeckte und verschleierte Natur entblößt, den Maulwürfen Augen verliehen und die Blinden erleuchtet, die nicht imstande waren, mit ihren Augen das Bild der Natur in den vielen Spiegeln zu schauen, die sich ihnen von allen Seiten entgegenstellen. Den Stummen hat er die Zunge gelöst, die nicht in der Lage waren und es nicht wagten, ihren verworrenen Gedanken Ausdruck zu verleihen. Die Lahmen hat er geheilt, die nicht mit dem Geiste den Schritt machen konnten, der dem unwürdigen und vergänglichen Körpergebilde versagt bleibt ... Wir erkennen, dass es nur einen Himmel gibt, eine unermessliche Ätherregion, in der jene erhabenen Lichter die ihnen angemessenen Abstände wahren, durch die sie am besten am ewigen Leben teilhaben. Diese flammenden Körper sind die Boten, die von dem herrlichen Ruhm und der Majestät Gottes künden. So sind wir befähigt, die unendliche Wirkung der unendlichen Ursache zu entdecken, die wahre und lebendige Spur der unendlichen Kraft.[57]

Die letzten Sätze klingen wie ein Credo im Sprachkleid der Kosmologie. In der Tat hat Bruno geglaubt, dass seine Philosophie „nicht allein die Wahrheit enthält, sondern auch die Religion fördert".[58] Die Kirche war anderer Meinung. Als sie ihren renitenten Sohn in den Kerker geworfen hatte, ermahnte sie ihn mit gehörigem Nachdruck, das eitle Geschwätz über die unendlich vielen Welten nun endlich einzustellen. Sie wird von dem ungestümen Dichterphilosophen gedacht haben, was der trockene (aber einflussreiche) Philosophiehistoriker Jakob Brucker zu Beginn des Aufklärungszeitalters von ihm gedacht hat:

> Er war ein Mann von sehr feuriger und erhitzter Einbildungs-Krafft, der sehr viele wunderliche und besondere, fremd- und seltsam-lautende Einfälle hatte ... Dabey aber fehlete es ihm an einem gesunden Urteil, und ob er wohl auf allerley Wahrheiten kam, zumahl in der Natur-Lehre und den Mathematischen Wissenschafften ... so warens doch nur ungefehr gefundene Körner, welche unter

einem gräulichen Wust verstiegener, übel aneinander hangender, und manches mal nichts heissender Gedancken und Worte verborgen liegen.[59]

Dürre Texte dieser Art haben der Aufklärung bei den deutschen Romantikern den Spottnamen „Aufkläricht!" eingetragen.

Man sagt, der Kardinal Nikolaus von Kues („der Cusaner", 1401-1464) sei ein Vorläufer Brunos im Unendlichkeitsfach gewesen. Vielleicht. Vielleicht auch nicht. Was der Mann von der Mosel mit undurchsichtiger Logik über eine unendliche Welt sagt, die so recht unendlich aber doch nicht ist, kann niemand leicht verstehen:

> Das Universum ... kann, obgleich es alles erfasst, was nicht Gott ist, nicht negativ unendlich sein, obschon es ohne Grenze ist und somit privativ unendlich.[60] In dieser Sicht ist es weder endlich noch unendlich. Es kann ja nicht größer sein, als es ist. Das ist eine Folge des Mangels, denn die Möglichkeit, d. h. die Materie erstreckt sich nicht weiter ... Obgleich demnach mit Rücksicht auf die unendliche göttliche Macht, die ohne Grenze ist, das All größer sein könnte, so kann es doch nicht größer sein, da sich die Möglichkeit des Seins oder die Materie dem widersetzt, denn diese lässt sich in Wirklichkeit [*actu*] nicht ins Unendliche erweitern. Und somit ist das All ohne Grenze, da sich ein tatsächlich Größeres nicht geben lässt, gegen das es abgegrenzt würde. Und somit ist es privativ unendlich.[61]

Dann raunt der Cusaner: „Obwohl die Welt nicht unendlich ist, so lässt sie sich doch nicht als endlich begreifen, da sie der Grenzen entbehrt, innerhalb derer sie sich einschließen ließe."[62] Und wenige Seiten später geschieht nun, was geschehen musste: der Vorstoß ins unverdünnt Mystische. „Der Bau der Welt ist deshalb so, als hätte sie überall ihren Mittelpunkt und nirgends ihre Peripherie, da ihre Peripherie und ihr Mittelpunkt Gott ist, der überall und nirgends ist."[63]

Neben seinen mystischen Unendlichkeitsaufschwüngen gibt es in dem Cusaner eine gegenläufige Unendlichkeitsscheu, die auf den pythagoreisch-biblischen Satz zurückgeht: „Du aber hast alles geordnet nach Maß, Zahl und Gewicht."[64] Auch bei ihm stiftet die weltgestaltende endliche Zahl eine durchgängige Endlichkeit. Zwar hat, meint er, „in der Betrachtung des Geistes die Menge [*multitudo*] kein Ende", in Wirklichkeit [*actu*] aber ist sie begrenzt. „Denn die Menge aller Dinge fällt unter eine bestimmte, wenngleich uns unbekannte Zahl."[65]

Bruno kennt dieses Argument; die Gegner seiner hochtourigen Unendlichkeitspredigt halten ihm ja ständig den abbremsenden Maß-und-Zahl-Satz in der Form entgegen: „Die Natur wahrt überall ein Maß in allen Dingen."[66] Selbstverständlich ist der Nolaner ganz anderer Meinung. Schroff wendet er sich gegen die Auffassung „von dem Unendlichen *in actu*, das nicht existieren könne, und der bestimmten Zahl [*certus numerus*]. Keins von beiden ist verständiger als das andere; wir können mit gleichem, ja mit größerem Recht schließen, dass die Zahl nicht bestimmt, sondern unbegrenzt sein muss."[67] Bruno geht denn auch gar nicht auf die seltsam verkrüppelte Unendlichkeit des Cusanischen Kosmos ein. Was er an dem Moselaner rühmt („auf dessen

Urteil, wie ich weiß, Ihr [Bruno] sehr viel gibt"), ist etwas anderes, etwas, das freilich nichts mit Unendlichkeiten zu tun hat: Es ist dessen Auffassung, die Sonne bestehe nicht in Aristotelischer Manier aus dem einen unsagbar herrlichen Äther, sondern „aus ungleichartigen Teilen wie der Mond und die Erde".[68] Er fühlt sich mit Nikolaus von Kues aufs glücklichste vereint in der antiaristotelischen Sicht, das Weltall sei nicht zerteilt in einen Bereich „unter dem Mond" und einen „über dem Mond". Im Sublunaren (wo wir kümmerlich unser Leben fristen) bestand alles aus Schwerem, Dunklem, Kotigem, da mischten und verbanden sich die irdischen Elemente in einem unruhigen Werden zu Gebilden, die über kurz oder lang wieder zerfielen und verfaulten, spurlos, erinnerungslos. Es war ein Elend, und die Erde war denn auch das Elendsquartier des Kosmos, vielleicht auch seine Müllkippe, jedenfalls „das Schlechteste und Unterste",[69] „eine Jauche aus Schmutz und Bodensatz der Welt".[70] Schon ihre schwarze Farbe bezeugte aufs peinlichste ihre Erbärmlichkeit.[71] Ganz anders aber ging es im Supralunaren zu. Dieses Reich der Sterne und Sternsphären bestand aus Aristoteles' selbsterdachter *quinta essentia* (fünfte Essenz, „Quintessenz"), aus jenem unirdischen, unvergänglichen, reinen, leuchtenden „Äther", dem die ewige Kreisbewegung als „natürliche Bewegung" eingeprägt war. (Das erklärte aufs bequemste das ewige Strahlen der Sterne und ihr ewiges Kreisen um die Erde.) Die Sternenregion war ein Bezirk beruhigender Beständigkeit, in dem es nicht Wechsel noch Wandel gab, kein Entstehen, kein Vergehen – ein *Empire du Silence*, ein Reich seliger Stille. „Der obere Ort ist göttlicher als der untere", hatte Aristoteles mit einem Anflug von Melancholie gesagt.[72]

Der Cusaner und der Nolaner verurteilen die Aristotelische Zerspaltung der Welt in die qualitativ und rangmäßig so schroff verschiedenen Regionen „unter dem Mond" und „über dem Mond". Für sie ist das Universum *homogen*. Ansonsten aber findet ausgerechnet Bruno, ein Philosoph von „fast unüberwindlicher Dunkelheit" (so Brucker[73]), das Denken des Kardinals („eins der eigenartigsten Genies, das je diese Luft geatmet hat") wunderlich und schwerverdaulich: „Alles ist bei ihm unklar, brockenhaft und unzusammenhängend."[74] Nach diesen Proben wird man vermuten, dass jedenfalls der Nolaner in dem Cusaner nicht seinen Vorläufer gesehen hat.

Bei Aristoteles zog die bloße *Endlichkeit* der Welt gewisse „natürliche" Strukturen und Gesetzmäßigkeiten nach sich: Die finite Welt musste ein *Kugel*kosmos sein, umschlossen von einer Kugelfläche. Jede Abweichung von der absolut symmetrischen, „natürlichen" Kugelform wäre eine *Deformation* gewesen und hätte eine Erklärung verlangt, die aber niemand hätte geben können. In diesem Kugelkosmos gibt es einen geometrisch ausgezeichneten Punkt – den Mittelpunkt – und eine geometrisch ausgezeichnete Fläche – die Oberfläche –, also auch geometrisch ausgezeichnete Richtungen: „nach oben" und „nach unten". Diese *geometrisch* ausgezeichneten Entitäten haben auch *physikalisch* ausgezeichnete Eigenschaften. Auf sie gründet Aristoteles (das wissen wir schon) seine berühmte Theorie der „natürlichen Bewegungen"[75] und die nicht minder berühmte Theorie des „unbewegten Bewegers". Die Fixsterne heftete der Stagirit an der welteinschließenden Kugelfläche – der „Fixsternsphäre" – an; infolgedessen hatten sie von dem Weltmittelpunkt – also auch von unserer „Erde" – alle den gleichen Abstand. Außerhalb des Kugelkosmos war nur das nackte, nichtige Nichts, ohne Raum, ohne Zeit. Eigentlich konnte man von diesem „Außerhalb" gar nicht reden.

In einer unendlichen Welt aber, so Bruno, gilt allein dank ihrer *Unendlichkeit,* eine ganz andere Physik. In ihr gibt es keinen ausgezeichneten Punkt, „zu dem, als zu ihrem Mittelpunkt, sich alle schweren Dinge hinbewegen oder als zu ihrem Umfang alle leichten Dinge hinstreben; im [unendlichen] All ist weder Mitte noch Umkreis", weder „abwärts" noch „aufwärts".[76] Natürlich gibt es dann auch nicht jenen alleruntersten Ort, wo nach tradiertem Theologenwissen Satanas sich eingerichtet hat. „Durch dieses System", schreibt der biedere Brucker mit Behagen, „wird man der Furcht vor der Höllen loß, welche das angenehmste Vergnügen des Lebens vergifftet."[77] Da Aristoteles „das Leere" geleugnet hatte, bringt es sein Opponent Bruno zu Ehren und stärkt sich dabei mit Demokrit und dessen Anhänger Epikur: „Um mit Demokrit und Epikur zu reden: Es gibt ein unbegrenztes Volles und Leeres."[78] „Das Leere", der leere, unendliche Raum, ist ihm das alles aufnehmende Gefäß für die Körper der Welt.[79] Dass die Geschwindigkeit im Vakuum unendlich groß sein müsste – eine Aussage, mit der Aristoteles dem Vakuum den Garaus machen wollte –, lässt er nicht gelten.[80] Und da das Unendliche *als Unendliches* sich nicht bewegt,[81] „hat man nach einem Beweger [des unendlichen Universums] nicht zu fragen".[82] Natürlich muss Bruno nun seinerseits Ursachen für Bewegungen angeben. (Woher „Bewegung" kommt, ist eines der ältesten und tiefsten Probleme der Naturphilosophie.) Mit einem tüchtigen Schuss Animismus findet er die Bewegungsursache in einem „inneren Prinzip", einer „Seele" (die von einer „Weltseele" herkommt[83]):

> Man beachte nur, wie sich das Männchen zum Weibchen und das Weibchen zum Männchen begibt. So wendet sich jede Pflanze und jedes Tier mehr oder weniger deutlich zu seinem Lebensprinzip, sei es zur Sonne oder zu anderen Gestirnen. Der Magnet bewegt sich zum Eisen, der Strohhalm zum Bernstein,[84] und schließlich *sucht jedes Ding sein Gleiches und flieht das Gegenteil.*[85] All das geschieht aus dem hinreichenden *inneren* Prinzip, das die Dinge auf natürliche Weise in Bewegung bringt, und nicht aus einem *äußeren* Prinzip, das immer dann wirksam ist, wenn die Dinge gegen ihre eigene Natur oder unabhängig von ihr bewegt werden. So bewegen sich auch die Erde und die anderen Gestirne ihrer verschiedenen Lage entsprechend aus dem inneren Prinzip, welches ihre eigene Seele ist.[86]

Die Unendlichkeit des Raumes ohne ausgezeichnete Richtungen und die aus *inneren Seelenkräften* stammende Dynamik der Sterne machen Aristoteles' kristalline „Sphären" als Stützen und Beweger der Himmelskörper überflüssig:[87] Diese „Sphären" – und damit auch Kopernikus' welteinschließende Kugelschale („eine alberne Vorstellung", so Bruno[88]) – landen auf dem Müll.[89]

Bruno hatte dem „vulgären Glauben an eine sogenannte fünfte Essenz"[90] den Garaus gemacht. Die Sterne sind keine aristokratischen Sonderwesen aus hochedlem Äther, sie bestehen vielmehr aus eben denselben Stoffen wie unsere Erde, und auf ihnen herrschen dieselben Naturgesetze wie bei uns; das ist seine „Lehre von der Universalität der irdischen Gesetze auf allen Welten und der Gleichheit der kosmischen Stoffe".[91] Wie eine Marseillaise der Philosophie tönt Brunos Satz: „Folglich ist jene ganze schöne Stufenleiter und Rangordnung in der Natur nur ein alberner Traum und ein Ammenmärchen."[92] Die Natur ist eine *einheitliche* Natur, die Erde ist also nicht länger „der Bodensatz unter den körperlichen Substanzen".[93] Sie wird wieder, was sie bei den

Pythagoreem schon einmal gewesen war: ein *Stern unter Sternen*. „Schau aufwärts zu den leuchtenden Funken, deren jeder eine Welt wie diese ist!"[94] Wohlgemerkt: Das alles ist für Bruno eine Folge der *Unendlichkeit* des Alls.

Eine andere fundamentale Folge dieser kosmischen Unendlichkeit, in der es keine ausgezeichneten, festen Punkte gibt, ist, dass die „Lage" eines Körpers und somit auch dessen „Bewegung" nicht mehr „absolut" (in Bezug auf etwas ewig Festes), sondern nur noch „relativ" (in Bezug auf andere Körper) verstanden werden können:

> [Der Nolaner hält die Welt für unendlich, folglich kann sich für ihn] kein Körper
> im absoluten Mittelpunkt, am äußersten Rand oder dazwischen befinden, da sich
> seine Lage immer nur in Bezug auf andere Körper oder beliebig festgesetzte
> Punkte bestimmen lässt.[95]

Die Sache war strittig. Descartes, *that wonder of man, the grand Secretary of Nature,*[96] fasste sechzig Jahre später Lage und Bewegung der Körper wie Bruno als etwas Relatives auf.[97] Newton hingegen, der Großmeister der Natur, imaginierte weitere zwanzig Jahre später einen „absoluten Raum" und bestimmte Position und Bewegung in Bezug auf die Teile dieses *Raumes*, „nicht aber in Bezug auf die Lage benachbarter Körper".[98] Newton glaubte sogar, die Existenz des absoluten Raumes experimentell bewiesen zu haben. Der Streit zog sich durch die Jahrhunderte, bis er schließlich durch Einstein zugunsten Brunos entschieden wurde.

Newton kommt zur Absolutheit des Raumes, weil für ihn die uns sehr befremdende Gleichung „Gott = Raum" gilt. Deshalb kann er sagen: „Alles wird in [Gott] bewegt und ist in ihm enthalten."[99] Diese „Bewegung" in Gott ist durchaus *kinematisch* gemeint. 1704 nennt Newton den unendlichen absoluten Raum das „Sensorium" Gottes, in dem das „mächtige, ewig lebende Wesen" die Körper bewegt.[100] Gott bewegt die Körper *in sich selbst*, dort – in sich selbst! – weist er jedem Körper in jedem Augenblick seinen Ort zu und weiß deshalb ganz genau, wo jeder Körper sich in jedem Augenblick befindet. Vor Gottes Augen gibt es also eine *absolute* Lage und eine *absolute* Bewegung. Gott ist das Fundament der Newtonschen Physik.

Diese Physikotheologie des Raumes ist freilich nicht Newtons Erfindung, sondern geht zurück auf die jüdische Mystik, die schon im 1. Jahrhundert n. Chr. als Name für Gott das Wort *makôm* (Raum, Ort) gebraucht; der Raum ist gewissermaßen die „Ausdehnung" eines Gottes, der nach den Worten des Psalmisten *allgegenwärtig* ist. Augustinus hat in seinen Jugendtagen ähnlichen Vorstellungen angehangen: „So dachte ich mir auch dich, du Leben meines Lebens, als etwas Gewaltiges allseits durch die unermesslichen Räume hin, du durchdrängest das ganze Weltall und erstrecktest dich außerhalb seiner nach allen Seiten ins unendlich Grenzenlose."[101] Newton ist mit diesen Denkfiguren durch den mystisch beschlagenen Henry More (1614-1687) bekannt geworden, der mit ihm Professor an der Universität Cambridge war und in seinem *Enchiridium metaphysicum* (1672) mit viel Feuer eine Art Vergöttlichung des Raumes betrieben hat. Dass ein solcher Raum unendlich sein muss, versteht sich von selbst, wenn auch aus anderen Gründen als den Brunoschen.

Bruno scheint die alte kabbalistische Gleichung „Gott = Raum" gekannt zu haben. Er lehnt sie ab und wendet sich ausdrücklich gegen die Vorstellung, Gott sei „der Ort aller Dinge" – und zwar mit der mokanten Bemerkung, dann müsse man ihm, Bruno, zuerst einmal verständlich machen, „wieso denn ein unkörperliches und unräumliches Wesen der Ort eines räumlichen Dinges sein soll".[102] Anders als Newton schlägt er damit den Begriff des „absoluten Raumes" in den Wind – und gelangt denn auch nicht zu dem fundamentalen Newtonschen Trägheitsgesetz: „Jeder Körper beharrt in seinem Zustand der Ruhe oder der gleichförmigen geradlinigen Bewegung, wenn er nicht durch einwirkende Kräfte gezwungen wird, seinen Zustand zu ändern." Denn hier müssen „Ruhe" und „Bewegung" als *absolute* Ruhe und *absolute* Bewegung verstanden werden. Wie aber begegnet er nun ohne dieses Gesetz den „Beweisen" gegen die Rotation der Erde, die schon Aristoteles vorgebracht und Kopernikus nie ausgeräumt hatte, z. B. dem berühmten Beweis (in Aristoteles' Worten), „weil die senkrecht nach oben geschleuderten schweren Körper wieder an denselben Punkt zurückfallen, auch wenn die Kraft sie unbegrenzt weit hinaufschleuderte"?[103] (Bei einer Drehung der Erde von West nach Ost müsste ja, fügt Bruno, Aristoteles erläuternd, hinzu, „die Erde den Stein weit im Westen hinter sich zurücklassen".[104]) Hier aber, tadelt Bruno, bedenkt Aristoteles nicht, dass der Wurf „innerhalb der Erde" geschieht; mit der Bewegung der Erde aber ändern sich „alle Verhältnisse der Geradlinigkeit und Schiefe". Er erläutert dies an dem wichtigen Beispiel der Bewegungen auf einem Schiff:

> *Es besteht ein Unterschied zwischen der Bewegung des Schiffes und der Bewegung der Dinge auf dem Schiff.* Wäre das nicht wahr, so würde folgen, dass auf einem fahrenden Schiff niemals jemand etwas von einer Seite geradlinig auf die andere werfen könnte, und es wäre unmöglich, dass einer einen Sprung machen und mit den Füßen dort wieder aufkommen könnte, wo er abgesprungen ist.[105]

Bruno gewinnt als Erster das „Galileische Relativitätsprinzip": Alle mechanischen Vorgänge verlaufen auf einem geradlinig mit konstanter Geschwindigkeit fahrenden Schiff genauso wie auf einem ruhenden. Infolgedessen kann man an solchen Vorgängen gar nicht erkennen, ob das Schiff ruht oder fährt.[106] Und deshalb, meint er, beweist das Aristotelische Wurfexperiment nichts gegen die Bewegung jener Erde, auf der dieses Experiment stattfindet.

„Erstaunt steht man vor der Kühnheit und Radikalität des Brunoschen Denkens", schreibt der bedeutende Wissenschaftshistoriker Alexandre Koyré (1892-1964). Es ist ein Denken, fährt er fort, das „eine veritable Revolution des traditionellen Weltbildes und der physikalischen Realität bewirkt. Unendlichkeit des Universums, Einheit der Natur, [Homogenität] des Raumes, Relativitätsprinzip: Wir sind ganz dicht bei Newton. Der mittelalterliche Kosmos ist zerstört; man kann sagen, dass er im Leeren verschwunden ist. Er hat die Physik des Aristoteles mit sich hinabgerissen und so den Platz freigemacht für eine neue Wissenschaft, die Bruno freilich nicht wird gründen können."[107]

Bruno hat die „neue Wissenschaft" nicht gründen können, weil er zwei Dinge nicht ergriffen hat: die *Mathematisierung* der Physik und das *Trägheitsgesetz*. Galilei wird 1623 mit geradezu missionarischem Eifer verkünden, die Mathematik sei die Sprache, in der das Buch der Natur geschrieben ist; ohne sie könne man dieses große Buch gar nicht lesen, ohne sie irre man in einem dunklen Labyrinth umher.[108] Bruno sagt vierzig Jahre vor diesen prophetischen Worten herablassend, die Mathematiker seien „wie Übersetzer, die lediglich die Worte aus einer Sprache in die andere übertragen. Aber erst die [Naturphilosophen] sind es, die dann tiefer in den Sinn der Worte eindringen."[109] Bruno hat sich denn auch um die Mathematisierung der Natur gar nicht gekümmert. Er, dem die antiken Denker so viel bedeuteten, scheint den „göttlichen Archimedes", den Vater der mathematischen Physik, kaum gekannt zu haben. Das war bei Galilei anders: Was Demokrit für Bruno war, das war Archimedes für Galilei. Das Schicksal, dieser zynische Diavolo, hat es eingefädelt, dass Bruno sich ausgerechnet um den Lehrstuhl für Mathematik an der Universität Padua beworben hat, auf den dann Galilei 1592 berufen wurde.

Verwickelter als bei der Naturmathematisierung liegen die Dinge beim Trägheitsgesetz. Hier könnte man glauben, Bruno habe es zum Greifen nahe vor Augen gehabt. Die eine Hälfte dieser „Magna Charta der Mechanik", ihre „Ruheaussage", hat er mit vollendeter Klarheit ausgesprochen: „Nichts verlässt seinen Ort, wenn es nicht von etwas Gegensätzlichem aus ihm vertrieben wird."[110] Und was die andere Hälfte, die „Bewegungsaussage" anbetrifft: Brunos Raum ist – als Folge seiner *Unendlichkeit* – homogen und gibt also einem Körper keinen Anlass, seine Bewegung zu beschleunigen, zu verlangsamen, zu beenden oder deren Richtung zu ändern. Dieser Raum ist, anders als der Aristotelische, der seiner Endlichkeit wegen ausgezeichnete Orte und Richtungen hat, *bewegungsneutral*. Und mit dieser Bewegungsneutralität des *äußeren* Raumes verbindet sich nun bei Bruno der Gedanke, jede Bewegung entspringe einem „*innerlich* treibenden Prinzip": dem Trieb nämlich, „den gegenwärtigen Zustand zu *erhalten*". Wenige Zeilen später folgen die ziemlich dunklen Worte: Weil das All unendlich sei und kein Außerhalb kenne, hätten die „selbständigen Körper" von allen Seiten dieselbe Beziehung zum Außen; „sie kennen daher keine andere geradlinige Bewegung, als die ihrer eigenen Teile, in Beziehung auf keinen anderen Mittelpunkt als denjenigen des eigenen Ganzen".[111] Darf man aus all dem vermuten, Bruno habe halb geahnt, halb gewusst, dass ein einmal in Bewegung gesetzter Körper aus „Erhaltungsgründen" sich mit gleichbleibender Geschwindigkeit geradlinig weiterbewegt, solange er nicht von außen beeinflusst wird?[112] Auch bei Descartes war es ein „Erhaltungsprinzip", das zur ersten deutlichen Formulierung des Trägheitsgesetzes geführt hat; bei ihm allerdings haben wir es weniger mit einer „*Selbst*erhaltung" zu tun, als vielmehr mit einer „Erhaltung durch *Gott*". Gott, meint Descartes, hat vermöge seiner Allmacht die Materie mitsamt ihrer Bewegung *geschaffen*, und ständig sorgt er nun dafür, dass Materie und Bewegung *erhalten bleiben*. Aus dieser theologischen Meditation ergibt sich ihm ohne Umschweife das erste und wichtigste Gesetz der Natur: „Jedes Ding verharrt in seinem Zustand, solange es nicht durch ein anderes aus ihm herausgezwungen wird." Wenn es ruht, beginnt es nicht von sich aus eine Bewegung; wenn es sich bewegt, hält es nicht von sich aus an, ändert nicht von sich aus seine Geschwindigkeit. Für all das sorgt der erhaltende Gott. Descartes hätte auch mit dem „Prinzip des zureichenden Grundes" operieren können. Das tut der „Erzrationalist" aber nicht. Lieber greift er zu Gott und zu einem animistischen Selbsterhaltungsgedanken: „Die Ruhe ist der Bewegung entgegengesetzt, und dank eines natürlichen Instinkts drängt sich nichts zu seinem Gegenteil oder zu seiner Selbstzerstörung."[113] (Bruno: „Jedes Ding flieht das Gegenteil."[114]) Deutlicher als Bruno sagt er noch, dass alle Körper dazu neigen, ihre Bewegung *geradlinig* fortzusetzen.[115]

Für Aristoteles sind die natürlichen Zahlen 1, 2, 3, … „potential unendlich", will heißen: *Das Zählen hört nie auf*, zu jeder Zahl gibt es eine größere. In Gottes umgreifender, auch das Unendliche bündelnder Zusammenschau, meint Augustinus, schlägt diese potentiale Unendlichkeit aber in eine aktuale um: „Gott kennt alle Zahlen", seine „Kontuition" sieht sie gleichsam in der Totale.[116] Das ist der Ton, den auch Bruno anschlägt: Was uns Menschen als potential-unendlich, als *immerfort wachsend* erscheint, wird im Geist des allmächtigen Gottes zu einer aktual-unendlichen, *vollendeten* Ganzheit. „Gott [kann sich] auch wirklich eine unendliche Ausdehnung und eine unendliche Zahl vorstellen."[117]

Was unendlich sein *kann,* ist von vornherein als ein Unendliches *geschaffen*; eine Größe kann überhaupt nur *potential* unendlich sein dank eines *aktual* unendlichen Reservoirs, aus dem heraus sich ihr Wachsen nährt. Wer anders denkt, sagt dieser glühende Fürsprecher der Allmacht Gottes, denkt zu gering von Gott:

> Nun führt die Behauptung, dass Unendlichkeit nur im Vermögen und in einer bestimmten Sukzession bestehe und nicht in Wirklichkeit, die andre mit sich, das schaffende Vermögen [Gott] könne zwar in zeitlicher Folge unendlich wirken, aber nicht in vollendeter, abschließender Wirklichkeit; denn das Unendliche kann nicht vollendet gedacht werden. Daraus würde sich ergeben, dass die erste Ursache [Gott] nicht ein einfaches, absolutes und einheitliches aktives Vermögen besitzt, sondern ein aktives Vermögen, welchem eine unendliche sukzessive Möglichkeit entspricht und ein andres, dem eine von der Wirklichkeit nicht mehr verschiedene Möglichkeit entspricht.[118]

Aber Bruno geht einen Schritt weiter, einen kühnen Schritt, den vor ihm noch keiner zu gehen gewagt hatte: Mit nicht geringer Hybris lässt er den Menschen, dieses verzwergte *ens finitum* („endliches Wesen") der Scholastik, teilhaben an Gottes Fähigkeit, Unendliches zu begreifen. Einzig sein bäurischer Dialogpartner Burchio sagt entmutigt: „Es ist für meinen Verstand unmöglich, diese Unendlichkeit zu fassen, und mein Magen kann sie nicht verdauen."[119] Bruno hingegen versichert triumphierend: „Man begreift das Unendliche nicht weniger als das Endliche."[120] Noch paradoxer, rücksichtslos paradox: „Das Aristotelische Endliche ist unbekannt, falsch und unmöglich; wohlbekannt, wahr und notwendig hingegen ist das Unendliche."[121] Es ist eine rauschhafte Befreiung aus engen Banden und dunklen Kerkern, die der Mensch durch seinen Aufschwung zum Unendlichen erfährt. Bruno schlägt bisher nie gehörte Töne an:

> Nicht eitel ist daher das Vermögen des Geistes, immer Raum an Raum zu fügen, Masse zur Masse, Einheit zur Einheit, Zahl zur Zahl, mit Hilfe der Wissenschaft, die uns von den Ketten einer so engen Herrschaft erlöst und uns zu freien Bürgern eines so herrlichen Reiches befördert, uns von eingebildeter Armut befreit und mit den unzähligen Reichtümern dieses unermesslichen Raumes, dieses herrlichsten Gefildes, so vieler bewohnter Welten beglückt; so dass weder der täuschende Horizont des irdischen Auges noch die erdichtete Sphäre der Phantasie im ätherischen Gefilde unseren Geist mehr einkerkert unter der Aufsicht eines Pluto und der Gnade eines Zeus. Wir sind entlassen aus der Fürsorge eines so reichen Besitzers und doch so spärlichen, knickerigen und geizigen Gebers und aus der Pflege einer

so fruchtbaren und vielfältig schwangeren und dann doch so dürftig und wenig gebärenden und stiefmütterlichen Natur.[122]

Dem Aristoteles hatte sich aus dem Desaster der Inkommensurabilität die unbegrenzte Teilbarkeit der ausgedehnten Größen ergeben. Diese musste aber, wenn man eine aktual-unendliche Teilung überhaupt als möglich annahm, zu dem aberwitzigen Resultat führen, dass ein Ausgedehntes aus Unausgedehntem, ein Etwas aus Nichtsen besteht. Es war diese Aporie, die Aristoteles schließlich das Aktual-Unendliche mit grimmiger Entschiedenheit verwerfen ließ. Bruno sieht hier keine Schwierigkeiten, weil er die unbegrenzte Teilbarkeit, auch die nur potentiale, energisch ablehnt: „Nur ein Tor kann glauben, die physische Teilung eines endlichen Körpers ließe sich ins Unendliche, sei es aktual oder potential, fortführen."[123] Für ihn, den Demokriteer, besteht alles aus kleinsten Teilchen, aus „Minima", die dem Unterteilen eine natürliche Grenze setzen. Zu diesem Glauben scheint ihn neben der Demokritschen Atomtheorie der Materie auch der arithmetische Atomismus der Pythagoreer gebracht zu haben, dessen Wiederauferstehung wir bei ihm erleben: Wie die Zahl, sagt dieser letzte Hellene in perfekt pythagoreischem Geist, wie die Zahl sich aus *Einheiten* zusammensetzt, so setzt sich alles Seiende aus *Minima* zusammen.[124] Und genau wie die Pythagoreische Schule und die Platonische Akademie gerät er nun in die Fänge einer atomistischen Mathematik. Hart geht er denn auch gegen einen Herausgeber der Euklidischen *Elemente* vor, der (wie schon Aristoteles) wegen der Inkommensurabilität die Atomistik abgelehnt hatte. Bruno hält sich daran, dass seine archaische Theorie der Minima die Inkommensurabilität ein für alle Mal aus der Welt geschafft habe und fordert unbekümmert dazu auf (man glaubt es nicht), sich über die Wiedergeburt der Messbarkeit herzlich zu freuen.[125] Ein prachtvolles Beispiel für die Macht des Vor-Urteils über freie Geister.

Cantor, ich habe es schon gesagt, hat für seine Auffassungen „Berührungspunkte" in der Philosophie Brunos gefunden.[126] Der wichtigste „Berührungspunkt" ist natürlich, dass beide an die Existenz des Aktual-Unendlichen glauben. Und hier muss man nun sehen, dass Cantor nicht nur, wie es einem Mathematiker nahe liegt, an die Existenz aktual unendlich vieler *Gedankendinge* (wie Zahlen, geometrische Figuren usw.) glaubt, nein, seiner „festen Überzeugung nach" gibt es auch, wie bei Bruno, eine „aktual unendliche Zahl der geschaffenen Einzelwesen, sowohl im Weltall wie auch schon auf unserer Erde und, aller Wahrscheinlichkeit nach, selbst in jedem noch so kleinen, ausgedehnten Teil des Raumes, worin ich mit Leibniz ganz übereinstimme".[127] Cantor verweist an dieser Stelle auf Leibnizens Brief vom 16. März 1693 an den französischen Cartesianer Simon Foucher (1644-1696), in dem es heißt:

> Ich bin so sehr für das Aktual-Unendliche, dass ich, statt zuzugeben, die Natur verabscheue es, wie man gemeinhin sagt, dafürhalte, dass sie überall Vorliebe dafür zeigt, um die Vollkommenheiten ihres Schöpfers besser zu zeigen. Daher glaube ich, dass es keinen Teil der Materie gibt, der nicht, ich sage nicht teilbar, sondern tatsächlich geteilt ist und folglich das kleinste Teilchen angesehen werden muss als eine Welt, voll von einer Unendlichkeit verschiedener Geschöpfe.[128]

Emphatischer – und poetischer – drückt Leibniz sich in seiner *Monadologie* aus:

> Der Urheber der Natur aber hat dieses göttliche und unendlich wunderbare Kunstwerk deshalb schaffen können, weil jedes Stück der Materie nicht nur ins Unendliche teilbar ist, wie das die Alten anerkannt haben, sondern überdies wirklich endlos weitergeteilt ist, jeder Teil wieder in Teile, von denen jeder seine eigene Bewegung hat.
> Man sieht daraus, dass es auch im geringsten Teil der Materie noch eine Welt von Geschöpfen, von Lebewesen, Tieren, Entelechien und Seelen gibt.
> Jedes Stück Materie kann gleichsam als ein Garten voller Pflanzen oder als ein Teich voller Fische aufgefasst werden. Aber jeder Zweig der Pflanze, jedes Glied des Tieres, jeder Tropfen seiner Säfte ist wieder ein solcher Garten und ein solcher Teich.
> So gibt es nichts Ödes, nichts Unfruchtbares, nichts Totes im Universum, kein Chaos, keine Verwirrung außer dem Anschein nach.
> Daher kommt es auch, dass es, streng genommen, niemals vollständige Neuerzeugung oder vollkommenen Tod gibt … Was wir Erzeugung nennen, ist nur Entwicklung und Wachstum, wie das, was wir Tod nennen, nur Rückbildung und Schwund ist.[129]

Von Bruno hören wir dieselbe Botschaft (und Cantor hätte sich statt auf Leibniz ebenso gut auf den Nolaner berufen können):

> So ist es mehr als wahrscheinlich (da jedes Ding am Leben teilhat), dass viele, ja ungezählte Einzelwesen nicht nur in uns leben, sondern in allem, was aus einzelnen Teilen zusammengesetzt ist. Und wenn wir sagen, etwas sterbe, so dürfen wir nicht so sehr glauben, dass es vergehe, sondern vielmehr, dass es sich lediglich verwandele, und jene zufällige Zusammensetzung und Einheit aufhöre, deren Bestandteile immer unsterblich bleiben.[130]

Aber Cantors Übereinstimmung mit Bruno reicht noch tiefer hinab: Sie reicht bis in das religiöse Wurzelgeflecht des Denkens. Gott hat eine *unendliche* Welt erschaffen, dessen ist sich Cantor so sicher wie Bruno (auch wenn Thomas von Aquin nichts von dieser Lehre hält[131]), und für das *Infinitum creatum* (das „erschaffene Unendliche") besitzt Cantor einen „vom Gottesbegriff aus[gehenden]" Beweis, der sich nur in der Wortwahl von jenem Argument unterscheidet, mit dem Bruno darlegt, dass Gott gar nicht anders konnte, als eine unendliche Welt zu schaffen. Sein Beweis, teilte Cantor dem Kardinal Johannes Franzelin (1816-1886) am 22. Januar 1886 mit, „schließt zunächst aus der höchsten Vollkommenheit Gottes Wesens auf die Möglichkeit der Schöpfung eines Transfinitum ordinatum, sodann aus seiner Allgüte und Herrlichkeit auf die Notwendigkeit der tatsächlich erfolgten Schöpfung eines Transfinitum".[132] In demselben Brunoschen Geist einer für Gott bestehenden *Notwendigkeit*, eine unendliche Welt zu erschaffen, schrieb er zwei Tage später seinem Mitstreiter Gutberlet, er habe gewichtige Gründe dafür, dass es in der *natura creata* (in der „erschaffenen Natur") das Aktual-Unendliche gebe, Gründe – man glaubt Bruno selbst zu hören –, „die aus der absoluten Omnipotenz Gottes fließen und denen gegenüber jede Negation der Möglichkeit eines [tatsächlich erschaffenen Unendlichen[133]] wie eine Verletzung jenes Attributes der Gottheit erscheint".[134]

Kardinal Franzelin tadelte freilich schon am 26. Januar 1886[135] die rasche Theologie des Mathematikers: Zwar könne man aus dem Begriff von Gottes Allmacht durchaus auf die *Möglichkeit* eines Transfinitum schließen (falls, schränkte der Gottesgelehrte in bester scholastischer Tradition ein, das Transfinitum *actuale* „in sich keinen Widerspruch enthält"), unerlaubt aber sei es, aus Gottes Allgüte und Herrlichkeit die *Notwendigkeit* einer tatsächlich erfolgten Schöpfung des Transfinitum zu deduzieren. Gott unterliege nämlich keiner Notwendigkeit; „die *Freiheit* der Schöpfung [ist] eine ebenso notwendige Vollkommenheit Gottes, wie alle seine anderen Vollkommenheiten".[136] Kardinal Franzelin war hier kurioserweise strenger als es im Falle Bruno die venezianischen und römischen Inquisitoren gewesen sind, die an dem Argument des Nolaners, Gott sei seiner Allmacht wegen *genötigt* gewesen, eine unendliche Welt zu erschaffen, nie Anstoß genommen hatten.

Cantor nahm sich diesen Einwand zu Herzen und ließ es den Kardinal auch wissen.[137] In einem Brief vom 28. Februar 1886 an den Mediziner Prof. Eulenburg vermischte er die neue Erkenntnis mit seinem alten Brunoschen Glaubensgut: Er sprach davon, dass das Transfinite auch in der Welt des Geschaffenen zur Existenz gelangt, „um die Herrlichkeit des Schöpfers, *nach dessen absolut freiem Ratschluss,* stärker zum Ausdruck zu bringen, als es durch eine bloß ‚endliche Welt' hätte geschehen können".[138] Wie hatte doch Bruno geschrieben? „Wenn überhaupt das unendliche Vermögen ein körperliches und räumliches Sein schafft, so muss letzteres auch notwendig unendlich sein: Andernfalls würde man der Natur und Würdigkeit dessen, der schaffen kann, … nicht gerecht werden."[139]

Sowohl Bruno als auch Cantor mussten auf die Frage stoßen, wie das „erschaffene Unendliche" im innerweltlichen Raum sich verhält zu dem Unendlichen „in dem außerweltlichen, ewigen, allmächtigen Gott" (Cantor[140]). Dieses Unendliche in Gott nennt Cantor in sakralem Ton das „Absolute", das „seiner Natur nach *unterschiedslose höchste Eine*", das „absolute Maximum".[141] Gerade weil er, Cantor, im Unendlichen genau beschreibbare Abstufungen, genau fixierbare Größenunterschiede entdeckt hatte (davon später mehr), wurde ihm die Frage nach dem Verhältnis der unendlich vielen wohlunterschiedenen Unendlichkeiten hienieden zu dem einen Unendlichen in Gott besonders dringend. In dem schon erwähnten Brief an Prof. Eulenburg vom 28. Februar 1886 schrieb er dazu:

> Das *Transfinite* mit seiner Fülle von Gestaltungen und Gestalten weist mit Notwendigkeit auf ein *Absolutes* hin, auf das „wahrhaft Unendliche", an dessen Größe keinerlei Hinzufügung oder Abnahme statthaben kann und welches daher quantitativ als *absolutes* Maximum anzusehen ist. Letzteres übersteigt gewissermaßen die menschliche Fassungskraft und entzieht sich namentlich mathematischer Determination; wogegen das *Transfinite* nicht nur das weite Gebiet des Möglichen in Gottes Erkenntnis erfüllt, sondern auch ein reiches, stets zunehmendes Feld idealer Forschung darbietet …[142]

Bruno kannte natürlich noch nicht Cantors revolutionäre Entdeckung verschieden großer Unendlichkeiten, seine Unendlichkeit war die des unendlichen Alls mit seinen unendlich vielen Welten, und diese Unendlichkeit des Alls hob er von der Unendlichkeit Gottes mit Worten ab, die stark an Cantor erinnern, weil sie aus ein und demselben Unendlichkeitsempfinden herrühren:

> Ich nenne das All als Ganzes unendlich, weil es ohne Rand ist, keine Schranke, keine Oberfläche hat; ich sage aber: Das All ist nicht absolut und völlig unendlich, weil jeder Teil, den wir von ihm erfassen können, begrenzt und jede einzelne der unzähligen Welten, die es in sich begreift, begrenzt ist. Ich nenne Gott in seiner Ganzheit unendlich, weil er jegliche Grenze von sich ausschließt und jedes seiner Attribute einzig und unendlich ist, und ich nenne Gott absolut und völlig unendlich, weil er überall ganz ist, in der ganzen Welt und in jedem ihrer Teile unendlich und völlig allgegenwärtig ist.[143]

So viel zu den „Berührungspunkten" zwischen Cantor und Bruno. Sie sind keine „Berührungspunkte", sondern tiefwurzelnde Übereinstimmungen im Denken der beiden Männer, jeder von ihnen ein „Ketzer" eigener Art.

---

[1] William Gilbert: De magnete, Vorwort.

[2] Georg Cantor: Ges. Abh., S. 205.

[3] Giordano Bruno: Das Aschermittwochsmahl, übers. von Ferdinand Fellmann, eingel. von Hans Blumenberg, Frankfurt am Main 1981, S. 77f.

[4] Giordano Bruno: Aschermittwochsmahl, a. a. O. S. 96.

[5] Giordano Bruno: Zwiegespräche vom unendlichen All und den Welten, übers. von Ludwig Uhlenbeck, Darmstadt 1980, S. 114; Hervorhebung von mir. Auf dieses Werk wird hinfort kurz verwiesen mit „Zwiegespräche".

[6] Vincenzo Spampanato: Documenti della vita di Giordano Bruno, Firenze 1933, S. 59.

[7] Vincenzo Spampanato: Documenti, a. a. O., S. 169. (*Deinde fuit admonitus ad relinquendum huiusmodi eius vanitates diversorum mundorum…*).

[8] Vincenzo Spampanato: Documenti, a. a. O., S. 59.

[9] Giordano Bruno: Aschermittwochsmahl, a. a. O. S. 121.

[10] Vincenzo Spampanato: Documenti, a. a. O., S. 74f.

[11] Das traurige Schicksal der „Akte Bruno" stellt Hans Blumenberg in seiner Einleitung zum *Aschermittwochsmahl* dar (a. a. O. S. 55f.). Unsere Hauptquelle ist das *Sommario del processo di Giordano Bruno,* hrsg. von Angelo Mercati in *Studii e testi,* No. 101, Città del Vaticano, 1940. Vgl. auch Dorothea W. Singer: Giordano Bruno, Henry Schuman, Inc. 1950, S. 158-180; Jochen Kirchhoff: Giordano Bruno, Hamburg 1980, S. 21-23, 49-53.

[12] Giordano Bruno: Aschermittwochsmahl, a. a. O. S. 103.

[13] Vincenzo Spampanato: Documenti, a. a. O., S. 202.

[14] Giordano Bruno: De immenso et innumerabilibus (1591).

[15] Giordano Bruno: Zwiegespäche vom unendlichen All und den Welten, übers. und erläutert von Ludwig Kuhlenbeck, Neuausgabe Darmstadt 1980, S. 81f. Auf diese Ausgabe wird hinfort kurz verwiesen mit „Giordano Bruno: Zwiegespräche".

[16] Giordano Bruno: Zwiegespräche, a. a. O. S. 111f. und 161.

[17] Die Zitate stammen aus Giordano Bruno: Zwiegespräche, a. a. O. S. 8-10.

[18] Giordano Bruno: Zwiegespräche, a. a. O., S. 38f.

[19] Vincenzo Spampanato: Documenti, a. a. O., S. 93.

[20] [21] Alan Guth: Die Geburt des Kosmos aus dem Nichts. München 1999, S. 41.

[22] Immanuel Kant: Allgemeine Naturgeschichte und Theorie des Himmels, zweiter Teil, siebtes Hauptstück.

[23] Giordano Bruno: Aschermittwochsmahl, a. a. O., S. 153.

[24] Giordano Bruno: Zwiegespräche, a. a. O., S. 162.

[25] Giordano Bruno: Zwiegespräche, a. a. O., S. 84.

[26] Giordano Bruno: Zwiegespräche, a. a. O., S. 91f.

[27] Lukrez: Von der Natur II, 1048-1057, 1067-1072.

[28] Giordano Bruno: Zwiegespräche, a. a. O., S. 112.

[29] Giordano Bruno: Zwiegespräche, a. a. O., S. 12.

[30] Giordano Bruno: Zwiegespräche, a. a. O., S. 16 und S. 131.

[31] Giordano Bruno: Zwiegespräche, a. a. O., S. 55f.

[32] Giordano Bruno: Zwiegespräche, a. a. O., S. 77.

[33] Giordano Bruno: Zwiegespräche, a. a. O., S. 112f.

[34] Giordano Bruno: Zwiegespräche, a. a. O., S. 22.

[35] Giordano Bruno: Zwiegespräche, a. a. O., S. 118; Das Aschermittwochsmahl, a. a. O., S. 185.

[36] Im Artikel *Jordano Bruno* im 8. Band (1765) der *Encyclopédie*.

[37] Giordano Bruno: Zwiegespräche, a. a. O., S. 154.

[38] Giordano Bruno: Zwiegespräche, a. a. O., S. 53.

[39] Giordano Bruno: Zwiegespräche, a. a. O., S. 7f.

[40] Giordano Bruno: Zwiegespräche, a. a. O., S. 9.

[41] Giordano Bruno: Aschermittwochsmahl, S. 153; vgl. auch S. 180f. Die (unendliche) Welt, heißt es dort, bilde „die unendliche Materie der wirkenden unendlichen Macht Gottes".

[42] Giordano Bruno: Aschermittwochsmahl, a. a. O., S. 154.

[43] Giordano Bruno: Aschermittwochsmahl, a. a. O., S. 43.

[44] Die erste Fixsternparallaxe wurde tatsächlich erst 1838 bestimmt.

[45] Galileo Galilei: Dialog über die beiden hauptsächlichsten Weltsysteme, übers. von Emil Strauss, Neuausgabe Stuttgart 1982, S. 387. Auf diese Ausgabe wird hinfort kurz verwiesen mit „Galilei: Dialog".

[46] Nicolaus Copernicus: Über die Umläufe der Himmelskreise I, 6, übers. von Hans Günter Zekl.

[47] Nicolaus Copernicus: Über die Umläufe der Himmelskreise I, 6, übers. von Hans Günter Zekl (in: Nicolaus Copernicus: Das neue Weltbild, Hamburg 1990). Auf diese Ausgabe wird hinfort kurz verwiesen mit „Copernicus: Umläufe".

[48] Copernicus: Umläufe I, 8, a. a. O.

[49] „Die Welt ist kugelförmig", so die Überschrift des ersten Kapitels im ersten Buch seines Hauptwerks „Umläufe".

[50] Zitiert nach Dorothea Singer: Giordano Bruno. His Life and Thought. Henry Schuman, Inc., 1950. S. 65f.

[51] Copernicus: Umläufe I, 10, a. a. O.

[52] Giordano Bruno: Aschermittwochmahl, S. 152.

[53] Giordano Bruno: Aschermittwochsmahl, a. a. O.,S. 87f.

[54] Mt 3, 3.

[55] Giordano Bruno: Aschermittwochsmahl, a. a. O. S. 85.

[56] Giordano Bruno: Aschermittwochsmahl, a. a. O., S. 89f.

[57] Gemeint sind die Sphären der Aristotelischen Kosmologie (vermehrt um später hinzugefügte), an denen die Planeten und Fixsterne gewissermaßen angenagelt sind und durch deren Bewegungen sie selbst bewegt werden.

[58] Giordano Bruno: Aschermittwochmahl, S. 91ff.

[59] Giordano Bruno: Aschermittwochsmahl, a. a. O.. S. 177.

[60] Jakob Brucker: Kurtze Fragen aus der Philosophischen Historie, Ulm 1731-1736; zitiert nach der Einleitung von Hans Blumenberg zum Aschermittwochsmahl, S. 25f.

[61] Gott ist „negativ unendlich", da er jede Grenze negiert; die Welt ist „privativ unendlich", da es ihr an Stoff fehlt, der sie vergrößern könnte. Es sind dies Begriffsbildungen der Scholastik.

[62] Nikolaus von Kues: De docta ignorantia II, Cap. I, 97, übers. von Paul Wilpert, Hamburg 1977.

[63] Nikolaus von Kues: De docta ignorantia II, Cap. XI, 156, a. a. O.

[64] Nikolaus von Kues: De docta ignorantia II, Cap. XII, 16, a. a. O.

[65] Buch der Weisheit 11, 20.

[66] Nikolaus von Kues: Idiota de mente, Cap. IX, 119, übers. von Renate Steiger, Hamburg 1995.

[67] Giordano Bruno: Zwiegespräche, a. a. O., S. 149.

[68] Giordano Bruno: Zwiegespräche, a. a. O., S. 19.

[69] Giordano Bruno: Aschermittwochsmahl, a. a. O., S. 151; s. auch Zwiegespräche, S. 92.

[70] Nikolaus von Kues: De docta ignorantia II, Cap. XII, 164. Diese Ansicht findet sich z. B. bei Thomas von Aquin: De caelo XIII 20, 7.

[71] Galileo Galilei: Sidereus Nuncius, hrsg. von Hans Blumenberg, suhrkamp taschenbuch wissenschaft 337, Frankfurt/M. 1980, S. 105.

[72] Nikolaus von Kues: De docta ignorantia II, Cap. XII, 164, a. a. O.

[73] Aristoteles: Vom Himmel 288a.

[74] Giordano Bruno: Aschermittwochsmahl, a. a. O., S. 25.

[75] Giordano Bruno: Zwiegespräche, a. a. O., S. 93.

[76] Giordano Bruno ironisch „Eine der schönsten Früchte, die der Baum stumpfsinniger Unwissenheit jemals getragen hat." Zwiegespräche, a. a. O., S. 63.

[77] Giordano Bruno: Zwiegespräche, a. a. O., S. 155; s. auch Giordano Bruno: Acrotismus, art. LIII, S. 169: Mitto quod, cum infinita sint mundana corpora et infinita mundi dimensio, nec deorsum esse poterit, neque medium, neque sursum.

[78] Jakob Brucker: Kurtze Fragen, zitiert nach der Einleitung von Hans Blumenberg zum Aschermittwochsmahl, a. a. O., S. 32.

[79] Giordano Bruno: Zwiegespräche, a. a. O. S. 67.

[80] Giordano Bruno: Acrotismus, art. XXXIV, S. 134: *Vacuum est, a quo corpora recipiuntur, et in quo corpora continentur.*

[81] Giordano Bruno: Acrotismus, art. XXXV, S. 136: *Non necessarium est moveri in instanti quod movetur per vacuum.*

[82] Giordano Bruno: Acrotismus, art. XXIII, S. 120: *Infinitum, quia infinitum, maxime non nutat, non trepidat; infinitas enim est maxima immobilitatis ratio.*

[83] Giordano Bruno: Zwiegespräche, a. a. O., S. 47.

[84] Giordano Bruno: Zwiegespräche, S. 48. Auf S. 84 heißt es: „Denn die Welt ist ein beseelter Körper."

[85] Schon Thales hatte deswegen dem Magneten und dem Bernstein eine „Seele" zugeschrieben. Vg. Diogenes Laertios I, 24.

[86] Dieser Gedanke geht auf Demokrit zurück. Vgl. Demokrit A 38 (Simplikios): „Es liege nämlich in der Natur des Gleichen, vom Gleichen in Bewegung gesetzt zu werden, wie ja das Verwandte zueinander eile."

[87] Giordano Bruno: Aschermittwochsmahl, a. a. O., S. 157f. Hervorhebungen von mir; s. auch Zwiegespräche, S. 47, 151 und 168. Die Erde und alle anderen Weltkörper sind für Bruno „Lebewesen" (Zwiegespräche, S. 101).

[88] Giordano Bruno: Zwiegespräche, a. a. O., S. 153.

[89] Giordano Bruno: Zwiegespräche, a. a. O., S. 83

[90] Giordano Bruno: Zwiegespräche, a. a. O., S. 47; s. auch S. 152.

[91] Giordano Bruno: Zwiegespräche, a. a. O., S. 167.

[92] Giordano Bruno: Zwiegespräche, a. a. O., S. 99, 112 und 167.

[93] Giordano Bruno: Zwiegespräche, a. a. O, S. 14.

[94] Giordano Bruno: Aschermittwochsmahl, a. a. O., S. 92. Das hatte schon Nikolaus von Kues gesagt: De docta ignorantia II, Cap. XII, 164.

[95] Giordano Bruno: Zwiegespräche, a. a. O., S. 161.

[96] Giordano Bruno: Aschermittwochsmahl, a. a. O., S. 152; s. auch Zwiegespräche, S. 128f.

[97] Joseph Glanvill: The Vanity of Dogmatizing, London 1661, Nachdruck Hildesheim 1970, S. 28 und 211.

[98] René Descartes: Principia phil. II, § 25.

[99] Isaac Newton: De gravitatione et aequipondio fluidorum, in A. Rupert Hall and Martin Boas Hall (ed.): Unpublished Scientific Papers of Isaac Newton, Cambridge University Press 1962, dort S. 91f. Auf diese Ausgabe wird hinfort kurz verwiesen mit „Newton: De gravitatione. Vgl. ferner Newton: De la gravitation, übers. von François de Grandt, Paris 1995, dort S. 113. Auf diese Ausgabe wird hinfort kurz verwiesen mit „Newton: De la gravitation".

[100] Isaac Newton: Mathematische Prinzipien der Naturlehre, übers. und hrsg. von J. Ph. Wolfers, Neusausgabe Darmstadt 1963, S. 509f.

[101] Isaac Newton: Optik, übers. von William Abendroth, II. und III. Buch, Leipzig 1898, S. 145 (in „Frage 31").

[102] Augustinus: Bekenntnisse VII, 1.

[103] Giordano Bruno: Zwiegespräche, a. a. O., S. 30. Die Diskussion geht hier nicht nur, wie man zunächst meinen könnte, um Aristoteles' „unbewegten Beweger" an der Außenseite der Fixsternsphäre, sondern um Gott als Raum (was er bei Aristoteles nicht war).

[104] Aristoteles: Vom Himmel 296b.

[105] Giordano Bruno: Aschermittwochsmahl, a. a. O., S. 164.

[106] Giordano Bruno: Aschermittwochsmahl, a. a. O., S. 164f. Hervorhebung von mir. In diesem Geist hat er schon auf S. 160 das Wolkenargument ausgehebelt, „das in allen Schmökern geschrieben steht": dass alle Wolken scheinbar nach Westen treiben müssten.

[107] Giordano Bruno: „Angenommen, jemand, der nicht wüsste, dass das Wasser fließt, und der das Ufer nicht sieht, befände sich in der Mitte des Wassers auf einem fahrenden Schiffe – er würde keine Wahrnehmung von der Bewegung desselben haben." (Zwiegespräche, S. 97) Galilei: „Lasst das Schiff mit jeder beliebigen Geschwindigkeit sich bewegen: Ihr werdet – wenn nur die Bewegung gleichförmig ist und nicht hier- und dorthin schwankend – bei allen genannten [mechanischen] Erscheinungen nicht die geringste Veränderung eintreten sehen. Aus keiner derselben werdet ihr entnehmen können, ob das Schiff fährt oder stille steht." (Galilei: Dialog, a. a. O., S. 197.) Im *Zweiten Tag* des *Dialogs* hat sich Galilei anhand des Schiffsbeispiels intensiv mit Relativbewegungen beschäftigt; s. etwa in der angegebenen Ausgabe S. 121, S. 151 und den vollen Text auf der schon angeführten S. 197. Das alles liest sich wie Paraphrasen über Brunos Relativitätsprinzip.

[108] Alexandre Koyré: Études galiléennes, Paris 1966, S. 181. Statt „Homogenität des Raumes" schreibt Koyré „Geometrisierung des Raumes, Negierung des Ortes".

[109] Galileo Galilei: Il saggiatore 6.

[110] Giordano Bruno: Aschermittwochsmahl, a. a. O. S. 86.

[111] Giordano Bruno: Zwiegespräche, a. a. O., S. 157.

[112] Giordano Bruno: Zwiegespräche, S. 128f.

[113] Man muss sich dabei freilich vor Augen halten, dass Bruno (wie Platon und Aristoteles) nicht in der geradlinigen, sondern in der kreisförmigen Bewegung die „natürliche" Bewegung sieht: „Alles, was sich von Natur bewegt, hat eine Kreisbewegung." (Zwiegespräche, a. a. O. S. 100)

[114] René Descartes: Principia phil. II, §§ 36 und 37.

[115] Giordano Bruno: Aschermittwochsmahl, a. a. O., S. 157.

[116] René Descartes: Principia phil. II, § 39.

[117] Augustinus: Vom Gottesstaat XII, 19.

[118] Giordano Bruno: Zwiegespräche, a. a. O., S. 51.

[119] Giordano Bruno: Zwiegespräche, a. a. O., S. 52.

[120] Giordano Bruno: A. a. O., S. 27

[121] Giordano Bruno: Zwiegespräche, a. a. O., S. 11. Das Unendliche kann freilich kein Gegenstand unserer Sinneswahrnehmung sein (S. 28).

[122] Giordano Bruno: Acrotismus, art. XXVI, S. 122.

[123] Giordano Bruno: Zwiegespräche, a. a. O., S. 23.

[124] Giordano Bruno: Aschermittwochsmahl, a. a. O., S. 148.

[125] Giordano Bruno: De triplici minimo et mensura I, 2. Zitiert nach Jonas Cohn: Geschichte des Unendlichkeitsproblems im abendländischen Denken bis Kant, Leipzig 1896, zweiter Nachdruck Hildesheim/Zürich/New York 1983, S. 66f. S. 105.

[126] Jonas Cohn: Geschichte des Unendlichkeitsproblems, a. a. O., S. 105.

[127] Georg Cantor: Ges. Abh., S. 205.

[128] Georg Cantor: Ges. Abh., S. 399. S. dazu auch die merkwürdige Stelle über „Körpermonaden" und „Äthermonaden" in den Ges. Abh., S. 275f.

[129] Cantors Verweis lautet: „Epistola ad Foucher, t. 2 operum ed. Dutens, p. I pag. 243". Man findet diesen Brief auch in Gottfried Wilhelm Leibniz: Philosophische Schriften, Bd, V/2, Darmstadt 1989, S. 43-45; s. insbes. S. 45. Die zitierte Stelle ist Cantor wichtig; er bringt sie noch einmal (im französischen Urtext) auf S. 179 der Ges. Abh..

[130] Gottfried Wilhelm Leibniz: Monadologie, §§ 65-67, 69, 73. In Leibniz: Die Hauptwerke, zusammengefasst u. übertr. von Gerhard Krüger, 3. Aufl. Stuttgart 1949, S. 145f.

[131] Giordano Bruno: Aschermittwochsmahl, a. a. O., S. 159.

[132] Georg Cantor: Ges. Abh., S. 399.

[133] Georg Cantor: Ges. Abh., S. 400.

[134] Bei Cantor heißt es: *Transfinitum seu Infinitum actuale creatum.*

[135] Georg Cantor: Ges. Abh., S. 396.

[136] Zu dem Datum vgl. Cantor: Ges. Abh., S. 400, Nr. IV.

[137] Georg Cantor: Ges. Abh., S. 386.

[138] Georg Cantor: Ges. Abh., S. 400, Nr. IV.

[139] Georg Cantor: Ges. Abh., S. 406; Hervorhebung von mir.

[140] Giordano Bruno: Zwiegespräche, a. a. O., S. 8.

[141] Georg Cantor: Ges. Abh., S. 372. Cantor schreibt: *in Deo extramundano aeterno omnipotenti.*

[142] Georg Cantor: Ges. Abh., S. 372 und S. 391.

[143] Georg Cantor: Ges. Abh., S. 405f.

[144] Giordano Bruno: Zwiegespräche, a. a. O., S. 41.

15. Kepler und Galilei
oder
Die Scheu der Revolutionäre vor dem Unendlichen

> Diese Vorstellung [eines unendlichen Alls mit unendlich vielen Welten] führt, ich weiß nicht wie, einen geheimen Schauder mit sich.
>
> JOHANNES KEPLER

> Die Abgründe, die unermesslichen, des Weltalls.
>
> GALILEO GALILEI

In den Jahren nach Brunos Tod geschah im Himmel und auf Erden Umwälzendes.

Genau im Todesjahr Brunos veröffentlichte William Gilbert sein epochales Buch *De magnete* („Über den Magneten"), mit dem die Epoche der strengen empirischen Forschung in den Naturwissenschaften beginnt. (Galilei: „Ich lobe, bewundere und beneide diesen Mann aufs höchste."[1]) Im letzten Teil (Buch VI) wirft Gilbert einen Blick auf das Kopernikanische Planetensystem. So wenig wie Kopernikus glaubt er, dass die „Fixsternsphäre" sich um die Erde dreht. Der Eindruck einer solchen Drehung, meint er, werde durch die Achsenrotation der Erde hervorgerufen, und er versucht nun, für sie eine *magnetische* Erklärung zu geben. (So also kommt Kopernikus in ein Buch über Magnetismus.) Gilbert glaubt aber, anders als Kopernikus, nicht an eine „Sphäre", die alle Fixsterne trägt; die Fixsterne, meint er, befinden sich vielmehr in sehr verschiedenen Entfernungen von der Erde, und diese Entfernungen sind so unermesslich groß, dass der Gedanke einfach absurd ist, sie würden sich den Jux machen, ausgerechnet um unseren Liliputplaneten zu kreisen. Gilbert scheint Bruno (auf jeden Fall aber Brunos Gedanken) gekannt zu haben; der Nolaner war ja vom Frühjahr 1583 bis zum Herbst 1585 als Gast des französischen Botschafters in London und frequentierte auch den königlichen Hof (Gilbert war Leibarzt der Königin Elisabeth I.). Brunos Streitgespräche mit den *Doctores* von Oxford werden Gilbert gefallen haben, denn der Brite zog nicht weniger polemisch als der Italiener gegen die Peripatetiker zu Felde („höchst dümmliche Verderber der Wissenschaften, gelehrte Clowns"[2]). Im letzten Teil von *De magnete* malt er wie ein zweiter Bruno mit gewaltigen Pinselstrichen sein Bild des Kosmos:

> Welcher Genius hat jemals die Sterne, die wir Fixsterne nennen, in ein und derselben Sphäre gefunden, oder hat jemals rational bewiesen, dass es solche extrem harten Sphären überhaupt gibt? Niemand hat dies jemals dargelegt. Und wie die

Planeten verschiedene Abstände von der Erde haben, so sind auch ohne Zweifel die mächtigen und zahlreichen [himmlischen] Lichter in ganz verschiedenen Höhen und in überaus großen Abständen von der Erde angeordnet; sie sind nicht in einer Kugelschale oder einem *firmamentum* [= Befestigungsmittel, Stütze] oder einem Gewölbe untergebracht ... Wir dürfen glauben, dass wir sie [wegen ihrer unvorstellbar großen Entfernung] niemals alle mit unseren Augen sehen werden. Wie unermesslich muss also der Raum zwischen uns und den fernsten Fixsternen sein! Wie gewaltig und unermesslich müsste die Ausdehnung jener imaginären Sphäre sein, an der sie angeblich befestigt sein sollen! Die entferntesten Sterne sind jenseits der Reichweite unseres Auges, unserer Mittel, unseres Denkens. Wie absurd ist also die [angebliche] Bewegung [der angeblichen Fixsternsphäre].[3]

Sechs Jahre nach dem Erscheinen dieser Sätze meinte Johannes Kepler (1571-1630), Gilberts religiöse Gefühle seien so stark gewesen, dass ihm die Unendlichkeit der Welt die notwendige Wirkung der unendlichen Macht Gottes gewesen sei.[4] Gilbert hat wie Bruno empfunden.

Nun aber ist nichts merkwürdiger, als dass ausgerechnet der tiefreligiöse Kepler, anders als Gilbert, den Schluss des „unglücklichen Jordanus Brunus"[5] von der *unendlichen* Schöpfungskraft auf die *unendliche* Schöpfung nicht nachvollzieht. Im Gegenteil: Entschieden verwirft der große astronomische Revolutionär, der Vollender der Kopernikanischen Wende, Brunos revolutionäre Unendlichkeit der Welt.

Kepler war sehr nachdrücklich auf die Frage gestoßen worden, ob die Welt endlich oder unendlich sei. Am 11. Oktober 1604, frühmorgens in Prag, meldete ein aufgelöster Beamter dem *kaiserlichen Mathematicus,* er habe einen neuen, wunderbar hell strahlenden Stern gesehen, der (so Kepler), seine Farben „wie ein köstlicher Diamant von vielen eckhen [wirft]"[6] – mehr noch: Der Stern stünde ausgerechnet bei den drei oberen Planeten Saturn, Jupiter und Mars, die sich in der seltenen und deshalb vielbedeutenden Großen Konjunktion zusammengefunden hätten. Jedem war klar, dass der „neue Stern" (was wir Abgebrühten heute ohne Erregung eine Nova nennen) nachdrücklich auf bevorstehende Umwälzungen hinwies. Aber auf welche? Auf einen Weltbrand, auf die Zerstörung des Türkenreiches, auf einen gewaltigen Umsturz in Europa, auf eine allgemeine Auswanderung nach Amerika, vielleicht sogar auf die längst überfällige Wiederkehr Christi? Und wo eigentlich kam der neue Stern her? Bei der Beantwortung dieser Frage war Brunos Spekulation über die Unendlichkeit der Welt zum ersten Mal von praktischem Nutzen. Viele nämlich meinen, schreibt Kepler, der neue Stern (*stella nova*) sei langsam, langsam herabgestiegen aus dem „tiefsten Schoß der Natur", aus einem Weltraum, der sich unendlich hoch [*in infinitam altitudinem*] erstrecke, bis sie (die *stella nova*) „nach den Gesetzen der Optik" endlich sichtbar geworden sei; und nun steige sie wieder auf in eine unendliche Höhe, erscheine dem Auge immer kleiner und kleiner und verschwinde schließlich in den unermesslichen Weiten des Kosmos.[7]

Dieser infinitistischen Lesart kann Kepler freilich nichts abgewinnen; 1606 weist er sie in seiner Schrift *De nova stella in pede Serpentarii* aufs bestimmteste zurück. Für ihn ist die Welt, was sie schon für Aristoteles und Kopernikus gewesen war: eine *endliche* Welt, umgeben („wie von einer Mauer oder einem Gewölbe") von der Fixsternsphäre.[8] Bruno hat diese kosmologische

Sicht in seiner draufgängerischen Art einen Pöbelglauben genannt.[9] Umgekehrt will Kepler mit dem unendlichen Universum Brunos rein gar nichts zu tun haben, mag es auch in Brunos und Gilberts Augen noch so sehr die unendliche Kraft Gottes bezeugen. Die Unendlichkeit, die den Nolaner befeuert und beschwingt, deprimiert und verunsichert und verängstigt den Schwaben:

> Diese Vorstellung [eines unendlichen Alls mit unendlich vielen Welten] führt, ich weiß nicht wie, einen geheimen Schauder mit sich. Fürwahr: Man findet sich herumirrend in dieser Unermesslichkeit, der Grenzen und Mitte und ebendeshalb auch wohldefinierte Orte versagt sind.[10]

Kepler kann jedoch gegen Brunos Infinitismus nicht nur einen „geheimen Schauder" anführen und nicht nur die Warnung, es sei nicht gut für den Wanderer, sich in dieser Unendlichkeit zu verlieren.[11] Er kann gegen des Italieners unendlichkeitsseligen Schöpfergott einen mathematikseligen Ordnungsgott ins Feld führen und für einen Widerspruchsbeweis benutzen. Kepler sieht nämlich, wie der Nolaner, dass eine *unendliche* Welt notwendigerweise eine *homogene* Welt ohne wohldefinierte, ohne *aufweisbare* Orte ist. Selbst Gott (das sagt Kepler aber nicht, das würde er nie sagen!), selbst Gott kommt mit dieser Ort-losigkeit nicht zurecht. Keinem Fixstern kann er befehlen: „Situiere dich an dieser oder jener Stelle!", denn die „Stelle" kann in einer Welt ohne aufweisbare Stellen selbst der Allmächtige nicht angeben. Er kann es in einer *endlichen* Welt, und deshalb kann er in einer solchen die Sterne nach Willen und Willkür, nach Lust und Laune platzieren. In einer *unendlichen* Welt aber bleibt ihm nur eines übrig, falls er überhaupt Wert auf Ordnung legt (und Keplers Gott, ein hochkarätiger Mathematiker, legt auf Ordnung allergrößten Wert): Er muss die Sterne *gleichmäßig* verteilen. Aus der *gleichmäßigen* Verteilung aber folgt, dass der Kosmos den Beobachtern auf allen Sternen ein und denselben Anblick bietet. (Diese Aussage ist heute Teil des sogenannten „kosmologischen Prinzips".) In Wirklichkeit, meint Kepler, ist das jedoch keineswegs der Fall. Denn der Bereich der Fixsterne ist jedenfalls nach unten [in Richtung Sonnensystem] begrenzt und hat „im innersten Schoß eine auffallende Höhlung, die sich sehr von den Räumen zwischen den Fixsternen unterscheidet ... Allein aus dem Vergleich dieser Leere mit der umgebenden sphärischen Sternregion müsste ein Beobachter schließen, dass dieser Ort etwas Besonderes, ja sogar das Innerste der Welt ist."[12]

Keplers Argument machte Eindruck. In einem Brief vom 21. Juni 1610 schrieb Sir William Lower dem angesehenen Astronomen Thomas Harriot (1560-1621), der mittels seines Teleskops noch vor Galilei die Jupitermonde und die Sonnenflecken entdeckt hatte:

> Wee ... were a consideringe of Kepler's reasons by which he indeauors to ouerthrow Nolanus and Gilberts opinions concerning the immensitie of the spheere of the starres and that opinion particularlie of Nolanus by which he affirmed that the eye beinge placed in anie parte of the universe, the apparence would be still all one as unto us here. When I was a sayinge that although Kepler had sayd somethinge the most that mighte be urged for that opinion of Nolanus, yet of one principall thinge he had not thought.[13]

Die Kopernikanische Revolution hatte die Erde ihres Sonderstatus als Weltmittelpunkt beraubt; es ist, als wolle Kepler nun wenigstens für unser *Sonnensystem* die Ehre retten, das Zentrum des

Alls zu sein. Immer wieder betont er in wechselnden Worten, dass dieser Ort, wo wir uns befinden – die große Aushöhlung mit der Sonne und den sie umkreisenden Planeten – seiner Lage wegen etwas Besonderes [*peculiare*] hat, das nirgendwo sonst zu finden ist.[14] Dem Nolaner wirft er denn auch vor, er habe „unsere Region der beweglichen [Planeten]" zu einer Welt unter unzählig vielen gemacht, zu einer Welt, die sich von den umgebenden Welten kaum unterscheidet.[15] Und dabei kann es ihm halb unbewusst sogar widerfahren, die Erde selbst wieder ins Zentrum zu rücken; etwa wenn er schreibt, dass „dieser Ort, in dessen Mitte die Erde und die Planeten sind, besonders ausgezeichnet ist in Bezug auf alle anderen Orte in der Fixsternregion".[16] Kepler braucht ein *endliches* Universum, weil er einen *Mittelpunkt* braucht, und er braucht einen Mittelpunkt, weil er uns Menschen in der Mitte unterbringen möchte. Argument auf Argument trägt er gegen diejenigen herbei, die im Geiste Brunos und Gilberts „leidenschaftlich die Sache der Unendlichkeit verteidigen".[17] Es sind die alten Argumente, wir kennen sie schon; Kepler überträgt sie nur ins Astronomische. So sagt er etwa, kein *sichtbarer* Fixstern könne unendlich weit von uns entfernt sein, weil er, um gesehen werden zu können, dann auch unendlich groß sein müsste – ein unendlich großer Körper aber ist unmöglich (man hört Aristoteles, auch in den folgenden Worten!), denn jeder Körper hat eine Form, jede Form ist umschrieben durch Begrenzungen, ist also endlich.[18] Auch ein *unsichtbarer* Stern in unendlicher Entfernung müsste nach Kepler unendlich groß sein. Alles in allem sind also keine Sterne „in unendlicher Höhe" vorhanden. Könnte es aber nicht einen *unendlichen* Raum *ohne* Sterne geben? Kepler hält eine Aussage in dieser Richtung für logisch widersprüchlich, hüllt sich aber hier noch in eine gewisse Dunkelheit. Später redet er darüber wie ein neuer Parmenides: Es kann keinen leeren Raum geben, weil ein solcher offensichtlich ein Nichts ist, und ein Nichts nicht existieren kann.[19] Wie steht es mit den *unendlich vielen* Sternen Brunos? Es kann sie nicht geben, andernfalls könnte man sie zu einem unendlich großen Stern zusammenfügen – unendlich große Körper aber gibt es nicht (s. oben). Und nun fährt Kepler fort wie ein „wiedergeborener Pythagoras" (so hat man ihn tatsächlich genannt): „Jede Zahl von Dingen ist endlich aus dem einfachen Grund, weil sie eine Zahl ist."[20] Dieses Argument haben wir schon von Zenon, von Origenes und vom hl. Thomas gehört. Bruno hingegen, der „Verteidiger des Unendlichen" (Kepler), verwirft es in den bestimmtesten Worten und ist dabei, ohne es zu wissen, in bester Gesellschaft, nämlich in der Gesellschaft Cantors.[21]

In seiner tiefsten Gedanken- und Empfindungsschicht glaubt Kepler (anders als Bruno), *der menschliche Geist sei dem Unendlichen nicht gewachsen*. Wir haben schon von seinem „geheimen Schauder" vor dem Unendlichen und von seiner Warnung gehört, sich nicht „in der Unendlichkeit zu verlieren". Wenige Seiten später schreibt er: „Ein unendlicher Körper kann gedanklich nicht begriffen werden. Denn die Begriffe des Geistes über das Unendliche zielen entweder auf die Bedeutung des Wortes *unendlich* oder auf etwas, das alles erdenkliche numerische, taktile, visuelle Maß überschreitet: auf etwas also, das nicht beständig und aktual unendlich ist, da ja ein unendliches Maß niemals gedacht werden kann."[22] Dreizehn Jahre später sagt er dasselbe mit etwas anderen Worten: „Was begrenzt, umschlossen und figuriert ist, das kann durch den Verstand erfasst werden. Das Unbegrenzte und Unendliche dagegen lässt sich ... in keiner Weise durch die Schranken einer durch Definitionen zu gewinnenden Erkenntnis oder einer geometrischen Konstruktion einschließen."[23] Im Feld des Unendlichen ist der astronomische Revolutionär Kepler ein stockkonservativer Aristoteliker.

Im Spätherbst des Jahres 1609 richtete der fünfundvierzigjährige Galileo Galilei (1564-1642), ein bislang wenig bekannter Professor für Mathematik an der Universität Padua, ein selbstgebautes „Augenrohr" (*cannochiale*) gegen den Himmel – und erlebte schlagartig eine ganze Serie von Umwälzungen der überkommenen Kosmologie. Schon im März 1610 ließ er die Welt an seinen unerhörten Entdeckungen teilhaben: Er brachte ein schmales Buch heraus mit dem Titel *Sidereus Nuncius*, „Botschaft von den Sternen" (oder auch, den Autor besser ins Rampenlicht rückend, „Sternenbotschafter"). Das Bändchen war seine erste wissenschaftliche Publikation, aber sie machte den Nobody über Nacht zum Einstein seiner Zeit. Mit massiver Selbstreklame hatte er diesen Prozess in Gang gebracht und vorangetrieben: „Große Dinge", so die Eingangsfanfare des *Sidereus Nuncius*, „große Dinge lege ich in dieser kleinen Abhandlung den Naturforschern zur Untersuchung und Betrachtung vor." Und weiter in hohem Ton:

> Es ist wirklich etwas Großes, zu der zahlreichen Menge von Fixsternen, die mit unserem natürlichen Vermögen bis zum heutigen Tag wahrgenommen werden konnten, unzählige andere hinzuzufügen und offen vor Augen zu stellen, die vorher niemals gesehen worden sind und die der alten und bekannten um mehr als die zehnfache Menge übersteigen.[24]

Galilei ist überwältigt von der „fast unglaublich großen Anzahl weiterer Sterne", von ihrer „fast unvorstellbaren Menge". Die Milchstraße erkennt er als eine „Ansammlung von unzähligen, in Haufen gruppierten Sternen. Auf welchen ihrer Abschnitte man nämlich das Fernrohr auch richten mag, sogleich zeigt sich dem Blick eine ungeheure Menge von Sternen, von denen mehrere ziemlich groß und sehr auffallend sind; die Anzahl der kleinen jedoch ist schlechthin unerforschlich."[25] Es ist, als sei Brunos Vision von den unendlich vielen Welten nun im Himmel über Padua Wirklichkeit geworden.

Damit nicht genug, der hohe Ton wird noch höher:

> Was aber alles Erstaunen weit übertrifft und was mich hauptsächlich veranlasst hat, alle Astronomen und Philosophen zu unterrichten, ist die Tatsache, dass ich vier Wandelsterne gefunden habe, die keinem unserer Vorfahren bekannt gewesen und von keinem beobachtet worden sind. Sie kreisen um [den Jupiter], wie Venus und Merkur um die Sonne.[26]

Noch vor dem Erscheinen des *Sidereus Nuncius* hatte Kepler widersprüchliche Gerüchte über Galileis neue „Wandelsterne" gehört. Die einen hielten sie für Planeten, die um die Sonne, die anderen für „Monde", die um Planeten kreisen; Keplers Freund Matthias Wacker (1550-1619) vermutete, sie seien Planeten, die sich um gewisse Fixsterne drehen, und meinte kühn, wenn es *vier* neue Planeten gäbe, ja, dann könnten wohl auch *unendlich viele* vorhanden sein. Das lag entschieden in der Richtung des Brunoschen Denkens. Und Kepler schrieb denn auch (gewiss mit Unbehagen), dass uns bei dieser Lage der Dinge nichts hindern könnte zu glauben, dass später zahllose andere [Fixsternplaneten] entdeckt würden und dass entweder diese unsere Welt unendlich ist, wie Melissos [ein Schüler des Parmenides] und der Verfasser der magnetischen Philosophie, William Gilbert, annahmen, oder dass es eine Unendlichkeit von Welten und Erden gibt, wie Demokrit und Leukipp und (bei den Modernen) Bruno, Brutus[27] und Wacker und möglicherweise auch Galilei glauben.[28]

Angesichts seiner teleskopischen Entdeckung der Überfülle im Himmel muss es für Galilei tatsächlich eine fast unwiderstehliche Versuchung gewesen sein, an eine „Unendlichkeit von Welten und Erden" zu glauben. Sollte er es getan haben, so hat er sich virtuos darüber ausgeschwiegen. Selbst Brunos bloßer Name kommt nicht über seine Lippen – niemals und nirgendwo, weder in seinen Schriften noch in seinen Briefen. Galilei kennt das furchtbare Ende des „unglücklichen Exdominikaners" und gehört zu denen, die jedem Scheiterhaufen aus dem Wege gehen. Selbst seine Sympathien für einen unendlichen Weltraum gesteht er nicht unverblümt ein. Er lässt sie nur indirekt durchblicken, indem er ein wenig an Aristoteles' Lehre von einem Mittelpunkt der (endlichen) Welt kratzt – ein klein wenig nur und nicht sehr laut, nicht sehr auffällig: „Wir wissen nicht, wo und ob er überhaupt existiert. Gesetzt auch, er existiere, so ist er nur ein gedachter Punkt, ein Nichts ohne irgendwelche Wirkungsfähigkeit."[29] So lässt Galilei in seinem berühmten *Dialog über die beiden hauptsächlichsten Weltsysteme* (1632), dem er mit Verkündigungen Brunoscher Philosopheme gewiss nicht die kirchliche Druckerlaubnis hätte verschaffen können, sein Sprachrohr Salviati sagen (und etwas später schreibt der große Meister der italienischen Sprache noch einmal in diesem schwankenden Stil):

> Ich könnte mit gutem Grund hier die Streitfrage aufwerfen, ob ein Mittelpunkt [des Universums] in der Natur überhaupt vorhanden ist; denn weder Ihr [der Gesprächspartner Simplicio, ein bekennender Peripatetiker] noch sonst jemand hat je bewiesen, dass die Welt endlich und von bestimmter Gestalt sei und nicht etwa unendlich und unbegrenzt. Ich gestehe Euch jedoch vorläufig zu, dass sie endlich und von einer Kugelfläche begrenzt sei [in Wirklichkeit glaubt er aber nicht an eine feste Fixsternsphäre[30]] und dass sie mithin einen Mittelpunkt besitze.[31]

Simplicio, hartnäckig: „Dass die Welt endlich, begrenzt und kugelförmig sei, beweist Aristoteles hundertfach." Salviati (Galileis Sprachrohr) ironisch: „All diese Beweise aber sind im Grunde immer nur einer und dieser eine keiner."

Wenn Salviati/Galilei sich zwar bedeckt hält und das Weltall nicht geradeheraus „unendlich" nennt, so spricht er doch von seiner „unermesslichen Ausdehnung", von seinen „unermesslichen Abgründen".[32] Und behutsam deutet er an, dass wir armseligen Menschenkinder uns diese Unermesslichkeit eigentlich gar nicht vorstellen können, dass sie (das sagt er aber nur chiffriert!) nur Gottes Allmacht wegen *unendlich* sein muss:

> Wie bei der Auffassung der Zahlen, sobald man zu Tausenden von Millionen gelangt, die Einbildungskraft irre wird und sich kein Bild mehr machen kann, ebenso, glaube ich, geschieht es auch bei der Auffassung von Ausdehnungen und Entfernungen … Unsere Sinne sind unfähig, große Entfernungen von den allergrößten zu unterscheiden, wiewohl diese in Wahrheit vieltausendmal jene übertreffen. Darum frage ich dich schließlich, du törichter Mensch: Begreifst du mit deinem Geiste die Größe des Weltalls …? Und wenn du sie begreifst, wirst du glauben mögen, dass deine Fassungskraft weiter reicht als die göttliche Allmacht? Wirst du zu behaupten wagen, dass du dir Größeres vorzustellen vermagst, als

Gott auszuführen imstande ist?[33] Begreifst du sie aber nicht, was willst du urteilen
über Dinge, die du nicht fassest? [34]

Wenig später heißt es knapper: „Am größten dünkt mir die Torheit derer, die da meinen, dass
Gott das Weltall dem geringen Fassungsvermögen ihrer Vernunft entsprechend geschaffen habe
und nicht vielmehr nach seiner unermesslichen, ja unendlichen Macht."[35]

Man glaubt, Bruno zu hören. Und so perfekt Galilei den gefährlichen Nolaner auch totge-
schwiegen hat, so sehr muss er sich heimlich doch eines Sinnes mit ihm gefühlt haben.[36] Galilei
war so leidenschaftlich antiaristotelisch wie Bruno. Durch seine astronomischen Entdeckungen
zerstörte er Aristoteles' fundamentale Lehre von den fünf Elementen, die Bruno bereits heftig
attackiert hatte, und predigte nun, was Bruno schon vor zwei Jahrzehnten gepredigt hatte: die
„Lehre von der Universalität der irdischen Gesetze auf allen Welten und der Gleichheit der kosmischen Stoffe".[37] Diese chemophysikalische Homogenität des Kosmos trat besonders sinnfällig
am Mond hervor, dessen Oberfläche (so Galilei, der sie teleskopisch studiert hatte) „nicht glatt,
regelmäßig und von vollkommener Rundung ist, wie es eine große Schar von Philosophen vom
Monde selbst und von den übrigen Himmelskörpern geglaubt hat [weil nämlich die herrlichen
Himmelskörper nach Aristoteles aus dem herrlichen Himmelsstoff, dem *aither* bestehen sollten],
sondern dass sie im Gegenteil uneben, rau und ganz mit Höhlungen und Schwellungen bedeckt
ist, nicht anders als das Antlitz der Erde selbst".[38] Galilei spricht von der „Verwandtschaft und
Ähnlichkeit zwischen Mond und Erde",[39] Bruno von der „Ähnlichkeit des Mondes mit unserer
Erde".[40] Ekstatisch ruft Bruno aus, die Erde sei nicht „der Bodensatz unter den körperlichen
Substanzen";[41] pathetisch verkündet Galilei, die Erde sei nicht „eine Jauche aus Schmutz und
Bodensatz der Welt".[42] Sie waren sich ähnlich, die beiden, bei aller Verschiedenheit sehr ähn-
lich, aber anders als Bruno hat Galilei die Lehre von der Unendlichkeit der Welt nur von Ferne
angedeutet und nie freimütig verkündet. Es mag allerdings sein, dass er der Unendlichkeit der
Welt zwar zuneigte, aber doch mit ihr zurückhielt, weil er nicht glaubte, sie *beweisen* zu kön-
nen. In seinem langen Brief von 1624 an Francesco Ingoli, den Sekretär der *Congregatio de
Propaganda Fide* in Rom und Anhänger der Aristotelischen Kosmologie, schrieb er: „Wissen
Sie nicht, dass es noch bis heute unentschieden ist (*und meiner Meinung nach für menschliche
Erkenntnis immer unentschieden bleiben wird*), ob das Universum endlich oder unendlich ist?"[43]
Sein „letztes Wort" in dieser Sache, ein sehr zurückhaltendes, sehr bescheidenes Wort, hat er
1640, zwei Jahre vor seinem Tod, dem Philosophieprofessor Fortunio Liceti in Bologna anver-
traut. Zur Frage der Endlichkeit oder Unendlichkeit des Alls schrieb er dem geschätzten Mann:

> Viele und subtile Gründe werden für jede der beiden Ansichten gegeben, aber
> meiner Meinung nach führt keiner von ihnen zu einer notwendigen Konklusion,
> so dass ich im Zweifel verharre, welche der beiden wahr ist. Ich selbst habe nur
> ein einziges Argument, das mich mehr dem Unendlichen und Unbegrenzten als
> dem Begrenzten zuneigen lässt …: Ich glaube nämlich, dass meine Unfähigkeit
> zu begreifen mehr dem unbegreiflichen Unendlichen als dem [begreiflichen]
> Endlichen geschuldet ist.[44]

Es gehört zu den großen Tristessen der Denkgeschichte, dass Galilei sich zwar ständig im Dunstkreis des Trägheitsgesetzes bewegt, es immer wieder erahnt und erfühlt – es aber nie ergreift.

Was dem Schöpfer der modernen Mechanik den Blick auf die „Magna Charta der Mechanik" verstellt, ist in einer dramatischen Dialektik ausgerechnet die Idee des *kosmos*, also ausgerechnet die Stiftungsvision der exakten Naturwissenschaft. Gleich zu Anfang des *Dialogs* sagt Salviati/ Galilei im gehobenen Ton eines kosmologischen Glaubensbekenntnisses, dass die Welt „von höchster Vollkommenheit" ist und „aus Teilen besteht, die nach den höchsten und vollkommensten Gesetzen angeordnet sind". Und der belesene Simplicio bringt sogleich die ursprüngliche Bedeutung des Wortes *kosmos* (= „Ordnung") ins Spiel: „Schon der Name Kosmos scheint von nichts anderem hergenommen zu sein, als von der im Weltall herrschenden höchsten Ordnung."[45] Pythagoras soll als Erster die Welt einen *kosmos*, eine „Ordnung", genannt und damit den Weg zu ihrer wissenschaftlichen Erforschung freigemacht haben. Galilei ist (wie Kepler, der „wiedergeborene Pythagoras") tief in der pythagoreischen Tradition verwurzelt – und gerade diese Verwurzelung hindert ihn, das Trägheitsgesetz in den Blick zu bekommen. Dieses Gesetz lebt nun einmal von der *geradlinigen* Bewegung, mehr noch: Es nobilitiert sie geradezu als die kosmische Urbewegung. Über den *kosmos* aber sagt Salviati/Galilei aufs bestimmteste, dass „nur die Ruhe und die Kreisbewegung geeignet sind, [seine] Ordnung aufrechtzuerhalten".[46] Das ist ein fataler Satz. Für den *kosmos*-Gläubigen ist die geradlinige Bewegung wenig mehr als die Putzfrau des Universums: „Sie dient dazu, die in ihrer Lage gestörten Teile [des Weltalls] wieder in die Ausgangslage zurückzubringen."[47] Mehr nicht! Ausführlicher sagt Salviati (und der Text, im unverfälschten Jargon des Aristoteles, liest sich wie die finale *Widerlegung* des Trägheitsgesetzes und beweist von neuem die Macht des Abgestandenen über Aufständische; er ist einer der katastrophischen Texte der Physik):

Wenn die Hauptmassen des Weltalls vermöge ihrer Natur beweglich sind, [können] ihre Bewegungen unmöglich geradlinig oder anders als kreisförmig sein. Der Grund ist ganz einfach …: Was sich geradlinig bewegt, verändert seinen Ort und entfernt sich im Fortgang der Bewegung mehr und mehr von dem Ausgangspunkt … Käme nun einem Körper solche Bewegung von Natur aus zu, so wäre er von Anfang an nicht an seiner natürlichen Stelle, mithin die Anordnung der Teile der Welt keine vollkommene. *Wir setzen aber voraus, dass ihre Ordnung vollkommen sei, demgemäß können sie nicht von Natur dazu bestimmt sein, ihre Stelle zu wechseln und folglich auch nicht, sich geradlinig zu bewegen.* Da außerdem die geradlinige Bewegung ihrer Natur nach *unendlich* ist – denn die gerade Linie ist unendlich und von unbestimmter Länge – so kann kein beweglicher Körper den natürlichen Trieb haben, sich in gerader Linie dahin zu bewegen, wohin er unmöglich gelangen kann, insofern einer solchen Bewegung kein Ziel gesetzt ist. Und die Natur, *wie Aristoteles selbst sehr richtig bemerkt*, versucht nicht, was unmöglich zu leisten ist, versucht also nicht, dahin zu treiben, wohin zu gelangen unmöglich ist … *Ist einmal die beste Verteilung und Stellung [der Teile des Weltalls] herbeigeführt, so kann unmöglich in ihnen die natürliche Neigung bestehen bleiben, sich auch fernerhin in gerader Linie zu bewegen, was nunmehr bloß die Wiederentfernung vom gehörigen und natürlichen Ort, also die Unordnung im Gefolge haben würde.* Wir können demnach sagen, es diene die geradlinige Bewegung dazu, die Baustoffe für das Werk herbeizuschaffen; ist dieses aber einmal fertig gestellt, so bewegt es sich entweder nicht, oder wenn es sich bewegt, so bewegt es sich kreisförmig.[48]

Galilei feiert den Kreis und das Kreisen mit demselben Feuer wie Pythagoras, Platon und Aristoteles. Die Kreisbewegung ist ihm in metaphysischer Überhöhung die Selbsterhaltungsstrategie des *kosmos*. Und in diesem Geist findet er nun tatsächlich ein „Trägheitsgesetz", aber nicht eines für die minderwertige geradlinige Bewegung, sondern eines für die edle Kreisbewegung, ein „zirkuläres Trägheitsgesetz" (das aber in Wirklichkeit schon bei Aristoteles steht[49]). In Galileis Worten lautet es so: „Die Kreisbewegung, einmal zustande gekommen, wird in Ewigkeit mit gleichförmiger Geschwindigkeit fortdauern."[50] Man sollte einmal das Thema „Das Aristotelische in dem Antiaristoteliker Galilei" behandeln. Dabei würde sich zeigen, dass der oben mitgeteilte Text und die Kreismetaphysik Galileis ahnen lassen, wie unheimlich dem großen Revolutionär das unendliche Weltall des Nolaners ist und wie sehr viel wohler er sich in dem Puppenstubenkosmos des Stagiriten fühlt.

Bei Galileis laut vorgetragener *Kreis*metaphysik muss man sich übrigens vor Augen halten, dass Keplers *elliptische* Planetenbahnen damals schon längst bekannt waren. Galilei wusste – aber ohne es wissen zu *wollen*! –, dass die Planeten sich *nicht* auf Kreisen und *nicht* mit konstanter Geschwindigkeit bewegen.[51] Wie konnte es passieren, dass dieser Heros einer schneidigen Rationalität wie in Leichenstarre an einem Mythos der Antike festhielt, den es seit Keplers *Astronomia nova* gar nicht mehr gab? Diese Verstocktheit des sonst so beweglichen Galilei wird immer zum Erschreckendsten gehören, mit dem die Geistesgeschichte aufwarten kann. Was kann nicht alles passieren, wenn so etwas passierte?

Wir werden jetzt sehen, wie bedrohlich dem unerschrockenen Galilei schon das *mathematische* Unendliche war, über das man doch weitaus ungezwungener reden konnte als über das kosmologische. Dieses mathematische Unendliche war ihm schon einige Jahre vor dem gerade zitierten Brief an Fortunio Liceti unheimlich geworden. In seinem wissenschaftlich wichtigsten Werk, den *Discorsi* (1638), kommen der Peripatetiker Simplicio und Galileis *alter ego* Salviati von Fragen der Materialfestigkeit auf das Problem, ob Unendlichkeiten „vergleichbar" seien. Ich bringe einen Auszug aus diesem interessanten Gespräch, das paradigmatisch die Gedanken der Hochscholastik zusammenfasst und in dem Salviati/Galilei redet wie ein wiedergeborener Albert von Sachsen:

> *Simplicio.* Hier wird sofort ein wie mir scheint unwiderlegbares Bedenken wachgerufen. Da wir nämlich sicherlich Linien ungleicher Länge haben können, die unendlich viele Punkte enthalten sollen, so müssen wir bekennen, dass wir in derselben Gattung Dinge finden können, die größer sind als ein Unendliches; denn die Unendlichkeit der Punkte der größeren Linien wird doch größer sein als die Unendlichkeit der Punkte der kleineren. Also ein Unendliches größer als das Unendliche, das scheint mir in keiner Weise begreifbar.

> *Salviati.* Das sind die Schwierigkeiten, die dadurch entstehen, dass wir mit unserem endlichen Intellekt das Unendliche diskutieren, indem wir letzterem die Eigenschaften zusprechen, die wir an dem Endlichen, Begrenzten kennen; das geht aber nicht an, denn die Attribute des Großseins, der Kleinheit und Gleichheit kommen dem Unendlichen nicht zu, daher man nicht von größerem, kleinerem oder gleichen Unendlichen sprechen kann.[52]

Salviati trübt jetzt die Stimmung noch weiter ein. Was die Gesprächsteilnehmer bisher an geometrischen Gebilden beobachtet hatten, stellt er nun auch an Zahlen fest: „Größer" muss nicht „größer" sein. Die Menge der Zahlen 1, 2, 3, … ist offenbar „größer" als die Menge der Quadratzahlen 1, 4, 9, …, und doch sind beide Mengen in einem ganz bestimmten und ganz durchsichtigen Sinne „gleich groß". Es gibt „ebenso viele" Quadratzahlen wie Zahlen selbst, und dieses Paradoxon erkennt man mit einem einzigen Blick, indem man die beiden Zahlenreihen untereinander schreibt:

$$1, \ 2, \ 3, \ 4, \ …$$

$$1^2, 2^2, 3^2, 4^2, …$$

Vor diesem monströsen Phänomen streicht der zermürbte Salviati (also Galilei) endgültig die Segel:

> Ich sehe keinen andern Ausweg als zu sagen, unendlich ist die Anzahl aller Zahlen, unendlich die der Quadrate, unendlich die der Quadratwurzeln; dem weder ist die Menge der Quadrate kleiner als die der Zahlen, noch ist die Menge der letzteren größer; und schließlich haben die Attribute des Gleichen, des Größeren und des Kleineren nicht statt bei Unendlichem, sondern sie gelten nur bei endlichen Größen.[53]

Nicht ohne Bewegung sieht man, wie hilflos selbst ein Genie vom Range Galileis vor dem wabernden *infinitum,* dem „unfasslich Nebelgroßen" (Goethe) steht. Von diesem unheimlichen Unendlichen kann er nur sagen, dass es unendlich ist.

Galileis *Dialog über die beiden hauptsächlichsten Weltsysteme,* eine brillante Polemik gegen Aristoteles und Ptolemaios, eine Polemik, die vorgab, keine zu sein, war sofort nach ihrem Erscheinen ein rauschender Erfolg – und brachte den greisen Galilei alsbald vor die römische Inquisition. Von diesem unseligen, unsäglichen, rundum stupiden Prozess gegen die Freiheit des Geistes hat sich die Kirche nie mehr erholt, obwohl Galilei, anders als Bruno, dabei fast unbeschädigt geblieben ist. Tommaso Campanella (1568-1639, vier Jahre jünger als Galilei, zwanzig Jahre jünger als Bruno), der Verfasser der immer wieder, auch heute noch aufgelegten Utopie *Der Sonnenstaat,* schrieb Galilei begeistert: „Diese Wahrheiten von alten Problemen, von neuen Welten, neuen Sternen und neuen Systemen sind der Anbruch eines neuen Zeitalters … Wenn wir ein Jahr zusammen leben könnten, würden wir große Dinge zuwege bringen."[54] Letzteres darf man bezweifeln; Campanella war zwar passionierter Antiaristoteliker und kompromissloser Verfechter der Geistesfreiheit, er war aber nicht das, was in Galileis Augen ein honoriger Mensch vor allem sein musste: bekennender Kopernikaner. Galilei hat denn auch Campanellas bewundernde Briefe nur selten beantwortet, so sehr er Bewunderung schätzte.

Wie Bruno ist auch Campanella bereits in jungen Jahren in den Dominikanerorden eingetreten. Schon früh hat man ihn mit Prozessen überzogen. Er lernte die Folter kennen und die Gefängnisse, alles mehrfach, und kehrte 1598, dreißig Jahre alt, ungebessert in seine Heimatstadt

Stilo im Königreich Neapel zurück. Dort machte er sich sogleich daran, eine Verschwörung gegen die spanischen Landesherren zu organisieren, um „zum Wohle der Christenheit" eine theokratische Republik zu gründen. 1599 (einige Monate vor Brunos Hinrichtung) wurde er inhaftiert und wieder einmal der *tortura* unterworfen. Er entkam der Todesstrafe, indem er sich wahnsinnig stellte, und wurde (man ließ Milde walten) zu lebenslänglicher Haft verurteilt. Bis 1626, siebenundzwanzig Jahre lang, blieb er in einem neapolitanischen Kerker. Mit ungezähmtem und ungebrochenem Geist philosophierte, dichtete und schrieb er in dem erbärmlichen Verlies. (Dort entstanden z. B. der *Sonnenstaat* und die *Apologie für Galileo*, letztere im Jahre 1616, als Galilei erstmals von der Kirche gemaßregelt worden war.) Ab 1626 lebte Campanella in Rom, überwacht vom *Sant'Uffizio*. Papst Urban VIII., der wenige Jahre später Galilei zum Verhängnis werden sollte, protegierte ihn (wie er damals auch Galilei protegierte) und verschaffte ihm nach und nach die ungeschmälerte Freiheit. Da man nun aber Rebell ist, wie man Glatzkopf ist, nämlich ohne Aussicht auf Besserung, geriet Campanella wieder in eine Verschwörung, diesmal gegen den Vizekönig von Neapel. Urban VIII. riet ihm, nach Frankreich zu fliehen, Campanella tat das 1634, wurde trotz seiner bedenklichen Vergangenheit von Richelieu wohlwollend aufgenommen und konnte den Rest seines Lebens in Ruhe verbringen. Er starb 1639 in Paris, knapp drei Jahre vor Galilei.

Man hat Campanella nicht verbiegen und zerbrechen können, weil er über reiche Ressourcen in seinem Inneren verfügte: vor allem über jenes Selbst-Bewusstsein, das schon dem hl. Augustinus sagte, dass man der eigenen *Existenz* am zuverlässigsten durch den Akt des eigenen *Denkens* gewiss wird; Descartes wird dies später auf die Formel bringen „*Cogito, ergo sum*", „Ich denke, also bin ich" – eine Formel, die ihre praktische Nützlichkeit am überzeugendsten in der Einzelhaft zeigt. Campanella nennt dieses Selbst-Bewusstsein den *sensus abditus*, den verborgenen, inneren oder eingeborenen Sinn. Tief in diesem verborgenen Sinn, tief in unserem Innersten, finden wir die Idee des *Unendlichen*, und da (so Campanella) diese übergewaltige Idee gewiss nicht aus dem kleinformatigen Endlichen kommen kann, gewiss nicht „aus dieser Handvoll Hirn", beweist sie unwiderleglich *unsere Herkunft aus der Unendlichkeit Gottes*. Das ist der kühnste Gebrauch, den je ein Denker vom der Idee des Unendlichen gemacht hat. Das Unendliche in uns, sagt der Philosoph mit der ausgedehntesten Erfahrung der Kerkerenge, das Unendliche in uns treibt uns über alles Endliche hinaus; und dieser Trieb findet seinen bündigsten Ausdruck in dem Wort Alexanders des Großen, er möchte den Erdball verlassen, um die unendlichen Welten Demokrits zu erobern.[55] Es ist eine unbändige Lust am Steigern und Übersteigern in diesem vielfach geschlagenen, vielfach geschundenen Campanella:

> Welch ein Wunder, dass die Einbildungskraft sich ohne Flügel zum Himmel aufzuschwingen und sich den gesamten Bau der Dinge zu unterwerfen vermag, dass sie, wenn die Bahnen der Gestirne sich ihren Bezeichnungen nicht fügen, neue Epizykeln und Kreise ersinnt, mittels deren sie die Erscheinungen so genau bestimmt, dass es den Anschein hat, als passe sich der Himmel unserem Kalkül an, als würde er durch uns nicht nur begriffen, sondern hervorgebracht.[56]

In Campanella gibt es wie in Bruno – und anders als in Kepler, anders auch als in Galilei – einen brausenden, schäumenden Unendlichkeitsoptimismus und ein unbezweifeltes Wissen, dass das Unendliche im Menschengeist uns teilhaben lässt an dem Unendlichen in Gottes Geist – bis hin zu der frommen Blasphemie: „Es hat den Anschein, als würde der Himmel durch uns nicht nur begriffen, sondern hervorgebracht." Mit Brunos unendlich vielen Welten will er jedoch nichts zu tun haben, weil kein guter Christ sich auf so etwas einlässt.

Campanella ist ein italienischer Faust, und nichts in der Literatur vor Goethe ist so faustisch, wie das folgende Gedicht des Kalabresen, dem er die Überschrift *Anima immortale* („Unsterbliche Seele") gegeben hat:

In einer Handvoll Hirn leb' ich; verschling'
so viel, dass wie viel Bücher diese Welt
auch hat, sie alle mich nicht sättigen;
wie viel verspeist' ich! Und ich sterbe doch im Fasten.

Mit einer großen Welt ernährt' mich Aristarch,[57]
mit mehrern Metrodor,[58] und hungriger bin ich;
verlangend, witternd wend' ich mich ringsum;
je mehr ich weiß, desto unwissender.

Also bin ich ein Bild des unermessnen Vaters,[59]
der alle Wesen, wie das Meer die Fische, fasst,
den unser Sinn in allem sucht und liebt;

der Syllogismus ist ein Pfeil ins Schwarze;
Autorität ist fremde Hand;[60] daher
gewiss und heiter nur, wer sich mit Gott erfüllt.[61]

---

[1] Galileo Galilei: Dialog über die beiden hauptsächlichsten Weltsysteme, übers. von Emil Strauss, Neuauflage Stuttgart 1982, S. 424. Auf diese Ausgabe wird hinfort verwiesen mit „Galilei: Dialog".

[2] William Gilbert: De magnete (Vorwort).

[3] William Gilbert: De magnete VI, 3.

[4] Johannes Kepler: De stella nova in pede Serpentarii (1606; Opera omnia, ed. Frisch, vol. II, Frankoforti et Erlangae, 1859), cap. XXI, S. 689. Auf diese Ausgabe wird hinfort kurz verwiesen mit „Johannes Kepler: De stella nova." Das Werk ist auch im ersten Band von Keplers *Gesammelten Werken,* hrsg. von Walther von Dyck und Max Caspar, erschienen (München 1938).

[5] Johannes Kepler: De stella nova, cap. XXI, S. 688.

[6] Johannes Kepler: Gründtlicher Bericht von einem ungewohnlichen Newen Stern, abgedruckt in Keplers *Gesammelten Werken,* hrsg. von Walther von Dyck und Max Caspar, Bd. I, München 1938, S. 398.

[7] Johannes Kepler: De stella nova, cap. XXI, S. 687.

[8] Johannes Kepler: Epitome astronomiae Copernicanae, erschienen 1618 (Opera omnia, vol VI, Frankoforti et Erlangae, 1866), S. 137. Auf diese Ausgabe wird hinfort kurz verwiesen mit „Johannes Kepler: Epitome".

[9] Giordano Bruno: Zwiegespräche vom unendlichen All und den Welten, übers. von Ludwig Kuhlenbeck, Neuausgabe Darmstadt 1980, S. 117.

10 Johannes Kepler: De stella nova, cap. XXI, S. 688.

11 Johannes Kepler: De stella nova, cap. XXI, S. 688.

12 Johannes Kepler: De stella nova, cap. XXI, S. 689.

13 Zitiert nach Dorothea W. Singer: Giordano Bruno. His Life and Thought. Henry Schuman Inc. 1950, S. 67f.

14 Johannes Kepler: De stella nova, cap. XXI, S. 690; Epitome, S. 137, besonders S. 138: „Es würde immer noch wahr sein, dass dieser (unser) Ort einzigartig und bemerkenswert ist, wenn man ihn mit allen verbleibenden Teilen der Fixsternregion vergleicht."

15 Johannes Kepler: De stella nova, cap. XXI, S. 688.

16 Johannes Kepler: Epitome, S. 138.

17 Johannes Kepler: De stella nova, cap. XXI, S. 689.

18 Johannes Kepler: De stella nova, cap. XXI, S. 691.

19 Johannes Kepler: Epitome, S. 139

20 Johannes Kepler: Epitome, S. 139

21 Giordano Bruno: Zwiegespräche, a. a. O. S. 19; Georg Cantor: Ges. Abh,, Berlin 1932, S. 174.

22 Johannes Kepler: De stella nova, cap. XXI, S. 691.

23 Johannes Kepler: Weltharmonik, übers. von Max Caspar, München 1990, Vorrede, S. 13.

24 Galileo Galilei: Sidereus Nuncius, hrsg. von Hans Blumenberg, suhrkamp taschenbuch wissenschaft 337, Frankfurt/Main 1980, S. 83. Auf diese Ausgabe wird hinfort kurz verwiesen mit „Galileo Galilei: Sidereus Nuncius".

25 Galileo Galilei: Sidereus Nuncius, S. 106 und S. 109.

26 Galileo Galilei: Sidereus Nuncius, S. 84.

27 Brutus ist Edmund Bruce, ein gelehrter Engländer; er hatte Kepler am 5. November 1603 aus Venedig geschrieben: „Ich vermute, dass es unendlich viele Welten gibt. Eine jede indes ist endlich, wie die Welt der Planeten, in deren Mitte die Sonne sich befindet." Abgedruckt in: Johannes Kepler in seinen Briefen, hrsg. von Max Caspar und Walther von Dyck, Bd. I, München und Berlin 1930, S. 195f.

28 Johannes Kepler: Dissertatio cum Nuncio Sidereo (1610, Opera omnia, vol. II, ed. Frisch, Frankoforti et Erlangae 1859), S. 490.

29 Galileo Galilei: Dialog, S. 39.

30 S. etwa seinen Brief an Ingoli von 1624, Ed. Naz. VI, S. 525. (Ed. Naz. bedeutet die große *Edizione Nazionale* der Werke Galileis.)

31 Galileo Galilei: Dialog, S. 334.

32 Galileo Galilei: Dialog, S. 337 und S. 340.

33 Diese Frage richtet sich rhetorisch gegen die Vorstellung einer umgrenzten Welt. Wenn Gott eine solche geschaffen hätte, könnte der Mensch sich etwas Größeres, etwas diese Umgrenzung Überschreitendes vorstellen.

34 Galileo Galilei: Dialog, S. 383f.

35 Galileo Galilei: Dialog, S. 387.

36 Jedenfalls so lange es nicht um die Rolle der Mathematik in den Naturwissenschaften ging.

37 Giordano Bruno: Zwiegespräche, a. a. O., S. 167.

38 Galileo Galilei: Sidereus Nuncius, S. 87f.

39 Galileo Galilei: Sidereus Nuncius, S. 100; s. auch S. 91: „Der Mond ist gleichsam eine zweite Erde."

40 Giordano Bruno: Aschermittwochsmahl, übers. von Ferdinand Fellmann, Frankfurt am Main 1981, S. 157; s. auch S. 92f.

41 Giordano Bruno: Aschermittwochsmahl, a. a. O., S. 92.

42 Galileo Galilei: Sidereus Nuncius, S. 105.

43 Galileo Galilei: Brief an Ingoli, Ed. Naz. VI, S. 518; Hervorhebung von mir.

44 Galileo Galilei: Brief an Liceti, Ed. Naz. XVIII. S. 293f.

[45] Galilei: Dialog, S. 20.

[46] Galilei: Dialog, S. 34.

[47] Galilei: Dialog, S. 257.

[48] Galilei: Dialog, S. 20f. Hervorhebungen von mir. Vgl. zur Desavouierung der geradlinigen Bewegung auch noch S. 141 und S. 175.

[49] Aristoteles: Vom Himmel 284a: Die Kreisbewegung erhält sich ohne antreibende Kraft.

[50] Galilei: Dialog, S. 30. Auf S. 154 wird von dem ununterbrochenen Andauern einer Bewegung auf einer Fläche gesprochen, die „weder abschüssig ist, noch ansteigt". Wie der Text auf S. 155 zeigt, ist mit einer solchen Fläche aber nicht eine Ebene, sondern eine Kugelschale um den Erdmittelpunkt gemeint. Es handelt sich also auch hier um einen Fall des zirkulären Trägheitsgesetzes. Selbst in seinem physikalischen Hauptwerk von 1638, den „Unterredungen und mathematische Demonstrationen über zwei neue Wissenszweige" (hrsg. von Arthur von Oettingen, Neudruck Darmstadt 1973), ist Galilei, wenn man es genau nimmt, nirgendwo über das zirkuläre Trägheitsgesetz hinausgekommen. Zwar wird mehrmals ein Trägheitsgesetz für die Bewegung auf einer „Horizontalen" ausgesprochen (S. 165, S. 194, S. 218), es handelt sich aber wiederum nur um einen Fall des zirkulären Trägheitsgesetzes, denn die „Horizontale" bedeutet „hier eine Fläche, die überall gleich weit vom allgemeinen Schwerpunkt [dem Erdmittelpunkt] absteht und deshalb tatsächlich frei von jeglicher Neigung ist" (S. 165). Die „Horizontale" ist also in Wirklichkeit eine Kugelschale um den Mittelpunkt der Erde. Galilei „linearisiert" allerdings sein zirkuläres Trägheitsgesetz für die Bedürfnisse der Physik im irdischen Bereich und begründet diese Approximation (etwas anderes ist es nicht) mit dem Hinweis, die Entfernung vom Mittelpunkt der Erde sei so groß, „dass wir einen sehr kleinen Bogenteil eines größten Kreises als gerade … annehmen können" (S. 224).

[51] Nach dem 2. Keplerschen Gesetz laufen sie in Sonnennähe in quantifizierbarer Weise schneller als in Sonnenferne.

[52] Galileo Galilei: Unterredungen, a. a. O., S. 30.

[53] Galileo Galilei: Unterredungen, a. a. O., S. 31.

[54] Ed. Naz. XIV, 366f.

[55] Tommaso Campanella: Metaphysica p. III, lib. XIV, cap. II, art. 1; zitiert nach Ernst Cassirer: Das Erkenntnisproblem, Bd. 1, Neuausgabe Darmstadt 1974, S. 269f.

[56] Tommaso Campanella: De sensu rerum et magia II, 25, S. 146; zitiert nach Ernst Cassirer, a. a. O., S. 269.

[57] Aristarch von Samos (etwa 310-230 v. Chr.) wird gerne der „antike Kopernikus" genannt, weil er lehrte, dass die Erde um die Sonne kreist. Es steht zu vermuten, dass er auch den anderen Planeten eine solche Bahn anwies.

[58] Metrodor von Chios war ein Schüler des Demokrit oder des Demokritschülers Nessos. Wie Demokrit nimmt er unendlich viele Welten an. Warum Campanella nicht, wie Bruno, den berühmten Demokrit selbst anführt, sondern den obskuren Metrodor, weiß ich nicht.

[59] Im italienischen Text: *Padre immenso.*

[60] Wörtlich: Die Autorität ist die Hand anderer.

[61] Tommaso Campanella: Philosophische Gedichte, übers. und hrsg. von Thomas Flasch, Frankfurt/M. 1996, S. 105. Ich habe die Übersetzung im vierten Vers der ersten Strophe leicht geändert: Wo im Urtext steht „*quanto ho mangiato!*", schreibt Flasch „wie sehr genoss ich!"; den Sinn der Worte trifft aber das „wie viel verspeist' ich!" besser.

16. Auf dem Wärmestrom ins Unendliche

> Wir treiben Wissenschaft zur Ehre des menschlichen Geistes.
>
> CARL GUSTAV JACOBI[1]
>
> Der Geist kann durch die Wissenschaft in derselben Weise ergötzt werden wie durch die Kunst.
>
> GEORG CANTOR

Noch zu Beginn des 19. Jahrhunderts stellte jeder sich „Wärme" als etwas Stoffliches vor. Erhitzte man einen gewissen Bereich eines Körpers, so breitete sich der Wärmestoff von dort vermöge eines Diffusionsprozesses durch den ganzen Körper aus, ähnlich wie ein Tropfen Tinte sich in einem Glas Wasser ausbreitet. Die Diffusion gehorchte einer „Differentialgleichung", die ihr Fortschreiten „von einem Ort zum nächsten" beschrieb. Es war ein Franzose, Jean-Baptiste-Joseph Fourier (1768-1830), ein Mann, der Napoleon in wissenschaftlicher Mission nach Ägypten begleitet hatte, der vom Kaiser mit hohen Verwaltungsämtern betraut worden war und es zum Mitglied der ruhmreichen Pariser Akademie der Wissenschaften brachte und in die einflussreiche Position ihres ständigen Sekretärs aufstieg, es war dieser Mann, der 1822 in seinem Buch *Theorie analytique de la chaleur* („Analytische Theorie der Wärme") die fundamentale Gleichung der Temperaturverteilung in einem homogenen Medium aufstellte und ihr mit dem Mittel der „trigonometrischen Reihen" erfinderisch und erfolgreich auf den Leib rückte. Man hat dieses epochale Buch die „Bibel des mathematischen Physikers" genannt. Etwas weltlicher hätte man es auch eine Aufputschdroge für Mathematiker nennen können, und zwar wegen der trigonometrischen Reihen. Denn diese (unendlichen) Reihen, die „nach den trigonometrischen Funktionen Sinus und Kosinus fortschritten" (genauer: nach den Funktionen $\sin nx$ und $\cos nx$, $n = 0, 1, 2 \ldots$[2]) verursachten unerwartete Weiterentwicklungen altehrwürdiger, fest eingewurzelter Begriffe, in erster Linie des Funktionsbegriffs. Eine „Funktion" war von alters her ein „analytischer Ausdruck", eine „Formel" (wie etwa $y = x^2$ oder $y = \sqrt{x}$). Das Schaubild einer solchen Funktion in einem xy-Koordinatensystem war eine unzerstückelte „stetige" Kurve ohne scharfe Ecken, die aus allen Poren eine „innere Gesetzmäßigkeit" ausströmte. Die trigonometrischen Reihen aber konnten – und das war platterdings mysteriös, es war fast anstößig –, diese Reihen konnten „Funktionen" darstellen, die eigentlich keine waren, und die man deshalb nicht ohne Schauder „willkürliche Funktionen" oder, noch stärker schaudernd, „vollständig willkürliche Funktionen" (im damaligen Wissenschaftsfranzösisch *fonctions absolument arbitraires*) nannte. Diese neuen „Funktionen" erzwangen dann auch eine Erweiterung des alten Integralbegriffs.

Und so ging es weiter und weiter. Etwas salopp könnte man sagen: Die trigonometrischen Reihen der Wärmetheorie heizten der Mathematik tüchtig ein.

Im Jahre 1870 fuhren diese rasanten Reihen auch in den fünfundzwanzigjährigen Georg Cantor, der sich gerade vor einem Jahr an der Universität Halle mit ziemlich lebensfernen Auslassungen über zahlentheoretische Fragen habilitiert hatte. Cantor verließ seine bisher gepflegte Thematik und schrieb eine Serie von Arbeiten, die sich mit der Eindeutigkeit trigonometrischer Entwicklungen beschäftigten. Kann es sein, fragte er, dass ein und dieselbe Funktion durch zwei verschiedene trigonometrische Reihen dargestellt wird? Er konnte die Frage verneinen, falls die Entwicklung für alle Werte x gilt. Der junge Mann stieß aber weiter vor und fragte, ob man nicht vielleicht gewisse Ausnahmewerte zulassen könnte, ohne die Eindeutigkeit zu gefährden. Und hier schuf er einen Begriff, der ihm später einen ganz neuen Blick auf Unendlichkeiten tun ließ: den Begriff der *Ableitung* einer Punktmenge. Die Sache ist sehr einfach. Auf der Zahlengeraden sei eine unendliche Menge P von Punkten gegeben. Ein Punkt a (der nicht zu P gehören muss) wird immer in genau einer von zwei ganz verschiedenen Beziehungen zu P stehen: Erstens kann es sein, dass es eine „Umgebung von a" (= eine gewisse Strecke mit dem Mittelpunkt a) gibt, die – mit möglicher Ausnahme von a selbst – keinen einzigen Punkt von P enthält; man sagt dann, a sei von P *isoliert*. Zweitens kann es aber auch sein, dass *jede* (noch so kleine) Umgebung von a mindestens einen von a verschiedenen Punkt aus P enthält. Man erkennt dann sofort (indem man die Umgebungen fortlaufend verkleinert, etwa halbiert), dass in *jeder* Umgebung von a sogar *unendlich viele* Punkte aus P liegen müssen: Um a herum „drängeln" sich Punkte aus P, sie „häufen" sich dort, und deshalb nennt man a einen *Häufungspunkt* von P. Die Menge aller Häufungspunkte von P nannte Cantor die (erste) *Ableitung* von P und bezeichnete sie mit dem Symbol $P^{(1)}$. Hatte die erste Ableitung selbst wieder unendlich viele Punkte, so konnte man ihre Ableitung bilden, die Cantor die *zweite Ableitung* von P nannte und mit dem Symbol $P^{(2)}$ bezeichnete. So ging es weiter. Cantor zeigte, dass die Ableitungen entscheidend in die Eindeutigkeitsfrage hineinspielten. Wir brauchen hierauf aber nicht einzugehen. Für uns ist wichtiger, dass Cantor einige Jahre später die folgende, eigentlich ganz einfache Beobachtung machte: Er bemerkte, dass die Ableitungen offenbar „ineinandergeschachtelt" waren. Die Ableitung der Ordnung n lag ganz in der Ableitung der vorangehenden Ordnung n – 1.[3] Das legte es nahe, im Falle unendlich vieler Ableitungen als „Kern" aller Ableitungen, als (metaphorisch gesprochen!) „letzte Ableitung" von P die Menge derjenigen Punkte zu bezeichnen, die in *allen* (ineinandergeschachtelten) Ableitungen von P liegen. Wir nennen heute diese Menge den „Durchschnitt" aller Ableitungen von P. Diese Menge bezeichnete Cantor mit dem naheliegenden Symbol $P^{(\infty)}$. (∞ ist das mathematische Zeichen für „unendlich"). Wenn diese Menge nun wiederum unendlich viele Punkte hat, kann man auch ihre Ableitung bilden und wird sie konsequenterweise mit dem Symbol $P^{(\infty+1)}$ bezeichnen. So kann man fortfahren und in einer wohldefinierten, präzisen, ganz und gar unmystischen Weise „über unendlich hinaus zählen", will heißen: Man kann die „transfiniten Zahlen" $\infty+1$, $\infty+2$ usw. als harte, abgesicherte Entitäten bilden. Ernst Zermelo (1871-1953), selbst einer der führenden Köpfe der jungen Mengenlehre und Herausgeber der *Gesammelten Abhandlungen* Cantors, schreibt denn auch, dieses Phänomen habe Cantor „mit innerer Notwendigkeit" zur Begriffsschöpfung transfiniter Ordnungszahlen geführt, und fährt fort:

In diesem Begriff der „höheren Ableitungen" einer Punktmenge haben wir somit den eigentlichen Keimpunkt und in der Theorie der trigonometrischen Reihen die Geburtsstätte der Cantorschen „Mengenlehre" zu erblicken.[4]

Es berührt einen jetzt eigentümlich, dass Cantor in diesen Arbeiten über trigonometrische Reihen, die das Tor zu seiner Unendlichkeitstheorie aufstoßen, zurückkehrt zu dem Urproblem des Unendlichen: zu dem Phänomen der Inkommensurabilität. Arithmetisch gesprochen: zu dem der irrationalen Zahl. Die leichtfertige Art, in der die neuzeitlichen Mathematiker mit „irrationalen Zahlen" umgegangen waren – Zahlen, von denen sie gar nicht wussten, was sie sind – wird immer einer der großen Skandale der Mathematik sein. Cantor wollte und musste wissen, was eine irrationale Zahl ist, weil er bei der Untersuchung von Punktmengen der „Zahlengeraden" auf eine strenge Korrespondenz zwischen Punkten und Zahlen angewiesen war. In seiner Arbeit „Über die Ausdehnung eines Satzes aus der Theorie der trigonometrischen Reihen" (1872) zeigte er, wie man den gespensterhaften „irrationalen Zahlen" mittels seiner „Methode der Fundamentalfolgen" Leib und Leben geben konnte. Er war sich der tiefreichenden Wurzeln seines Tuns sehr wohl bewusst: Ausdrücklich verweist er auf das 10. Buch der *Elemente* des Euklid, „welches für den [in den §§ 1 und 2 meiner eigenen Arbeit] behandelten Gegenstand maßgebend bleibt".[5] Das 10. Buch der *Elemente* ist den Fragen der Kommensurabilität und Inkommensurabilität gewidmet. Der Kreis schließt sich.

Georg Cantor wurde am 3. März 1845 in St. Petersburg geboren und, wie er in seinem Promotionsgesuch ausdrücklich anführt, evangelisch getauft. (*Fidei addictus sum evangelicae.*) Sein Vater war ein rühriger und reicher Kaufmann, seine Mutter entstammte einer Familie mit starken künstlerischen und wissenschaftlichen Neigungen. Georg selbst hatte zeitlebens zu Musik und Literatur ein inniges Verhältnis. Er spielte vorzüglich Geige und schlug sich später engagiert für die heute belächelte These, der Verfasser der Shakespearschen Dramen sei gar nicht der unbedarfte Schauspieler William Shakespeare, sondern der hochgebildete Lordkanzler Francis Bacon gewesen, nach Voltaire der größte aller Philosophen. Wegen einer Krankheit des Vaters zogen die Cantors 1856 nach Frankfurt am Main.

Georg hatte schon früh den Wunsch gehegt, Mathematik zu studieren, sein Vater hingegen wünschte, sein Sohn möge einen weniger windigen Beruf, etwa den eines Ingenieurs, ergreifen. Dem Vater folgend, besuchte Georg von 1859 bis 1862 die Höhere Gewerbeschule in Darmstadt, deren Abschlussprüfung zum Studium aller Naturwissenschaften berechtigte. Seine Lehrer rühmten enthusiastisch die mathematischen Gaben ihres Schülers, Georg bedrängte also seinen Vater aufs Neue und erhielt schließlich die Erlaubnis, Mathematik zu studieren. Uns kommt das alles sehr befremdlich vor, aber so war nun einmal das Vater-Sohn-Verhältnis in geordneten Familien der guten alten Zeit. Vergessen wir nicht, dass in modernen Diktaturen der Staat mit großer Energie und Gedankenlosigkeit die lenkende Rolle des Vaters übernimmt, wobei er breitbeinig auf dem Boden „humanistischer Ideale" steht. 1863 begann Georg das Studium der Mathematik an der Universität Berlin. 1867 promovierte er dort mit einer zahlentheoretischen Dissertation. Zwei Jahre später habilitierte er sich an der Universität Halle mit einer Arbeit, in der es wieder um Fragen der Zahlentheorie ging. Er schien zum Zahlentheoretiker bestimmt zu sein und ist es in gewissem Sinne auch geworden, nur dass seine Zahlen nicht die gewöhnlichen finiten, sondern die neuen „transfiniten" Zahlen waren. 1872 wurde er zum außerordentlichen, 1879 zum ordentlichen Professor an der Universität Halle ernannt. In Halle blieb er bis zu seiner Emeritierung im Jahre 1913. Aus seiner Ehe mit Vally Guttmann gingen nicht weniger als sechs Kindern hervor.

Cantor hat viel Anerkennung von berühmten Kollegen, aber auch viel Herabwürdigung – überflüssig giftige Herabwürdigung – von nicht weniger berühmten Leuchten der Wissenschaft erfahren. Der große Leopold Kronecker in Berlin hat aufs heftigste gegen ihn polemisiert und hat in ihm einen „Verderber der Jugend" gesehen. Der größere Henri Poincaré in Paris hat die Mengenlehre eine „Krankheit" genannt, die aber glücklicherweise bald ausgestanden sein würde. Derartig Emotionales hatte man in der rationalen Mathematik lange nicht mehr gehört. Viele Kollegen Cantors sagten gar nichts, weil sie nicht wahrgenommen hatten, dass vor ihren Augen die Umwälzung eines Denkens stattfand, das bis tief in die Antike hinabreichte und von Aristoteles kanonisiert worden war. Cantor hat denn auch nie einen Ruf an eine bedeutendere Universität als Halle bekommen, obwohl er sich sehr darum bemüht hat. In Halle selbst hat er nie über „Mengenlehre" gelesen.

So weit der „gutbürgerliche" Teil der Cantorschen Biographie. Sie setzt sich fort mit einem „krank-romantischen". Schon vor 1900 traten bei diesem Mann, dessen gewaltiger Körperbau eine urige Gesundheit zu dokumentieren schien, manisch-depessive Zustände auf, die seine Forschungs- und Lehrtätigkeit so stark behinderten, dass er schon 1902, siebenundfünfzig Jahre alt, einen Antrag auf Pensionierung stellte, dem die Regierung aber nicht stattgab. Es begann eine lange Leidenszeit. In unregelmäßigen Abständen musste Cantor seine Vorlesungstätigkeit unterbrechen und die Nervenklinik aufsuchen, immer wieder floh er aus seinem Haus und irrte tagelang, nächtelang in den Wäldern umher. 1913 wurde er endlich von seinen amtlichen Pflichten entbunden, versuchte aber dennoch, sich zu Vorlesungen aufzuraffen. Am 3.5.1917 kündigte er an: „In diesem Sommersemester beabsichtige ich zu lesen *privatim Aristotelische Logik für alle vier Facultäten*, Mittwochs und Sonnabends von 9-10 Uhr."[6] Die Vorlesung kam nicht zustande. Im Sommer 1917 suchten ihn die psychischen Störungen erneut heim, und er wurde in die Universitätsnervenklinik eingeliefert. Dort starb er am 6. Januar 1918 an einem Herzleiden.

Über *Aristotelische Logik* hatte Cantor im Sommer 1917 lesen wollen. Zu dem „Meister aller Wissenden", seinem großen Antagonisten auf den Schlachtfeldern des Unendlichen, hat er immer eine ganz besondere Beziehung gehabt. In seinen depressiven Zuständen wird er sich wohl auch einer berühmten Frage des Stagiriten erinnert haben: „Warum erweisen sich alle außergewöhnlichen Männer in Philosophie oder Politik oder Dichtung oder in den Künsten als Melancholiker, und zwar ein Teil von ihnen so stark, dass sie sogar von krankhaften Erscheinungen … ergriffen werden?"[7]

Cantor ist wohl der einzige Mathematiker, um den herum ein Musikdrama geschaffen wurde. Am 10. November 2006 hatte die Oper *Cantor* des österreichischen Komponisten und Librettisten Ingomar Grünauer (geb. 1938) in Halle ihre Premiere. Grünauer bekennt selbst, dass ihn der tragische Widerspruch zwischen der höchsten geistigen Anspannung und der tiefen Erniedrigung, die Cantor durch seine Kollegen erfuhr, aufgewühlt und fasziniert habe. Wesentlicher Teil der Oper ist denn auch ein Chor widerwärtig zischelnder Gegner. Auf der Bühne erscheint der Mann, der gesagt hatte, das Wesen der Mathematik sei ihre Freiheit, in der engen Zwangsjacke der Nervenklinik, und die Oper endet mit der Allegorie, Cantor sei jener Ikarus, der zur Sonne aufgeflogen, ihr zu nahe gekommen und mit verbrannten Flügeln abgestürzt ist. Der Pfadfinder im

Unendlichen wird dargestellt als das, was er tatsächlich gewesen ist: der „Romantiker" unter den Mathematikern.

---

[1] Jacobi 1804-1851) rief diese Worte seinem französischen Kollegen Fourier zu, der sich im Geiste einer praxisorientierten Aufklärung zu sehr mit den Anwendungen der Wissenschaft beschäftigte, die das Leben verbessern und steigern sollten. Die Worte Jacobis hatten deshalb ein so großes Gewicht, weil Jacobi gewissermaßen in allen Sätteln gerecht war: Er war eine Leuchte der exquisit praxisfernen Zahlentheorie und gleichzeitig ein führender Kopf der analytischen Mechanik, auf die das „praktische Leben" nicht verzichten konnte und ohne die heute keine Düsentriebwerke und keine Windräder gebaut werden könnten.

[2] Die trigonometrischen Reihen haben die Gestalt

$$\frac{1}{2}\, a_0 \; + \; \sum_{n=1}^{\infty} (a_n \cos nx + b_n \sin nx)$$

[3] Das liegt daran, dass offensichtlich ein Häufungspunkt von Häufungspunkten einer Punktmenge M selbst wieder ein Häufungspunkt von M ist.

[4] Georg Cantor: Gesammelte Abhandlungen. hrsg. von Ernst Zermelo, Berlin 1932, Anmerkung Zermelos auf S. 102.

[5] Cantor: Ges. Abh., a. a. O., S. 96.

[6] Walter Purkert und Hans Joachim Ilgauds: Georg Cantor, Basel, Boston, Stuttgart 1987, S. 165.

[7] Aristoteles: Problemata physica, 1. Frage in Kap. XXX.

17. Eine Frage, „die nicht viel Mühe verdient" (Cantor)

> In der Mathematik ist die Kunst, Fragen zu stellen, wichtiger als die Kunst, sie zu lösen.
>
> GEORG CANTOR

> Cantor gehörte zu den größten und genialsten Mathematikern aller Länder und aller Zeiten.
>
> EDMUND LANDAU[1]

Gegen Ende des Jahres 1873 machte Cantor eine Entdeckung, die alles verändern sollte: seine Forschungsrichtung und sein Leben, die Mathematik und die Philosophie. Er entdeckte, dass es im Unendlichen *Abstufungen* gibt, dass man in einem präzisen Sinne von „verschieden großen Unendlichkeiten" reden kann. Die scharfsinnigsten Scholastiker hatten sich an diesem Problem versucht und waren alle gescheitert. Zwei Jahrhunderte nach ihnen hatte Galilei vor dieser Frage offen kapituliert. Und er hatte nicht unrecht gehabt: Das Erfahrungsmaterial zeigte, dass unendliche Mengen im Sinne des Bolzanoschen „Paarens" immer „gleichviel" Elemente hatten, auch wenn die eine Menge nur ein kleiner Teil der anderen war – mochte einem das nun gefallen oder nicht. Wem das nicht gefiel, der konnte immer noch sagen, dass es aktual unendliche Mengen überhaupt nicht gibt.[2] Ein besonders provokantes Beispiel dafür, dass „verschieden große" unendliche Mengen doch „gleichgroß" sein können, lieferten die Mengen N der „natürlichen Zahlen" 1, 2, 3, … und die „unendlich viel größere" Menge Q_+ der positiven „rationalen" Zahlen p/q mit natürlichen Zahlen p, q. Q_+ ist ganz offensichtlich „unendlich viel größer" als N, weil zwischen zwei natürlichen Zahlen immer *unendlich viele* rationale Zahlen liegen (beispielsweise liegen zwischen 1 und 2 die unendlich vielen rationalen Zahlen 1/2, 1/3, 1/4, 1/5 usw., neben ihnen aber noch 2/3, 2/5, 2/7, 2/9 usw.). Cantor hatte schon während seines Studiums erfahren (vielleicht sogar selbst entdeckt), dass man die positiven rationalen Zahlen im Sinne von Bolzano umkehrbar eindeutig und ohne Rest mit den ungleich dünner gesäten natürlichen Zahlen koppeln kann. Die Sache hört sich sensationeller an, als sie in Wirklichkeit ist. Jeder kann sie mittels des folgenden Verfahrens mühelos einsehen. Man schreibe alle positiven rationalen Zahlen in dem folgenden Schema auf:

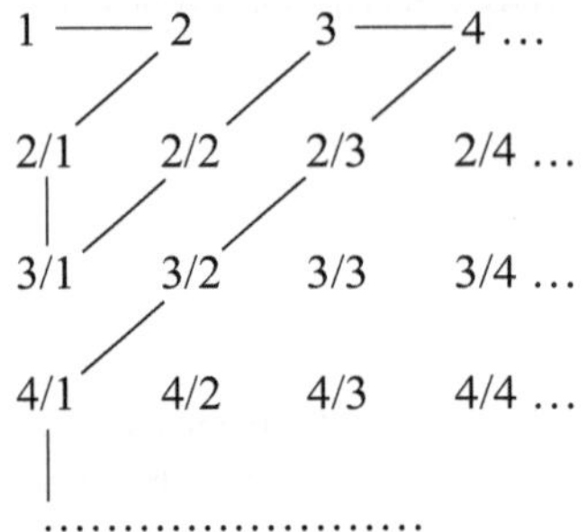

Nun schreibe man die Zahlen sukzessiv in der Reihenfolge auf, die der eingezeichnete Streckenzug angibt, lasse dabei aber schon notierte Zahlen weg. (Man lasse etwa die Zahl 2/2 weg, weil sie schon als 1 aufgetaucht ist.) Man erhält so die positiven rationalen Zahlen „in abgezählter Form", in der jede dieser Zahl genau einen Partner in der „offensichtlich viel kleineren" Menge der natürlichen Zahlen 1, 2, 3, 4, ... hat.

Dieses Kunststück war zu Cantors Zeiten kaum der Rede wert, weil man ähnliches eher ziemlich gedankenlos schon seit langem bei der Multiplikation unendlicher Reihen machte, wo Produkte $a_j b_k$ (j, $k = 1, 2, 3, \ldots$) in fortlaufender Nummerierung anzuordnen waren. Niemandem trat ins Bewusstsein, dass dieses Anordnungsverfahren auch eine verblüffende Aussage über die „gleiche Größe" zweier unendlicher Mengen machte, von denen die eine nur ein winziger Teil der anderen war; sogar Bolzano hatte diese paradoxeste der bisher bekannten Paradoxien des Unendlichen übersehen. Der lange praktische Gebrauch der Sache hatte sie banalisiert. Es hat also durchaus seine Bedeutung, dass Cantor das „Abzählen" und damit die „Abzählbarkeit" der positiven rationalen Zahlen, losgelöst von der Reihentheorie, als ein eigenständiges Phänomen im Reich des Unendlichen erfuhr und ins Bewusstsein hob. Ich schiebe ein Wort zur Terminologie ein: Cantor nannte später eine Menge „abzählbar", wenn ihre Elemente sich umkehrbar eindeutig und ohne Rest mit den natürlichen Zahlen koppeln ließen. Eine solche Menge konnte man also „indizieren", d. h. als eine Folge a_1, a_2, a_3 usw. schreiben. Cantor muss später auch gespürt haben, dass die Redeweise, zwei *unendliche* Mengen enthielten „gleichviel" Elemente, wenn diese umkehrbar eindeutig und ohne Rest gekoppelt („gepaart") werden können, auf Widerstand stoßen würde, weil sich bei dem Wort „gleichviel" der Begriff der (endlichen) Zahl vordrängt. Er hat deshalb lieber gesagt, solche Mengen seien „gleichmächtig" oder hätten die gleiche „Mächtigkeit". Das war eine Konzession an unsere Schwachheit.

Cantor muss um 1865 erkannt haben, dass die Menge der positiven rationalen Zahlen „abzählbar" ist. Und bald darauf mag er sich, hiervon angeregt, die Frage gestellt haben, ob nicht auch die Menge der positiven *reellen* Zahlen $\mathbf{R}_+$ (also die Menge der positiven unendlichen Dezimalbrüche), die viel größer ist als die Menge $\mathbf{Q}_+$ der positiven *rationalen* Zahlen, „abgezählt" werden kann. $\mathbf{R}_+$ ist größer als $\mathbf{Q}_+$, weil es neben den rationalen auch noch irrationale Zahlen gibt, z. B. die Quadratwurzel aus 2, die dem Hippasos so fatal wurde.

Am 29. November 1873 schreibt Cantor an den dreizehn Jahre älteren Braunschweiger Mathematikprofessor Richard Dedekind, den er 1872 auf einer Reise in die Schweiz kennengelernt hatte, er beschäftige sich gegenwärtig mit der Frage, ob „zu jedem Individuum des einen Inbegriffs [nämlich der Menge $\mathbf{N}$] ein und nur eines des anderen [nämlich der Menge $\mathbf{R}+$]

gehört". Am 2. Dezember 1873 lässt er Dedekind wissen, er habe sich diesem Problem schon vor Jahren gestellt. Und nun folgen zwei Sätze, die ihrer schieren Blindheit wegen zutiefst erregend sind: Sie zeigen, dass Cantor und Dedekind, zwei Spitzenmathematiker, nicht begriffen haben, welch grundstürzende Bedeutung die Frage hat, ob „zu jedem Individuum des einen Inbegriffs ein und nur eines des anderen gehört". Der achtundzwanzigjährige Cantor schreibt mit unsäglicher Gleichgültigkeit:

> Übrigens möchte ich hinzufügen, dass ich mich nie ernstlich mit ihr beschäftigt habe, weil sie kein besonders practisches Interesse für mich hat, und ich trete ihnen ganz bei, wenn Sie sagen, dass sie aus diesem Grunde nicht viel Mühe verdient. Es wäre nur schön, wenn sie beantwortet werden könnte.[3]

Für die Forschungspsychologie sind diese Sätze von unschätzbarem Wert. Cantor weiß genau, was er erforschen will. Er müsste eigentlich auch genau wissen, dass ein positives Ergebnis seiner Forschung eine riesige Lawine lostreten würde – aber all das ahnt er noch nicht. Er spricht nicht von „unabsehbaren Kosequenzen", er sagt nur: „Es wäre schön, wenn [diese Frage, die nicht viel Mühe verdient] beantwortet werden könnte." Ahnungsloser hat wohl noch nie ein Mensch vor einem hausgemachten Umbruch seines Lebens und des abendländischen Denkens gestanden.

„Es wäre nur schön, wenn [diese Frage] beantwortet werden könnte." Fünf Tage später hatte er sie beantwortet: Am 7. Dezember 1873 lässt er Dedekind wissen, die Zuordnungsfrage sei zu verneinen (einen Beweis führt er an[4]). Das aber heißt: Die Unendlichkeit von $\mathbf{R}+$ ist *in präzisierbarem Sinn* viel größer als die von $\mathbf{N}$; es gibt im Unendlichen deutlich erkennbare *Abstufungen*. Denken wir noch einmal an die resignierten Worte Galileis, die eine Erfahrung von Jahrtausenden verdichten: „Die Attribute des Gleichen, des Größeren und des Kleineren haben nicht statt bei Unendlichem, sondern sie gelten nur bei endlichen Größen."[5] Aber seit dem 7. Dezember 1873 ist das Unendliche nicht mehr nur die unbestimmte Negation des Endlichen. Man kann von nun an mehr darüber sagen als den leeren Satz „Unendlich ist unendlich, basta". Der 7. Dezember 1873 ist der Beginn eines völlig neuen Denkens über das Unendliche. Als Hilbert später Einstein einmal die Nichtabzählbarkeit der reellen Zahlen auseinandersetzte, war Einstein „ganz überwältigt von der Großartigkeit dieser Gedanken".[6]

Cantor war zunächst nicht überwältigt. Er war es so wenig, dass er seine epochale Entdeckung zwar im Jahre 1874 publizierte, sie aber im Titel gar nicht erwähnte. Dieser unfasslich dürre Titel führte den Leser auf eine falsche Spur. Er lautete: „Über eine Eigenschaft des Inbegriffs aller reellen algebraischen Zahlen."[7] Die Menge der algebraischen Zahlen ist erheblich größer als die der rationalen, zu ihr gehören auch viele (aber nicht alle) irrationalen Zahlen.[8] Die große Bedeutung des Begriffs „algebraische Zahl" erhellt z. B. daraus, dass die weit in die Antike zurückreichende Frage, ob der Kreis einzig unter Verwendung von Zirkel und Lineal in ein flächengleiches Quadrat verwandelt werden könne, („Problem der Quadratur des Kreises") daran hängt, ob die Kreismessungszahl π algebraisch ist oder nicht. Im Jahre 1882 hat Carl Lindemann (1852-1939) bewiesen, dass sie es nicht ist: Die Quadratur des Kreises ist also kein „sehr schwieriges", sondern ein ganz und gar unlösbares Problem.

Nicht nur die Überschrift der genannten Cantorschen Arbeit von 1874 kommt ohne Fanfarenstöße aus, auch der §2, der die erregende Aussage beweist, dass die Menge der reellen Zahlen viel zu groß ist, um abgezählt werden zu können. Dieser Umsturzparagraph wird nicht mit einem

„Völker, hört die Signale!" eröffnet. (Galilei hätte hier mächtig ins Horn gestoßen; sein *Sidereus Nuncius* beginnt bekanntlich mit den tönenden Worten: „Große Dinge lege ich in dieser kleinen Abhandlung den Naturforschern vor.") Cantors Revolutionsmanifest kommt so unauffällig daher, dass viele flüchtige Leser es wohl gar nicht wahrgenommen haben, auch deshalb nicht, weil der Titel der Arbeit sie allein auf den §1 eingestimmt hatte. Zermelo schreibt in einer Anmerkung zu Cantors Arbeit:

> Der erste Nachweis [der Nachweis, dass die algebraischen Zahlen abzählbar sind], der merkwürdigerweise im Titel ausschließlich zum Ausdruck kommt, ist relativ leicht … Dagegen ist der im §2 geführte Beweis für die „Nichtabzählbarkeit" der reellen Zahlen Cantor, wie er selbst sagt, erst nach vergeblichen Versuchen unter Schwierigkeiten gelungen. Er bildet für uns heute das ungleich tiefere Ergebnis der vorliegenden Untersuchung.[9]

Cantor hat später einen Beweis für die Nichtabzählbakeit der reellen Zahlen geliefert, der ganz und gar allgemeinverständlich ist und jeden Willigen an diesem großen Umsturz des Denkens teilhaben lässt. Es ist der Beweis mittels des ganz einfachen und vollendet heimtückischen „Cantorschen Diagonalverfahrens". Es genügt, die Nichtabzählbarkeit der Menge M aller unendlichen Dezimalbrüche zwischen 0 und 1 zu zeigen. Ich behaupte nun, dass bei *jedem* Versuch, die natürlichen Zahlen mit den Elementen aus M monogam zu verheiraten, mindestens eine Zahl aus M unvermählt bleibt. Wie kann man das schaffen? Indem man jeden Heiratsmakler, der behauptet, er habe alle Zahlen aus M unter die Haube gebracht, einer Lüge überführt. Und das machen wir so. Wir bitten den Heiratsvermittler, uns die Ehepaare vorzuführen. Das tut er und liefert uns etwa die folgende Ehestandsliste; in der linken Spalte stehen die Partner aus $\mathbf{N}$, in der rechten die aus M. (Die Diagonale – eine tödliche Diagonale! – ist nicht von ihm, sondern nachträglich von mir eingezeichnet worden):

$$
\begin{array}{ll}
1 & 0,3972\ldots \\
2 & 0,2165\ldots \\
3 & 0,7524\ldots \\
4 & 0,5301\ldots
\end{array}
$$

Nun beginnt der tückische Teil des Unternehmens. Wir bauen einen Dezimalbruch, der zu M gehört, nach folgender Vorschrift: Zuerst kommt natürlich eine 0. Dann laufen wir der Diagonalen von oben nach unten entlang und schreiben eine 1 nieder, wenn wir auf eine von 1 verschiedene Ziffer stoßen, dagegen eine 2, wenn wir auf die Ziffer 1 treffen. Unser Dezimalbruch fängt also so an: 0, 1212… Dank unserer hinterhältigen Konstruktion unterscheidet er sich vom ersten Dezimalbruch der Ehestandsliste in der ersten Dezimale, vom zweiten in der zweiten, vom dritten in der dritten Dezimale und so fort. Er ist also von allen Dezimalbrüchen der Ehestandsliste verschieden, er taucht in ihr gar nicht auf, obwohl er doch zu M gehört, nach Aussage des Ehemaklers also verheiratet sein müsste. Der Makler ist tatsächlich einer Lüge überführt. Es versteht sich von selbst, dass dieses „Diagonalverfahren" bei jeder Ehestandsliste funktioniert. Die Menge der unendlichen Dezimalbrüche zwischen 0 und 1 ist nicht abzählbar.

Vom Diagonalverfahren inspiriert, hat Cantor zeigen können, dass die Menge aller Teilmengen einer unendlichen Menge *M* viel stärker unendlich ist als *M* selbst, und hat so eine unendliche Stufenleiter von Mengen mit immer höheren Unendlichkeiten bauen können.

Nach der umwerfenden Entdeckung der Nichtabzählbarkeit der reellen Zahlen scheint bei Cantor ein Dammbruch erfolgt zu sein, oder, um in der Raubtiersprache zu reden, die dem Forschungsdschungel so angemessen ist: Er scheint Blut geleckt zu haben. Schon am 5. Januar 1874 wirft er in einem Brief an Dedekind[10] die aberwitzige Frage auf, ob die Menge der Punkte eines ganzen Quadrats – also eines *zweidimensionalen* Gebildes – umkehrbar eindeutig und ohne Rest gekoppelt werden können mit der Menge der Punkte einer Seite – einer bloß *eindimensionalen* Seite! – des Quadrats. „Absurd" nannten seine Kollegen diese Frage. Cantor selbst glaubte, sie sei zu verneinen, einen Beweis hält er „fast für überflüssig". Und doch verbeißt er sich in sie! Drei Jahre später bejaht er sie, obgleich er „jahrelang das Gegenteil für richtig gehalten" habe.[11] Er gerät über sein Resultat, das andere Mathematiker „absurd" nennen, weil es den Begriff der Dimension zu zerstören scheint, in eine tiefe Unruhe, die ihn fast verzweifelt ausrufen lässt: *„Je le vois, mais je nele crois pas"* („Ich sehe es, aber ich glaube es nicht").[12] Auch das ist eine unschätzbare Trouvaille für die Forschungspsychologie.

Als Cantor sicher *wusste* – und nicht nur den Gedanken wie im Traum hin- und herwendete, aufhob und wieder fallen ließ –, dass das *Unendliche in sich differenziert* ist, erst da wurde ihm die Bedeutung seiner Entdeckung klar; es ist hier wieder einmal ein sehr merkwürdiger Mechanismus der Forschungspsychologie am Werk. Dass er, Cantor, in dem abgelegenen Halle, dem Unendlichen gewissermaßen auf die Finger gesehen, es *gegliedert* und so erst durchschaut hatte, das schien ihm nun *die* Leistung zu sein, die ihn sogar von großen Vorgängern abhob. 1883 schreibt er:

> [Ich finde] für meine Auffassungen Berührungspunkte in der Philosophie des Nicolaus Cusanus ... Dasselbe bemerke ich in Beziehung auf Giordano Bruno, den Nachfolger des Cusaners ... Ein wesentlicher Unterschied besteht aber darin, dass ich die verschiedenen Abstufungen des Eigentlich-Unendlichen [des Aktual-Unendlichen] durch die Zahlenklassen (I), (II), (III) usw. [es sind dies Klassen transfiniter Zahlen] ein für allemal dem Begriffe nach fixiere und es nun erst als Aufgabe betrachte, die Beziehungen der überendlichen Zahlen nicht nur mathematisch zu untersuchen, sondern auch allüberall, wo sie in der Natur vorkommen, nachzuweisen und zu verfolgen.[13]

Bei anderer Gelegenheit bemerkt er ungehalten:

> Bei allen Philosophen fehlt ... das *Prinzip des Unterschieds* im Transfinitum, welches zu verschiedenen transfiniten Zahlen und zu verschiedenen Mächtigkeiten

führt. Die meisten verwechseln sogar das Transfinitum mit dem seiner Natur nach *unterschiedslosen höchsten Einen,* mit dem Absoluten, dem absoluten Maximum, welches natürlich keiner Determination zugänglich und daher der Mathematik nicht unterworfen ist.[14]

Cantors Theorie war eine Theorie über aktual Unendliches und setzte somit dessen Existenz voraus – es genügte hier nicht mehr die Existenz eines grenzenlos vermehrbaren Endlichen unter dem irreführenden Namen des „potential Unendlichen". Cantor wusste, dass in diesem Punkt fast alles gegen ihn stand. Er wusste, dass der große Antagonismus mit Aristoteles begonnen hatte und durch Thomas von Aquin verschärft worden war; er wusste, dass Leibniz zwar ein gutes Wort für *l'infini actuel* eingelegt hatte, wusste aber auch, dass der große Mann ganz anders reden konnte und in Unendlichkeitsfragen gelegentlich in starken Widerspruch mit sich selbst geriet.[15] In einem seiner wichtigsten Werke hatte er rundweg geleugnet, dass es ein „unendliches Ganzes" (*un tout infini*) in der Welt geben könne, „obwohl es Ganze gibt, die bis ins Unendliche eines immer größer als das andere sind".[16] Kant hatte von der „Unmöglichkeit der absoluten Totalität eines Progressus ohne Ende" und von der „Unmöglichkeit, das Unendliche als ganz gegeben zu denken" gesprochen,[17] als hätte er bei Zenon und Thomas abgeschrieben („*Impossibile est infinitum transire*", so Thomas). Noch der vier Jahre vor Cantors Geburt gestorbene einflussreiche Philosoph Herbart hatte sich strikt gegen das Aktual-Unendliche ausgesprochen. Cantor hat einen solchen *horror infiniti* respektlos als ein „tief eingewurzeltes Übel" und als „eine Art *Kurzsichtigkeit*" abgefertigt.[18] Hart aber hat ihn ein Ausspruch von Gauß getroffen, in dem er eine entschiedene Verurteilung des Aktual-Unendlichen durch den größten Mathematiker sehen musste. Am 12. Juli 1831 hatte der *princeps mathematicorum* seinem Freund Schumacher geschrieben:

> So protestire ich … gegen den Gebrauch einer unendlichen Grösse als einer *Vollendeten,* welcher in der Mathematik niemals erlaubt ist. Das Unendliche ist nur eine façon de parler, indem man eigentlich von Grenzen spricht, denen gewisse Verhältnisse so nahe kommen als man will, während andern ohne Einschränkung zu wachsen verstattet ist.[19]

Mit der ihm eigenen antiautoritären Stoßkraft schreibt Cantor zu dieser Stelle:

> [Ich habe] die Autorität von Gauß, welche ich in allen anderen Beziehungen so hoch halte, in *diesem Punkte* abgelehnt, sowie ich heute das Zeugnis Cauchys und wie ich … u. a. auch die Autorität Leibnizens, der in dieser Frage eine merkwürdige Inkonsequenz begangen hat, zurückweise.[20]

Was hätte Cantor zu dem folgenden Aphorismus der geistreichen Mathematikerin Sophie Germain gesagt, die von Gauß hoch geschätzt wurde und mit ihm korrespondierte:

> Das Unendliche ist die Tiefe, in welche sich unser Denken verliert; nun aber ist es nicht naturgemäß, sich in Abgründe zu stürzen.[21]

Cantor hatte nichts gegen Abgründe. Als einmal die Frage diskutiert wurde, was überhaupt eine Menge sei, „richtete [Cantor] seine kolossale Figur auf, beschrieb mit erhobenem Arm eine großartige Geste und sagte mit einem ins Unbestimmte gerichteten Blick: ‚Eine Menge stelle ich mir vor wie einen Abgrund'".[22]

Die „Herbartsche Dogmatik" hingegen, mit ihrer Ablehnung des Aktual-Unendlichen, stellte er sich vor wie ein „dunkles, unterirdisches Gefängnis, wohin kein erlösender Lichtstrahl dringt".[23] Nicht unpassend hat man ihn einen „Romantiker" genannt.

Der Kampf zwischen dem Aktual-Unendlichen und dem Potential-Unendlichen, der mit Aristoteles begonnen hatte, wird von Cantor noch einmal auf allen Fronten und mit aller Leidenschaft durchgefochten. Er wird nicht müde, das Potential-Unendliche als das zu denunzieren, was es ist: ein „veränderliches Endliches" (weshalb er es auch ein „Uneigentlich-Unendliches" nennt), ein „bloßer Hilfs- und Beziehungsbegriff unseres Denkens", etwas, das als eigenständige Wesenheit eigentlich gar nicht vorhanden ist.[24] Sein Urteil über das „P.-U", das Potential-Unendliche, ist vernichtend:

> Allerdings ist das P.-U. eigentlich kein Unendliches, darum habe ich es in meinen „Grundlagen" *uneigentliches* Unendliches genannt [und eigentlich sollte man für das P.-U. den Ausdruck *Unendliches* ganz fallen lassen]. Doch wird es schwer sein, den betreffenden Gebrauch zu beseitigen, umso schwerer, als das P.-U. der leichtere, angenehmere, oberflächlichere, unselbständigere Begriff und die schmeichlerische Illusion zumeist mit ihm verknüpft ist, als hätte man daran was Rechtes, was richtig Unendliches; während doch in Wahrheit das P.-U. nur eine geborgte Realität hat, indem es stets auf ein A.-U. [Aktuell-Unendliches] hinweist, durch welches es erst möglich wird.[25]

Von diesem *uneigentlich* Unendlichen mit seinem trügerischen Schein hebt sich in Cantors Augen das *eigentlich* Unendliche, das *Aktual*-Unendliche (A.-U.) mit seiner festen Bestimmtheit aufs vorteilhafteste ab:

> Unter einem A.-U ist dagegen ein Quantum zu verstehen, das einerseits *nicht veränderlich,* sondern vielmehr in allen seinen Teilen fest und bestimmt, eine richtige *Konstante* ist, zugleich aber andrerseits *jede endliche Größe* derselben Art an Größe übertrifft. Als Beispiel führe ich die Gesamtheit, den Inbegriff *aller* endlichen ganzen positiven Zahlen [also der Zahlen 1, 2, 3, …] an; diese Menge ist *ein Ding für sich* und bildet, ganz abgesehen von der natürlichen Folge der dazu gehörigen Zahlen, ein in allen Teilen festes, bestimmtes Quantum, ein *aphorismenon,* das offenbar größer zu nennen ist als jede endliche Anzahl. Ein anderes Beispiel ist die Gesamtheit *aller* Punkte, die auf einem gegebenen Kreis (oder irgendeiner andern bestimmten Kurve) liegen.[26]

In einer langen Fußnote zitiert er nun jene Stelle aus Augustinus' *Gottesstaat,* in der uns der Bischof von Hippo versichert, Gott kenne *alle* Zahlen, ihm sei die Unendlichkeit der Zahlen nicht unfasslich.[27] Und Cantor sagt dazu begeistert: „Energischer als dies hier von S. Augustin geschieht, kann das Transfinitum nicht verlangt, vollkommener nicht begründet und verteidigt werden." Denn indem Augustinus „die totale, intuitive Perzeption" der Menge der Zahlen 1, 2, 3, … durch das unendlichkeitserfassende Wissen Gottes behauptet, „erkennt er zugleich diese Menge *formaliter* als ein aktual-unendliches Ganzes, als ein *Transfinitum* an, und wir sind gezwungen, ihm darin zu folgen".[28] Für Cantor ist Gottes Allwissen der Bürge für das Aktual-Unendliche.

In der „so oft zu allen Zeiten zugelassenen Vereinigung oder Vermengung dieser beiden völlig disparaten Begriffe" [des Aktual-Unendlichen und des Potential-Unendlichen] sieht Cantor „die Ursache unzähliger Irrtümer".[29]

Einen Bundesgenossen bei der Trennung „dieser beiden völlig disparaten Begriffe" und bei der Sanierung des Aktual-Unendlichen fand Cantor in dem schon erwähnten Constantin Gutberlet, Professor für Mathematik und Philosophie am Priesterseminar in Fulda und langjähriger Herausgeber des Jahrbuchs der Görres-Gesellschaft. Gutberlet hatte in dem späteren Kardinal Franzelin einen Lehrer gehabt, der (so Gutberlet) „die aktual unendliche Menge in der Erkenntnis Gottes [verteidigte], gestützt auf die ausdrückliche Lehre des hl. Augustinus, und er war es, der mir den Anstoß zu jener Schrift gegeben und mich bei den heftigsten Angriffen damit beruhigte, dass ich nur die Lehre des hl. Augustinus vortrage".[30] Wieder erscheint Augustinus als der Schutzpatron des Aktual-Unendlichen. Mit „jener Schrift" meint Gutberlet sein Buch *Das Unendliche, mathematisch und metaphysisch betrachtet*, das 1878 in Mainz erschien. Gutberlet wusste damals noch nichts von den Arbeiten Cantors, was nicht zu verwundern braucht: Cantors erste mengentheoretische Arbeit, in der u. a. die sensationelle Nichtabzählbarkeit der reellen Zahlen gezeigt wird, war zwar schon 1874 erschienen, aber unter einem Titel, der in einer geradezu sinnentleerten Weise nicht auf das erdbebenartige Haupt-, sondern nur auf ein gefälliges Nebenergebnis der Arbeit hinwies;[31] seine zweite mengentheoretische Publikation kam erst 1878, im Erscheinungsjahr des Gutberletschen Buches heraus. In diesem Buch trägt Gutberlet ein Argument zugunsten des Aktual-Unendlichen vor, das Cantor vorzüglich gefiel:[32] Man kann vom Potential-Unendlichen nur reden, wenn schon ein Aktual-Unendliches vorhanden ist, in das die potential unendliche Größe unbeschränkt hineinwachsen kann. In Gutberlets Worten:

> Wenn also behauptet wird: Eine Menge, Ausdehnung, Aufeinanderfolge kann nicht aktual, sondern nur potential unendlich sein, so ist dies ein Widerspruch, und es müsste vielmehr heißen: Nur dann kann eine Größe potential unendlich genannt werden, wenn sie eine Grundlage in einem entsprechenden aktualen Unendlichen hat. Denn warum kann man nach jeder Grenze, die man sich in der unendlichen Ausdehnung gesetzt hat, immer wieder weiter gehen? Weil hinter jeder angebbaren Ausdehnung immer noch Ausdehnung ist. Ebenso kann man über jede gedachte Zahl noch eine größere Menge sich nur deshalb denken, weil die Menge tatsächlich keine Grenzen, kein Ende hat, also wirklich unendlich ist. Der Geist schafft ja beim Weiterdenken keine neue Ausdehnung, keine größere Menge, sondern erkennt sie bloß als objektiv möglich an. Denn es ist offenbar der Gedanke, welcher nach jeder Grenze dieselbe wieder für zurückschiebbar erachtet, ein wahrer Gedanke, da nach der Definition des potentiell Unendlichen und nach dem objektiven Sachverhalt nach jeder Grenze, die gesetzt wird, noch immer etwas, ja ein Unendliches dahinterbleibt. Der Gedanke der unbegrenzten Zurückschiebbarkeit der Grenzen wäre falsch, wenn nicht etwas im Hintergrunde stände, was tatsächlich und jetzt schon vor unserm Verschieben der Grenze ohne Ende, ohne Grenze wäre.

Es ist, als kehrten wir zum ersten Kapitel des vorliegenden Buches zurück, das von der Dialektik der Grenzen und von ihrem Transzendieren handelte.

Gutberlet bringt in seinem Werk noch ein weiteres Argument für die Existenz des Aktual-Unendlichen, das „mathematischer" ist; Cantor übernimmt es ebenfalls. Einem heutigen Mathematiker kommt es ziemlich trivial vor, aber gerade diese Tatsache zeigt, wie mühsam und aufreibend damals der Kampf für das Aktual-Unendliche gewesen sein muss. Cantor formuliert das Argument so:

> Man kann aber noch aus einem andern Gesichtspunkt das Vorkommen des Aktual-Unendlichen und seine Unentbehrlichkeit sowohl in der Analysis, wie auch in der Zahlentheorie und Algebra unwiderleglich dartun. Unterliegt es nämlich keinem Zweifel, dass wir die *veränderlichen* Größen im Sinne des potentialen Unendlichen nicht missen können, so lässt sich daraus auch die Notwendigkeit des Aktual-Unendlichen folgendermaßen beweisen: Damit eine solche veränderliche Größe in einer mathematischen Betrachtung verwertbar sei, muss streng genommen das „Gebiet" ihrer Veränderlichkeit durch eine Definition vorher bekannt sein; dieses „Gebiet" kann aber nicht selbst wieder etwas Veränderliches sein, da sonst jede feste Unterlage der Betrachtung fehlen würde; also ist dieses „Gebiet" eine bestimmte aktual-unendliche Wertmenge.
> So setzt jedes potentiale Unendliche, soll es streng mathematisch verwendbar sein, ein Aktual-Unendliches voraus.[33]

Cantor hat es sich sauer werden lassen mit der langen und metastasenhaft wuchernden anti-infinitären Denktradition. Man hört es aus seinen eigenen Worten heraus:

> Zu dem Gedanken, das Unendlichgroße nicht bloß in der Form des unbegrenzt Wachsenden ... zu betrachten, sondern es auch in der bestimmten Form des Vollendet-Unendlichen mathematisch durch Zahlen zu fixieren, bin ich fast wider meinen Willen, weil im Gegensatz zu mir wertgewordenen Traditionen, durch den Verlauf vieljähriger wissenschaftlicher Bemühungen und Versuche gezwungen worden, und ich glaube daher auch nicht, dass Gründe sich dagegen werden geltend machen lassen, denen ich nicht zu begegnen wüsste.[34]

Merkwürdigerweise hat Cantor niemals schulgerecht definiert, in was denn die „Unendlichkeit" einer Menge bestehen soll; auch Bolzano hat es nicht getan. Unausgesprochen scheint bei beiden der Gedanke im Hintergrund zu stehen, dass eine Menge genau dann „unendlich" ist, wenn bei ihr jene Paradoxie auftritt, vor der endliche Mengen gefeit sind: die Paradoxie, dass sie einer echten Teilmenge „ähnlich", also gleichmächtig ist.[35] Erst Dedekind hat diese Eigenschaft in den Rang einer formalen Definition erhoben, und so den ehemaligen Todesschein der unendlichen Mengen zu ihrer Geburtsurkunde gemacht. Er tut dies in seiner berühmten kleinen Schrift *Was sind und was sollen die Zahlen* von 1887. Bei Bolzano war die endliche Menge der primäre Begriff; unendlich ist eine Menge, wenn sie nicht endlich ist. Bei Dedekind wird zuerst gesagt, was eine unendliche Menge ist, und dann wird eine Menge endlich genannt, wenn sie nicht unendlich ist. Im Originaltext (Dedekind sagt „System" statt „Menge"):

> 64. *Erklärung.* Ein System S heißt *unendlich,* wenn es einem echten Teile seiner selbst ähnlich ist; im entgegengesetzten Falle heißt S ein *endliches* System.

Gestützt auf diese erste eindeutige Definition der Unendlichkeit eines Systems, beweist nun Dedekind den Satz, der ihm den Groll des Aristoteles eingetragen hätte: „Es gibt unendliche Systeme."[36] Er tut es, indem er von der „Gesamtheit S aller Dinge, welche Gegenstand meines Denkens sein können" zeigt, dass sie ein *unendliches* System im Sinne seiner Definition ist. Diesen Beweis betrachten wir heute nicht mehr als schlüssig, weil die „Gesamtheit aller Dinge, welche Gegenstand meines Denkens sein können" nach den verheerenden Antinomien der Mengenlehre nicht mehr als eine zulässige Menge angesehen wird.

Als Cantor entdeckt hatte, dass es im Unendlichen Abstufungen gibt, ging er an das nie gewagte Unternehmen, *transfinite Zahlen* einzuführen, unendliche Zahlen, die in derselben Weise die Grade des Unendlichen unterscheiden und bezeichnen sollten, wie die natürlichen Zahlen die Grade des Endlichen unterscheiden und bezeichnen. Es ist bewegend zu sehen, wie behutsam und doch wie bestimmt Cantor das ungeheuerliche Unternehmen 1883 ankündigt:

> Die bisherige Darstellung meiner Untersuchungen in der Mannigfaltigkeitslehre ist an einen Punkt gelangt, wo ihre Fortführung von einer Erweiterung des … Zahlbegriffs über die bisherigen Grenzen hinaus abhängig wird, und zwar fällt diese Erweiterung in eine Richtung, in welcher sie meines Wissens bisher von niemandem gesucht worden ist … Es handelt sich um eine Erweiterung resp. Fortsetzung der [natürlichen] Zahlenreihe über das Unendliche hinaus; so gewagt dies auch scheinen möchte, kann ich dennoch nicht nur die Hoffnung, sondern die feste Überzeugung aussprechen, dass diese Erweiterung mit der Zeit als eine durchaus einfache, angemessene, natürliche wird angesehen werden müssen. Dabei verhehle ich mir keineswegs, dass ich mit diesem Unternehmen in einen gewissen Gegensatz zu weitverbreiteten Anschauungen über das mathematische Unendliche und zu häufig vertretenen Ansichten über das Wesen der Zahlgröße mich stelle.[37]

Er stellte sich nicht in einen „gewissen" Gegensatz zu „häufig" vertretenen Ansichten – er stellte sich in den schärfsten Gegensatz zur gesamten Tradition (und wusste es). Das „*numerus infinitus repugnat"* („Die unendliche Zahl ist in sich widersprüchlich") nannte er selbst einen „uralten Satz".[38] Schon Aristoteles hatte kategorisch erklärt: „Eine unendliche Zahl ist unmöglich."[39] Thomas von Aquin hatte aufs bestimmteste gesagt: „Keine Spezies der Zahl ist unendlich."[40] Leibniz hatte wegwerfend gemeint, nichts sei absurder als die Idee einer unendlichen Zahl.[41] John Locke, der Freund Newtons und Begründer des Empirismus, stimmte in Sachen „unendliche Zahlen" mit dem Newton-Gegner Leibniz voll überein: „Es dürfte sich schwerlich jemand finden", schreibt er in seinem Hauptwerk, „der unsinnig genug wäre zu behaupten, er besitze die *positive* Idee einer wirklichen unendlichen Zahl."[42] Der gefeierte französische Mathematiker

Augustin-Louis Cauchy (1789-1857), ein bibelgläubiger Mann, sah in der Unmöglichkeit unendlicher Zahlen einen Beweis dafür, dass die Welt, wie es die Schöpfungsgeschichte lehrte, vor endlich vielen Jahren von Gott erschaffen worden sei.[43] In einem Brief an Kardinal Franzelin klagte Cantor, so mancher vermute in dem Bibelwort „Du aber hast alles geordnet nach Maß, Zahl und Gewicht" einen „Widerspruch gegen die aktual-unendlichen Zahlen".[44] Und nicht weniger betrübte es ihn, dass „Chr. Sigwart in seinem ausgezeichneten Werke: Logik, II. Bd. Die Methodenlehre auf S. 47 [sagt]: ‚eine unendliche Zahl ist eine Contradictio in adjecto'. Ähnliches findet sich bei Kant ... Auch die Philosophen der Hegelschen Schule lassen die eigentlich-unendlichen Zahlen nicht gelten."[45] Am härtesten aber wird es Cantor getroffen haben, dass auch Gutberlet, der Streiter für aktual unendliche Mengen, von aktual unendlichen Zahlen nichts wissen wollte: Es sei, meinte Gutberlet, „sehr inkorrekt", von einer unendlichen Zahl zu sprechen, „denn Zahl bedeutet eine bestimmte angebbare Menge von Einheiten".[46] Cantor reagierte fast ungehalten auf diesen Schwächeanfall Gutberlets, der

> ähnlich wie es schon Leibniz getan, die *unendliche „Zahl"* preisgibt, dagegen die unendliche „Menge" zu retten sucht. Es kann aber m. E. den Gegnern des Transfiniten kein größerer Gefallen geschehen als mit dieser Wendung; denn unendliche Zahl und Menge sind unlösbar miteinander verknüpft; gibt man die eine auf, so hat man kein Recht mehr auf die andere.[47]

Cantor meint, das Haupthindernis gegen die Einführung unendlicher Zahlen sei „von alters her" das Paradoxon gewesen, dass eine unendliche Menge „ebensoviel" Elemente haben kann wie eine echte Teilmenge.[48] In der Tat hat sich Leibniz durch dieses Phänomen zu dem Glauben bringen lassen, unendliche Zahlen seien absurd. Aber die Einwände gegen unendliche Zahlen sind älter, sie kommen aus Zeiten, in denen man dieses Paradoxon noch gar nicht kannte. Sie rühren daher, dass man auch an das Unendliche *zählend* herantrat, und zwar in dem ganz konkreten Sinne, dass man mit *Zeitaufwand* „eins", „zwei", „drei" usw. sagte – und dann konnte man leicht konstatieren, wie es schon Zenon getan hatte, dass man mit dem Zählen des Unendlichen nicht fertig wird. Diese Vorstellung, das Zählen – und damit auch die Zahl – habe etwas mit der Zeit zu tun, sitzt tief; noch Kant sagt apodiktisch: „Arithmetik bringt selbst ihre Zahlbegriffe durch sukzessive Hinzusetzung der Einheiten in der Zeit zustande." Auf dieser Basis kann man – wenn überhaupt – allenfalls die natürlichen Zahlen konstruieren, zu den unendlichen Zahlen kommt man aus Zeitgründen nie. Wer die Zeit in die Zahl bringt, sitzt in der Falle. Cantor hat sich denn auch immer wieder gegen die Auffassung gewandt, dass die Zahl sich auf den Zeitbegriff gründe;[49] noch radikaler: Er hat sogar den Zeitbegriff selbst kritisiert und dabei Kant zur Zielscheibe seines Spottes gemacht.

> So etwas wie *objektive* oder *absolute Zeit* kommt in der Natur nirgends vor und es kann daher auch nicht die Zeit als Maß der *Bewegung,* viel eher könnte diese als Maß der Zeit angesehen werden, wenn nicht dem letzteren entgegenstünde, dass die *Zeit* selbst in der bescheidenen Rolle einer *subjektiv notwendigen apriorischen* Anschauungsform [das ist Kants Zeitauffassung] es zu keinem ersprießlichen, unangefochtenen Gedeihen hat bringen können, obgleich ihr seit Kant die Zeit dazu nicht gefehlt haben würde.[50]

Cantor konstruiert die transfiniten Zahlen nicht durch ein zeitabhängiges Zählen (was gar nicht möglich ist), sondern mittels des Prinzips, die Elemente einer vorgelegten Menge mit den Elementen einer „Mustermenge", eines „Maßstabs" monogam und ohne Rest zu verheiraten oder also dadurch, dass er Bolzanos Paarungsprinzip konsequent anwendet – viel konsequenter, als Bolzano selbst es getan hatte. Um es noch krasser zu sagen: Cantor erreicht seinen Durchbruch zur Moderne, indem er die zahlwortlosen Vergleichsmethoden der Kinder und „Wilden" anwendet. Wo ein Kind sagt: „Ich will so viel Nüsse" und dabei die Finger einer Hand ausstreckt, sagt Cantor: „Es gibt ebenso viele rationale Zahlen wie natürliche Zahlen." Man kann, wenn man will, Symbole einführen, um sich bequemer auszudrücken. Das kennen wir von endlichen Mengen her, wo wir endliche Zahlen erfinden und verwenden, Zahlen, die im Grunde nur „Mustermengen" vor unsere Augen stellen. Das hat Cantor mit unendlichen Zahlen getan, die uns nur an unendliche Mustermengen erinnern sollen. Cantor hat den Satz des hl. Thomas ernst genommen: *„Impossibile est infinitum transire"* („Es ist unmöglich, das Unendliche zu durchlaufen"). „Zählen" ist kein Durchlaufen, sondern ein Vergleichen. Es hat zu tun mit der wohl elementarsten Operation unseres Geistes.

---

[1] Edmund Landau (1877-1938) war selbst einer der berühmtesten Mathematiker seiner Zeit.

[2] S. etwa Bernard Bolzano: Paradoxien des Unendlichen § 14.

[3] Georg Cantor: Briefe, hrsg. von Herbert Meschkowski und Winfried Nilson, Berlin, Heidelberg, New York 1991, S. 32.

[4] Georg Cantor: Briefe, a. a. O., S. 35f.

[5] Galileo Galilei: Unterredungen, a. a. O., S. 31; s. Kap. 15 dieses Buches.

[6] Brief Hilberts an Else Cantor, abgedruckt in Herbert Meschkowski: Georg Cantor, S. 176.

[7] Georg Cantor: Ges. Abh., hrsg. von Ernst Zermelo, Berlin 1932, S. 115ff.

[8] Algebraische Zahlen sind Nullstellen von Polynomen mit ganzzahligen Koeffizienten.

[9] Georg Cantor: Ges. Abh., a. a. O., S. 118, Anmerkung.

[10] Georg Cantor: Briefe, a. a. O., S. 38.

[11] Georg Cantor: Briefe, a. a. O., S. 41ff. (Brief an Dedekind vom 20. Juni 1877).

[12] Brief an Dedekind vom 29. Juni 1877; vgl. Georg Cantor: Briefe, a. a. O., S. 44.

[13] Georg Cantor: Ges. Abh., S. 205.

[14] Georg Cantor: Ges. Abh , S. 391. Das „höchste Eine" ist Gott.

[15] Georg Cantor: Ges. bh., S. 179f. und S. 371.

[16] Gottfried Wilhelm Leibniz: Nouveaux Essais, Kap. 13, § 21.

[17] Immanuel Kant: Kritik der Urteilskraft, hrsg. von Karl Vorländer, 6. Aufl. Leipzig 1924, S. 100 und S. 104f.

[18] Georg Cantor: Ges. Abh, . S. 400 und S. 374.

[19] Carl Friedrich Gauss: Werke VIII, Leipzig 1900, S. 216; s. dazu Georg Cantor: Ges. Abh. A. a. O., S. 371.

[20] Georg Cantor: Ges. Abh., S. 371.

[21] Zitiert nach Giordano Bruno: Zwiegespräche vom unendlichen All, übers. von Ludwig Kuhlenbeck, Neuauflage Darmstadt 1980, S. LIX.

[22] Diese Geschichte wurde von der bedeutenden Algebraikerin Emmy Noether (1882-1935) berichtet, s. Oskar Becker: Grundlagen der Mathematik in geschichtlicher Entwicklung, suhrkamp taschenbuch wissenschaft 114, Frankfurt/M. 1975, S. 316.

[23] Georg Cantor: es. Abh., S. 392

[24] Georg Cantor: Ges. Abh., S. 166 und S. 180; s. auch S. 391 und 401.

[25] Georg Cantor: Ges. Abh., S. 404; vgl. auch S. 391: „Das potentiale Unendliche [ist] nur Hilfs- und Beziehungsbegriff und [weist] stets auf ein zugrunde liegendes *transfinitum* hin, ohne welches es weder sein noch gedacht werden kann."

[26] Georg Cantor: Ges. Abh., S. 401 (Fortsetzung auf S. 404).

[27] Augustinus: Vom Gottesstaat XII, 19.

[28] Georg Cantor: Ges. Abh. A., S. 402.

[29] Georg Cantor: Ges. Abh., S. 395.

[30] Phil. Jahrbuch der Görres-Gesellschaft 32, 1919, S. 364ff. Zitiert nach Herbert Meschkowski: Georg Cantor, S. 66.

[31] *Über eine Eigenschaft des Inbegriffs aller reellen algebraischen Zahlen,* abgedruckt in Georg Cantor: Ges. Abh., S. 115-118. Die Nichtabzählbarkeit der reellen Zahlen tritt im Titel gar nicht auf.

[32] Georg Cantor: Ges. Abh., S. 394.

[33] Georg Cantor: Ges. Abh., S. 410f.

[34] Georg Cantor: Ges. Abh., S. 175.

[35] Noch 1887 schreibt Cantor verhalten: „*Es liegt kein Widerspruch* vor, wenn, wie dies bei *unendlichen* Mengen häufig [!] eintritt, zwei Mengen, von denen die eine ein *Teil* oder *Bestandteil* der andern ist, *völlig gleiche* Kardinalzahl [also „gleichviel" Elemente] haben." (Ges. Abh., S. 379).

[36] Satz 66 in *Was sind und was sollen die Zahlen.*

[37] Georg Cantor: Ges. Abh., S. 165.

[38] Georg Cantor; Ges. Abh., S. 371.

[39] Aristoteles: Physik 204b.

[40] Thomas von Aquin: Summe der Theologie I, q. 7, a. 4.

[41] Hans Hahn: Gibt es Unendliches? Abgedruckt in Hans Hahn: Empirismus, Logik, Mathematik, suhrkamp taschenbuch wissenschaft 645, Frankfurt/M. 1988, dort S. 116.

[42] John Locke: Über den menschlichen Verstand, Buch II, Kapitel XVII, § 13; s. auch Ende von § 16.

[43] Georg Cantor: Ges. Abh., a. a. O., S. 370.

[44] Georg Cantor: Ges. Abh., S. 399.

[45] Georg Cantor: Ges. Abh. S. 206.

[46] Constantin Gutberlet: Das Unendliche, mathematisch und metaphysisch betrachtet, Mainz 1878, S. 18. Zitiert nach Herbert Meschkowski (Hrsg.): Das Problem des Unendlichen, München 1974, S. 20f.

[47] Georg Cantor: Ges. Abh., S. 394.

[48] Georg Cantor: Ges. Abh., S. 379.

[49] Georg Cantor: Ges. Abh., S. 478.

[50] Georg Cantor: Ges. Abh., S. 192.

18. Zum Nachtisch ausgewählte Erdbeben: Antinomien der Mengenlehre und Logik

antinomia (griech.) = Widerspruch des Gesetzes mit sich selbst.

Niemand soll uns aus dem Paradies vertreiben, das Cantor für uns geschaffen hat.

DAVID HILBERT

Cantors Vorstoß in die Tiefen des Unendlichen war viel zu faszinierend, als dass er auf Dauer von seinen Gegnern hätte gestoppt werden können. Aber gerade als die Mengenlehre ihren Siegeszug begonnen hatte, zogen sich schwere Unwetter über ihr zusammen. Cantor war der erste, der die aufziehenden Gewitter bemerkte, und zwar im Jahre 1897. Er hatte eine ingeniöse Theorie transfiniter Ordnungszahlen (Ordinalzahlen) ausgearbeitet. Nach dieser Theorie musste die Menge Z *aller* Ordnungszahlen selbst eine Ordnungszahl haben, diese musste als Ordnungszahl zu Z gehören, musste aber auch größer sein als jede Zahl in Z, größer also als sie selbst: ein perfekter Widerspruch. Es ist sehr merkwürdig und für den Forschungspsychologen sehr aufschlussreich, dass Cantor sich von dieser Killer-Antinomie den Schlaf nicht rauben ließ. Er sprach der Menge aller Ordinalzahlen einfach den Rang einer echten Menge ab. Sie war ihm eine „inkonsistente Totalität". Das waren schöne Worte, mit denen er aber nicht durchkam. Cantor hat seine Entdeckung nicht veröffentlicht.

Sehr merkwürdig ist auch, dass genau im Jahr der Cantorschen Antinomie-Entdeckung der sechsunddreißigjährige italienische Mathematiker Cesare Burali-Forti (1861-1931) dieselbe Antinomie unabhängig von Cantor entdeckte und in der angesehenen Fachzeitschrift *Rendiconti del circolo matematico di Palermo* veröffentlichte. So ist es gekommen, dass die erste Antinomie der Mengenlehre nach Burali-Forti genannt wird. Cantor scheint von Burali-Forti gar nichts gewusst zu haben. Er erwähnt ihn weder in seinen Publikationen noch in seinen Aufzeichnungen.

Man könnte versucht sein zu sagen, die Antinomie von Burali-Forti sei von eher „technischer" Art. Man sollte das nicht tun. Für diejenigen aber, die es gerne konkreter haben wollen, erwähne ich noch einmal die Antinomie von Russell, die wir schon kennen (s. Kap. 12) und die ganz „untechnisch" ist: Man kann sie ohne Vorbereitung und ohne Vorkenntnisse verstehen. Es handelt sich um die „Russellsche Menge" R aller Mengen, die sich selbst nicht als Element enthalten. Diese Menge ist antinomisch. Denn sie hat genau zwei Möglichkeiten: 1. Sie enthält sich selbst nicht als Element; dann ergibt sich, dass sie sich als Element enthalten muss. 2. Sie enthält sich selbst als Element, dann folgt, dass sie sich nicht als Element enthalten kann (vgl. Kap. 12). Auch Russell kam, wie Burali-Forti, auf diese desaströse Antinomie, in die nichts als der Mengenbegriff eingeht, als er sich 1901 mit Fragen der Cantorschen Mengenlehre beschäftigte. Man glaubt es kaum, aber er nahm diese epochale Entdeckung zunächst gar nicht sehr ernst. Er glaubte, dass irgendein trivialer Fehler sich in seine Überlegungen eingeschlichen habe und dass er die Widersprüche *quite easily* überwinden könne.[1] Dem war aber nicht so. 1903 machte er die Antinomie öffentlich bekannt in seinem Buch *Principles of Mathematics*. Aber schon ein Jahr zuvor hatte Russell seine Antinomie dem deutschen Grundlagenforscher Friedrich Frege (1848-1925) mitgeteilt, der als der größte Logiker seiner Zeit galt. Frege war bestürzt. 1902 schrieb er im Nachwort des zweiten Bandes seiner *Grundgesetze der Arithmetik* (fertiggestellt 1902) das kummervollste Understatement nieder, das man in der wissenschaftlichen Literatur findet:

> Einem wissenschaftlichen Schriftsteller kann kaum etwas Unerwünschteres begegnen, als dass ihm nach Vollendung einer Arbeit eine der Grundlagen seines Baues erschüttert wird.
> In diese Lage wurde ich durch einen Brief des Herrn BERTRAND RUSSELL versetzt, als der Druck dieses Bandes sich seinem Ende näherte.

Er erinnert sich dann an den Gemeinplatz, dass es dem Elenden ein Trost ist, im Elend nicht allein zu sein, sagt ihn, um seine stärkenden Wirkung zu verbessern, lateinisch her und fährt fort mit den Worten: „Dieser Trost, wenn er einer ist, steht auch mir zur Seite; denn Alle, die von Begiffsumfängen, Klassen, Mengen in Beweisen Gebrauch gemacht haben, sind in derselben Lage." Zu diesen „Allen" gehörte auch Dedekind, den die Russellsche Antinomie tief verstört hatte, und der die vorgesehene dritte Auflage seiner berühmten Schrift *Was sind und was sollen die Zahlen* nun um mehrere Jahre hinausschob.

Die Russellsche Antinomie zeigte wie in einem grellen Licht, dass die Quelle der Kalamitäten der Mengenbegriff selbst war (denn etwas anderes tritt in ihr nicht auf): Die Zeitbombe tickte im Kellergeschoss, nicht in den oberen Burali-Forti-Stockwerken, wo das Gewebe feingesponnener Sätze hergestellt wurde. Cantor hatte zwar eine Definition des Begriffs „Menge" gegeben, aber sie war selbst in ihrer Schlussredaktion von 1895 nur eine Zirkeldefinition; sie erklärte „Menge" durch eine bloße Umverbalisierung von „Menge", nämlich durch „Zusammenfassung zu einem Ganzen". O-Ton Cantor:

> Unter einer „Menge" verstehen wir jede Zusammenfassung M von bestimmten wohlunterschiedenen Objekten m unserer Anschauung oder unseres Denkens (welche die „Elemente" von M genannt werden) zu einem Ganzen.[2]

Diese „Definition", die keine war, erlaubte, was man später schaudernd eine „uferlose Mengenbildung" genannt hat. Die Antinomien waren die Strafe, und sie kamen jetzt, als die Mengenlehre zu triumphieren begann, einer Austreibung aus dem Paradies gleich. Niemand lässt sich gerne aus einem Paradies vertreiben (seit Adam und Eva kennt man die Folgen), und so begann denn eine fieberhafte Arbeit, die Mengenlehre zu retten und auf eine tragfähige Grundlage zu stellen. Nach allem, was man seit Euklid und neuerdings wieder seit Hilbert wusste, konnte dies nur vermöge einer strengen Axiomatisierung geschehen, von der in Cantors „naiver Mengenlehre" nie die Rede gewesen war. Diese Axiomatisierung wurde in Angriff genommen und war von Erfolg gekrönt. Sie wirft noch jetzt reiche Früchte ab.

Wer zur Zeit der „Grundlagenkrise der Mathematik" – und eine Krise war es tatsächlich – der „Königin der Wissenschaften" ankreidete, gar so königlich sei es denn doch nicht um sie bestellt, musste bald erkennen, dass die „Krise" infektiös war und auch die Logik, seit Aristoteles ein Kernbezirk der Philosophie, ergriff. In den Jahren vor dem Ersten Weltkrieg schien alles ins Wanken zu geraten. Man tanzte auf einem Vulkan und versuchte, sich mit Späßchen darüber hinwegzuhelfen. Urplötzlich tauchte der Dorfbarbier in der Logik auf. Wie denn das? Wegen seiner Definition. Der Dorfbarbier ist jener Mann, der diejenigen – und nur diejenigen – im Dorf rasiert, die sich nicht selbst rasieren. Wie hält es der Dorfbarbier nun mit dem Dorfbarbier? Er kann sich nicht selbst rasieren, denn er rasiert ja nur diejenigen, die sich *nicht* selbst rasieren. Wenn er sich aber nicht selbst rasiert, dann muss er sich selbst rasieren, denn er rasiert alle diejenigen, die sich nicht selbst rasieren. Der Ärmste sitzt in der Klemme, und man kann an ihm ein Phänomen studieren, das man „Logikverwahrlosung" nennen darf. Unser Dorfbarbier schimmert auch in Nestroys Holofernes durch diesen königlichen Raufbold durch, der einmal selbstbewusst ausruft: „Ich möchte am liebsten mit mir selber kämpfen, um zu sehen, wer stärker ist: Ich oder ich."

Das gleiche Schnittmuster wie der Dorfbarbier hat die folgende Antinomie, der ich zuerst eine Bemerkung vorausschicken muss. Viele Eigenschaftswörter der deutschen Sprache beschreiben nicht sich selbst: Das Wort „einsilbig" ist nicht einsilbig, das Wort „rot" ist nicht rot. Solche Wörter nennt man *heterologisch*. Einige Eigenschaftswörter aber beschreiben sich selbst: Das Wort „mehrsilbig" ist mehrsilbig, das Wort „deutsch" ist deutsch. Fragt man nun, wie es mit dem Wort „heterologisch" selbst steht, schnappt die Falle zu. Als Denksportaufgabe möge der Leser selbst die beiden kleinen, aber gepfefferten Sätze beweisen:

Ist „heterologisch" heterologisch, so ist „heterologisch" nicht heterologisch.

Ist „heterologisch" nicht heterologisch, so ist „heterologisch" heterologisch.

Rund und prall zusammengefasst:

„Heterologisch" ist genau dann heterologisch, wenn „heterologisch" nicht heterologisch ist.

Im Gehirn sitzt ein Wurm, und niemand sollte den Menschen ein *animal rationale* nennen, der diesem Wurm nicht in die stieren Augen geblickt hat. (*Sit venia verbo.*)

---

¹ Bertrand Russell: Autobiography, London 1975, S. 150.
² Georg Cantor: Ges. Abh., hrsg. von Ernst Zermelo, Berlin 1932, S. 282.

SUCHEN IST WOANDERS.

Wählen Sie aus dem umfassenden und aktuellen Fachprogramm und sparen Sie dabei wertvolle Zeit.

Sie suchen eine Lösung für ein fachliches Problem? Warum im Labyrinth der 1000 Möglichkeiten herumirren? Profitieren Sie von der geballten Kompetenz des B.G. Teubner Verlages und sparen Sie Zeit! Leseproben und Autoreninformationen erleichtern Ihnen die richtige Entscheidung. Bestellen Sie direkt und ohne Umwege bei uns. Willkommen bei **teubner.de**

www.teubner.de

Teubner Lehrbücher: einfach clever!

Teubner

Teubner Lehrbücher: einfach clever

Schwarz/Köckler

Numerische Mathematik

6., überarb. Aufl. 2006. 574 S. mit 132 Abb. Br.
EUR 44,90
ISBN 978-3-8351-0114-2

Inhalt: Fehlertheorie - Lineare Gleichungssysteme, direkte Methoden - Interpolation und Approximation - Nichtlineare Gleichungen - Eigenwertprobleme - Ausgleichsprobleme, Methode der kleinsten Quadrate - Numerische Integration - Anfangswertprobleme - Rand- und Eigenwertprobleme - Partielle Differenzialgleichungen - Lineare Gleichungssysteme, iterative Verfahren

Anschaulich und gründlich vermittelt dieses Buch die Grundlagen der Numerik. Die Darstellung des Stoffes ist algorithmisch ausgerichtet. Zur Begründung einer numerischen Methode werden zuerst die theoretischen Grundlagen vermittelt. Anschließend wird das Verfahren so formuliert, dass seine Realisierung als Rechenprogramm einfach ist.

Auf der Homepage zum Buch finden Sie zahlreiche Programm-Masken, die die Lösung von Basisproblemen der Numerik ermöglichen.

Stand Januar 2007.
Änderungen vorbehalten.
Erhältlich im Buchhandel
oder im Verlag.

B. G. Teubner Verlag
Abraham-Lincoln-Straße 46
65189 Wiesbaden
Fax 0611.7878-400
www.teubner.de